智能制造技术专业“十三五”规划教材
产 教 融 合 系 列 教 程
应 用 型 人 才 终 身 学 习 计 划

FESTO　EduBot 哈工海渡教育集团　JJZ技皆知

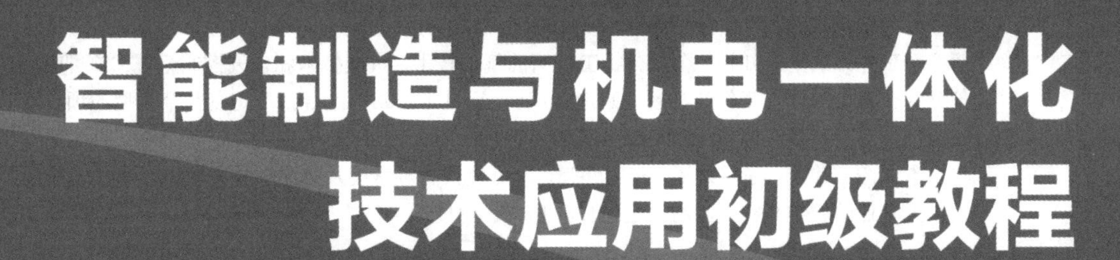

智能制造与机电一体化技术应用初级教程

总主编　张明文

主　编　王璐欢　冯建栋

副主编　黄建华　何定阳　顾三鸿

“六六六”教学法

- 六个典型项目
- 六个鲜明主题
- 六个关键步骤

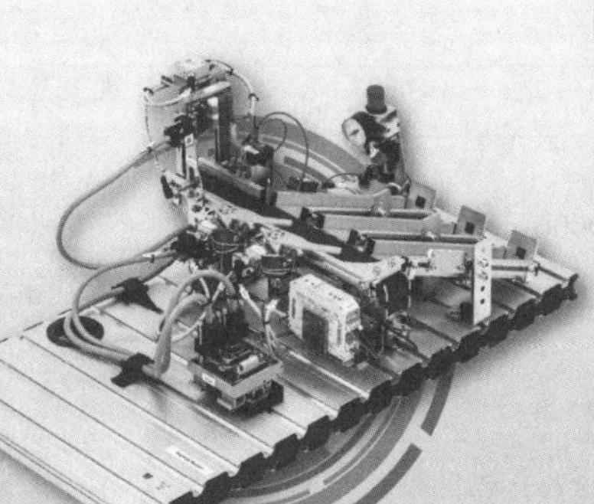

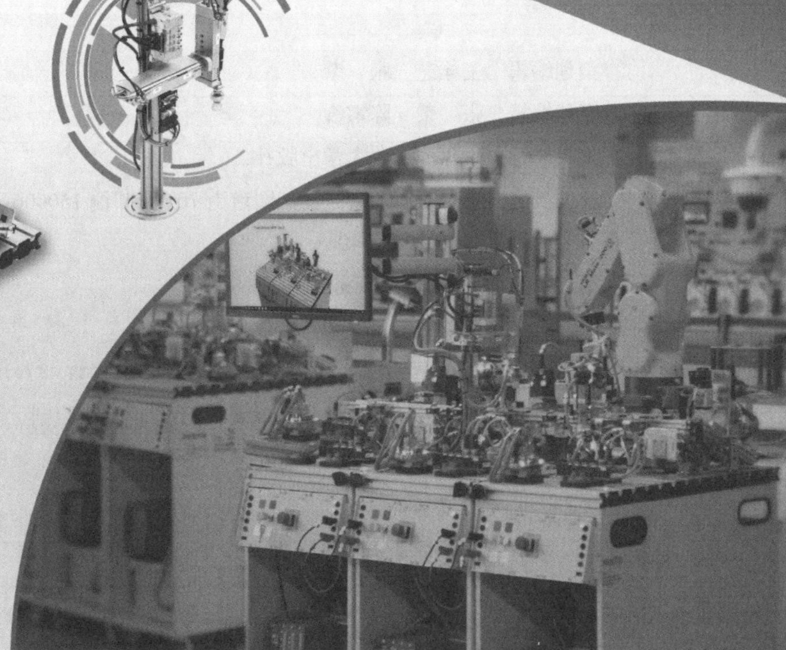

www.jijiezhi.com

教学视频+电子课件+技术交流

哈爾濱工業大學出版社
HARBIN INSTITUTE OF TECHNOLOGY PRESS

内 容 简 介

本书以MPS203机电一体化工作站和FANUC工业机器人为主要对象，结合工业现场应用实例，由浅入深、循序渐进地介绍智能制造、机电一体化和工业机器人的相关技术应用。本书主要分为基础理论和项目应用两个部分，基础理论部分从机电一体化工作站应用切入，分析讲解各个工作站的基础知识，全面分析工作站的气动技术、机械技术和电气控制原理；项目应用部分结合机电一体化工作站与智能制造实训台，通过工作站的组合搭配定制数个典型的项目应用案例，并对项目实施与调试进行系统的讲解。

本书图文并茂，通俗易懂，实用性强，既可作为高等学校及中高职院校机电一体化及机器人相关专业的教学和实训教材，也可作为相关行业技术人员的参考资料。

图书在版编目（CIP）数据

智能制造与机电一体化技术应用初级教程/王璐欢，冯建栋主编. —哈尔滨：哈尔滨工业大学出版社，2021.1（2023.1重印）
产教融合系列教程 / 张明文总主编
ISBN 978-7-5603-9198-4

Ⅰ. ①智… Ⅱ. ①王… ②冯… Ⅲ. ①机电一体化—教材 Ⅳ. ①TH-39

中国版本图书馆CIP数据核字（2020）第231317号

策划编辑　王桂芝　张　荣
责任编辑　张　荣　陈雪巍
出版发行　哈尔滨工业大学出版社
社　　址　哈尔滨市南岗区复华四道街10号　邮编150006
传　　真　0451-86414749
网　　址　http://hitpress.hit.edu.cn
印　　刷　哈尔滨市石桥印务有限公司
开　　本　787mm×1092mm　1/16　印张19.5　字数487千字
版　　次　2021年1月第1版　2023年1月第2次印刷
书　　号　ISBN 978-7-5603-9198-4
定　　价　58.00元

（如因印装质量问题影响阅读，我社负责调换）

编审委员会

前　言

机电一体化和机器人是先进制造业的重要支撑，也是智能制造业的关键切入点。机电一体化作为制造业实现自动化生产的基础，是关系到国家战略地位和体现国力水平的重要环节。工业机器人作为衡量科技创新和高端制造发展水平的重要标志，其研发和产业化应用被很多发达国家作为抢占未来制造业市场、提升竞争力的重要途径。工业机器人自动化生产线在汽车工业、电子电器行业、工程机械等众多行业大量使用，在保证产品质量的同时，改善了工作环境，提高了社会生产效率，有力推动了企业和社会生产力的发展。

当前，随着我国劳动力成本上涨，人口红利逐渐消失，生产方式向柔性、智能、精细转变，构建新型智能制造体系迫在眉睫，对机电一体化改造和工业机器人应用的需求呈现大幅增长。大力发展智能制造的相关应用，对于打造我国制造业新优势、推动工业转型升级、加快制造强国建设、改善人民生活水平具有深远意义。《中国制造 2025》将机器人作为重点发展领域的总体部署，机器人产业已经上升到国家战略层面，与此同时，机电一体化技术也将迎来全新的发展机遇。

在全球范围内的制造产业战略转型期，我国先进制造业迎来爆发性增长。然而，我国现阶段智能制造领域人才供需失衡，缺乏经过系统培训的、能够全面掌握智能制造关键技术的专业人才。针对以上现状，为了更好地推广智能制造相关技术的运用，亟须编写一本系统、全面的智能制造与机电一体化技术应用教程。

自 1990 年以来，MPS 系统一直是 WorldSkills 世界技能大赛机电一体化项目指定的比赛设备，在机电一体化领域享有盛誉。FANUC 工业机器人在国内外各个领域中都有着广泛应用。本书主要分为基础理论和项目应用两个部分，基础理论部分从 MPS203 机电一体化工作站应用切入，分析讲解各个工作站的基础知识，全面分析工作站的气动技术、机械技术和电气控制原理；项目应用部分结合江苏哈工海渡教育科技集团有限公司的智能制造实训台，通过对工作站和实训台的典型应用实例讲解，帮助初学者在短时间内全面、系统地了解相关操作知识。

本书图文并茂，通俗易懂，实用性强，既可作为高等学校及中高职院校机电一体化及机器人相关专业的教学和实训教材，也可供从事相关行业工作的技术人员参考。

限于编者水平，书中难免存在疏漏及不足之处，敬请读者批评指正。任何意见和建议可反馈至 market@jijiezhi.com。

编　者

2020 年 10 月

目　录

第一部分　基础理论

第二部分 项目应用

第一部分　基础理论

第1章　智能制造概述

1.1　智能制造发展背景

目前，全球制造业格局正面临重大调整，新一代信息技术与制造业不断交叉与融合，引领了以智能化为特征的制造业变革浪潮。为走出经济发展困境，德国、美国、法国、英国、日本等工业发达国家纷纷提出了智能制造国家发展战略，力图掌握新一轮技术革命的主导权，重振制造业，推进产业升级，营造经济新时代。其中比较有代表性的是德国提出的工业 4.0 战略。

※ 智能制造发展背景及概念

1.1.1　工业 4.0

1. 背景

德国制造业在全球是最具有竞争力的行业之一，特别是在装备制造领域，拥有专业、创新的工业科技产品，以及复杂工业过程的管理体系；在信息技术方面，其以嵌入式系统和自动化为代表的技术处于世界领先水平。为了稳固其工业强国的地位，德国开始对本国工业产业链进行反思与探索，“工业 4.0”构想由此产生。

（1）工业 1.0 时代。

18 世纪 60 年代，随着蒸汽机的诞生，英国发起第一次工业革命，开创了以机器代替手工劳动的时代，蒸汽机带动机械化生产，纺织、冶铁、交通运输等行业快速发展，人类社会进入工业 1.0 时代，即“机械化”时代，如图 1.1 所示。

（a）纺织机

（b）蒸汽机车

图 1.1　工业 1.0 时代——机械化时代

（2）工业 2.0 时代。

19 世纪六七十年代起，电灯、电报、电话、发电机、内燃机等一系列电气发明相继问世，电气动力带动自动化生产，出现第二次工业革命，汽车、石油、钢铁等重化工行业得到迅速发展。人类历史进入工业 2.0 时代，即“电气化”时代，如图 1.2 所示。

（a）电灯

（b）电话

图 1.2　工业 2.0 时代——电气化时代

（3）工业 3.0 时代。

20 世纪四五十年代以来，人类在原子能、电子计算机、空间技术和生物工程等领域取得的重大突破，标志着第三次工业革命的到来。这次工业革命推动了电子信息、医药、材料、航空航天等行业发展，开启了工业 3.0 时代，即“自动化”时代，如图 1.3 所示。

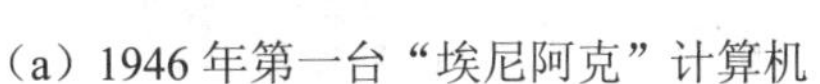

（a）1946 年第一台“埃尼阿克”计算机

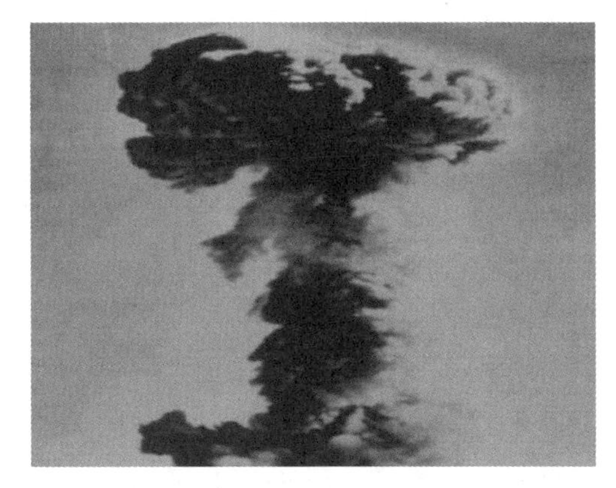

（b）1964 年中国原子弹成功爆炸

图 1.3　工业 3.0 时代——自动化时代

（4）工业 4.0 时代。

在 2013 年 4 月的汉诺威工业博览会上，德国联邦教研部与联邦经济技术部正式推出以智能制造为主导的第四次工业革命，即工业 4.0 时代，并将其纳入国家战略。其内容是指将互联网、大数据、云计算、物联网等新技术与工业生产相结合，最终实现工厂智能化生产，让工厂直接与消费需求对接。

四次工业革命的发展的四个阶段，主要特征见表 1.1。

表 1.1　四次工业革命特征及联系

工业革命	工业 1.0	工业 2.0	工业 3.0	工业 4.0
时间	18 世纪 60 年代	19 世纪六七十年代	20 世纪四五十年代	现在
领域	纺织、交通	汽车、石油、钢铁	电子信息、航空航天	物联网、服务网
代表产物	蒸汽机	电灯、电话、内燃机	原子能、电子计算机	物联网、服务网
主导国家	英国	美国	日本、德国	德国
特点	机械化	电气化	自动化	智能化

2. 概念

工业 4.0 的核心是通过信息物理融合系统（Cyber-Physical System，简称 CPS）将生产过程中的供应、制造、销售信息进行数据化、智能化，达到快速、有效、个性化的产品供应目的。

CPS 是一个综合了计算、通信、控制技术的多维复杂系统，如图 1.4 所示。CPS 将物理设备连接到互联网上，让物理设备具有计算、通信、精确控制、远程协调和自治等五大功能，从而实现虚拟网络世界与现实物理世界的融合。CPS 可将资源、信息、物体及人紧密联系在一起，从而将生产工厂转变为一个智能环境，如图 1.5 所示。

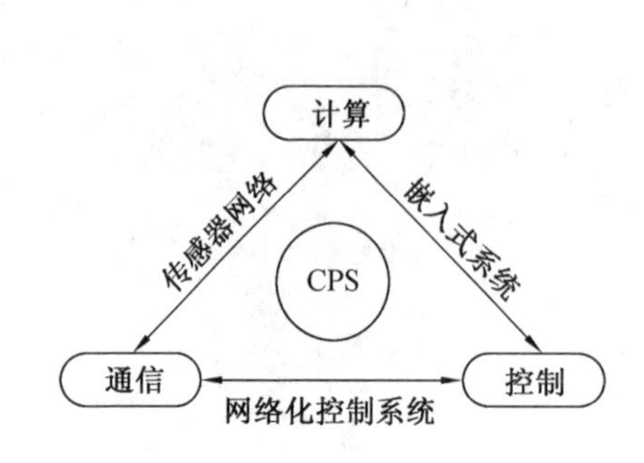

图 1.4　信息物理系统组成

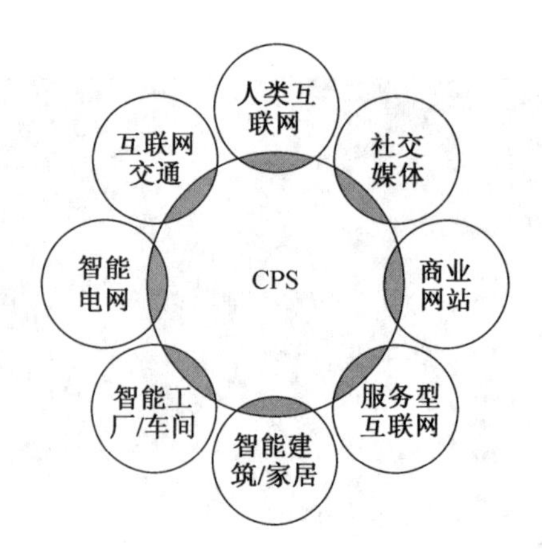

图 1.5　信息物理系统网络

工业 4.0 的本质是基于“信息物理融合系统”实现“智能工厂”，是以动态配置的生产方式为核心的智能制造，是未来信息技术与工业融合发展到新的深度而产生的工业发展模式。通过工业 4.0 可以实现生产率大幅提高，加快产品创新速度，满足个性化定制需求，减少生产能耗，提高资源配置效率，解决能源消费等社会问题。

3. 四大主题

工业 4.0 的四大主题是智能工厂、智能生产、智能物流和智能服务。

（1）智能工厂。

智能工厂重点研究智能化生产系统及过程，以及网络化分布式生产设施的实现。

（2）智能生产。

智能生产主要涉及整个企业的生产物流管理、人机互动以及 3D 技术在工业生产过程中的应用等。

（3）智能物流。

智能物流主要通过互联网、物联网、物流网来整合物流资源，充分提高现有物流资源供应方的效率，而需求方则能够快速获得服务匹配，得到物流支持。

（4）智能服务。

智能服务是应用多方面信息技术，以客户需求为目的跨平台、多元化的集成服务。

4. 三大集成

工业 4.0 将无处不在的传感器、嵌入式终端系统、智能控制系统、通信设施通过 CPS 形成智能网络，使人与人、人与机器、机器与机器以及服务与服务之间能够互联，从而实现纵向集成、数字化集成和横向集成。

（1）纵向集成。

纵向集成关注产品的生产过程，力求在智能工厂内通过联网实现生产的纵向集成。

（2）数字化集成。

数字化集成关注产品整个生命周期的不同阶段，包括设计与开发、安排生产计划、管控生产过程，以及产品的售后维护等，实现各个阶段之间的信息共享，从而达成工程数字化集成。

（3）横向集成。

横向集成关注全社会价值网络的实现，从产品的研究、开发与应用拓展至建立标准化策略、提高社会分工合作的有效性、探索新的商业模式，以及考虑社会的可持续发展等，从而达成德国制造业的横向集成。

1.1.2　中国制造 2025

1. 背景

中国制造业规模位列世界第一，门类齐全、体系完整，在支撑中国经济社会发展方面发挥着重要作用。在制造业重新成为全球经济竞争制高点，中国经济逐渐步入中高速增长新常态，中国制造业亟待突破大而不强旧格局的背景下，《中国制造 2025》战略应运而生。

2014 年 10 月，中国和德国联合发表了中德合作行动纲领：共塑创新，重点突出了双方在制造业就“工业 4.0”计划的携手合作。双方将以中国担任 2015 年德国汉诺威消费电子、信息及通信博览会合作伙伴国为契机，推进两国在移动互联网、物联网、云计算、大数据等领域的合作。

借鉴德国的“工业 4.0”计划，我国主动应对新一轮科技革命和产业变革，在 2015 年出台《中国制造 2025》战略，并在部分地区已经展开了试点工作。

2. 主要内容

（1）“三步走”战略。

《中国制造 2025》提出中国从制造业大国向制造业强国转变的战略目标，通过信息化和工业化深度融合来引领和带动整个制造业的发展。通过“三步走”实现我国的战略目标：

第一步，力争用十年时间，迈入制造强国行列。到 2025 年，制造业整体素质大幅提升，创新能力显著增强，全员劳动生产率明显提高，工业化和信息化融合迈上新台阶。

第二步，到 2035 年，我国制造业整体达到世界制造强国阵营中等水平。创新能力大幅提升，重点领域发展取得重大突破，整体竞争力明显增强，优势行业形成全球创新引领能力，全面实现工业化。

第三步，新中国成立一百年时，制造业大国地位更加巩固，综合实力进入世界制造强国前列。制造业主要领域具有创新引领能力和明显竞争优势，建成全球领先的技术体系和产业体系。

（2）基本原则和方针。

围绕实现制造强国的战略目标，《中国制造 2025》明确了四项基本原则和五项基本方针，如图 1.6、1.7 所示。

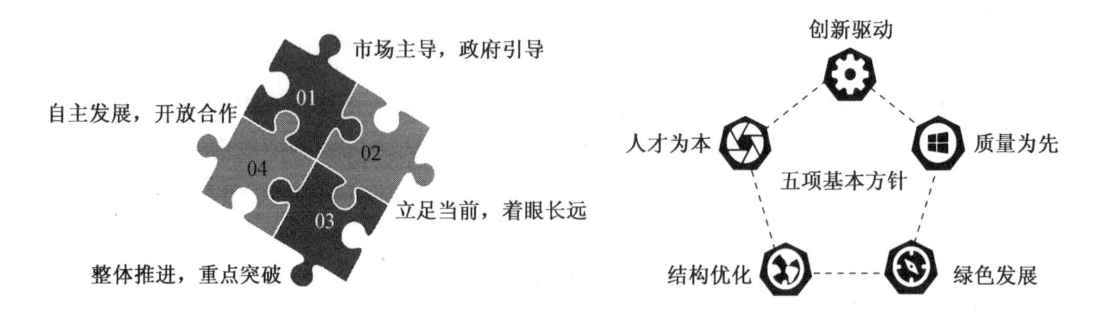

图 1.6　四项基本原则　　图 1.7　五项基本方针

（3）五大工程。

《中国制造 2025》提出我国将重点实施五大工程，如图 1.8 所示。

图 1.8　五大工程

① 国家制造业创新中心建设工程。

重点开展行业基础和共性关键技术研发、成果产业化、人才培训等工作；2015 年建成 15 家，2020 年建成 40 家制造业创新中心。

② 智能制造工程。

开展新一代信息技术与制造装备融合的集成创新和工程应用；建立智能制造标准体系和信息安全保障系统等。

③ 工业强基工程。

以关键基础材料、核心基础零部件（元器件）、先进基础工艺、产业技术基础为发展重点。

④ 绿色制造工程。

组织实施传统制造业能效提升、清洁生产、节水治污等专项技术改造；制定绿色产品，绿色工厂，绿色企业标准体系。

⑤ 高端装备创新工程。

组织实施大型飞机、航空发动机、智能电网、高端诊疗设备等一批创新和产业化专项、重大工程。

（4）十大重点领域。

《中国制造 2025》提出的十大重点发展领域如图 1.9 所示，均属于高技术产业和先进制造业领域。

图 1.9　十大重点领域

① 新一代信息技术产业。

➢ 集成电路及专用装备。着力提升集成电路设计水平，不断丰富知识产权核和设计工具，提升国产芯片的应用适配能力。

➢ 信息通信设备。掌握新型计算、高速互联、先进存储、体系化安全保障等核心技术，推动核心信息通信设备体系化发展与规模化应用。

➢ 操作系统及工业软件。开发安全领域操作系统等工业基础软件，推进自主工业软件体系化发展和产业化应用。

② 高档数控机床和机器人。

➢ 高档数控机床。开发一批数控机床与基础制造装备及集成制造系统，加快高档数控机床、增材制造等前沿技术和装备的研发。

➢ 机器人。围绕汽车、机械、电子、危险品制造、国防军工、化工、轻工等工业机器人、特种机器人，以及医疗健康、家庭服务、教育娱乐等服务机器人应用需求，积极研发新产品，促进机器人标准化、模块化发展，扩大市场应用。突破机器人本体、减速器、伺服电机、控制器、传感器与驱动器等关键零部件及系统集成设计制造等技术瓶颈。工业机器人示例如图 1.10 所示。

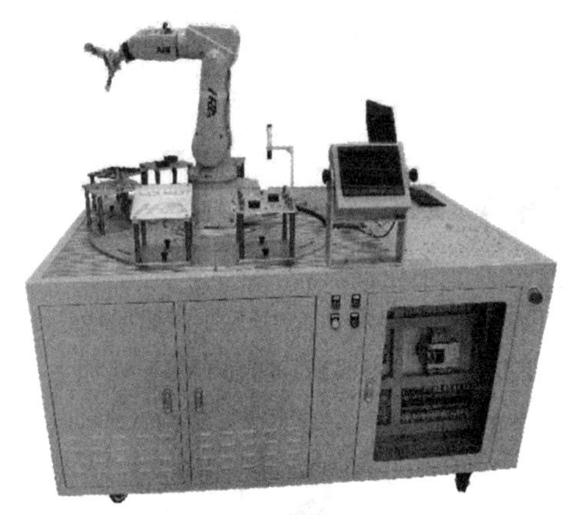

（a）哈工海渡-模块化六轴机器人综合实训台

（b）哈工海渡-模块化 SCARA 机器人综合实训台

图 1.10　工业机器人示例

③ 航空航天装备。

加快大型飞机研制，建立发动机自主发展工业体系，开发先进机载设备及系统，形成自主完整的航空产业链。发展新一代运载火箭和重型运载器，提升进入空间能力，推进航天技术转化与空间技术应用。

④ 海洋工程装备及高技术船舶。

大力发展深海探测、资源开发利用、海上作业保障装备及其关键系统和专用设备，掌握重点配套设备设计制造核心技术。

⑤ 先进轨道交通装备。

加快新材料、新技术和新工艺的应用，研制先进可靠适用的产品，建立世界领先的现代轨道交通产业体系。

⑥ 节能与新能源汽车。

继续支持电动汽车、燃料电池汽车发展，掌握汽车核心技术，形成从关键零部件到整车的完整工业体系和创新体系。

⑦ 电力装备。

推进新能源和可再生能源装备发展，突破关键元器件和材料的制造及应用技术，形成产业化能力。

⑧ 农机装备。

重点发展在粮食和战略性经济作物主要生产过程中使用的先进农机装备，推进形成面向农业生产的信息化整体解决方案。

⑨ 新材料。

以先进复合材料为发展重点，加快研发新材料制备关键技术和装备。

⑩ 生物医药及高性能医疗器械。

发展药物新产品，提高医疗器械的创新能力和产业化水平，重点发展影像设备、高性能诊疗设备、移动医疗产品，实现新技术的突破和应用。

（5）《中国制造 2025》与“工业 4.0”。

如果说德国的“工业 4.0”是德国作为制造业大国，希望在未来制造业的各环节中全面接入互联网技术，将数字信息与现实社会实现联系可视化，那么《中国制造 2025》则代表了中国在由制造大国向制造强国转型过程中的顶层设计和路径选择。

① 《中国制造 2025》与“工业 4.0”的区别。

“工业 4.0”主要聚焦在制造业高端产业和高端环节，而《中国制造 2025》是对中国制造业转型升级的整体谋划，不仅提出培育发展新兴产业的路径，而且重视对传统产业进行改造升级。两者在发展基础、战略任务、主要举措方面均有不同，见表 1.2。

表 1.2　《中国制造 2025》与“工业 4.0”的区别

项目	中国制造 2025	工业 4.0
发展基础	中国制造业发展水平参差不齐，相当一部分企业还处在工业 2.0 的阶段，因此需要推进工业 2.0、工业 3.0 和工业 4.0 并行发展道路	德国已普遍处于从工业 3.0 向工业 4.0 过渡阶段，拥有强大的机械和装备制造业，在自动化工程领域已经具有很高的技术水平
战略任务	以推进信息化和工业化深度融合为主线，大力发展智能制造，构建信息化条件下的产业生态体系和新型制造模式	着眼高端设备，提出建设“信息物理融合系统”，推进智能制造
主要举措	除了将智能制造作为主攻方向之外，还在全球化、创新、质量品牌建设、绿色制造等方面提出了具体要求	建立智能工厂，实现智能生产

② 联系。

《中国制造 2025》和德国“工业 4.0”都是在新一轮科技革命和产业变革背景下针对制造业发展提出的一个重要战略举措，有异曲同工的发展理念，即均强调信息技术和产业生产的结合，强调的一个主攻方向是“智能制造”。此外，《中国制造 2025》中提及的作为智能制造基础的信息物理融合系统（CPS），也是德国“工业 4.0”所强调的核心概念。所以二者之间“合作大于竞争”，尤其在战略执行的前期，中国工业化发展与德国工业化历史有着非常相近和相似之处。

1.1.3 智能制造的提出及建设意义

1. 智能制造的提出

智能制造与德国提出的“工业 4.0”方向趋同，是我国乃至世界制造业的发展方向。智能制造的提出远早于《中国制造 2025》，最早是以“改造和提升制造业”的形式提出，见表 1.3。

表 1.3 智能制造的提出

时间	政策名称	内容要点
2011	《中华人民共和国国民经济和社会发展第十二个五年规划纲要》	明确提出要改造和提升制造业
2012.04	《智能制造科技发展“十二五”专项规划》	明确提出了“智能制造”
2012.07	《“十二五”国家战略性新兴产业发展规划》	提出要重点发展智能制造装备产业，推进制造、使用过程中的自动化、智能化和绿色化
2013.12	《关于推进工业机器人产业发展的指导意见》	提出将发展工业机器人的重要地位
2015.05	《中国制造 2025》	明确未来 10 年中国制造业的发展方向，将智能制造确立为《中国制造 2025》的主攻方向

2. 智能制造的建设意义

随着科学技术的飞速发展，先进制造技术正在向信息化、自动化、智能化方向发展，智能制造技术已成为世界制造业发展的客观趋势，正在被世界上主要的工业发达国家大力推广和应用。发展智能制造既符合我国制造业发展的内在要求，也是重塑我国制造业新优势、实现转型升级的必然选择。发展智能制造对于中国制造业具有重要意义。

（1）推动制造业升级。

长期以来，我国制造业主要集中在中低端环节，产业附加值低。发展智能制造业已经成为实现我国制造业从低端制造向高端制造转变的重要途径。同时，将智能制造这一新兴技术快速应用并推广，可以通过规模化生产，尽快收回技术研究开发投入，从而持续推进新一轮的技术创新，推动智能制造技术的进步，实现制造业升级。

（2）重塑制造业新优势。

当前，我国制造业面临来自发达国家加速重振制造业与发展中国家以更低生产成本承接国际产业转移的“双向挤压”。我国必须加快推进智能制造技术研发，提高产业化水平，以应对传统低成本优势削弱所带来的挑战。此外，发展智能制造业可以促进应用更节能环保的先进装备和智能优化技术，有助于从根本上解决我国生产制造过程的节能减排问题。

1.2 智能制造的概念

智能制造源于对人工智能的研究。一般认为智能是知识和智力的总和，前者是智能的基础，后者是指获取和运用知识求解的能力。

智能制造应当包含智能制造技术和智能制造系统，智能制造系统不仅能够在实践中不断地充实知识库，而且具有自学习功能，还具有搜集与理解环境信息及自身信息，并进行分析判断和规划自身行为的能力。

1.2.1 智能制造的定义和特点

1. 智能制造的定义

根据我国《国家智能制造标准体系建设指南》对智能制造的定义，智能制造是基于新一代信息通信技术与先进制造技术深度融合，贯穿于设计、生产、管理、服务等制造活动的各个环节，具有自感知、自学习、自决策、自执行、自适应等功能的新型生产方式。

智能制造由智能机器和人类专家共同组成，在生产过程中，通过通信技术将智能装备有机连接起来，实现生产过程自动化；并通过各类感知技术收集生产过程中的各种数据，通过工业以太网等通信手段上传至工业服务器，在工业软件系统的管理下进行数据处理分析，并与企业资源管理软件相结合，提供最优化的生产方案或者定制化生产，最终实现智能化生产。

智能制造包括以下三个不同层面（图1.11）。

（1）制造对象的智能化。

制造对象的智能化，即制造出来的产品与装备是智能的，如制造出智能家电、智能汽车等智能化产品。

（2）制造过程的智能化。

制造过程的智能化，即要求产品的设计、加工、装配、检测、服务等每个环节都具有智能特性。

（3）制造工具的智能化。

制造工具的智能化，即通过智能机床、智能工业机器人等智能制造工具，帮助实现制造过程的自动化、精益化、智能化，进一步带动智能装备水平的提升。

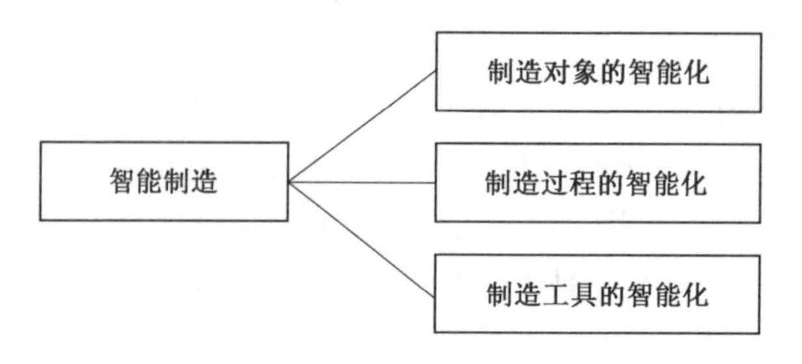

图 1.11　智能制造的三个层面

2. 智能制造的主要特点

智能制造系统（Intelligent Manufacturing System，IMS）集自动化、柔性化、集成化和智能化于一身，具有以下几个显著特点，如图 1.12 所示。

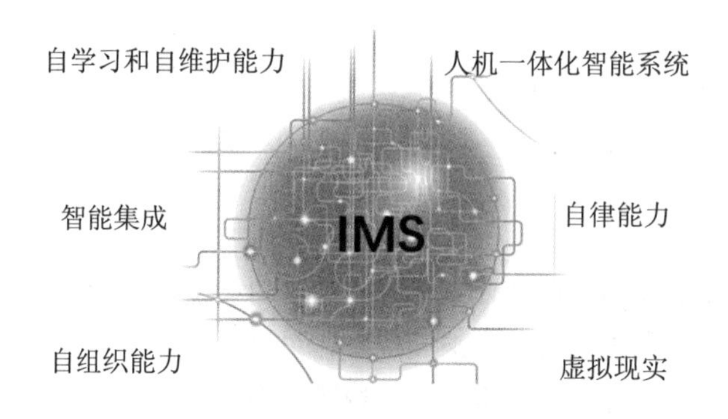

图 1.12　智能制造系统的显著特点

（1）自组织能力。

自组织能力是指 IMS 中的各种组成单元能够根据工作任务的需要，自行集结成一种超柔性最佳结构，并按照最优的方式运行。其柔性不仅表现在运行方式上，还表现在结构形式上。完成任务后，该结构自行解散，以备在下一个任务中集结成新的结构。自组织能力是 IMS 的一个重要标志。

（2）自律能力。

自律能力是指 IMS 具有搜集与理解环境和自身的信息，并进行分析判断和规划自身行为的能力。强有力的知识库和基于知识的模型是自律能力的基础。IMS 能对周围环境和自身作业状况的信息进行监测和处理，并根据处理结果自行调整控制策略，以采用最佳运行方案。这种自律能力使整个制造系统具备抗干扰自适应和容错等能力。

（3）自学习和自维护能力。

自学习和自维护能力是指 IMS 能以原有的专家知识为基础，在实践中不断进行学习，完善系统的知识库，并删除库中不适用的知识，使知识库更趋合理；同时，还能对系统故障进行自我诊断、排除及修复。这种特征使 IMS 能够自我优化并适应各种复杂的环境。

（4）智能集成。

IMS 在强调各个子系统智能化的同时，更注重整个制造系统的智能集成。这是 IMS 与面向制造过程中特定应用的“智能化孤岛”的根本区别。IMS 包括了各个子系统，并把它们集成为一个整体，实现整体的智能化。

（5）人机一体化智能系统。

IMS 不单纯是“人工智能”系统，而是人机一体化智能系统，是一种混合智能。人机一体化一方面突出人在制造系统中的核心地位，同时在智能机器的配合下，更好地发挥了人的潜能，使人机之间表现出一种平等共事、相互“理解”、相互协作的关系，使两者在不同的层次上各显其能，相辅相成。因此，在 IMS 中，高素质、高智能的人将发挥更好的作用，机器智能和人的智能将真正地集成在一起。

（6）虚拟现实。

虚拟现实是实现虚拟制造的支持技术，也是实现高水平人机一体化的关键技术之一。人机结合的新一代智能界面，使得可用虚拟手段智能地表现现实，它是智能制造的一个显著特征。

综上所述，可以看出 IMS 作为一种模式，它是集自动化、柔性化、集成化和智能化于一身，并不断向纵深发展的先进制造系统。

1.2.2　智能制造技术体系

智能制造从本质上说是一个智能化的信息处理系统，该系统属于一种开放性的体系，原料、信息和能量都是开放的。

智能制造融合了信息技术、先进制造技术、自动化技术和人工智能技术。智能制造技术体系自下而上共分四层，分别为：商业模式创新，生产模式创新，运营模式创新和决策模式创新，如图 1.13 所示。

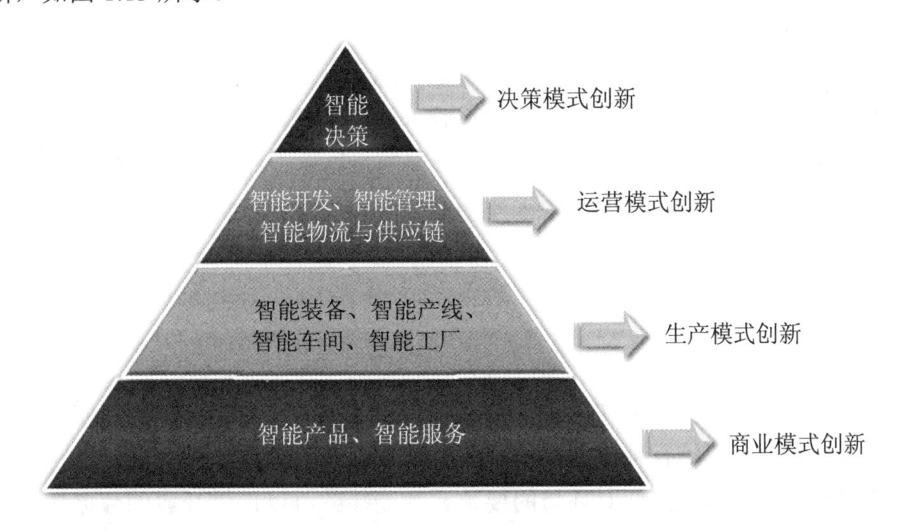

图 1.13　智能制造技术体系

其中，商业模式创新包括开发智能产品，推进智能服务；生产模式创新包括应用智能装备，自底向上建立智能产线，构建智能车间，打造智能工厂；运营模式创新包括践行智能研发，形成智能物流和供应链体系，开展智能管理；决策模式创新指的是最终实现智能决策。

智能制造技术体系的四个层级之间是息息相关的，制造企业应当渐进式、理性地推进智能制造技术的应用。

1. 商业模式创新

（1）开发智能产品。

智能产品通常包括机械元件、电气元件和嵌入式软件，具有记忆、感知、计算和传输功能。典型的智能产品包括智能手机、智能可穿戴设备、无人机、智能汽车、智能家电、智能售货机等，以及很多智能硬件产品，如图 1.14、1.15 所示。

图 1.14　智能汽车示例

图 1.15　无人机执行喷洒作业

（2）推进智能服务。

智能服务可以通过网络感知产品的状态，从而进行预测性维修维护，及时帮助客户更换备品备件；可以通过了解产品运行的状态，帮助客户带来商业机会；还可以采集产品运营的大数据，辅助企业进行市场营销的决策。企业开发面向客户服务的 APP，也是一种智能服务，可以针对客户购买的产品提供有针对性的服务，从而锁定用户，开展服务营销。

2. 生产模式创新

（1）应用智能装备。

智能装备具有检测功能，可以实现在线检测，从而补偿加工误差，提高加工精度，还可以对热变形进行补偿。以往一些精密装备对环境的要求很高，现在由于有了闭环的检测与补偿，可以降低对环境的要求。智能装备可以提供开放的数据接口，能够支持设备联网。

（2）建立智能产线。

钢铁、化工、制药、食品饮料、烟草、芯片制造、电子组装、汽车、轴承等行业的企业高度依赖自动化生产线，实现自动化的加工、装配和检测。很多企业的技术改造重点就是建立自动化的生产线、装配线和检测线。汽车、家电、轨道交通等行业的企业对生产和装配线进行自动化和智能化改造需求十分旺盛，很多企业将关键工位和高污染工位改造为用机器人进行加工、装配或上下料，如图 1.16 所示。电子工厂通过在产品的托盘上放置射频识别（RFID）芯片，识别零件的装配工艺，可以实现不同类型产品的混线装配，如图 1.17 所示。

图 1.16　某汽车智能生产线

图 1.17　某电子工厂的智能总装线

（3）构建智能车间。

要实现车间的智能化，需要对生产状况、设备状态、能源消耗、生产质量、物料消耗等信息进行实时采集和分析，进行高效排产和合理排班，显著提高设备利用率。智能车间的生产模型如图 1.18 所示。

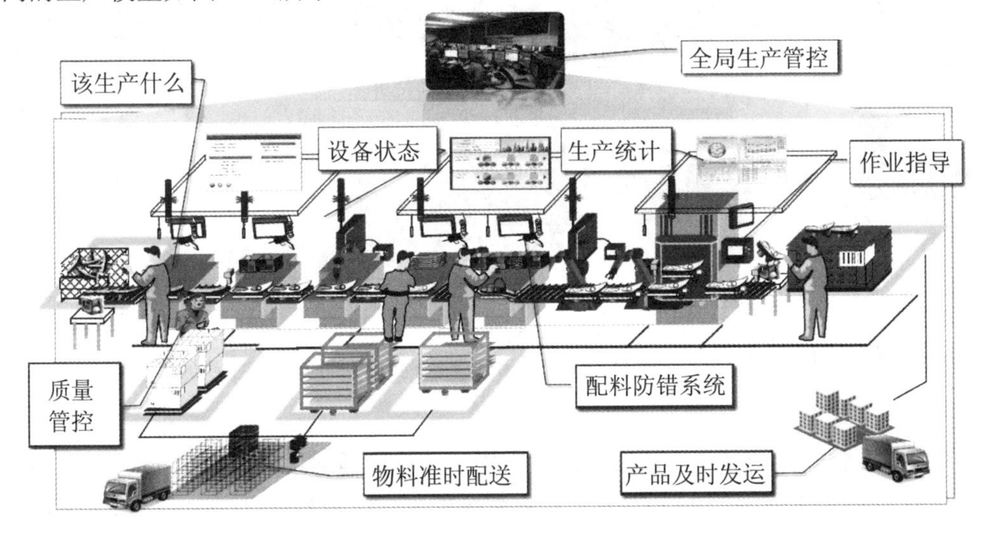

图 1.18　某智能车间生产模型

使用制造执行系统（MES）可以帮助企业显著提升设备利用率，提高产品质量，实现生产过程可追溯，提高生产效率。数字映射技术可以将 MES 系统采集到的数据在虚拟的三维车间模型中实时地展现出来，而且还可以显示设备的实际状态，实现虚实融合。

智能车间必须建立有线或无线的工厂网络，能够实现生产指令的自动下达和设备与产线信息的自动采集。实现车间的无纸化，也是智能车间的重要标志，通过应用三维轻量化技术、工业平板和触摸屏，可以将设计和工艺文档传递到工位。

（4）打造智能工厂。

智能工厂不仅生产过程应实现自动化、透明化、可视化、精益化，产品检测、质量检验和分析、生产物流也应当与生产过程实现闭环集成，实现信息共享、准时配送、协同作业。一些离散制造企业建立了生产指挥中心，对整个工厂进行指挥和调度，及时发现和解决突发问题，这也是智能工厂的重要标志。

智能工厂需要应用企业资源计划（ERP）系统制定多个车间的生产计划，并由 MES 系统根据各个车间的生产计划进行详细排产，MES 排产的粒度是天、小时，甚至分钟。智能工厂内部各环节如图 1.19 所示。

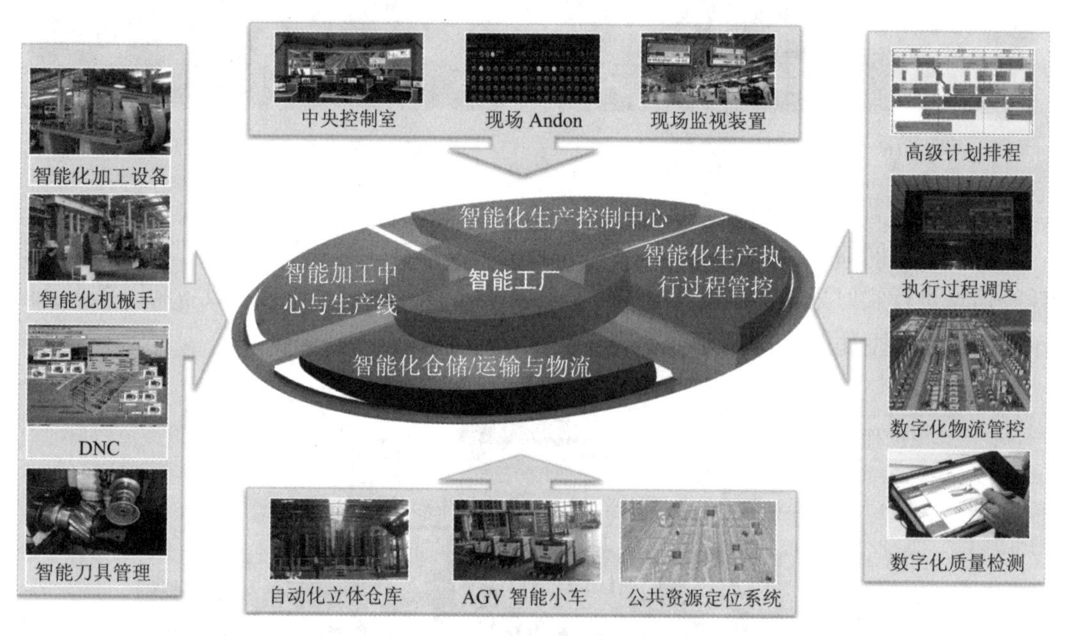

图 1.19　智能工厂内部环节

3. 运营模式创新

（1）践行智能研发。

离散制造企业在产品智能研发方面，应用了计算机辅助设计（CAD）/计算机辅助制造（CAM）/计算机辅助工程（CAE）/计算机辅助工艺过程设计（CAPP）/电子设计自动化（EDA）等工具软件和产品数据管理（PDM）/产品周期管理（PLM）系统。

（2）形成智能物流和供应链体系。

制造企业越来越重视物流自动化，自动化立体仓库、无人引导小车（AGV）、智能吊挂系统得到了广泛应用，智能分拣系统、堆垛机器人、自动辊道系统的应用日趋普及。仓储管理系统（WMS）和运输管理系统（TMS）也受到制造企业普遍关注。其中，TMS 系统涉及全球定位系统（GPS）定位和地理信息系统（GIS）的集成，可以实现供应商、客户和物流企业三方信息之间的共享。

（3）开展智能管理。

实现智能管理的前提条件是基础数据的准确性和主要信息系统的无缝集成。智能管理主要体现在各类运营管理系统与移动应用、云计算、电子商务和社交网络的集成应用。企业资源计划（ERP）是制造企业现代化管理的基石。以销定产是 ERP 最基本的思想，物料需求计划（MRP）是 ERP 的核心。制造企业核心的运营管理系统还包括人力资产管理系统（HCM）、客户关系管理系统（CRM）、企业资产管理系统（EAM）、能源管理系统（EMS）、供应商关系管理系统（SRM）、企业门户（EP）和业务流程管理系统（BPM）等。

4. 决策模式创新

企业在运营过程中，产生了大量来自各个业务部门和业务系统的核心数据，这些数据一般是结构化的数据，可以进行多维度分析与预测，这是智能决策的范畴。

同时，制造企业有诸多大数据，包括生产现场采集的实时生产数据、设备运行的大数据、质量的大数据、产品运营的大数据、电子商务带来的营销大数据，以及来自社交网络的与公司有关的大数据等，对工业大数据的分析需要引入新的分析工具。

智能制造系统具有数据采集、数据处理、数据分析的能力，能够准确执行指令，实现闭环反馈；而智能制造的趋势是能够实现自主学习、自主决策，不断优化。

1.2.3　智能制造主题

“工业 4.0”是以智能制造为主导的第四次工业革命，旨在通过将信息技术和网络空间虚拟系统相结合等手段，实现制造业的智能化转型。《中国制造 2025》做出的全面提升中国制造业发展质量和水平的重大战略部署，是要强化企业主体地位，激发企业活力和创造力。在智能制造过程中，凸显出工业 4.0 的四个主题：智能工厂、智能生产、智能物流和智能服务，如图 1.20 所示，其侧重点说明见表 1.4。

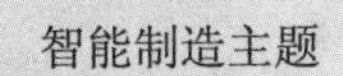

图 1.20　智能制造主题

表 1.4 智能制造主题的侧重点说明

主题	侧重点说明
智能工厂	侧重点在于企业的智能化生产系统及制造过程，对于网络化分布式生产设施的实现
智能生产	侧重点在于企业的生产物流管理、制造过程人机协同以及 3D 打印技术在企业生产过程中的协同应用
智能物流	侧重点在于通过互联网和物联网整合物流资源，充分发挥现有的资源效率
智能服务	智能服务作为制造企业的后端网络，其侧重点在于通过服务联网结合智能产品为客户提供更好的服务，发挥企业的最大价值

1. 智能工厂

（1）智能工厂的概念。

智能工厂作为未来第四次工业革命的代表，不断向实现物体、数据及服务等无缝连接的互联网（物联网、数据网和服务互联网）方向发展，智能工厂概念模型如图 1.21 所示。

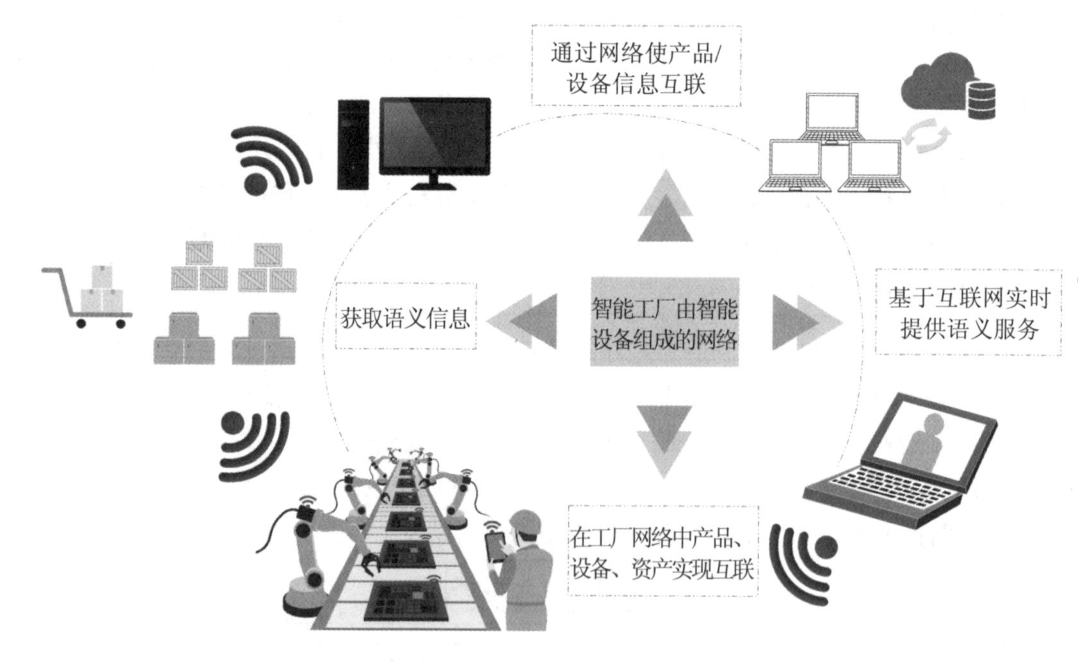

图 1.21 智能工厂概念模型

智能工厂是传统制造企业发展的一个新阶段。它是在数字化工厂的基础上，利用物联网和设备监控技术加强信息管理和服务，清楚掌握产销流程、提高生产过程的可控率、减少生产线上人工的干预、及时采集生产线数据，合理安排生产计划与生产进度，采用绿色制造手段，构建高效节能、绿色环保、环境舒适的人性化工厂。

未来各工厂将具备统一的机械、电气和通信标准。以物联网和服务互联网为基础，配备传感器、无线网络和RFID通信技术的智能控制设备，可对生产过程进行智能化监控。因此，智能工厂可自主运行，工厂之中的零部件与机器可互相交流。

（2）智能工厂的主要特征。

智能工厂建立在工业大数据和“互联网”的基础上，需要实现设备互联、广泛应用工业软件、结合精益生产理念、实现柔性自动化、实现绿色制造、实时洞察，做到纵向、横向和端到端的集成，以实现优质、高效、低耗、清洁、灵活的生产。

① 设备互联。智能工厂应当能够实现设备与设备互联，通过与设备控制系统集成，以及外接传感器等方式，由SCADA（数据采集与监控系统）实时采集设备的状态、生产完工的信息、质量信息，并通过应用RFID（无线射频技术）、条码（一维和二维）等技术，实现生产过程的可追溯。

② 广泛应用工业软件。智能工厂应当广泛应用MES（制造执行系统）、APS（先进生产排程）、能源管理、质量管理等工业软件，实现生产现场的可视化和透明化。在新建工厂时，可以通过数字化工厂仿真软件，进行设备和产线布局、工厂物流、人机工程等仿真，确保工厂结构合理。在推进数字化转型的过程中，必须确保工厂的数据安全、设备和自动化系统安全。在通过专业检测设备检出次品时，不仅要能够实现次品自动与合格品分流，而且要能够通过SPC（统计过程控制）等软件，分析出现质量问题的原因。

③ 结合精益生产理念。智能工厂应当充分体现工业工程和精益生产的理念，能够实现按订单驱动，拉动式生产，尽量减少在制品库存，消除浪费。推进智能工厂建设要充分结合企业产品和工艺特点，在研发阶段也需要大力推进标准化、模块化和系列化，奠定推进精益生产的基础。

④ 实现柔性自动化。智能工厂应当结合企业的产品和生产特点，持续提升生产、检测和工厂物流的自动化程度。产品品种少、生产批量大的企业可以实现高度自动化，乃至建立黑灯工厂；小批量、多品种的企业则应当注重少人化、人机结合，不要盲目推进自动化，应当特别注重建立智能制造单元。

物流自动化对于实现智能工厂至关重要，企业可以通过AGV、货物提升机、悬挂式输送链等物流设备实现工序之间的物料传递，并配置物料超市，尽量将物料配送到线边，如图1.22所示。质量检测的自动化也非常重要，机器视觉在智能工厂的应用将会越来越广泛。此外，还需要仔细考虑如何使用助力设备，减轻工人的劳动强度。

⑤ 注重环境友好，实现绿色制造。智能工厂应当能够及时采集设备和产线的能源消耗，实现能源高效利用；在危险和存在污染的环节，优先用机器人替代人工，能够实现废料的回收和再利用。

⑥ 实现实时洞察。智能工厂应当从生产排产指令的下达到完工信息的反馈，实现闭环；通过建立生产指挥系统，实时洞察工厂的生产、质量、能耗和设备状态信息，避免非计划性停机；通过建立工厂的Digital Twin（数字孪生），方便地洞察生产现场的状态，

辅助各级管理人员做出正确决策。

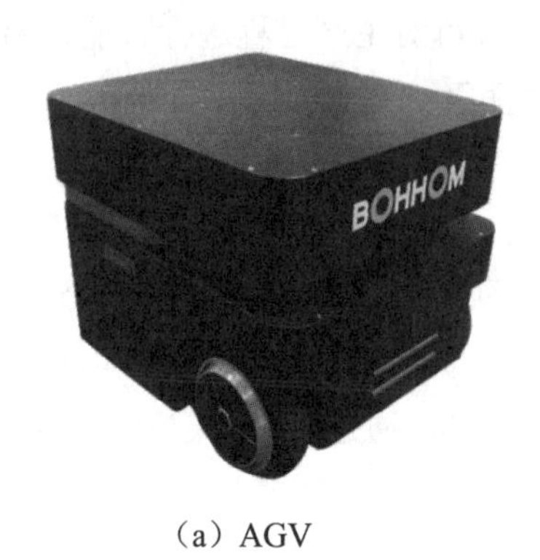

（a）AGV

（b）货物提升机出入库

图 1.22　工厂物流设备

仅有自动化生产线和工业机器人的工厂，还不能称为智能工厂。智能工厂不仅生产过程应实现自动化、透明化、可视化、精益化，而且，产品检测、质量检验和分析、生产物流等环节也应当与生产过程实现闭环集成。一个工厂的多个车间之间也要实现信息共享、准时配送和协同作业。

2. 智能生产

（1）智能生产的概念。

智能生产就是使用智能装备、传感器、过程控制、智能物流、制造执行系统、信息物理融合系统组成的人机一体化系统进行生产。智能生产从工艺设计层面来讲，要实现整个生产制造过程的智能化生产、高效排产、物料自动配送、状态跟踪、优化控制、智能调度、设备运行状态监控、质量追溯和管理、车间绩效等；对生产、设备、质量的异常做出正确的判断和处置；实现制造执行与运营管理、研发设计、智能装备的集成；实现设计制造一体化，管控一体化。

（2）智能生产系统的设计目标。

智能生产系统的设计目标如图 1.23 所示。

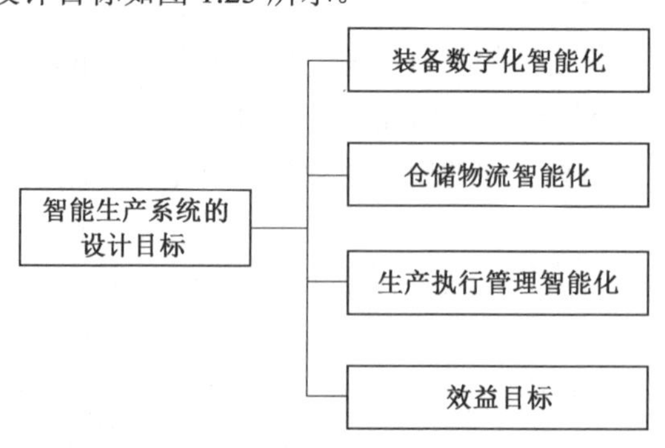

图 1.23　智能生产系统的设计目标

① 装备数字化智能化。

为了适用个性化定制的需求，制造装备必须是数字化、智能化的。根据制造工艺的要求，构建若干柔性制造系统（FMS）、柔性制造单元（FMC）和柔性生产线（FML），这若干个系统都能独立完成一类零部件的加工、装配、焊接等工艺过程。制造装备具有自动感知、自动化、智能化、柔性化的特征。

② 仓储物流智能化。

仓储是物流过程的一个环节，根据需求建设智能仓储，保证了货物仓库管理各个环节数据输入的速度和准确性，确保企业及时、准确地掌握库存的真实数据，合理保持和控制企业库存。通过科学的编码，还可方便地对库存货物的批次、保质期等进行管理。

③ 生产执行管理智能化。

智能生产系统应以精益生产、约束理论为指导，建设不同生产类型的、先进的、适用的制造执行系统（MES），包括实现不同类型车间的作业计划编制、作业计划的下达和过程监控，车间在制物料的跟踪和管理、车间设备的运维和监控，生产技术准备的管理，刀具管理，制造过程质量管理和质量追溯，车间绩效管理，车间可视化管理，以实现车间全业务过程的透明化、可视化的管理和控制。

④ 效益目标。

智能生产系统通过智能装备、智能物流、智能管理的集成，排除影响生产的一切不利因素，优化车间资源利用，提高设备利用率，降低车间物料在制数，提高产品质量，提高准时交货率，提高车间的生产制造能力和综合管理水平，提高企业快速响应客户需求的能力和竞争能力。

3. 智能物流

（1）智能物流的定义。

随着物联网、大数据、云计算等相关技术的深入发展与普及，日益兴起的物联网技术融入交通物流领域，有助于智能物流的跨越式发展和优化升级。物流是最能体现物联网技术优势的行业，也是物联技术的主要应用领域之一。

智能物流就是将条形码、射频识别技术、传感器、全球定位系统等先进的物联网技术通过信息处理和网络通信技术平台广泛应用于物流业运输、仓储、配送、包装、装卸等基本活动环节，实现货物运输过程的自动化运作和效率优化管理，提高物流行业的服务水平，降低成本，减少自然资源和社会资源消耗。智能物流如图 1.24 所示。

智能物流在实施过程中强调的是物流过程的数据智慧化、网络协同化和决策智慧化。智能物流在功能上要实现 6 个“正确”，即正确的货物、正确的数量、正确的地点、正确的质量、正确的时间和正确的价格；在技术上要实现物品识别、地点跟踪、物品溯源、物品监控和实时响应。

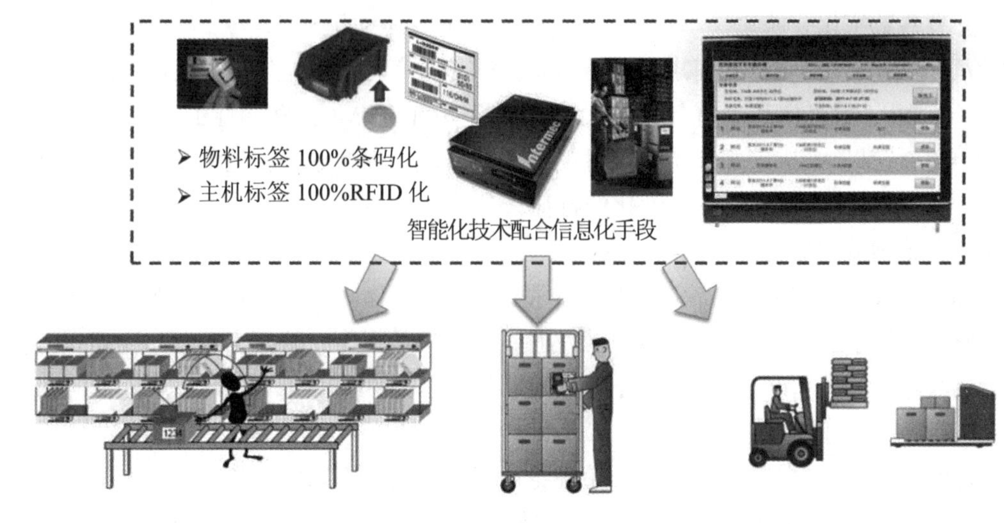

图 1.24 智能物流

（2）智能物流的特点。

智能物流的特点如图 1.25 所示。

图 1.25 智能物流的特点

① 智能化。智能物流运用数据库和数据分析，对物流具有一定反应机理，可以采取相应措施，使物流系统智能化。

② 一体化和层次化。智能物流以物流管理为中心，实现物流过程中运输、存储、包装、装卸等环节的一体化和智能物流系统的层次化。

③ 柔性化。由于电子商务的发展，智能物流使以前以生产商为中心的商业模式转为以消费者为中心的商业模式，根据消费者需求来调节生产工艺，从而实现物流系统的柔性化。

④ 社会化。智能物流的发展会带动区域经济和互联网经济的高速发展，从而在某些方面改变人们的生活方式，从而实现社会化。

4. 智能服务

（1）智能服务的定义。

智能服务是指根据用户的需求进行主动的服务，即采集用户的原始信息，进行后台积累，构建需求结构模型，进行数据加工挖掘和商业智能分析，包括用户的系统、偏好等需求，通过分析挖掘与时间、空间、身份、生活、工作状态相关的需求，主动推送客户需求的精准高效的服务。除了传递和反馈数据，智能服务系统还需进行多维度、多层次的感知和主动深入的辨识。

（2）智能服务的特点。

智能服务具有以下不同于传统服务的显著特点，如图 1.26 所示。

① 服务理念以用户为中心，
服务方案常横跨企业和不同产业
⑤ 服务体系注重平台化运营及
生态系统的打造
② 服务载体聚焦于网络化、
智能化的产品、设备（机器）
③ 服务形态体现为线下的实体服务
与线上的数字化服务的融合
④ 服务运营数据化驱动，通过数据、
算法增加附加值

图 1.26　智能服务特征

① 服务理念以用户为中心，服务方案常横跨企业和不同产业。这里的用户既包括智能产品的购买者，也包括智能服务的使用者。智能服务期望通过产品和服务的适当组合，随时、随地满足用户不同场景下的需求。

② 服务载体聚焦于网络化、智能化的产品和设备（机器）。智能产品指安装有传感器，受软件控制并联网的物体、设备或机器，它具有采集数据、分析并与其他机、物共享和交互反馈的特点。用户使用智能产品过程中产生的大数据能被进一步分析转化为智能数据，智能数据则衍生出智能服务。

③ 服务形态体现为线下的实体服务与线上的数字化服务的融合。类似于互联网技术应用在生活消费领域所产生的 O2O 模式，智能服务也体现为传统实体体验服务与新兴数字化服务的有机结合。

④ 服务运营数据化驱动，通过数据、算法增加附加值。一方面，智能服务提供商需要深度了解用户偏好和需求，需要具备对智能产品采集数据的实时分析能力，利用分析

结果为用户提供高度定制化的智能服务。另一方面，智能服务提供商可以利用智能数据进行预测分析，提升服务质量，实时优化服务方式。

⑤ 服务体系注重平台化运营及生态系统的打造。智能服务的市场领先者通常是服务体系的整合者，通过构建数据驱动的商业模式，创建网络化物理平台、软件定义平台和服务平台，打造资源互补、跨业协同的数字生态系统。

智能服务促进新的商业模式的产生，促进企业向服务型制造转型。智能产品+状态感知控制+大数据处理，将改变产品的现有销售和使用模式。出现了在线租用、自动配送和返还、优化保养和设备自动预警、培训、自动维修等智能服务新模式。在全球经济一体化的今天，国际产业转移和分工日益加快，新一轮技术革命和产业变革正在兴起，客户对产品和服务的要求越来越高，智能服务领域也将随着客户需求的变化快速发展。

1.3 智能制造与机电一体化技术

※ 智能制造与机电一体化技术

1.3.1 机电一体化技术概述

1. 机电一体化技术的概念

机械技术在人类工业生产的历史上，一直占有非常重要的地位，至今依然如此。随着现代控制技术的发展，传统的、单纯的机械技术已无法满足社会发展的需要，控制系统，尤其是计算机控制系统与机械技术的融合已是必然趋势，机电一体化技术就是在这个背景下被提出的。

机电一体化一词最早于20世纪70年代起源于日本，其英文名称“Mechatronics”取自“mechanics”（机械学）的前半部分和“electronics”（电子学）的后半部分，意为机械电子学或者机电一体化。目前，较为熟知的定义是由日本机械振兴协会经济研究所于1981年提出的：“机电一体化是在机械主功能、动力功能、信息功能和控制功能上引进微电子技术，并将机械装置与电子装置用相关软件有机结合而构成的系统的总称。”

目前，机电一体化已经成为一门有着自身体系的新型科学，随着生产和科学技术的发展，它还将不断被赋予更多新的内容。其基本特征可概括为：机电一体化是从系统的观点出发，综合运用机械技术、电工电子技术、微电子技术、信息技术、传感器技术、自动控制技术、计算机技术、接口技术、信号变换技术以及软件编程技术等多种技术，根据系统功能目标和优化组织结构目标，合理配置与布局各功能单元，在多功能、高质量、高可靠性、低能耗的意义上实现特定功能价值并使整个系统最优化的系统工程技术。

2. 机电一体化系统的组成

一个典型的机电一体化系统应包含以下几个基本要素：机械本体、动力驱动部分、传感检测部分、执行机构、控制及信息单元，如图1.27所示。我们将这些部分归纳为：结构组成要素、动力组成要素、运动组成要素、感知组成要素和智能组成要素；这些组成要素内部及其之间，形成一个通过接口耦合来实现运动传递、信息控制、能量转换等有机融合的完整系统。

（1）机械本体。

机电一体化系统的机械本体包括机身、框架、连接等。由于机电一体化产品的技术性能、水平和功能的提高，机械本体要在机械结构、材料、加工工艺性及几何尺寸等方面适应产品高效率、多功能、高可靠性和节能、小型、轻量、美观等要求。

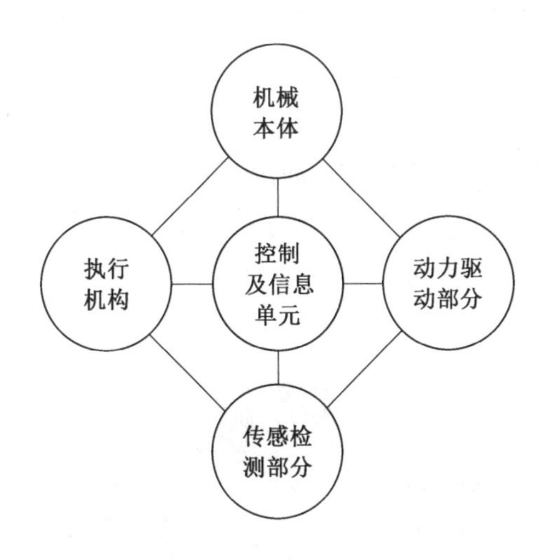

图1.27　机电一体化系统的组成

（2）动力驱动部分。

动力部分的功能是按照系统控制要求，为系统提供能量和动力，使系统正常运行。用尽可能小的动力输入获得尽可能大的动力输出，是机电一体化产品的显著特征之一。

驱动部分的功能是在控制信息作用下提供动力，驱动各执行机构完成各种动作和功能。机电一体化系统一方面要求驱动部分具有高效率和快速响应特性，另一方面要求对水、油、温度、尘埃等外部环境具有很好的适应性和可靠性。由于电力电子技术的快速发展，高性能的步进驱动、直流伺服和交流伺服驱动方式大量应用于机电一体化系统。

（3）传感检测部分。

传感检测部分的功能是对系统运行中所需要的本身和外界环境的各种参数及状态进行检测，生成相应的可识别信号，传输到信息处理单元，经过分析、处理后产生相应的控制信息。这一功能一般由专门的传感器及转换电路完成。

（4）执行机构。

执行机构的功能是根据控制信息和指令，完成要求的动作。执行机构是运动部件，一般采用机械、电磁、电液等机构。根据机电一体化系统的匹配性要求，执行机构需要考虑改善系统的动、静态性能，如提高刚性、减小质量和保持适当的阻尼，应尽量考虑组件化、标准化和系列化，以提高系统的整体可靠性等。

（5）控制及信息单元。

控制及信息单元的功能是将来自各传感器的检测信息和外部输入命令进行集中、储存、分析和加工，根据信息处理结果，按照一定的程序和节奏发出相应的指令，控制整个系统有目的地运行。

该单元一般由计算机、可编程逻辑控制器（PLC）、数控装置及逻辑电路、A/D 与 D/A 转换、I/O（输入/输出）接口和计算机外部设备等组成。机电一体化系统对控制和信息处理单元的基本要求是提高信息处理速度和可靠性，增强抗干扰能力以及完善系统自诊断功能，实现信息处理智能化。

3. 机电一体化系统的技术组成

机电一体化系统是多学科技术的综合应用，是技术密集型的系统工程。其技术组成包括机械技术、计算机信息处理技术、自动控制技术、传感与检测技术、伺服传动技术和系统总体技术等，如图 1.28 所示。

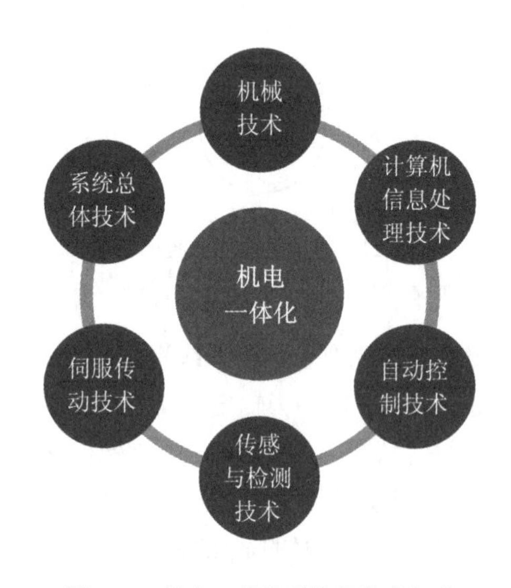

图 1.28　机电一体化系统的技术组成

（1）机械技术。

机械技术是机电一体化的基础。随着高新技术引入机械行业，机械技术面临着挑战和变革。在机电一体化产品中，机械技术不再是单一地完成系统间的连接，而是要优化设计系统的结构、质量、体积、刚性和寿命等参数对机电一体化系统的综合影响。机械技术的着眼点在于如何与机电一体化的技术相适应，利用其他高新技术来更新概念，实现结构、材料、性能及功能上的变更，以满足减少质量、缩小体积、提高精度、提高刚度、改善性能和增加功能的要求。

（2）计算机信息处理技术。

信息处理技术包括信息的交换、存取、运算、判断和决策，实现信息处理的工具是计算机，因此计算机技术与信息处理技术是密切相关的。计算机技术包括计算机的软件技术和硬件技术，网络与通信技术，数据技术等。

在机电一体化系统中，计算机信息处理部分指挥整个系统的运行。信息处理是否正确、及时，直接影响到系统工作的质量和效率。计算机应用及信息处理技术已成为促进机电一体化技术发展和变革的最活跃的因素。

（3）自动控制技术。

自动控制技术涉及的范围很广，由于机电一体化系统的控制对象种类繁多，所以控制技术的内容也很丰富，例如高精度定位控制、速度控制、自适应控制、自诊断、校正、补偿、再现、检索等。

随着微型机的广泛应用，自动控制技术越来越多地与计算机控制技术联系在一起，成为机电一体化中十分重要的关键技术。

（4）传感与检测技术。

传感与检测装置是系统的感受器官，它与信息系统的输入端相连并将检测到的信息输送到信息处理部分。传感与检测是实现自动控制、自动调节的关键环节，它的功能越强，系统的自动化程度就越高。

传感与检测的关键元件是传感器。传感器是将被测量（包括各种物理量、化学量和生物量等）转换成系统可识别的、与被测量有确定对应关系的有用电信号的一种装置。

（5）伺服传动技术。

伺服传动包括电动、气动、液压等各种类型的驱动装置，由微型计算机通过接口与这些传动装置相连接，控制它们的运动，带动工作机械做回转、直线以及其他各种复杂的运动。伺服传动技术是直接执行操作的技术，伺服系统是实现电信号到机械动作的转换装置或部件，对系统的动态性能、控制质量和功能具有决定性的影响。常见的伺服驱动有电液马达、脉冲油缸、步进电机、直流伺服电机和交流伺服电机等。

（6）系统总体技术。

系统总体技术是一种立足于整体目标，从系统的观点和全局角度，将总体分解成相互有机联系的若干单元，找出能完成各个功能的技术方案，再对技术方案进行分析、评价和优选的综合应用技术。

接口技术是系统总体技术的关键环节，主要有电气接口、机械接口和人机接口。电气接口实现系统间的信号联系；机械接口完成机械与机械部件、机械与电气装置的连接；人机接口提供人与系统间的交互界面。

1.3.2　机电一体化技术的应用

制造业作为传统工业的代表，是国民经济的重要支柱之一，如何节约成本，提高生产效率，一直是制造业在研究和解决的问题。机电一体化技术的出现和应用，使制造业的这一难题得到了明显的改善，而且减轻了劳动者的工作负担，有些工作环节由人为控制转向了自动化控制，推动了制造业的智能化发展。以下就机电一体化技术在智能制造中的应用进行简单的分析。

机电一体化技术在智能制造中的主要应用领域包括工业机器人、柔性制造系统（Flexible Manufacture System，FMS）和将设计、制造、销售、管理集于一体的计算机集成制造系统（Computer/contemporary Integrated Manufacturing Systems，CIMS）。

1. 工业机器人

机器人是先进制造业的重要支撑装备，也是未来智能制造业的关键切入点。工业机器人是在工业生产中使用的机器人的总称，主要用于完成工业生产中的某些作业。工业机器人作为机器人家族中的重要一员，是目前技术最成熟、应用最广泛的一类机器人。

工业机器人是典型的机电一体化装置，涉及机械、电气、控制、检测、通信和计算机等方面的技术。工业机器人的种类较多，常用的有：搬运机器人、焊接机器人、喷涂机器人、装配机器人、码垛机器人等。工业机器人示例如图 1.29 所示。

（a）搬运机器人

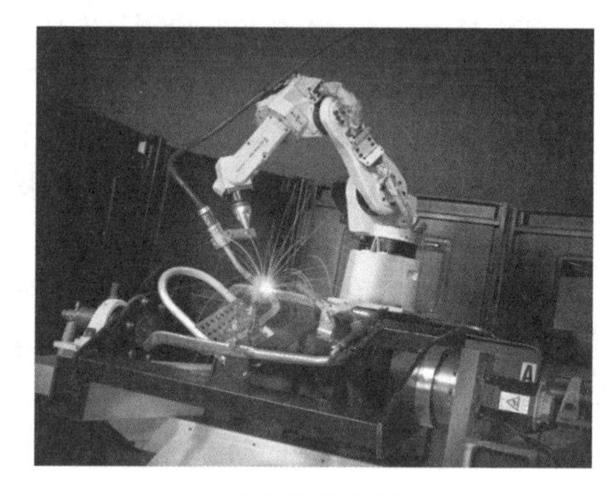

（b）焊接机器人

图 1.29　工业机器人示例

2. 柔性制造系统

柔性制造系统是由统一的信息控制系统、物料储运系统和一组数字控制加工设备组成，能适应加工对象变换的自动化机械制造系统。柔性制造系统由中央计算机控制机床和传输系统，有时可以同时加工几种不同的零件。

在柔性制造系统中，一组按次序排列的机器，由自动装卸及传送机器连接并经计算机系统集成一体，原材料和代加工零件在零件传输系统上装卸，零件在一台机器上加工完毕后传到下一台机器，每台机器接受操作指令，自动装卸所需工具，无须人工参与。柔性制造系统的示例如图 1.30 所示。

图 1.30 柔性制造系统示例

采用柔性制造系统的主要技术经济效果是：系统能按照装配作业配套需要，及时安排所需零件的加工，实现及时生产，从而减少毛坯和在制品的库存量，以及相应的流动资金占用量，缩短生产周期；提高设备的利用率，减少设备数量和厂房面积；减少直接劳动力，在少人看管条件下可实现昼夜 24 小时的连续“无人化生产”；提高产品质量的一致性。

3. 计算机集成制造系统

计算机集成制造系统是随着计算机辅助设计与制造的发展而产生的。它是在信息技术自动化技术与制造的基础上，通过计算机技术把分散在产品设计制造过程中各种孤立的自动化子系统有机地集成起来，形成适用于多品种、小批量生产，实现整体效益的集成化和智能化制造系统。

计算机集成制造系统包括四个功能子系统：管理信息子系统、产品设计与制造工程自动化子系统、制造自动化或柔性制造子系统、质量保证子系统；此外，还包括两个辅助子系统：计算机网络子系统和数据库子系统。计算机集成集成制造系统通过信息集成实现现代化的生产制造，以实现企业的总体效益。

当前，机电一体化技术已经在智能制造中得到了较为广泛的应用，改变了传统制造业中生产效率低下的状况，也转变了传统制造业单一固定的生产模式，推动了制造业的自动化、智能化发展。继续扩大机电一体化技术在智能制造中的应用范围，不仅符合制造业的发展趋势，也是创新和完善新技术的需要。

第2章　机械技术基础

机械是机器和机构的总称。机器是用来变换或传递能量、物料和信息的执行机械运动的装置，各种不同的机器具有不同的构造和用途，如计算机用来传递和变换信息、运输机用来传递物料、内燃机用来变换能量等。而机构是用来传递与变换运动和力的可动的装置。对于不同的机器，就其组成而言，都是由各种机构组合而成的。

2.1　模块化生产系统

※ 模块化生产系统——供料工作站

机械技术是机电一体化的基础，机电一体化产品的主功能和构造功能往往以机械技术为主得以实现。在机械与电子相互结合的实践中，机械技术不再是单一地完成系统间的连接，而是要优化设计系统的结构、质量、体积、刚性和寿命等参数，统筹考虑其对机电一体化系统的综合影响。机电一体化系统的机械系统在计算机控制系统的控制下，可完成一定的机械运动，实现一定的功能。

模块化生产系统（Modular Production System，MPS），是世界上领先的自动化技术供应商 Festo 公司的典型机电一体化产品。模块化集成工作站充分结合了机械系统和电气系统的特点，本书将以 MPS203 系列产品为对象进行剖析学习，如图 2.1 所示。

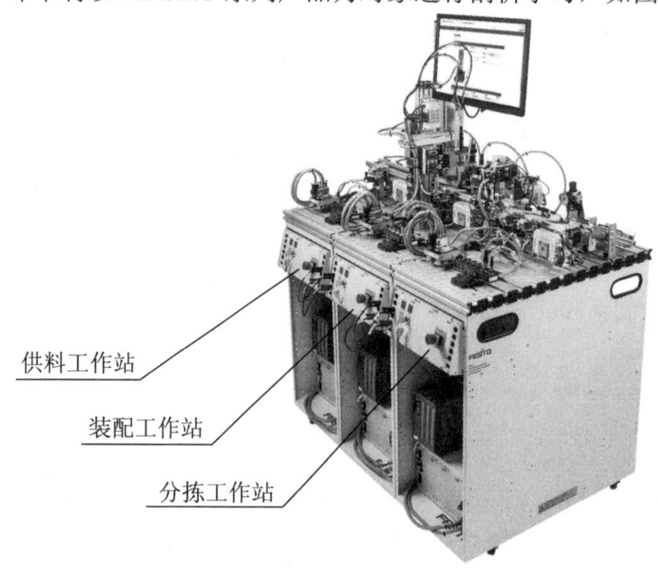

图 2.1　MPS203 工作站

2.2　供料工作站

供料工作站用于系统的供料环节，顾名思义，就是用来为生产系统供给物料。如图 2.2 所示，工作站由供料单元、机械底车、操作面板和控制面板等组成。

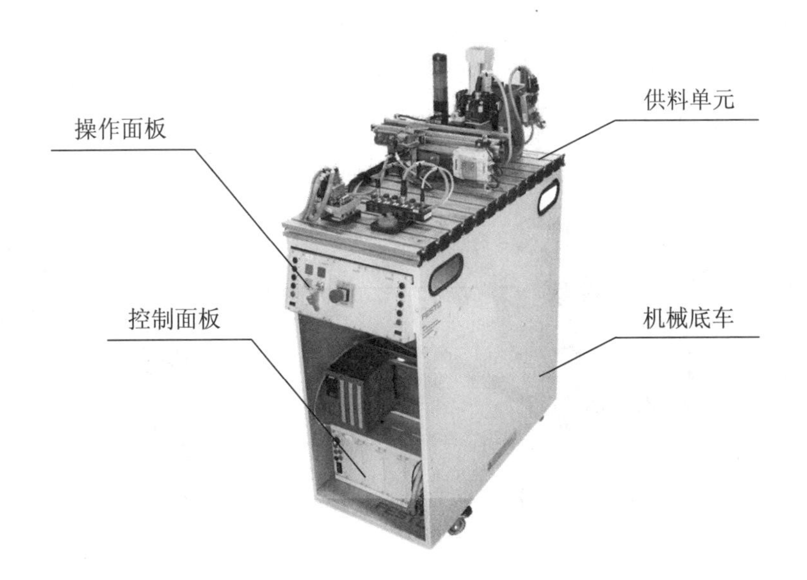

图 2.2　供料工作站

供料工作站中的各组成部分，见表 2.1。

表 2.1　供料工作站中各组成部分

序号	1	2	3	4
名称	操作面板	供料单元	控制面板	机械底车
实物图				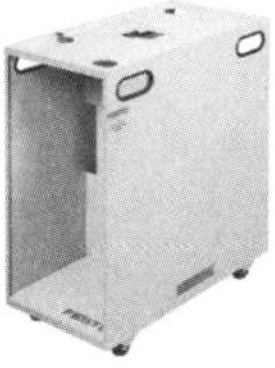
主要构成	操作按键、通信接口单元	料仓机构、传送带机构	PLC、电源、2 个数字量、1 个模拟量接口、2 组 24 V 和 0 V 接口单元	液压升降柱、4 个车轮

其中，供料单元是供料工作站的主体部分。供料单元由料仓机构和传送带机构两大模块组成。供料工作站在工作过程中，由双作用气缸将料仓中物料逐一推出至传送带，然后，传送带机构将物料运送到下一个工作站。以下将对供料单元中的两大组成机构模块进行剖析。

2.2.1 料仓机构

料仓机构是供料单元中两个主要组成模块之一，如图 2.3 所示。料仓机构的主要功能是为生产系统存放加工物料，并在加工过程中为系统逐一提供物料，故称之为料仓机构，在料仓机构的料斗中至多可堆放 7 个物料。

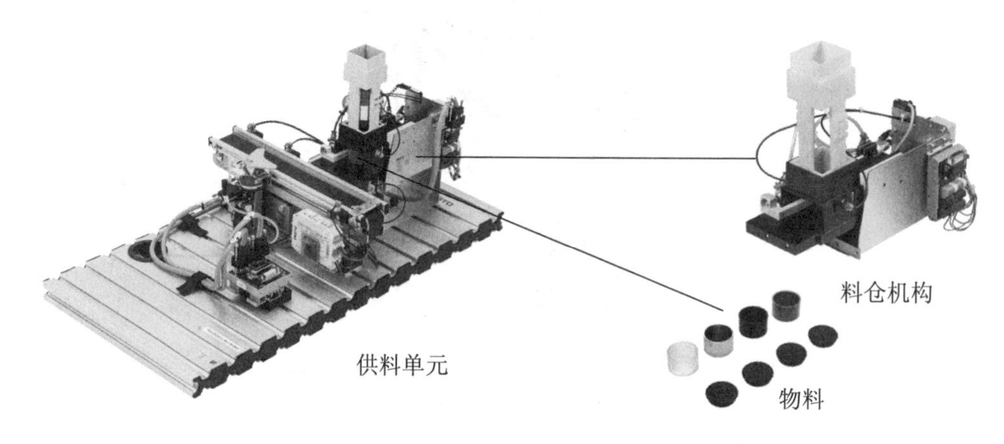

图 2.3 位于供料单元中的料仓机构和物料

1. 机构组成

料仓机构由弯折件装配支架、螺纹零件、方形料斗及双作用气缸等组成，如图 2.4 所示。机构可通过装配支架，根据与传送带的位置高度相配合的原则进行调节安装，料仓机构中的动力执行机构为双作用气缸，通过气缸将位于料仓底层的物料推出至传送带上。

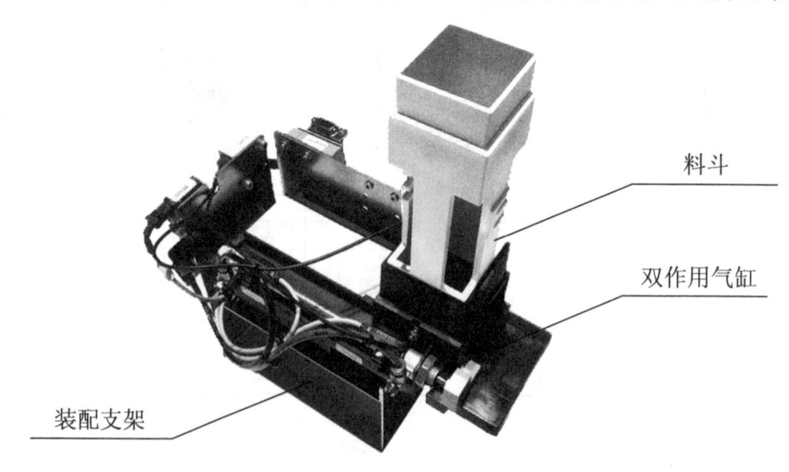

图 2.4 料仓机构的组成

在料仓机构中，料斗用于存放物料，如图2.3中供料单元所示；双作用气缸向外推送料斗里的物料；而气缸和料斗的组合通过装配支架安装在型材板上。料仓机构中各组成元器件如图2.5所示。

（a）装配支架

（b）双作用气缸

（c）料斗

图2.5　料仓机构中各组成元器件

2. 动作原理

供料工作站运行时，料仓机构中的双作用气缸来回往复地推料至传送带上，以达到为生产系统供料的目的。物料放入料仓时，如图2.6（a）所示；当位于料仓机构中的检测元件检测到有物料时，作为执行元器件的双作用气缸会将其推出至传送带机构，如图2.6（b）所示。

（a）物料存放于料斗中

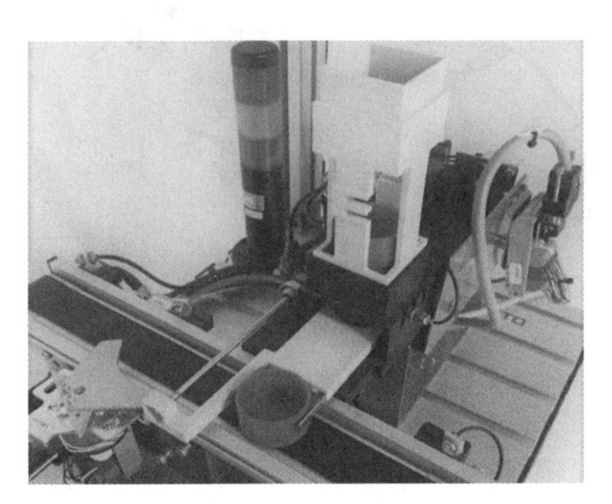

（b）气缸推出物料

图2.6　料仓机构动作原理

2.2.2　传送带机构

传送带是以挠性皮带作为物料承载件和牵引件的连续输送设备。传送带也称输送带，用于实现物料传递功能，是物料搬运系统机械化和自动化不可缺少的组成部分。在供料单元中，传送带机构用于承接料仓中被推出的物料。图2.7所示为集成了动力部件、控制器及辅助电子元器件的传送带机构。

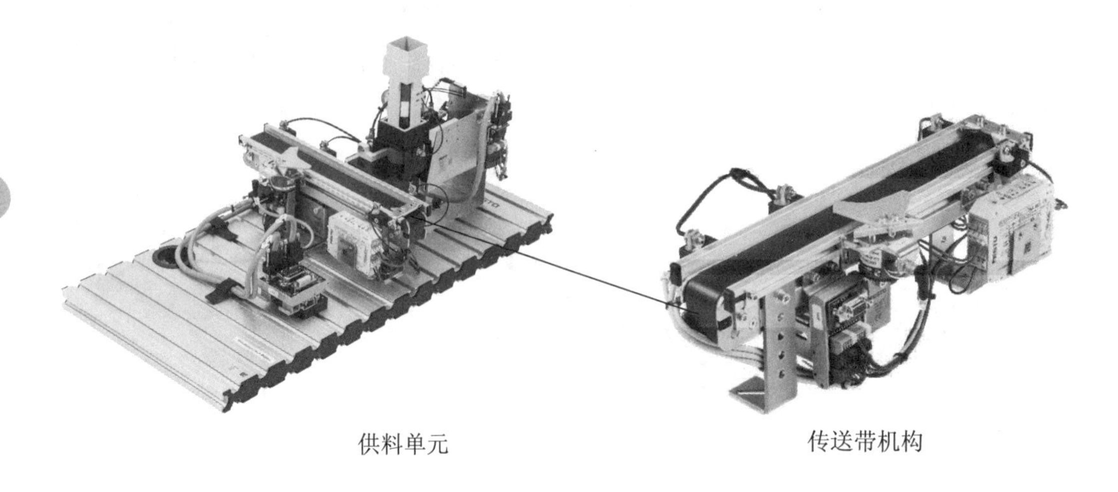

图 2.7　位于供料单元中的传送带机构

1. 机构组成

如图 2.8 所示，模块化生产系统中的传送带机构由皮带、型材、滚轮组件和直流电机及减速机构等组成。皮带支撑在滚轮组件上，以给皮带正常运转时所需的张紧力。

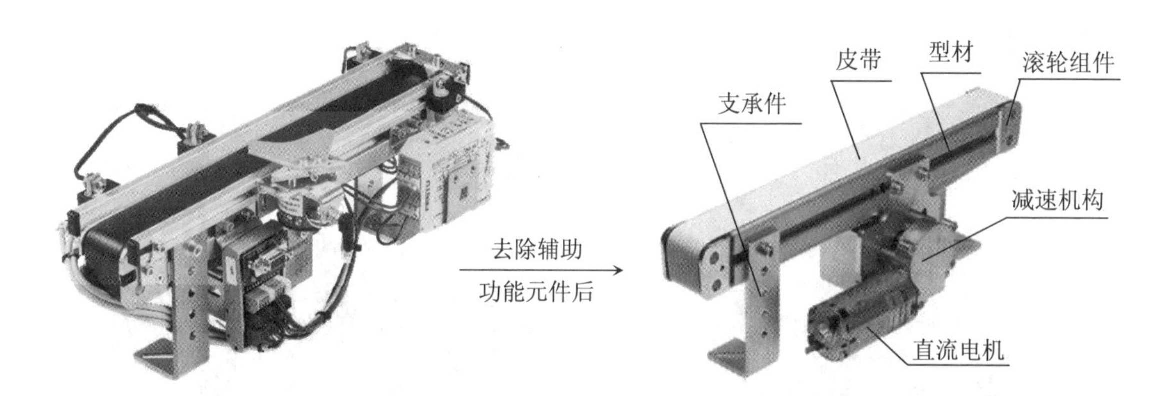

图 2.8　传送带机构的组成

如图 2.8 所示，直流电机是传送带机构的动力源，而减速机构也是传送带机构中的重要组件之一。在 MPS 工作站中，传送带减速机构均采用蜗轮蜗杆减速机，如图 2.9 所示。蜗杆为主动轮，蜗轮为从动轮。

图 2.9　直流电机与减速机构

2. 动作原理

当供料工作站中的传送带机构接到料仓机构推出来的物料之后，如图 2.10 所示，传送带机构开始启动运行。

（a）传送带接收料仓推出的物料

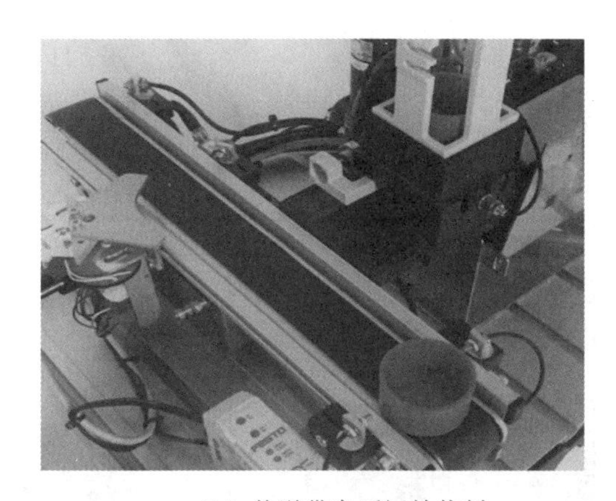

（b）传送带向后运输物料

图 2.10　传送带机构动作原理

2.3　装配工作站

※ 模块化生产系统——装配工作站

装配工作站用以实现物料装配，一般位于模块化生产系统的中间环节。如图 2.11 所示，装配工作站由装配单元、机械底车、操作面板和控制面板等组成。其中，装配单元是工作站的主体部分。装配单元由传送带机构和气动机械手机构两大模块组成。2 个传送带机构分别为物料上盖运输传送带机构和物料壳体运输传送带机构。当未装配上盖的物料壳体从上一个工作站流向装配工作站时，运输物料上盖的传送带将盖子运送到人工设定位置（机械手抓取位置）；当物料壳体到达装配位置时，气动机械手开始执行动作，将盖子吸住提起并安装在壳体上，完成物料的装配工序。

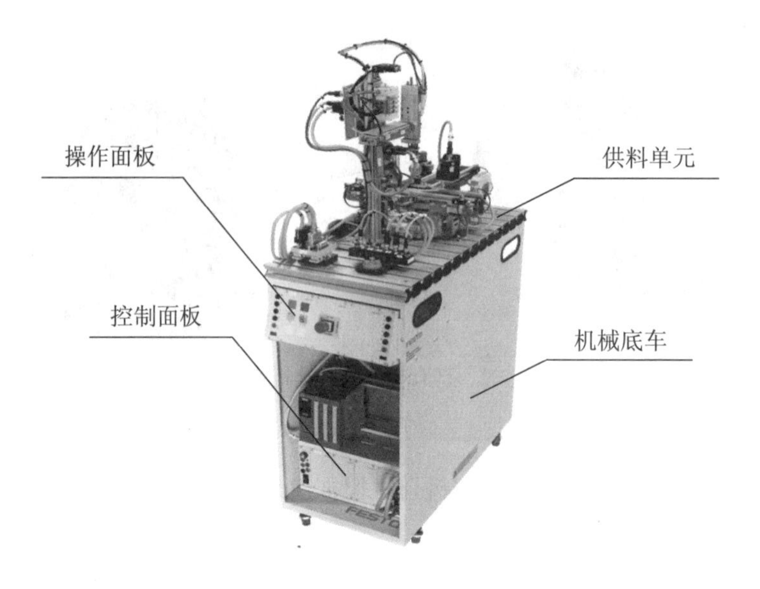

图 2.11 装配工作站

装配工作站中各组成部分，见表 2.2。

表 2.2 装配工作站中各组成部分

序号	1	2	3	4
名称	操作面板	供料单元	控制面板	机械底车
实物图				
主要构成	操作按键、通信接口单元	气动机械手机构、2个传送带机构	PLC、电源、2 个数字量接口、1 个模拟量接口、2 组 24 V 和 0 V 接口单元	液压升降柱、4 个车轮

装配单元是装配工作站的主要工作部分，是工作站的主体，单元由两个传送带机构和 1 个气动机械手机构组成。以下将对装配单元中的三大组成机构模块进行剖析。

2.3.1 传送带机构

在装配工作站中共有两个传送带机构模块，分别用于运输物料上盖和运输物料壳体。两个传送带机构在单元中呈 T 字形摆放，如图 2.12 所示。

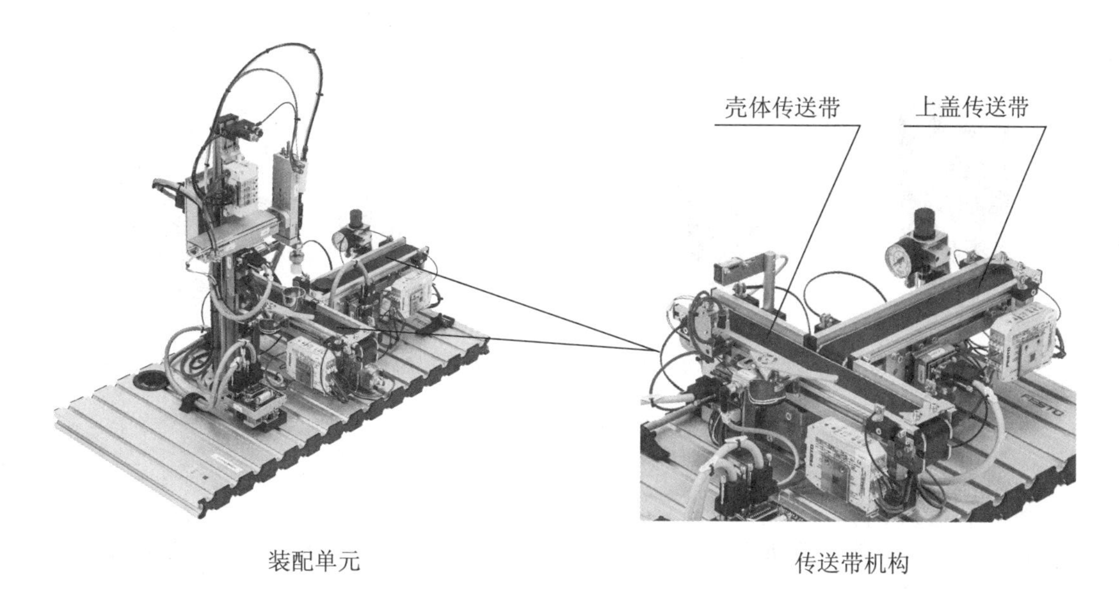

图 2.12　位于装配单元中的传送带机构

1. 机构组成

在装配工作站所拥有两个传送带机构中，其主体机构与供料工作站的传送带机构一致，区别的在于对于不同的工作站，其所做的工序不同，即传送带机构上所需要附加的功能元器件的种类和数量一般会有所不同，如图 2.13 所示。

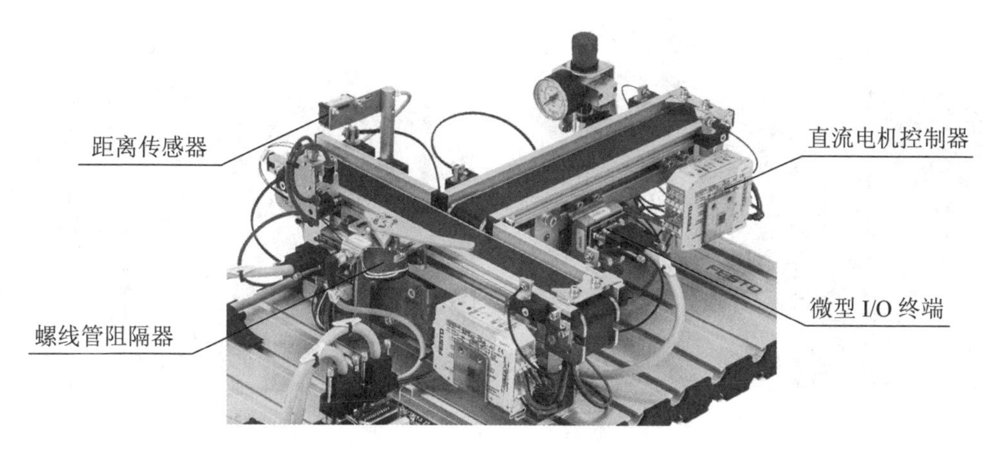

图 2.13　传送带机构的组成

装配工作站传送带机构中的辅助功能元器件里，距离传感器用于检测当前物料是否装上盖子；传送带上的执行辅助部件阻隔器实质上是直流旋转螺线管，起到阻挡物料前行的作用；电机控制器用于控制直流电机的正反转以及转速；而整个传送带机构上的电子线路则集中接到微型 I/O 终端上，然后再由 I/O 终端通过 C 接口接到工作站的 PLC 上。各部件如图 2.14 所示。

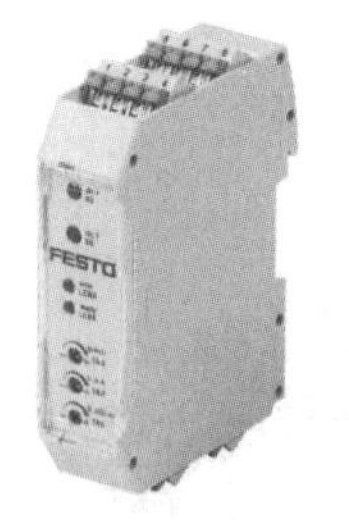

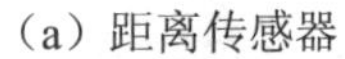

（a）距离传感器　（b）螺线管阻隔器　（c）直流电机控制器　（d）微型 I/O 终端

图 2.14　传送带机构中的组成元器件

2. 动作原理

两个传送带机构呈 T 形摆放，这样布局的目的是为了使上盖传送带能与提取安装机械手处于同一轴线上。上盖传送带在靠近机械手的一端装配了铝合金挡块，用于阻挡物料上盖继续向前运行，并确定上盖的停留位置。在壳体传送带上安装有单作用气缸制动器和螺线管阻隔器，前者用于阻挡物料壳体以便于距离传感器检测壳体是否有盖，后者用于阻挡流动中的物料壳体。当传送带上的上盖和壳体均到达指定位置后，气动机械手便吸取上盖并安装在被制动的物料壳体上。安装完成后，阻隔器转回原位，物料继续流向下一站。传送带机构动作原理如图 2.15 所示。

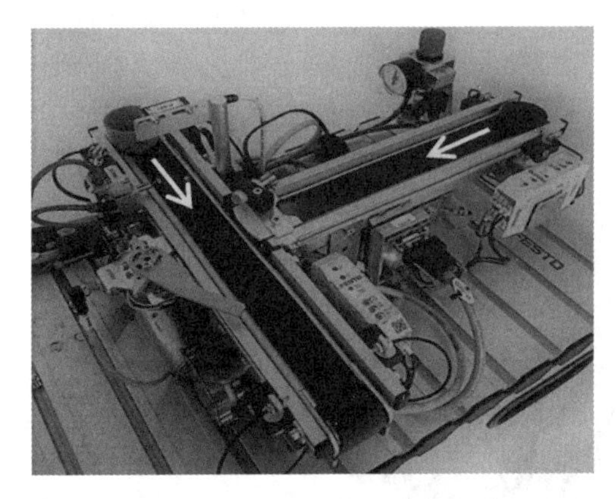

（a）物料上盖和壳体位于传送带起始位置

（b）制动器阻挡壳体以便检测

图 2.15　传送带机构动作原理

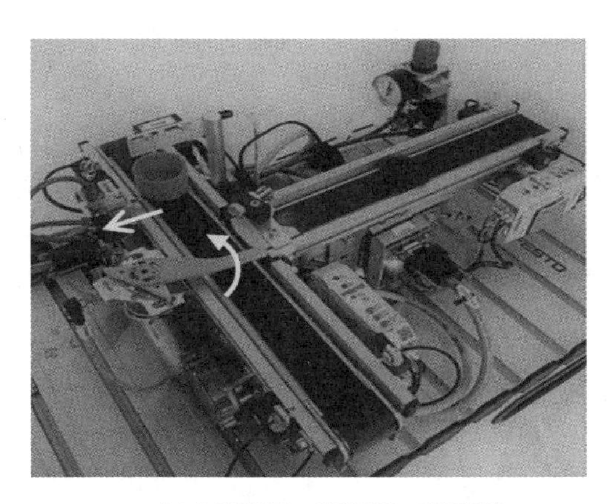

（c）制动器缩回、阻隔器开始阻挡

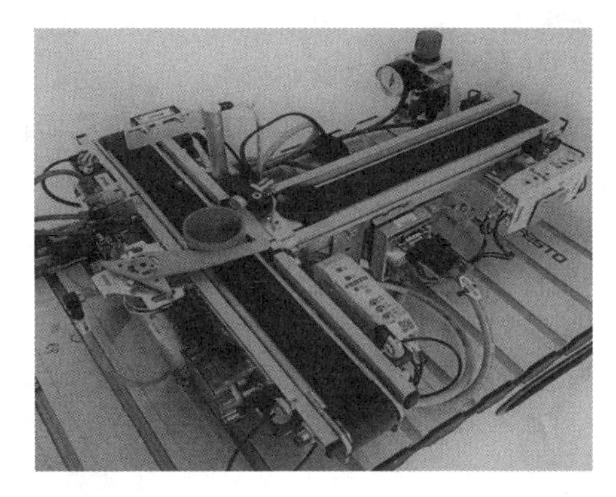

（d）壳体和上盖均到达位置等待装配

续图 2.15

2. 3. 2　气动机械手机构

气动机械手是在装配工作站中执行装配动作的机构。气动机械手机构是由两组活塞杆空间垂直相交的双作用气缸组成的一种气动搬运装置，是完全利用气动结构实现机械手抓取动作的机构。显然，气动机械手机构拥有两个自由度，能够实现水平运动和垂直运动。气动机械手机构如图 2.16 所示。

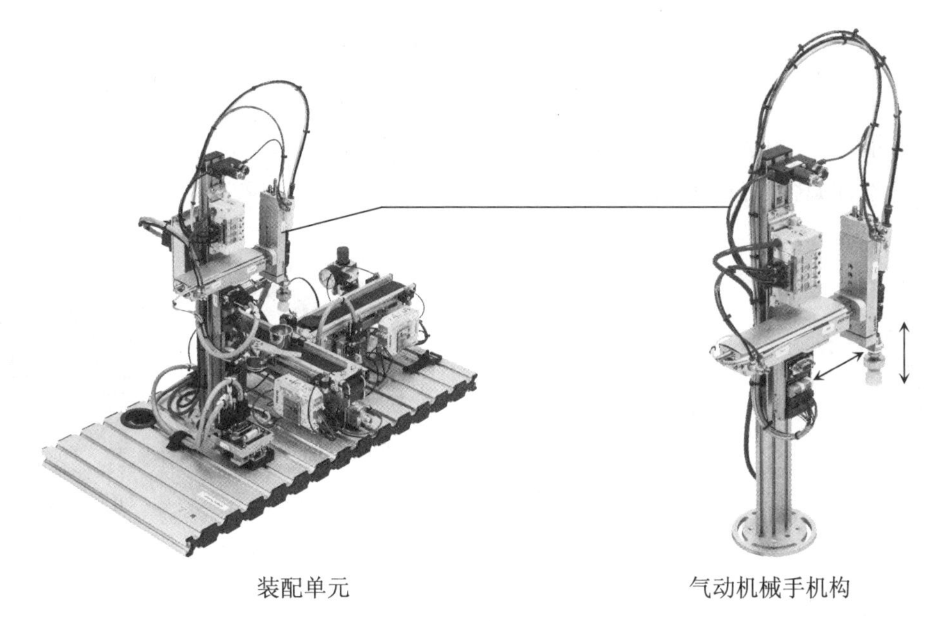

装配单元　　　　气动机械手机构

图 2.16　气动机械手机构

1. 机构组成

提取与安装用气动机械手就其结构而言并不复杂，机械手主体机构为两个轴线垂直相交的双作用扁平气缸，此外还有诸如阀岛、真空元件等功能执行元器件，如图 2.17 所示。

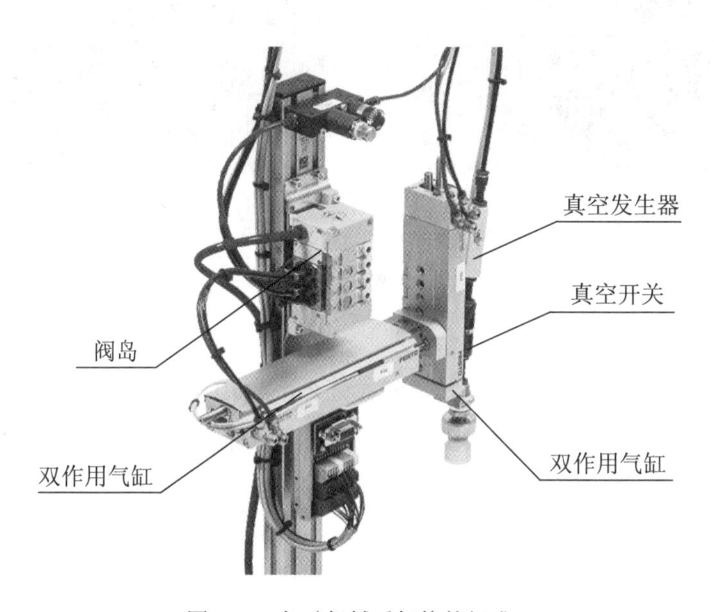

图 2.17　气动机械手机构的组成

在气动机械手中，双作用气缸保证了机械手的前后、上下动作；真空发生器为机械手提供抓取吸力；真空开关则用于判断机械手是否成功抓料；阀岛为气动元件改变气动回路。各部件如图 2.18 所示。

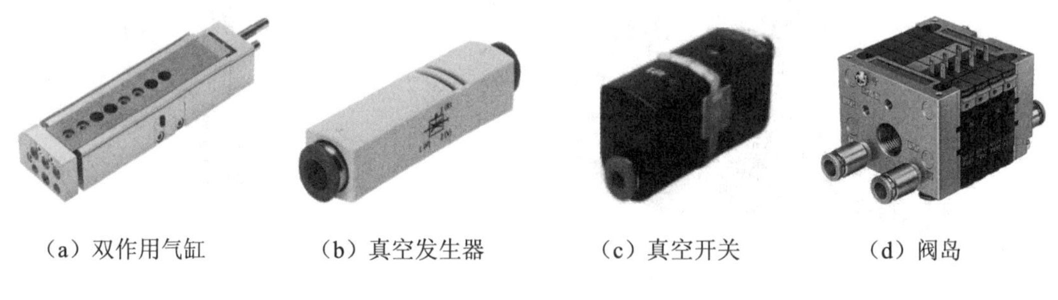

（a）双作用气缸　（b）真空发生器　（c）真空开关　（d）阀岛

图 2.18　气动机械手中的组成元器件

2. 动作原理

当两条传送带上的物料壳体和上盖均已到达指定位置时，气动机械手将对物料进行装配，其动作原理如图 2.19 所示。

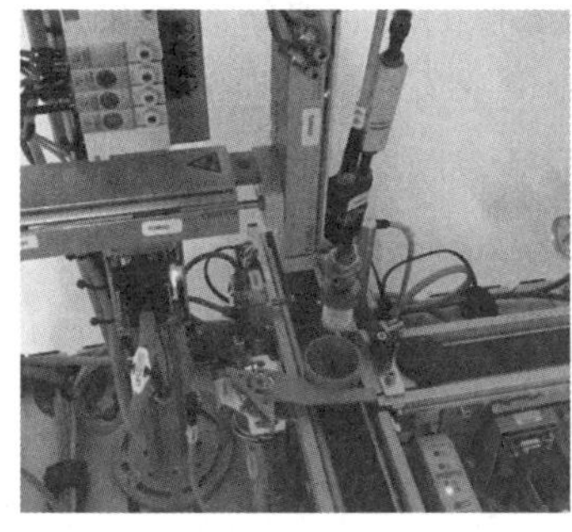

（a）待装配物料已到达位置

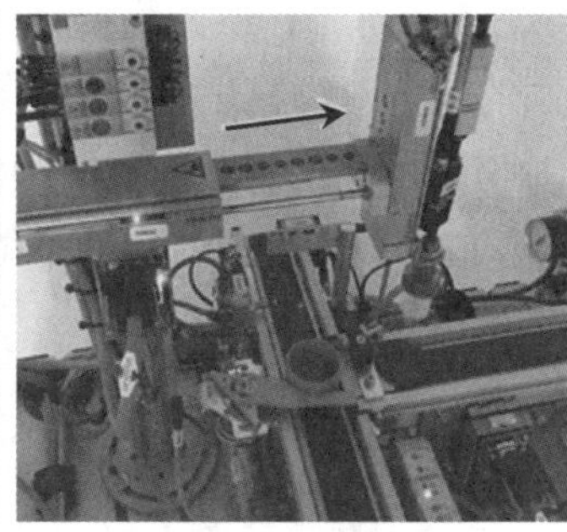

（b）机械手水平伸出

（c）机械手垂直伸出

（d）机械手吸取物料

（e）机械手垂直缩回

（f）机械手水平退回

（g）机械手垂直伸出装配

（h）装配完成，机械手垂直缩回

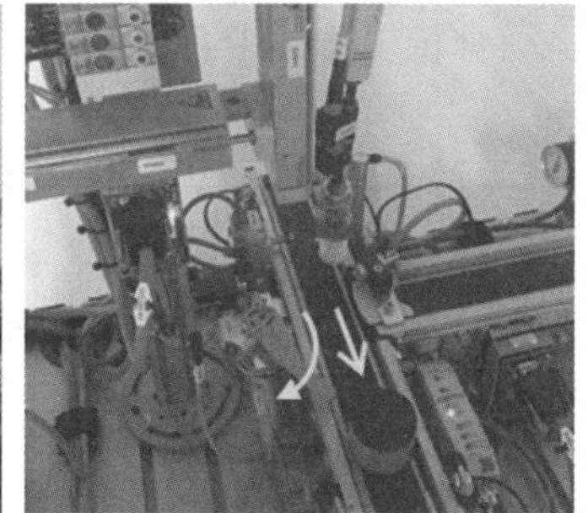

（i）阻隔器对物料放行

图 2.19　气动机械手动作原理

2.4　分拣工作站

分拣工作站是生产系统中的重要组成部分，是生产系统的分类处理环节。如图 2.20 所示，分拣工作站由分拣单元、机械底车、操作面板和控制面板等组成。其中，分拣单元是工作站的主体部分。分拣单元由传送带

※ 模块化生产系统——分拣工作站

机构和滑槽机构两个模块组成。进入分拣工作站的物料会按颜色的不同被分拣到 3 个滑槽里。MPS 工作站是以物料表面的颜色对物料进行分类，颜色分为 3 种，分别是黑色、红色和银色，对应着 3 个滑槽。识别模块检测到物料的颜色后，制动器缩回，由螺线管阻隔器配合传送带将物料分拣到各自不同颜色所对应的滑槽里。

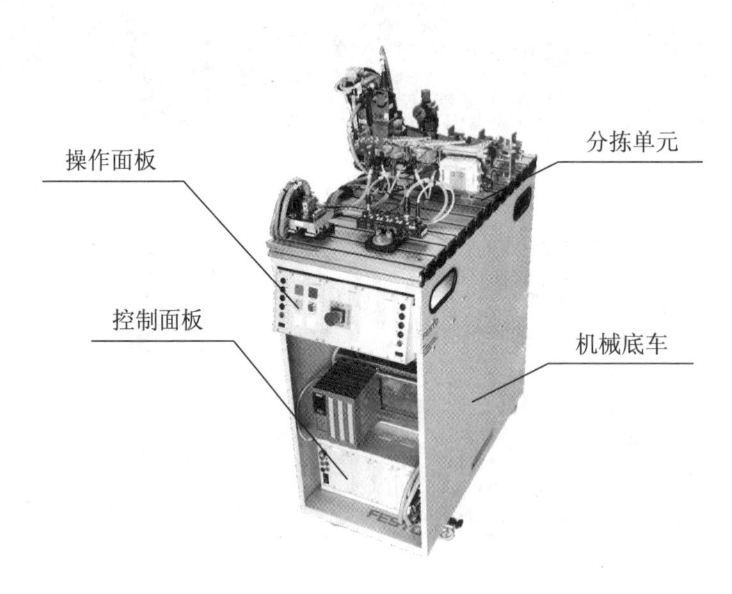

图 2.20　分拣工作站

分拣工作站中各组成部分，见表 2.3。

表 2.3　分拣工作站中各组成部分

序号	1	2	3	4
名称	控制面板	分拣单元	PLC 模块	机械底车
实物图				
主要构成	操作按键、通信接口单元	传送带机构、滑槽机构	PLC、电源、2 个数字量、1 个模拟量接口、2 组 24 V 和 0 V 接口单元	液压升降柱、4 个车轮

分拣单元是分拣工作站的主要工作部分，是工作站的主体，由传送带机构和滑槽机构组成。以下将对分拣单元中的两大组成机构模块进行剖析。

2.4.1　传送带机构

分拣工作站中的传送带机构引入完成前站工序的物料，并通过识别模块对物料外观颜色进行检测，然后由传送带机构上的螺线管阻隔器完成对物料的分类。分拣工作站中的传送带机构如图 2.21 所示。

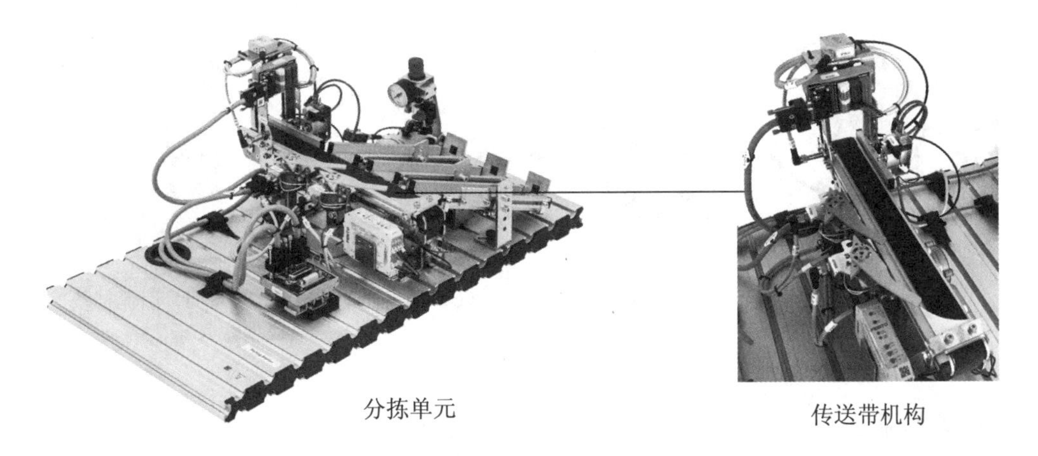

图 2.21　分拣工作站中的传送带机构

1. 机构组成

分拣工作站中的传送带机构较前两个站的传送带机构在模块集成上稍显复杂，但传送带主体机构不变。与其他工作站的传送带机构相比，分拣工作站中的传送带机构集成了更多的控制及辅助元件，如识别模块、制动器、螺线管阻隔器和引流挡块等元器件或模块，如图 2.22 所示。

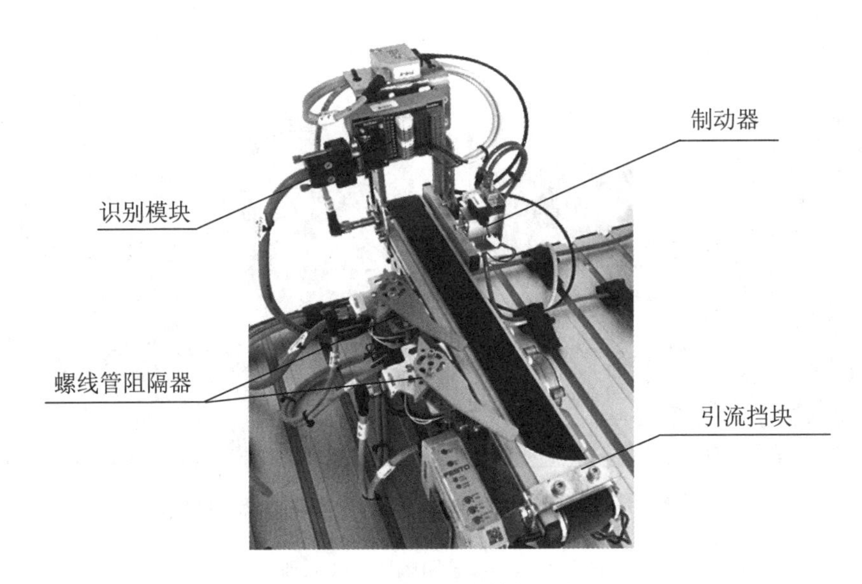

图 2.22　传送带机构的组成

在分拣工作站中，传送带机构的阻隔器用于配合传送带将物料分拣至滑槽里。因为存在 3 个滑槽组件，所以传送带机构上有两个阻隔器和一个引流挡块。识别模块用于检测物料表面颜色，制动器则用于阻挡物料前进，配合识别模块检测。各组成元器件如图 2.23 所示。

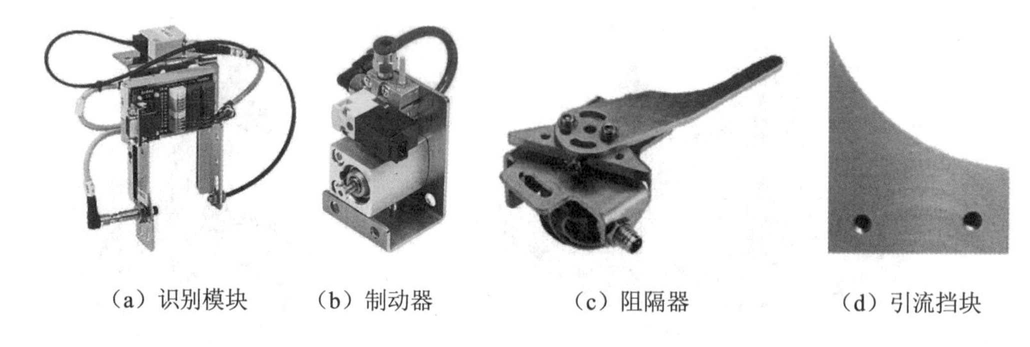

（a）识别模块　（b）制动器　（c）阻隔器　（d）引流挡块

图 2.23　传送带机构中各组成元器件

2. 动作原理

当物料进入到分拣工作站后，识别模块通过制动器对物料的阻挡完成对物料的检测。识别模块共集成了三种类型的传感器，可检测出三种不同的颜色。制动器位于识别模块的后方，并紧挨着识别模块，是用来阻挡物料前行、配合识别模块对物料进行检测的辅助元器件，其实质是一个短行程的单作用气缸。在分拣工作站中的传送带机构上，对应三个滑槽装置分别装有两个阻隔器和一个引流挡块，用于分流已检测的物料。阻隔器采用带机械电磁转动装置的直流旋转螺线管，当物料检测完毕后，接收到相应执行信号后的阻隔器开始工作，并且制动器的活塞杆将缩回，放行已检测的物料。螺线管阻隔器动作原理如图 2.24 所示。

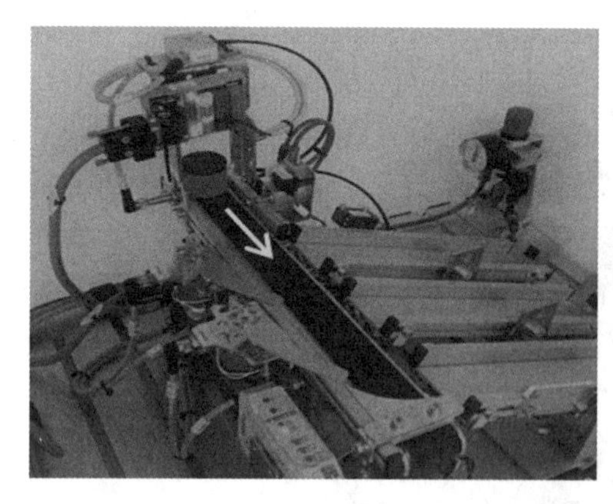

（a）制动器阻挡物料以检测

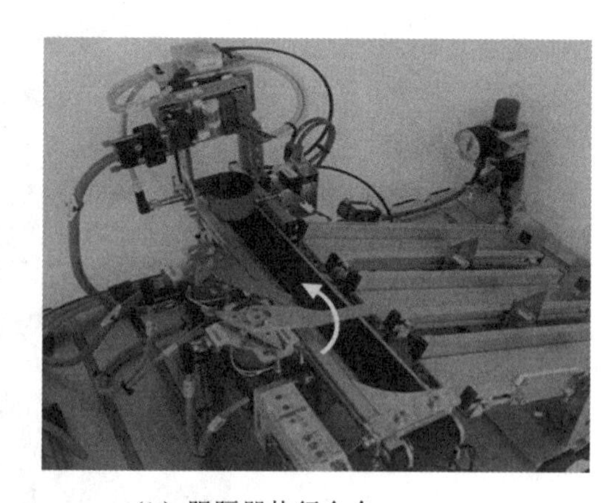

（b）阻隔器执行命令

图 2.24　螺线管阻隔器动作原理

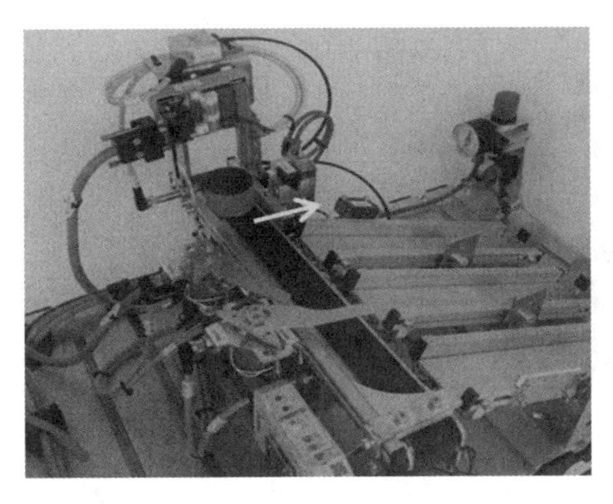

（c）制动器缩回放行物料

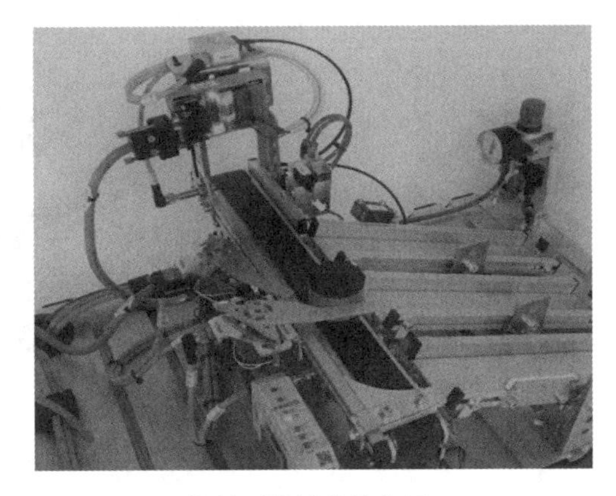

（d）物料到达被分拣位置

续图 2.24

2.4.2　滑槽机构

分拣工作站中的滑槽机构是生产系统中的存储单元，用于被分拣后的物料存放。因其倾斜安装，可方便物料自由落下，故称其为滑槽。滑槽机构由三组滑槽组成，可对应存放三种颜色的物料。分拣工作站中的滑槽机构如图 2.25 所示。

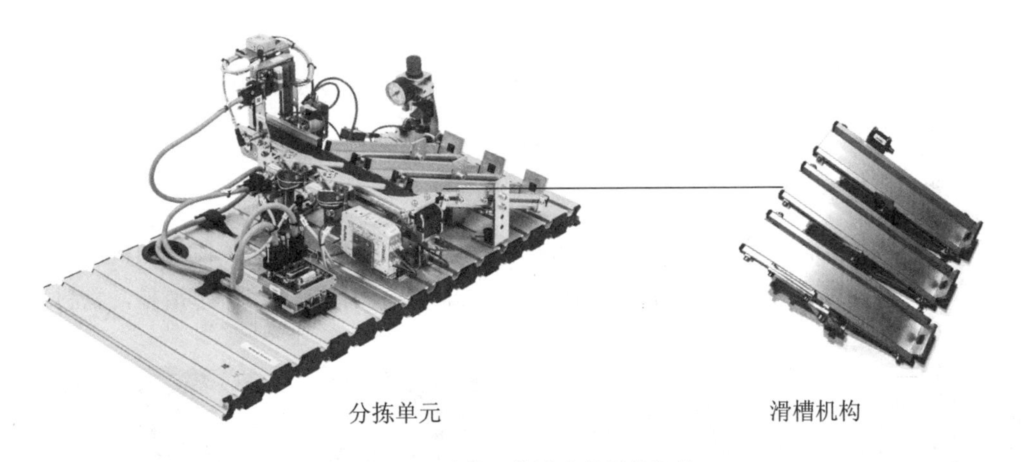

图 2.25　分拣工作站中的滑槽机构

1. 机构组成

滑槽机构共有 3 组滑槽，分别对应存放 3 种颜色的成品物料。滑槽机构的结构较为简单，由 3 个滑槽组件、3 个支承件和位于滑槽机构两端的反射式传感器及其反射镜片组成，如图 2.26 所示。

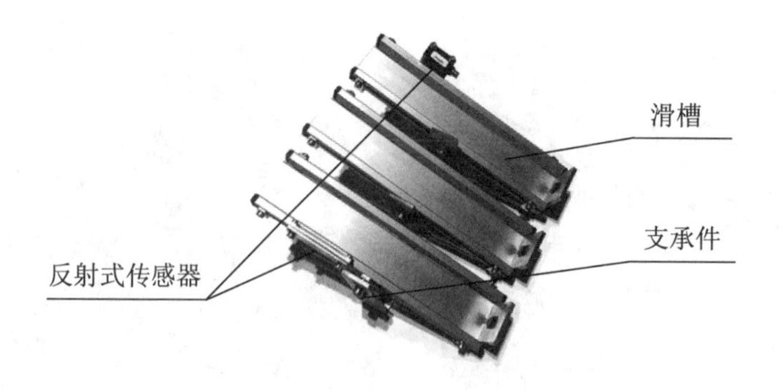

图 2.26　滑槽机构的组成

滑槽机构中 3 个滑槽组件并排放置，平行度一致，通过支承件安装在型材板上。反射式传感器包括传感器和反射镜片两个部分，装置在滑槽的上端，其作用是判断滑槽内物料是否填充到一定高度。反射式传感器及其原理图如图 2.27 所示。

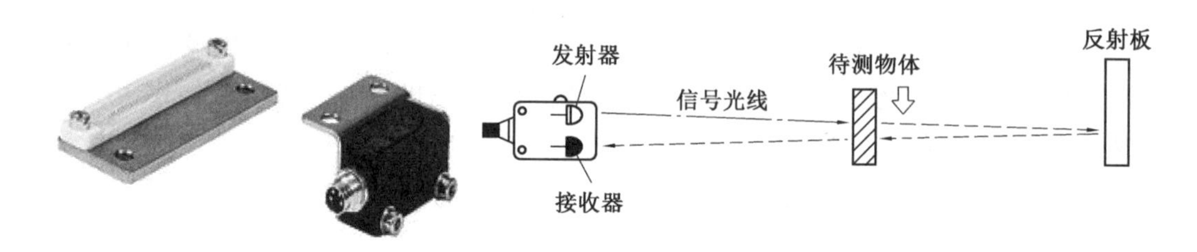

（a）反射式传感器　　（b）反射式传感器工作原理图

图 2.27　反射式传感器及其原理图

2. 动作原理

物料检测完毕后，通过阻隔器或引流挡块与传送带的配合工作，使得物料进入相应的滑槽。如图 2.28 所示，图中物料通过螺线管阻隔器的动作进入第一个滑槽，物料自上向下落入滑槽底部。

（a）物料通过阻隔器流向滑槽

（b）物料落入槽底

图 2.28　滑槽机构动作原理

第3章　气动技术

气压传动与控制技术简称“气动技术”，是以空气压缩机为动力源，以压缩空气为工作介质进行能量传递或信号传递的工程技术。它是实现各种生产控制、自动化作业的重要手段之一。广义地说，除了空气压缩机、气缸、气动马达、各类气动控制阀以及辅助装置外，真空发生装置、真空执行元件、气动工具等都包括在气动装置的范畴之内。

3.1　气动技术基础

❋ 气动技术基础

气压传动系统的工作原理是利用空气压缩机将电动机或其他原动机输出的机械能转变为空气的压力能，然后在控制元件的控制和辅助元件的配合下，通过执行元件把空气的压力能转变为机械能，从而完成直线或回转运动并对外做功。本节主要介绍常用的气动元件。

典型气压传动系统如图3.1所示，由四部分组成：气源发生装置，控制元件，执行元件，辅助元件。

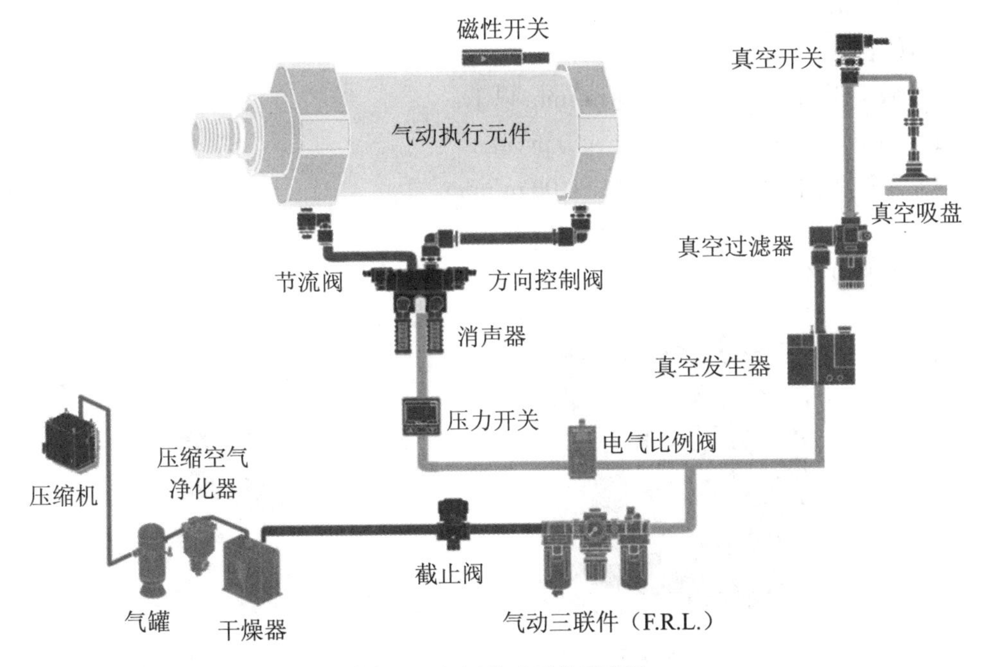

图3.1　气压传动系统示意图

1. 气源发生装置

气源发生装置将原动机输出的机械能转变为空气的压力能，针对正压系统的主要设备是空气压缩机，针对负压系统的主要设备是真空泵和真空发生器。

2. 控制元件

控制元件用来控制压缩空气的压力、流量和流动方向，以保证执行元件，如压力阀、流量阀、方向阀和逻辑阀等，具有一定的输出力和速度并按设计的程序正常工作。

3. 执行元件

执行元件是将空气的压力能转变为机械能的能量转换装置，如气缸和气马达。

4. 辅助元件

辅助元件是用于辅助保证气动系统正常工作的一些装置，如干燥器、空气过滤器、消声器和油雾器等。

3.1.1 气源发生装置

本书中的气源发生装置为空气压缩机。压缩机是一种输送气体和提高气体压力的机器，是很多行业必不可少的设备之一。压缩机种类很多，按其工作原理可分为容积型和速度型两大类。这里主要介绍容积型压缩机。

容积型压缩机按其压缩部件的运动特点可分为两种形式：往复式和回转式。往复式压缩机包括活塞式压缩机和隔膜式压缩机两种，回转式又可根据压缩机的结构特点分为滚动转子式、滑片式、螺杆式（又称双螺杆式）、单螺杆式等。

按压缩机排气量的大小可分为：

（1）微型压缩机：排气量在 1 m^3/min 以下。

（2）小型压缩机：排气量在 1～10 m^3/min。

（3）中型压缩机：排气量在 10～100 m^3/min。

（4）大型压缩机：排气量在 100 m^3/min。

本书中的设备供气可以使用微型或者小型空气压缩机，如图 3.2 所示。

（a）螺杆式小型空压机

（b）活塞式微型空压机

图 3.2　压缩机外形图

3.1.2　方向控制元件

方向控制阀是用来控制气压传动系统内压缩空气的流动方向和气流通断的控制元件，在气动系统中被用作信号元件、控制元件和主控元件，来控制执行元件启动、停止及运动方向。它是气动系统中应用最广泛的一类阀。

按气流在阀内的作用方向，方向控制阀可分为单向型方向控制阀和换向型方向控制阀两类。只允许气流沿一个方向流动的方向控制阀称为单向型方向控制阀，如单向阀、梭阀、双压阀等。可以改变气流流动方向的方向控制阀称为换向型方向控制阀，简称换向阀。

1. 换向阀的分类

（1）按阀的工作位置。

阀的工作位置称为“位”，有几个切换位置就称为“几位”阀。经常使用的有“二位”阀和“三位”阀。阀在未加控制信号或未被操作时所处的位置称为“零位”。

（2）按阀的接口数目。

阀的接口（包括排气口）称为“通”，阀的接口包括入口、出口和排气口，但不包括控制口。接口有两种表示方法，即数字表示（符合《ISO11727：1999 气动控制阀和其他元件的气口和控制机构的标识》（GB/T 32215—2015））和字母表示（实际中常见）。接口的表示方法见表 3.1。

表 3.1　接口的表示方法

接口	数字表示	字母表示
进气口	1	P
工作口	2	A
排气口	3	S
工作口	4	B
排气口	5	R
输出信号 清零的控制口	（10）	（Z）
控制口	12	Y
控制口	14	Z

常见阀的接口数目有两通、三通、四通、五通。阀的名称可根据阀的切换位置和接口数目来确定，如二位二通阀、三位五通阀等。

二位和三位换向阀的图形符号见表 3.2。

表 3.2　二位和三位换向阀的图形符号

	二位	三位		
		中位封闭式	中位泄压式	中位加压式
二通	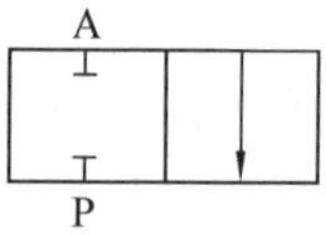 A P	—	—	—
三通	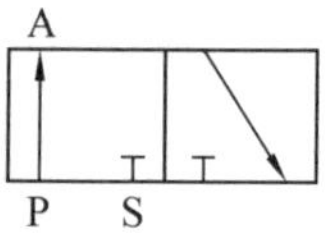 A P S	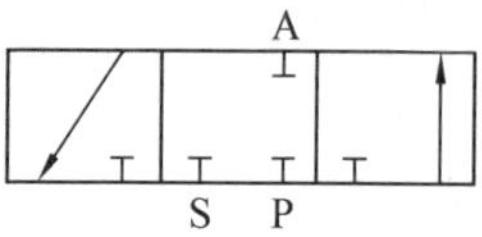 A S P	—	—
四通	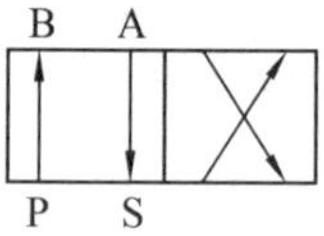 B A P S	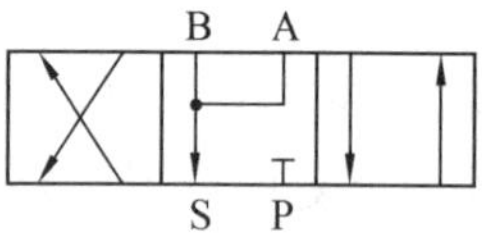 B A S P	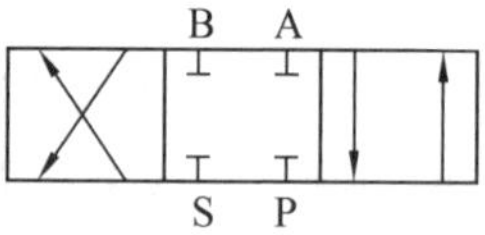 B A S P	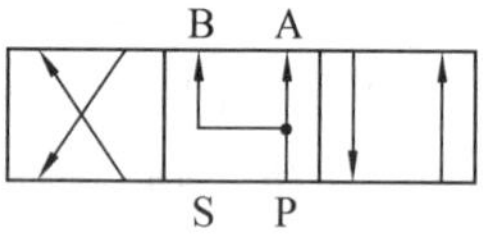 B A S P
五通	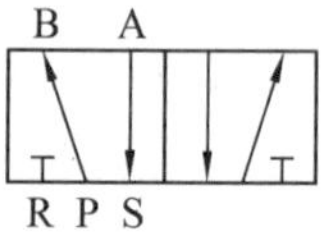 B A R P S	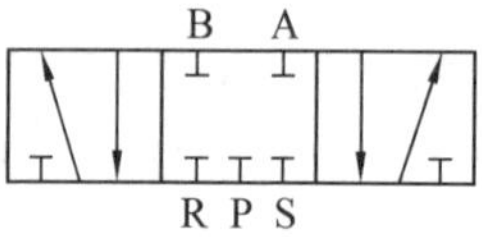 B A R P S	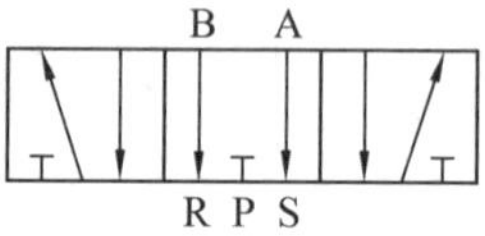 B A R P S	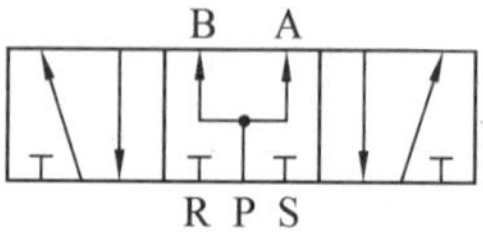 B A R P S

通过切换不同位置实现气体换向，本节以三位五通中位泄压式换向阀为例讲解换向原理，见表 3.3。

表 3.3　三位五通中位泄压式换向阀的换向原理

有效位置	示意图	解释
左位	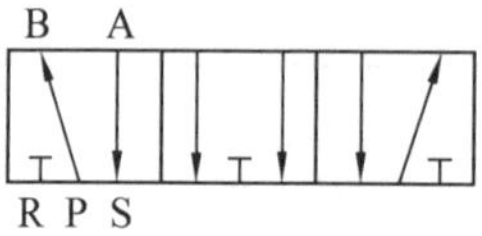 B A R P S	阀芯向右移动，左位有效 P→B：B 口进气 A→S：A 口排气 排气口 R 封堵
中位	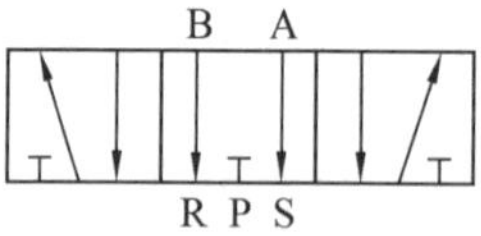 B A R P S	阀芯向中间移动，中位有效 B→R：B 口排气 A→S：A 口排气 排气口 P 封堵
右位	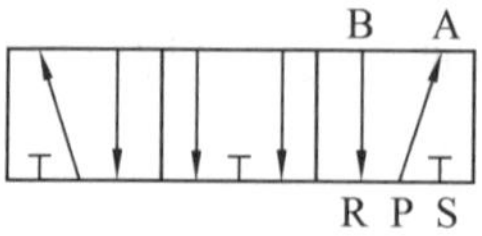 B A R P S	阀芯向左移动，右位有效 P→A：A 口进气 B→R：B 口排气 排气口 S 封堵

（3）按阀的控制方式。

阀的控制方式主要有气压控制、电磁控制、手动控制和机械控制等类型，见表 3.4。手动、机械、电磁作用于主阀的方式可以分为直动式和先导式。

表 3.4 换向阀的控制方式

控制方式	图形符号	实物图	简要说明
气压			二位五通 气压控制，弹簧复位
电磁			二位三通 电磁铁控制，弹簧复位
手动			二位三通 手动控制，弹簧复位
机械			二位三通 滚轮控制，弹簧复位

（4）按阀芯结构形式。

常用的阀芯结构形式有截止式（又称提动式）、滑阀式（又称滑柱式、柱塞式）、平面式（又称滑块式）、旋塞式和膜片式等。

（5）按控制数。

按控制数可分为单控式和双控式。单控式是指阀的一个工作位置由控制信号获得，另一个工作位置是当控制信号消失后，靠其他力来获得（称为复位方式）。

2. 先导电磁阀

电磁换向阀是气动控制元件中最主要的元件。按电磁力作用于主阀的方式可以分为直动式和先导式。先导式电磁换向阀是利用直动式电磁阀输出的先导压力来操纵大型气控换向阀（主阀）换向的。图 3.3 为二位五通先导电磁阀，该电磁阀为单电控，带弹簧复位。

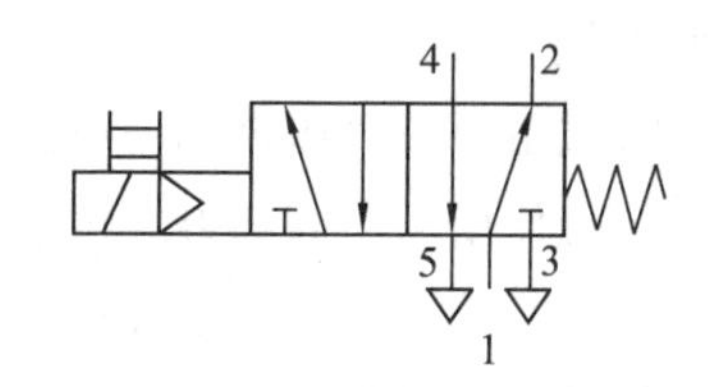

（a）实物图　　（b）气动符号

图 3.3　二位五通先导电磁阀

3. 单向阀

单向阀是使气流只能朝一个方向流动，而不能反向流动的阀。单向阀常与节流阀组合，用来控制执行元件的速度。图 3.4 所示为单向阀的工作原理和气动符号。图 3.4（a）是单向阀进气腔 P 没有压缩空气时的状态，此时活塞在弹簧力和工作腔气体余压作用下处于关闭状态；图 3.4（b）是单向阀进气腔 P 有压缩空气时的状态，此时活塞被空气推开，P 口与 A 口导通。

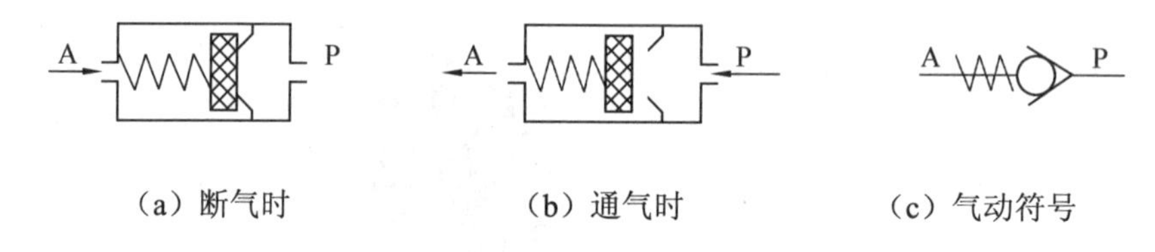

（a）断气时　　（b）通气时　　（c）气动符号

图 3.4　单向阀的工作原理和气动符号

3.1.3　流量控制元件

节流阀是一种流量控制元件，其作用是通过改变阀的通流面积来调节流量（注：节流阀只在气体流动过程中改变气压）。单向节流阀是由单向阀和节流阀并联组合而成的组合式控制阀。单向节流阀可调节设定方向的空气流量。图 3.5 所示是进气单向节流阀的符号。当空气从 P 口向 A 口流动时，单向阀关闭，如图 3.6（a）所示，空气只能通过设定的横断面流动；当空气从 A 口向 O 口流动时，单向阀打开，如图 3.6（b）所示，空气可通过打开的单向阀沿各个方向自由流动。这些阀可用于调节气缸速度。在使用中，一般将单向节流阀直接安装在气缸上。

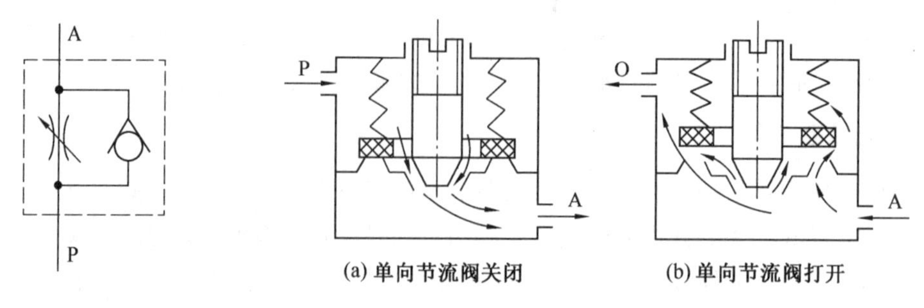

(a) 单向节流阀关闭　　(b) 单向节流阀打开

图 3.5　进气单向节流阀的符号　　图 3.6　节流阀原理图

3.1.4　压力控制元件

压力控制阀是一种压力控制元件，用来控制气动系统中压缩空气的压力，满足各种压力需求或用于节能。压力控制阀有减压阀、安全阀（溢流阀）和顺序阀三种，本节以减压阀为例做简要说明。

减压阀的作用是降低由空气压缩机带来的压力，以适于每台气动设备的需要，并使这一部分压力保持稳定。按压力调节方式的不同，减压阀有直动型和先导型两种。直动型减压阀直径小于 25 mm，输出压力在 0～1.0 MPa 范围内最为适当，超出这个范围应选用先导型。直动型减压阀如图 3.7 所示。

（a）实物图

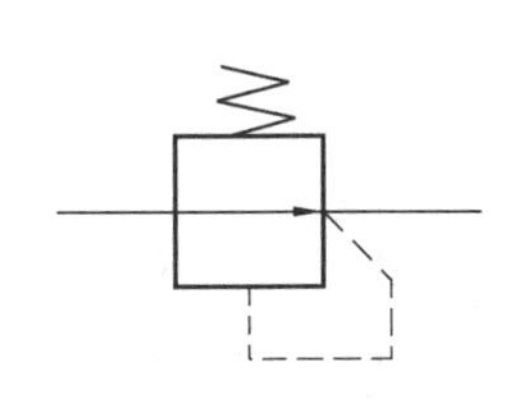

（b）气动符号

图 3.7　直动型减压阀

3.1.5　气动执行元件

在气动控制系统中，气动执行元件将压力能转换成机械功（即，将压力和流量转变成力和运动），由于其输出运动的形式及应用场合的不同，执行元件主要有下面几种类型：直线型的执行元件气缸、旋转型的执行元件气马达、组合执行单元和气动工具等，另外还有一些特殊形式的执行元件，例如气爪、气动肌腱等。气缸实现直线往复运动；气动马达实现回转运动；气爪可抓紧工件；气动肌腱是一种新型仿生机械，其运动特性与生物肌肉类似。常见气动执行元件如图 3.8 所示。

（a）普通双作用气缸

（b）气爪

（c）摆动气缸（齿条型活塞）

（d）气动肌腱

图 3.8　气动执行元件示例

气动执行元件种类很多，本节主要介绍一种常用的气动执行元件——气缸。

气缸是气压传动中的主要执行元件，普通气缸由前端盖、后端盖、活塞、气缸筒、活塞杆等构成。气缸一般用 0.5～0.7 MPa 的压缩空气作为动力源。气缸使用广泛，使用条件各不相同，其结构、形状各异，分类方法繁多，可以按照空气的作用方向、气缸内结构、缸径等方法分类，常见的几种分类方式见表 3.5。

表 3.5　气缸的分类

分类方式	名　　称			
按压缩空气作用的方向	单作用、双作用			
按气缸内结构	活塞式（有杆、无杆）、柱塞式、叶片式、薄膜式气缸及气-液阻尼缸			
按安装方式	固定式、摆动式、回转式和嵌入式			
按缓冲方式	无缓冲型、缓冲型			
按润滑形式	给油气缸、无给油气缸和无油润滑气缸			
根据缸径	＜ϕ10 mm	ϕ10～32 mm	ϕ32～100 mm	＞ϕ100 mm
	微型	小型	中型	大型
按功能	普通气缸和特殊气缸（对于特殊场合采用特殊结构）			
复合型气缸	多工位气缸、带阀气缸、带导轨或导杆气缸等			

3.1.6　辅助元件

在气动系统中，会遇到需要过滤压缩空气中的水分、油污和灰尘，对气动元件施加润滑，消声等情况，因此，空气过滤器、油雾器、消声器等都是气动系统中不可或缺的辅助元件。本节主要介绍空气过滤器和消声器。

空气过滤器的作用是滤除压缩空气中的水分、油滴及杂质，以达到气动系统所要求的净化程度，如图 3.9 所示。消声器的作用是消除压缩气体高速通过气动元件排到大气时产生的刺耳噪声污染，如图 3.10 所示。

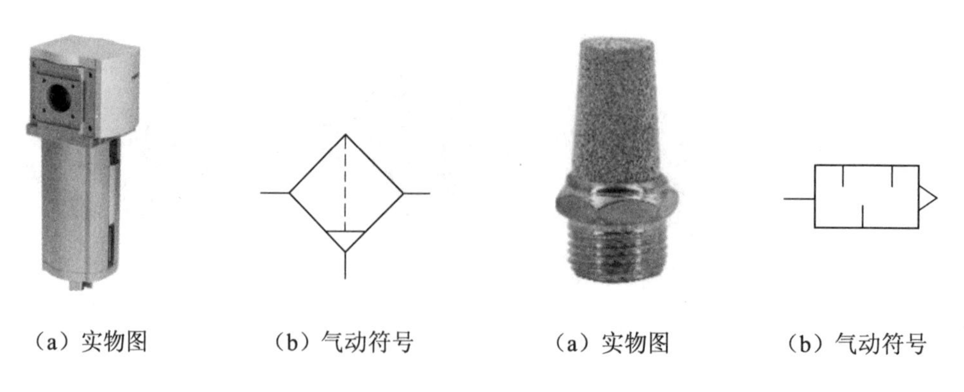

（a）实物图　（b）气动符号

图 3.9　空气过滤器

（a）实物图　（b）气动符号

图 3.10　消声器

3.1.7　真空元件

真空元件是一类在低于大气压力下工作的元件，所组成的系统称为负压系统。真空元件也可分为发生装置、执行元件、控制元件和辅助元件。

真空发生器就是利用正压气源产生负压的一种新型、高效、清洁、经济、小型的真空发生装置，如图 3.11 所示。这使得在有压缩空气的地方，或在一个气动系统中同时需要正负压的地方获得负压变得十分容易和方便。

真空过滤器是一种辅助元件，如图 3.12 所示，其将从大气吸入的污染物（主要是尘埃）收集起来，以防止系统污染。真空过滤器用在吸盘和真空发生器（或真空阀）之间。

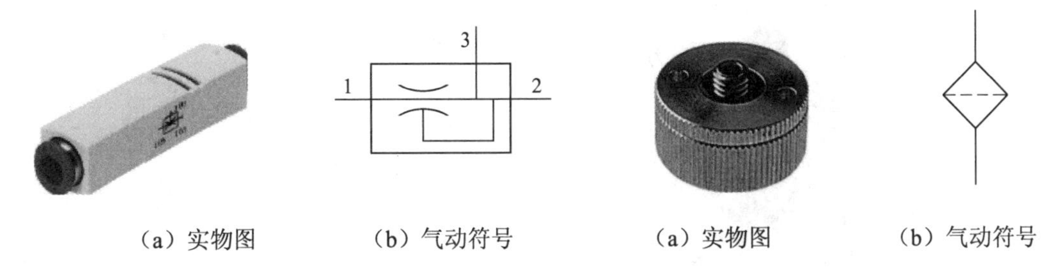

（a）实物图　（b）气动符号

图 3.11　真空发生器

（a）实物图　（b）气动符号

图 3.12　真空过滤器

3.2　供料工作站的气动技术

※ 工作站的气动技术

供料工作站的气动部分包括气动二联件和料仓模块中的推料机构，如图 3.13 所示。本节将介绍气动二联件和料仓模块中气动元件的型号和参数。

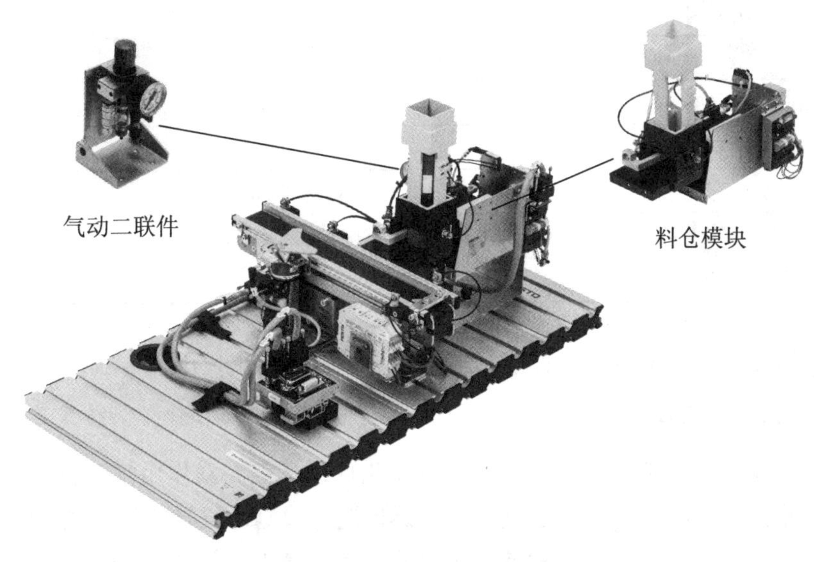

图 3.13　供料工作站中的气动元器件

3. 2. 1 气动二联件

在气动系统中，气动二联件一般包括空气过滤器和减压阀。FESTO 气动二联件由空气过滤器、减压阀、压力表、截止阀和快插接口组成，安装在可旋转的支架上，如图 3.14（a）所示。过滤器有分水装置，可去除压缩空气中的冷凝水、颗粒较大的固态杂质和油滴。减压阀可以控制系统中的工作压力，同时可以对压力的波动做出补偿。在外壳上的箭头显示了气流的方向。滤杯带有手动排水阀。压力表显示了当前调整的压力值。通过旋钮打开截止阀可控制管路的输出，该截止阀为二位三通阀。气动二联件原理图如图 3.14（b）所示。

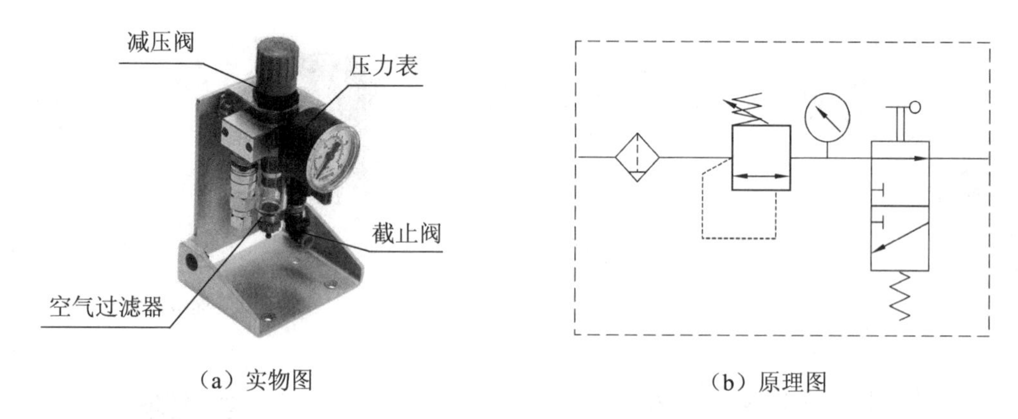

（a）实物图　　（b）原理图

图 3.14 气动二联件

FESTO 气动二联件的参数见表 3.6。

表 3.6 FESTO 气动二联件的参数

介质	压缩空气
安装位置	垂直，误差±5°
标准额定流量	110 L/min
入口压力	1～10 bar
出口压力	0.5～7 bar
入口接头	G 1/8，QS-6，用于气管 PUN 6×1
出口接头	QS-4

为了使整个工作站的气动元件能稳定运行，二联件的出口压力一般调至 6 bar。

3. 2. 2 料仓模块气动技术应用

料仓模块安装在供料工作站上，用于分离工件或端盖。双作用气缸将最下面的工件从落料箱中推出。气缸位置通过 3 线电感传感器进行检测。气缸的伸出/缩回速度可以通过单向节流阀进行无级调节。料箱底部安装有对射传感器，用来检测是否有料。料仓模块采用整体结构，其气动组成图如图 3.15 所示。

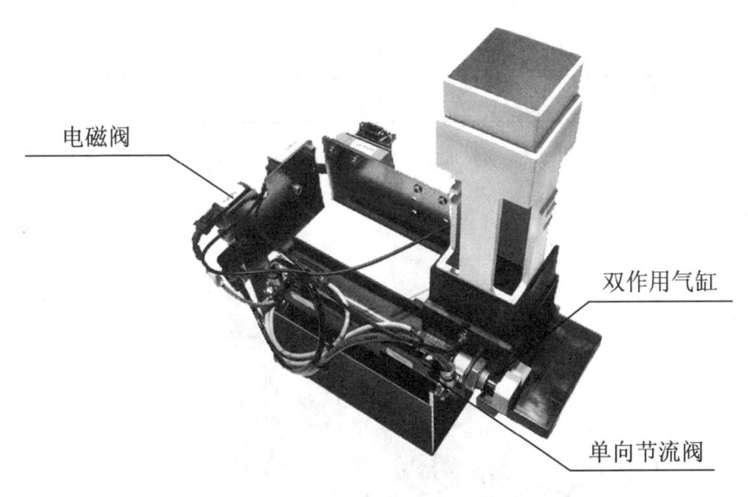

图 3.15 料仓模块的气动组成图

当对射传感器检测到有物料时，电磁阀控制气缸推出，将工件推至输送带，然后气缸退回，完成供料操作。

料仓模块中使用 FESTO 公司的 DSNU-8-80-P-A 型气缸，该气缸为双作用气缸，是一个经典的圆缸。气缸上的节流阀采用 FESTO 公司的 GRLA-M5-QS-4-LF-C 型排气单向节流阀。用于控制双作用气缸的换向阀需要有两个工作口，因此通常双作用气缸用二位五通电磁阀控制。料仓模块中采用 VUVG-L10-M52-MT-M5-1P3 型二位五通单控先导电磁阀，使用时，选用相应的气接头与电磁阀连接，并接好电插头。料仓模块气动连接如图 3.16 所示，具体的接线控制方法将在第 4 章详细介绍。

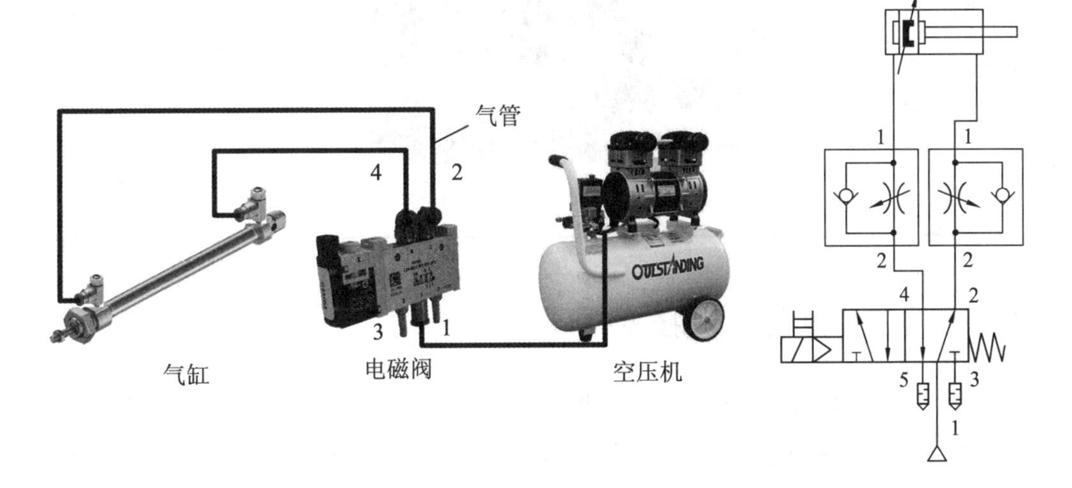

（a）实物连接图 （b）气路原理图

图 3.16 料仓模块气动连接

料仓模块的动作原理见表 3.7。

表 3.7　料仓模块的动作原理

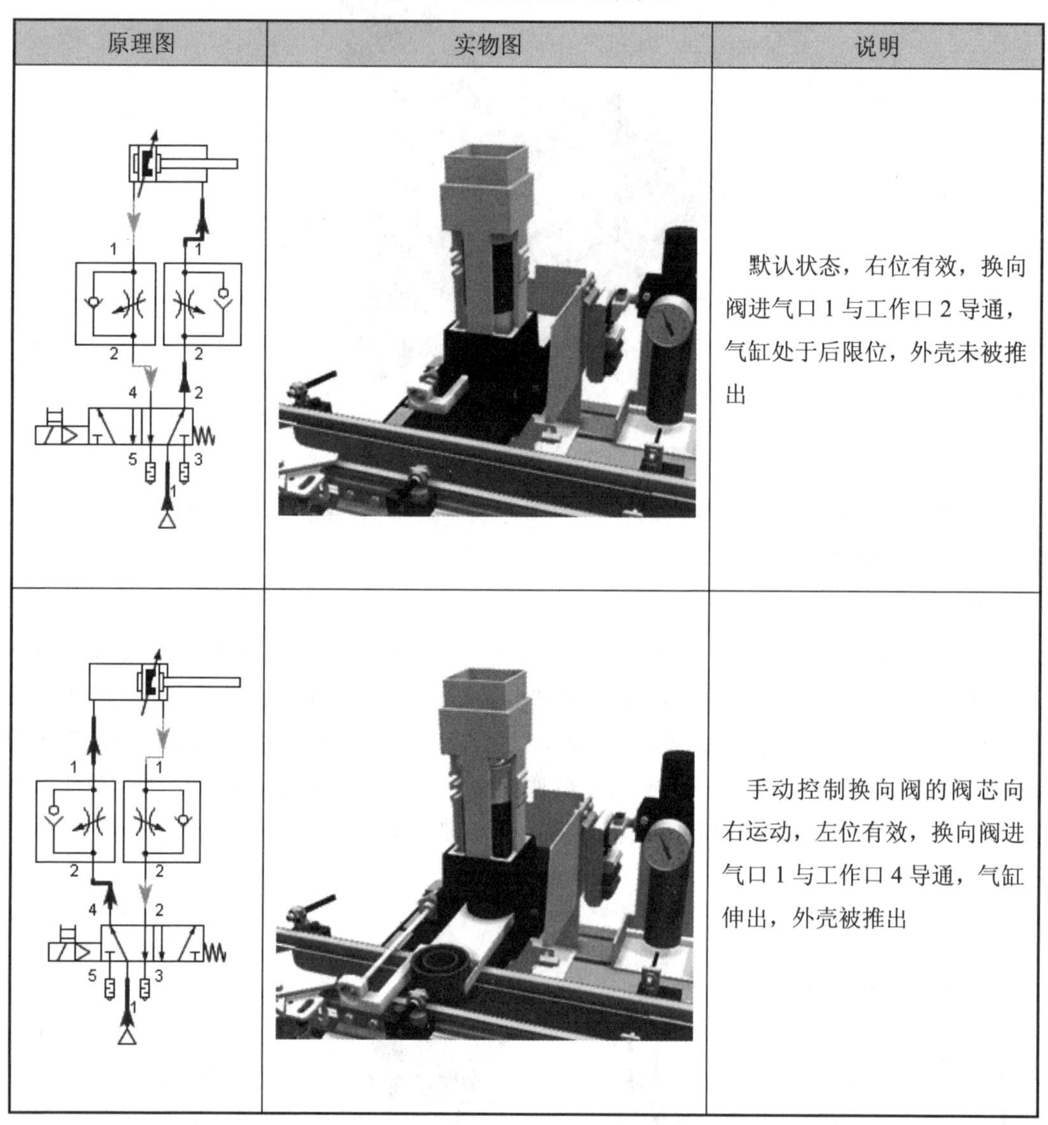

原理图	实物图	说明
		默认状态，右位有效，换向阀进气口 1 与工作口 2 导通，气缸处于后限位，外壳未被推出
		手动控制换向阀的阀芯向右运动，左位有效，换向阀进气口 1 与工作口 4 导通，气缸伸出，外壳被推出

3.3　装配工作站的气动技术

装配工作站中的气动部分包括气动机械手、制动器和气动二联件，如图 3.17 所示。MPS 各工作站中所使用的气动二联件均相同，出口压力也均为 6 bar。本节将主要介绍气动机械手机构。

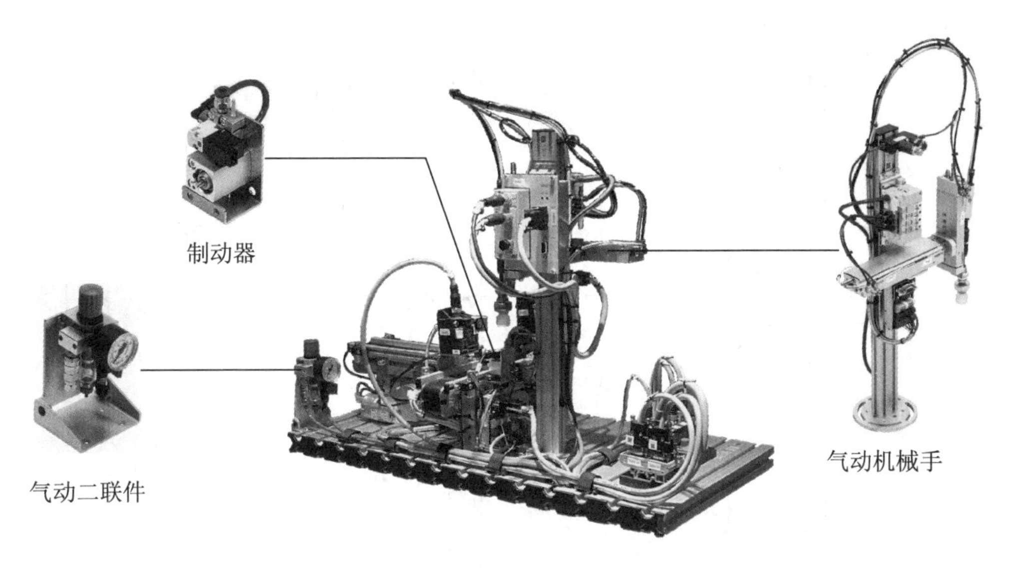

图 3.17　装配工作站中的气动元器件

1. 气动机械手机构

气动机械手安装在装配工作站上，是一个用于提取和安放任务的多功能两轴抓取装置，由两个双作用气缸组成，安装位置和安装高度均可调节。气动机械手机构配有真空发生器、真空过滤器、真空吸盘、阀岛、减压阀等，气动机械手组成及气路原理如图 3.18 所示。

气动机械手模块详细的气路原理图如图 3.18（b）所示，左侧为水平气缸；中间为垂直气缸，配有减压阀；右侧为真空元件。

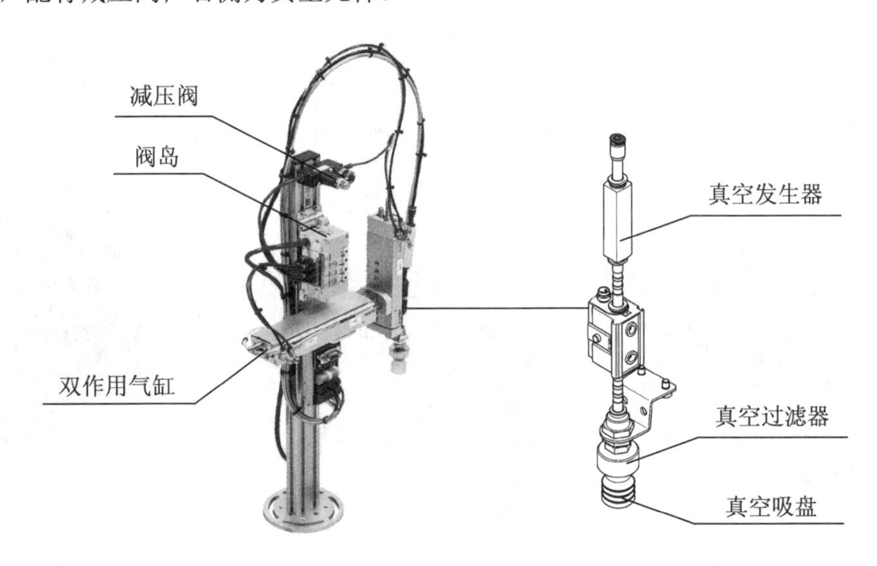

（a）组成图

图 3.18　气动机械手组成及气路原理

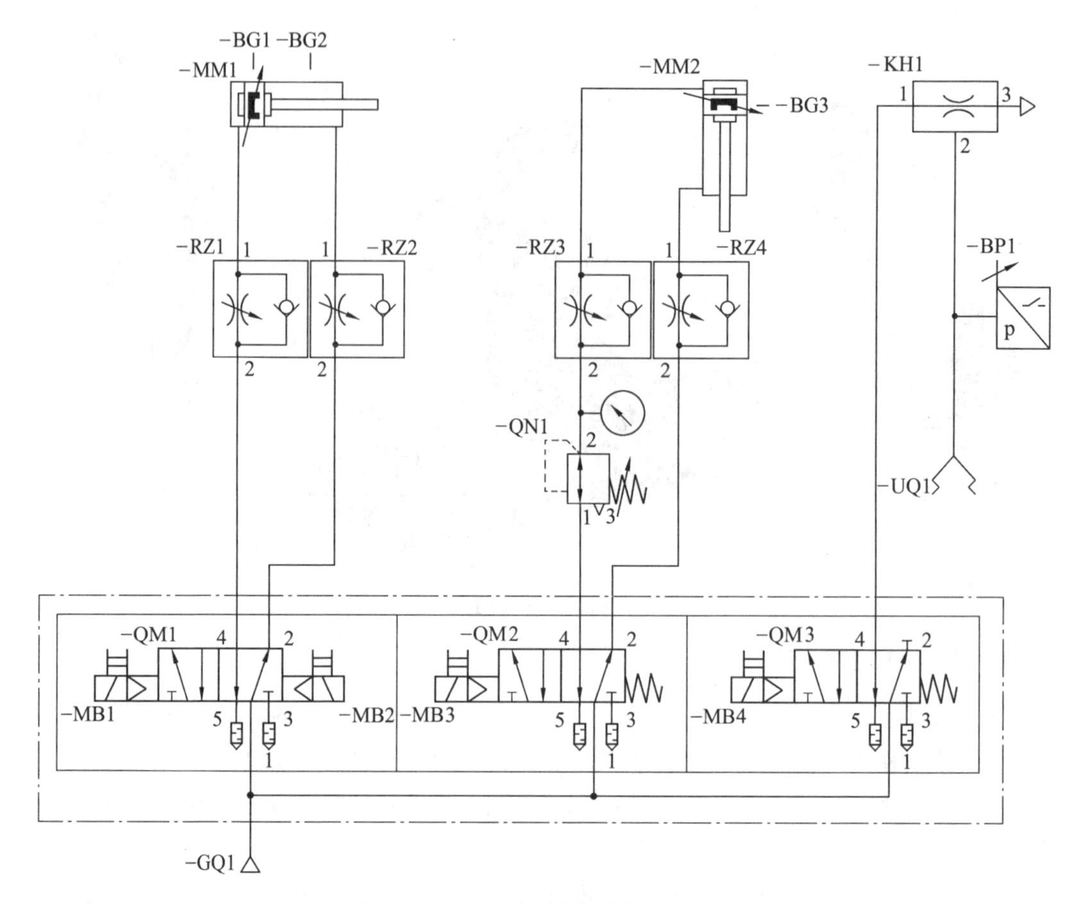

（b）气路原理图

续图 3.18

气动机械手机构通过阀岛控制气动元件，阀岛包含 1 个二位五通双电控电磁阀阀片和 2 个二位五通单电控电磁阀阀片；该阀岛采用独立插头式。阀岛如图 3.19 所示。

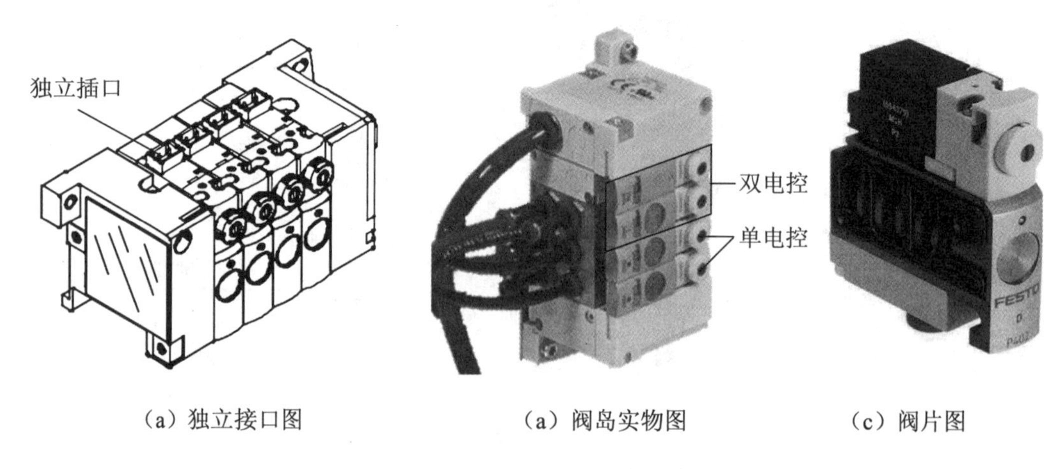

（a）独立接口图　（a）阀岛实物图　（c）阀片图

图 3.19　阀岛

2. 气动机械手工作原理

气动机械手的控制过程如下：控制阀岛中相应的阀片，使水平方向的气缸伸出，伸出到位后垂直方向的气缸下降；气缸下降到位，真空发生器产生真空，吸盘将盖子吸起；然后两个气缸回到原始位置，垂直方向的气缸下降，真空关闭，机械手将盖子安装到工件上，最后气缸全部返回原始位置。气动机械手动作原理见表3.8。

表3.8 气动机械手动作原理

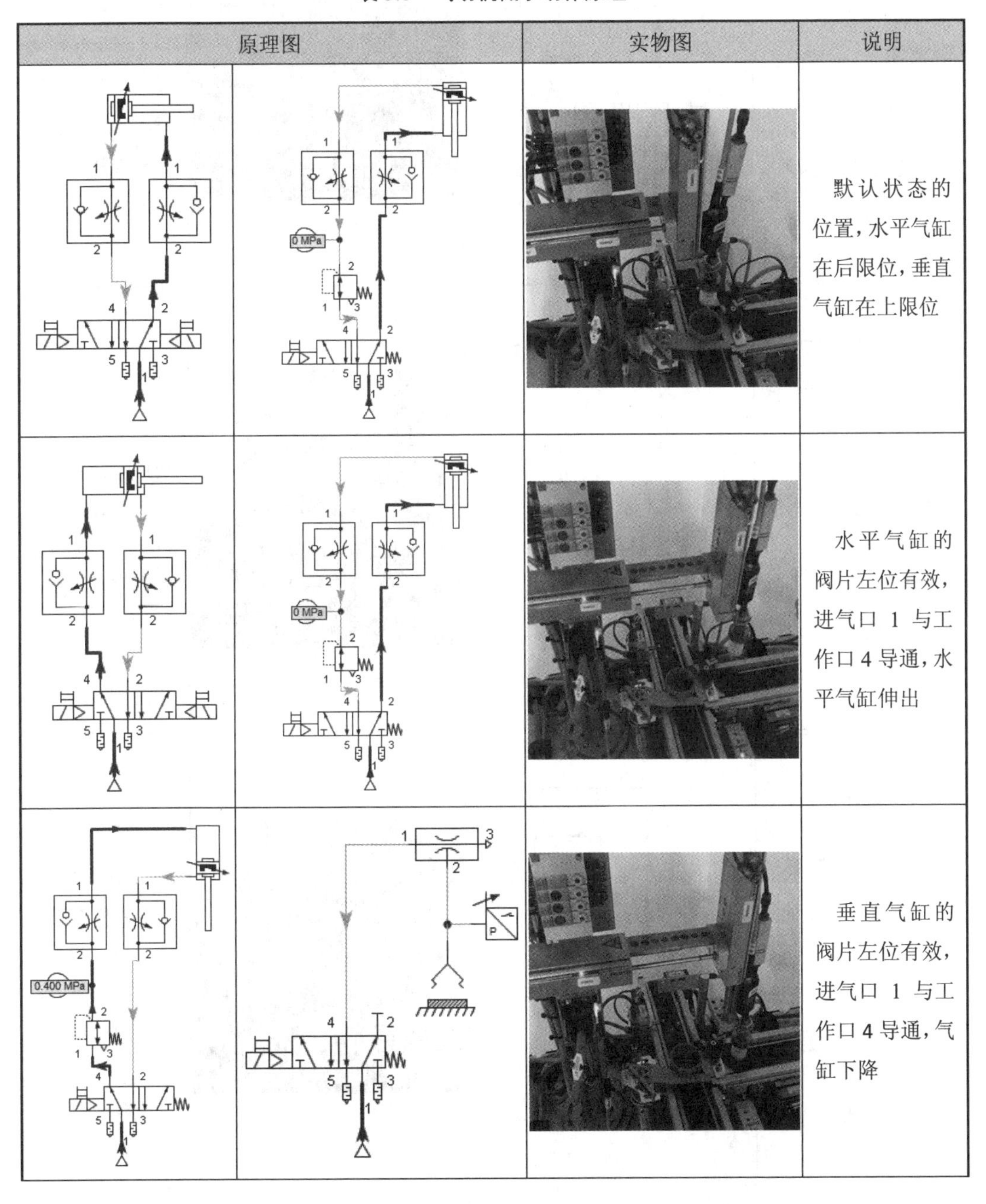

原理图		实物图	说明
			默认状态的位置，水平气缸在后限位，垂直气缸在上限位
			水平气缸的阀片左位有效，进气口 1 与工作口 4 导通，水平气缸伸出
			垂直气缸的阀片左位有效，进气口 1 与工作口 4 导通，气缸下降

续表 3.8

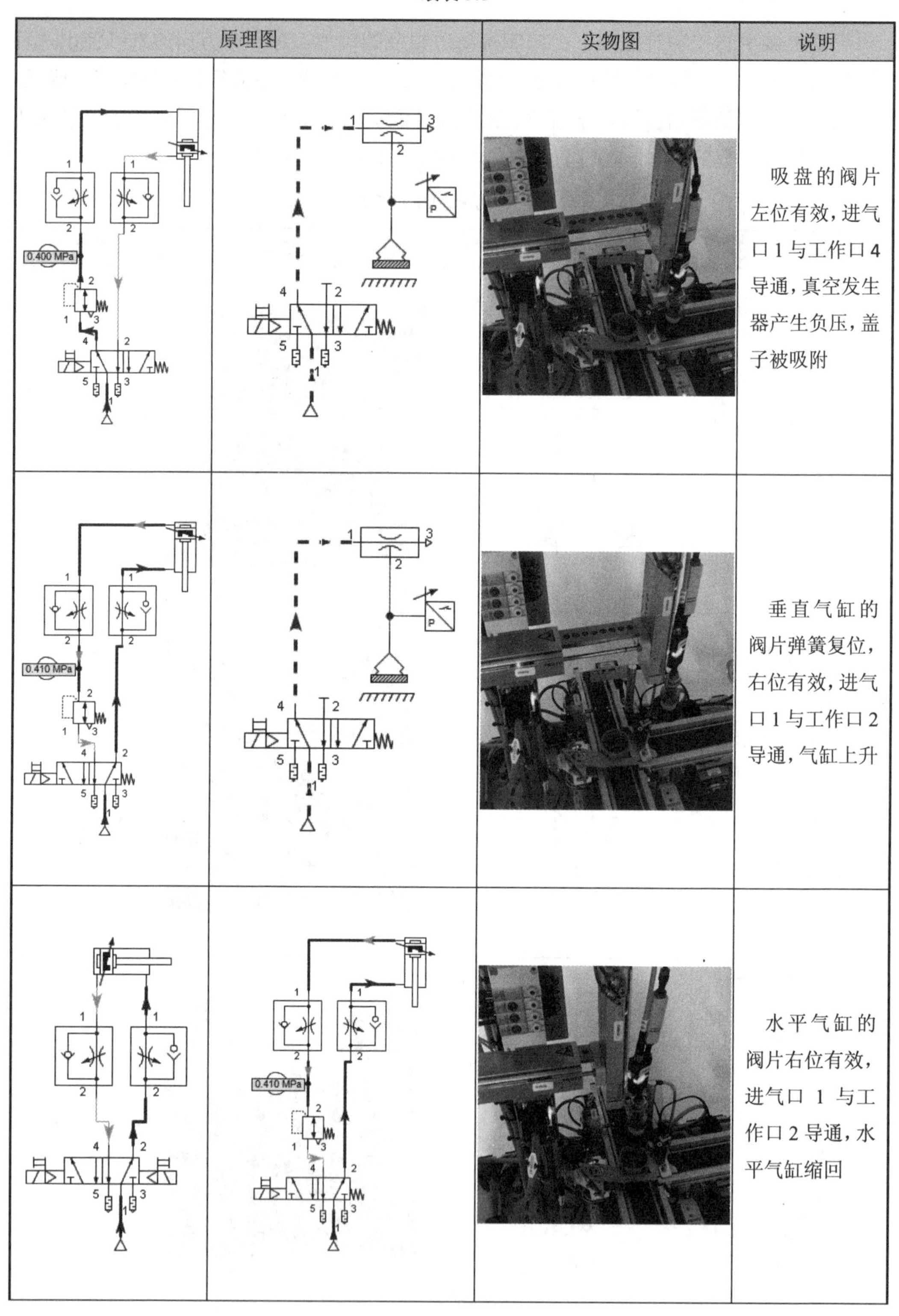

原理图		实物图	说明
			吸盘的阀片左位有效，进气口 1 与工作口 4 导通，真空发生器产生负压，盖子被吸附
			垂直气缸的阀片弹簧复位，右位有效，进气口 1 与工作口 2 导通，气缸上升
			水平气缸的阀片右位有效，进气口 1 与工作口 2 导通，水平气缸缩回

续表 3.8

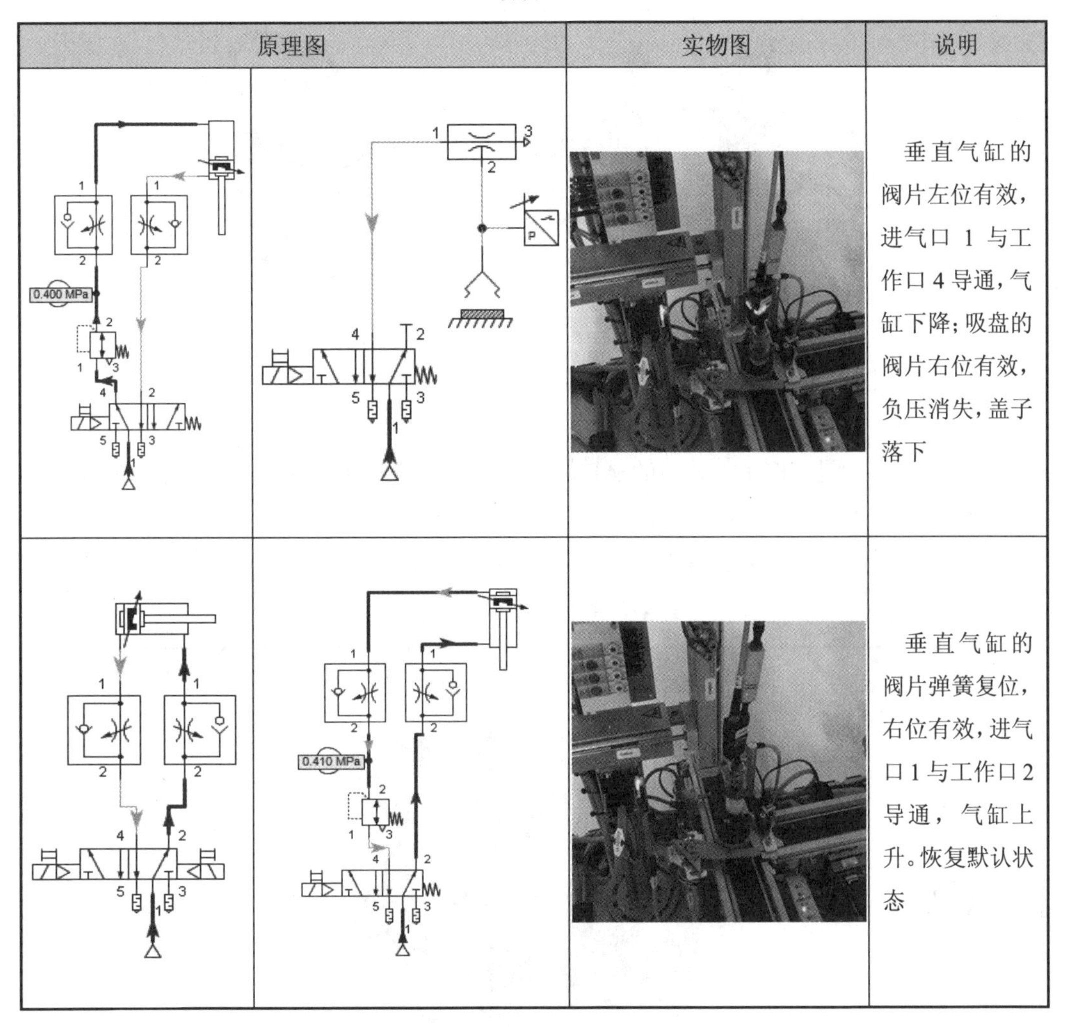

原理图		实物图	说明
			垂直气缸的阀片左位有效，进气口 1 与工作口 4 导通，气缸下降；吸盘的阀片右位有效，负压消失，盖子落下
			垂直气缸的阀片弹簧复位，右位有效，进气口 1 与工作口 2 导通，气缸上升。恢复默认状态

3.4　分拣工作站的气动技术

分拣工作站的气动部分包括气动二联件和制动器，气动二联件与前两个工作站相同，出口压力为 6 bar。制动器与装配工作站的制动器相同，如图 3.20 所示。制动器模块带有单作用气缸、电磁阀，带用于护栏和连接电缆的阀门和固定器件。制动器的主要作用是在工作站输入端阻挡工件，等待传感器颜色识别完成。

单作用气缸只有一个工作口，只在一个方向上有推动行程，在活塞的一侧装有使活塞杆复位的弹簧，在另一端缸盖弹簧侧设有呼吸孔和过滤片。单作用气缸适用于行程短、对输出力和运动速度要求不高的场合，所有只在一个方向需要输出力而另一个方向上的运动无负载的场合都可使用单作用气缸。

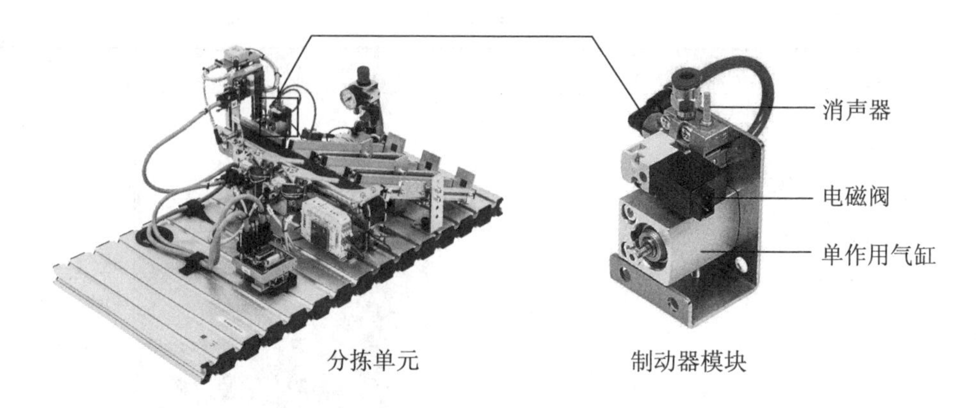

图 3.20　制动器模块

制动器采用的是 FESTO 公司的 AEVC-12-10-I-P 型短行程气缸，该气缸为单作用气缸。单作用气缸通常由二位三通电磁阀控制，本模块使用 FESTO 公司的 MHA1-M1H-3/2O-0，6-HC 型电磁阀，该电磁阀为二位三通单电控直动式。制动器模块动作原理见表 3.9。

表 3.9　制动器模块动作原理

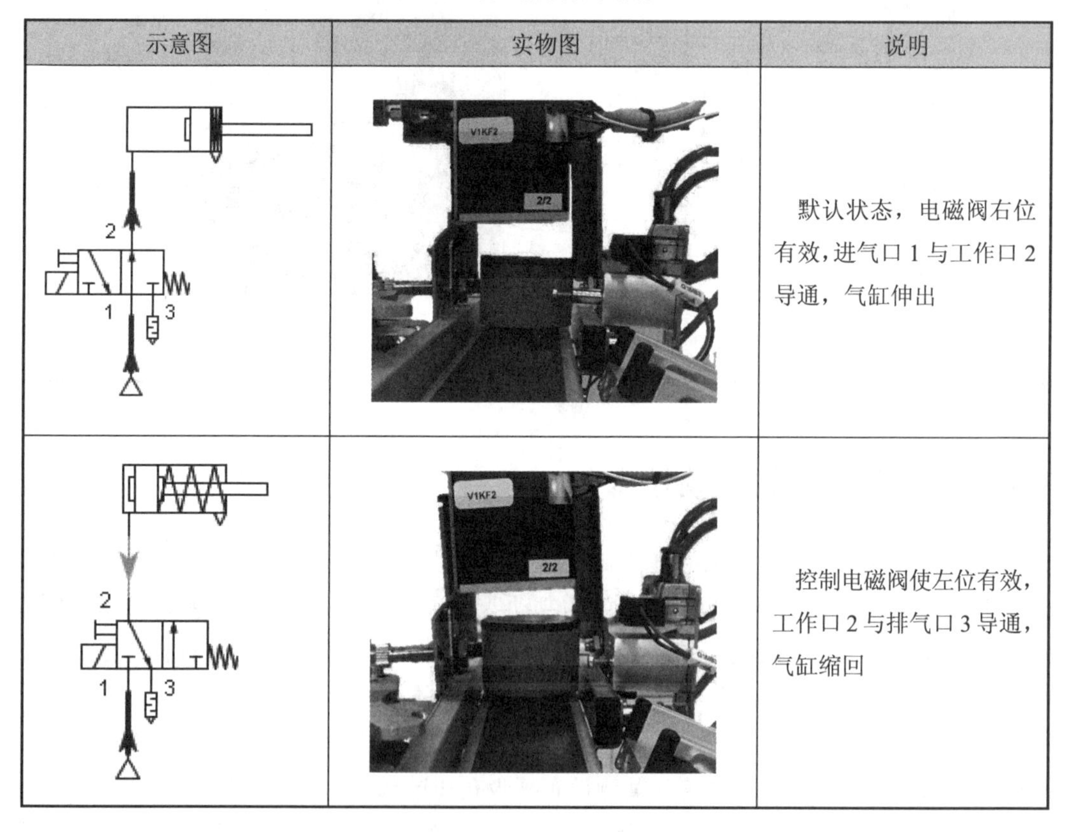

示意图	实物图	说明
2 1　3	V1KF2 2/2	默认状态，电磁阀右位有效，进气口 1 与工作口 2 导通，气缸伸出
2 1　3	V1KF2 2/2	控制电磁阀使左位有效，工作口 2 与排气口 3 导通，气缸缩回

第 4 章　电气控制原理

4.1　电气控制基础

※ 电气控制基础

电气控制技术是通过对传动装置或传动系统中的各类电机、电磁阀等电气动力执行元件进行控制，以实现生产过程自动化的控制技术。

电气控制技术随着科学技术的不断发展、生产工艺不断提出的新要求，从手动控制发展到自动控制，从简单的控制设备发展到复杂的控制系统，从有触点的硬件接线控制系统发展到以计算机为控制中心的存储控制系统。

4.1.1　常用低压电器

1. 电器的定义与分类

凡是能自动或手动接通和断开电路，以及能实现对电路或非电对象切换、控制、保护、检测、变换和调节目的的电气元件统称为电器。

电器的用途广泛，功能多样，种类繁多，构造各异。其分类方法很多，下面介绍几种常用的分类方法。

（1）按照工作电压等级分。

➢ 低压电器：指工作电压在交流 1 000 V 或直流 1 200 V 以下的各种电器，如接触器、控制器、启动器、刀开关、自动开关、熔断器、继电器、电阻器、主令电器等。

➢ 高压电器：指工作电压高于交流 1 000 V 或直流 1 200 V 以上的各种电器，如高压断路器、隔离开关、高压熔断器、避雷器等。

（2）按动作原理分。

➢ 手动电器：指需要人工直接操作才能完成指令任务的电器，如刀开关、控制器、转换开关、控制按钮等。

➢ 自动电器：指不需要人工操作，而是按照电信号或非电信号自动完成指令任务的电器，如自动开关、交直流接触器、继电器、高压断路器等。

（3）按用途分。

➢ 控制电器：指用于各种控制电路和控制系统的电器，如接触器、各种控制继电器、控制器、启动器等。

➢ 主令电器：指用于自动控制系统中发送控制指令的电器，如控制按钮、主令开关、行程开关、万能转换开关等。

➢ 保护电器：指用于保护电路及用电设备的电器，如熔断器、热继电器、各种保护继电器、避雷器等。

➢ 配电电器：指用于电能的输送和分配的电器，如高压断路器、隔离开关、刀开关、自动开关等。

➢ 执行电器：指用于完成某种动作或传动功能的电器，如电磁铁、电磁离合器等。

2. 常用低压电器

低压电器在工业自动化领域有着广泛的应用。在工业自动化系统中，由于控制器输出的命令需要由低压控制电器来执行，因此低压电器设备就成为自动化系统中的重要电控执行环节，常用的低压电器见表 4.1。

表 4.1　常用的低压电器

名称	实物图	图形符号	文字符号	功能
中间继电器		KA KA KA 线圈　常开触点　常闭触点	KA	传递信号，扩大信号功率以及将一个输入信号变换成多个输出信号等
热继电器		FR FR 发热元件　常闭触点	FR	交流电机的过载保护、断相及其他电器设备发热状态的控制
低压断路器		QF	QF	既有手动开关作用，又能自动进行失电压、欠电压、过载和短路保护
电磁阀		4 2 5 3 1 2 位 5 通先导电磁阀	YV	调整介质的方向、流量、速度和其他的参数
按钮		E- SB E- SB 启动按钮　停止按钮	SB	用于手动发出控制信号
指示灯			LH	指示电气设备的运行状态，监视控制电路的电源是否正常

4.1.2　电气原理图的基本知识

电气控制电路是由许多电气元件按照一定要求连接而成的，从而实现对电器的自动控制。电气原理图是电气控制系统设计的核心，是为了便于阅读和分析控制的各种功能，用图形符号和文字符号、导线连接起来描述全部或部分电气设备工作原理的电路图。

电气原理图具有结构简单、层次分明的特点。原理图便于详细理解工作原理，为测试和寻找故障提供信息，并作为编制接线图的依据。原理图包含所有电气元件的导电部分和接线端点之间的相互关系，但并不按照电气元件的实际布置位置和实际接线情况来绘制，也不反映电气元件的实际大小。

绘制电气原理图应遵循以下原则：

（1）电气原理图一般分为主电路和起动电路两部分。主电路指从电源到电动机绕组的大电流通过的途径。起动电路包括控制电路、照明电路、信号电路及保护电路等。

（2）采用电气元件展开图的画法。同一电气元件的各导电部件（如线圈和触头）常常不画在一起，但需用同一文字符号标明。多个同一种类的电气元件，可在文字符号后面加上数字序号下标。

（3）图中所有电器触头，都按没有通电和没有外力作用时的开闭状态画出。对于继电器、接触器的触头，按吸引线圈不通电状态画，按钮、行程开关触头按不受外力作用时的状态画。

（4）主电路标号由文字符号和数字组成。文字符号用以标明主电路中元件或线路的主要特征，数字标号用以区别电路的不同线段。

（5）电气原理图中有直接电联系的交叉导线连接头用实心圆头表示；可拆接或测试头用空心圆头表示；无直接电联系的交叉头则不画圆头。

（6）电气原理图的绘制应布局合理、排列均匀，为便于看图，可以水平布置也可以垂直布置。电气元件应按功能布置，并尽可能地按工作顺序排列，其布局顺序应该是从上到下，从左到右。电路垂直布置时，类似项目宜横向对齐；水平布置时，类似项目宜纵向对齐。

4.2　直流电机及其控制器

※ 直流电机及其控制器

直流电机是机电行业人员的重要工作对象之一，作为一名电气控制技术人员必须熟悉直流电机的结构、工作原理和性能特点，掌握主要参数，并能正确、熟练地通过直流电机控制器操作直流电机。

4.2.1　直流电机

1. 定义及特点

直流电机是实现直流电能与机械能之间相互转换的电力机械，按照用途可以分为直流电动机和直流发电机两类。其中将机械能转换成直流电能的电机称为直流发电机，将直流电能转换成机械能的电机称为直流电机。图 4.1（a）展示了一个集直流电机和减速机构于一体的传送带动力传动部分，图 4.1（b）为直流电机的电路符号。

（a）直流电机和减速机构　　（b）直流电机的电路符号

图 4.1　直流电机实物图和电路符号

直流电机具有优良的调速性能和启动性能。直流电机具有宽广的调速范围，平滑的无级调速特性，可实现频繁的无级快速启动、制动和反转；过载能力大，能承受频繁的冲击负载；能满足自动化生产系统中各种特殊运行的要求。

由于直流电机具有良好的启动和调速性能，常应用于对启动和调速有较高要求的场合，如大型可逆式轧钢机、矿井卷扬机、宾馆高速电梯、龙门刨床、电力机车、内燃机车、城市电车、地铁列车、电动自行车、造纸和印刷机械、船舶机械、大型精密机床和大型起重机等机械生产中。

2. 工作原理

直流电机是将电源电能转变为轴上输出的机械能的电磁转换装置。直流电机的工作原理如图 4.2 所示，由定子绕组通入直流励磁电流，产生励磁磁场，主电路引入直流电源，经电刷传给换向器，再经换向器将此直流电转化为交流电，引入电枢绕组，产生电枢电流（电枢磁场），电枢磁场与励磁磁场合成气隙磁场，电枢绕组切割合成气隙磁场，产生电磁转矩。

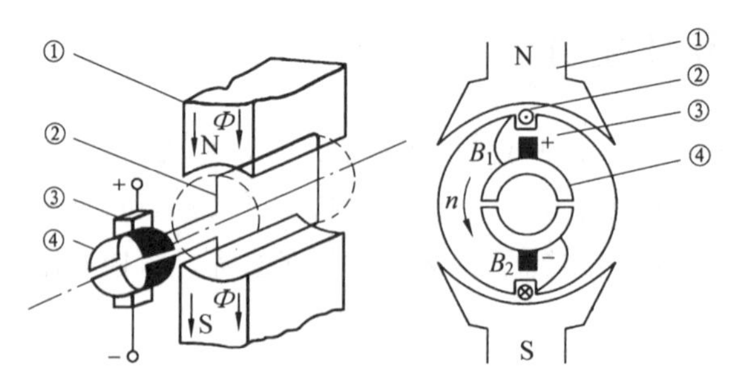

图 4.2　直流电机的工作原理

①—定子；②—电枢绕组；③—电刷；④—换向器

3. 主要参数

电机制造厂按照国家标准，根据电机的设计和试验数据，规定了电机的正常运行状态和条件，通常称之为额定运行。凡表征电机额定运行情况的各种数据均称为额定值，额定值是正确、合理使用电机的依据。MPS 203 设备上所使用的直流电机主要参数见表 4.2。

表 4.2　MPS 203 设备直流电机主要参数

主要参数	值	说　明
额定电压	24 V	额定工作情况下电枢上所加的直流电压
额定电流	1.5 A	额定电压下轴上输出额定功率时的电流
额定转速	65 r/m	在额定电压、额定电流时电动机的转速
起动转矩	7 N·m	在刚接通电源起动时，电动机轴上输出的转矩
额定转矩	1 N·m	在额定电压、额定电流下能长期工作，电动机轴上允许输出的最大转矩

4. 工作特性曲线

直流电机的工作特性是指在一定的条件下，转速、电磁转矩、效率和输出功率之间的关系。由于电枢电流可以方便地直接测出，所以工作特性往往表示为转速、电磁转矩、效率和电枢电流之间的关系。MPS 203 设备上所使用的直流电机的工作特性曲线如图 4.3 所示。

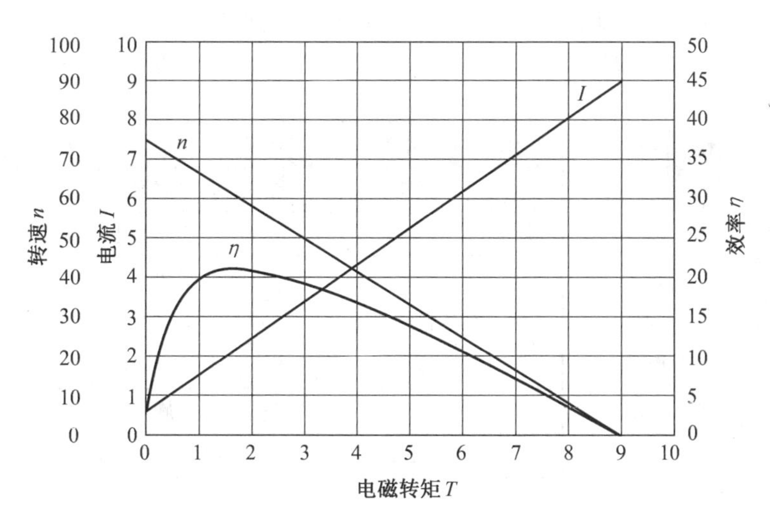

图 4.3　MPS 203 直流电机的工作特性曲线

（1）转速特性：当电枢电流 I 增大时，电枢电阻压降增大，电机转速 n 也趋于下降。

（2）转矩特性：当电枢电流 I 增大时，电机轴上输出的转矩 T 也随之增大。

（3）效率特性：电机的励磁损耗、铁损、机械损耗，以及附加损耗可以认为不随负载而变化，称之为不变损耗。而电枢回路铜损随负载时电枢电流 I 的二次方而变化，称之为可变损耗。根据效率的定义，当电机的可变损耗等于不变损耗时，其效率最高。当电枢电流 I 增大时，效率 η 首先随之增大，然后达到最高效率，之后当电枢电流 I 继续增大时，效率 η 将随之下降。

4.2.2 直流电机控制器

1. 定义及功能

直流电机控制器是用来控制直流电机的起动、调速和制动的一种控制器。在 MPS 203 设备上所使用的直流电机控制器如图 4.4 所示。

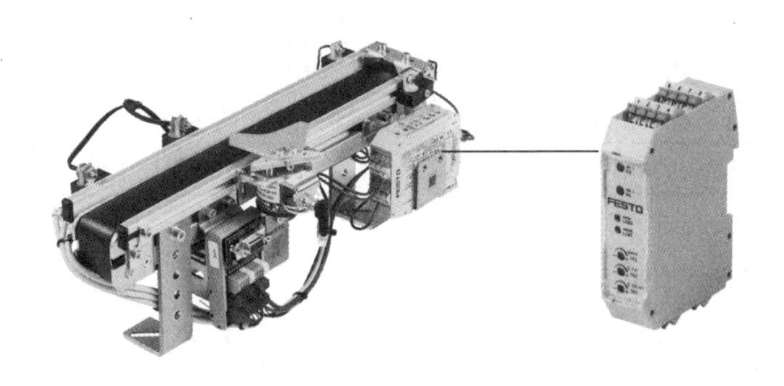

图 4.4　直流电机控制器实物图

该直流电机控制器可控制额定电压为 24 V、额定电流为 4 A 的直流电机，主要功能包括：直流电机的逆时针/顺时针旋转、速度控制、过流保护、短路保护和限位开关检测，可输出指示状态“准备就绪”和“故障”。该控制器功能键如图 4.5 所示。

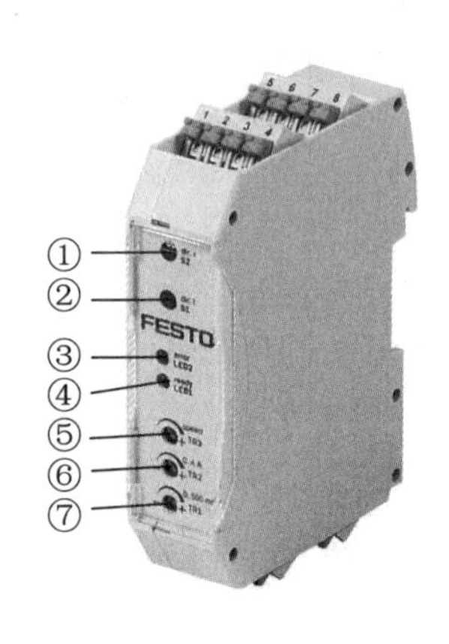

序号	名称	功能说明
①	TR1	允许最大电流通过的持续时间调节旋钮
②	TR2	允许通过的最大电流调节旋钮
③	TR3	速度调节旋钮
④	准备就绪指示灯	指示直流电机及其控制器准备就绪
⑤	故障指示灯	指示发生过流等故障
⑥	S1	电机顺时针旋转按钮
⑦	S2	电机逆时针旋转按钮

图 4.5　直流电机控制器的功能键及说明

2. 直流电机与控制器的连接

直流电机与控制器连接示意图如图 4.6 所示，直流电机与直流电机控制器直接相连，再由控制器连接到微型 I/O 终端，最终通过 C 接口与 PLC 相连。图中直流电机控制器引脚序号说明见表 4.3。

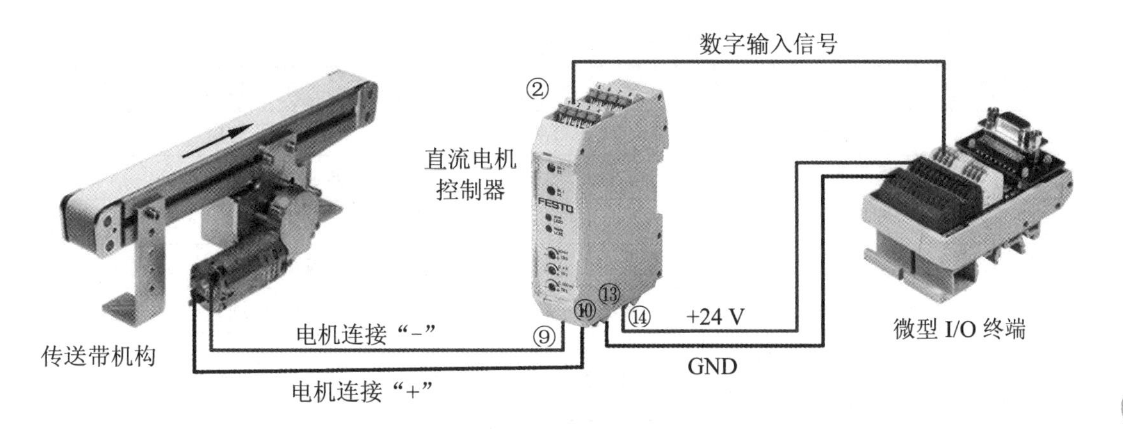

图 4.6　直流电机与控制器连接示意图

直流电机、控制器与 PLC 接线示意图如图 4.7 所示，接线图中省略了微型 I/O 终端和 C 接口端子。直流电机控制器具体引脚的定义见表 4.3。

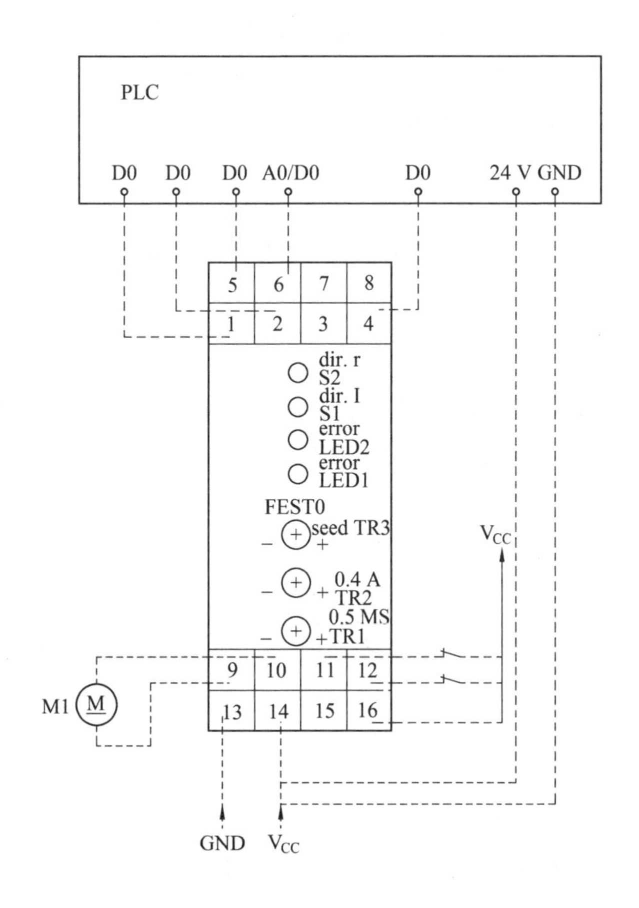

图 4.7　直流电机、控制器与 PLC 接线示意图

表 4.3 直流电机控制器引脚定义

端口号	说　明	端口号	说　明
1	数字输入，逆时针旋转	9	连接电机负极
2	数字输入，顺时针旋转	10	连接电机正极
3	外部电位计接地	11	数字输入，“启用逆时针旋转/确认”
4	数字输入，“低速模式”	12	数字输入，“启用顺时针旋转/确认”
5	数字输出，“准备就绪”	13	GND（接地）
6	0～12 V 模拟信号输入	14	+24 V 直流输入
7	辅助电压输出，+10 V/约 50 mA	15	GND（接地）
8	辅助电压输出，+24 V，最大 0.5 A	16	+24 V 直流输出

4.3 传感器

※ 传感器

传感器是一种检测装置,能够感应规定的被测量并按照一定规律转换为可测量的输出信号的器件或装置,传感器又称为转换器、换能器、敏感元件、探测器等。

传感器一般由敏感元件和转换元件组成，敏感元件能够直接感受或响应被测量；转换元件将敏感元件输出的非电量信号直接转换为电信号。

传感器有许多分类方法，常用的分类方法有两种：一种是按被测量分类；另一种是按工作原理分类。

1. 按被测量分类

这种分类方法是根据被测量的性质进行分类，将种类繁多的被测量分为基本被测量和派生被测量两类。如：温度传感器、湿度传感器、压力传感器、位移传感器、流量传感器、液位传感器、力传感器、加速度传感器、转矩传感器等。

2. 按工作原理分类

这种分类方法是以工作原理划分，将物理、化学、生物等学科的原理、规律和效应作为分类的依据。传感器按工作原理可具体划分为：电阻式传感器、电容式传感器、电感式传感器、压电式传感器、电磁式传感器、磁阻式传感器、光电式传感器，以及半导体传感器等。

4.3.1 磁性接近开关

1. 定义

磁性接近开关是一种基于电磁感应原理的位置传感器。它能检测磁性物体（一般为永久磁铁），然后产生触发开关信号输出。磁性接近开关的实物图和电路符号如图 4.8 所示。

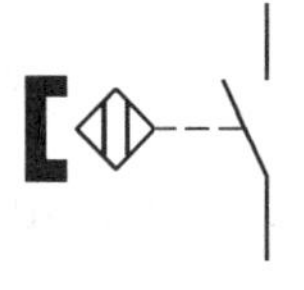

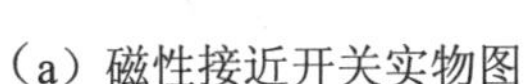
（a）磁性接近开关实物图　　　（b）磁性接近开关电路符号

图 4.8　磁性接近开关实物图和电路符号

2. 工作原理

磁性接近开关分为接触式和非接触式两种，以下以接触式为例来说明磁性接近开关的工作原理。

如图 4.9 所示，接触式磁性接近开关内部包含一个舌簧片，当磁性物体未接近磁性接近开关时，如图 4.9（a）所示，舌簧片的触点处于断开状态；当磁性物体接近时，如图 4.9（b）所示，在磁场的作用下，舌簧片触点闭合，从而产生开关信号。

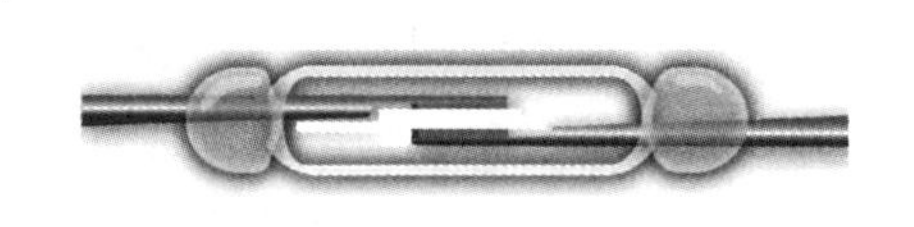

（a）磁性物体未接近时　　　（b）磁性物体接近时

图 4.9　接触式磁性接近开关工作原理

3. 应用举例

磁性接近开关可安装在双作用气缸上，用于输出气缸到位信号，如图 4.10 所示。只要气缸活塞返回到磁性接近开关的安装位置，磁性接近开关就会输出一个信号。

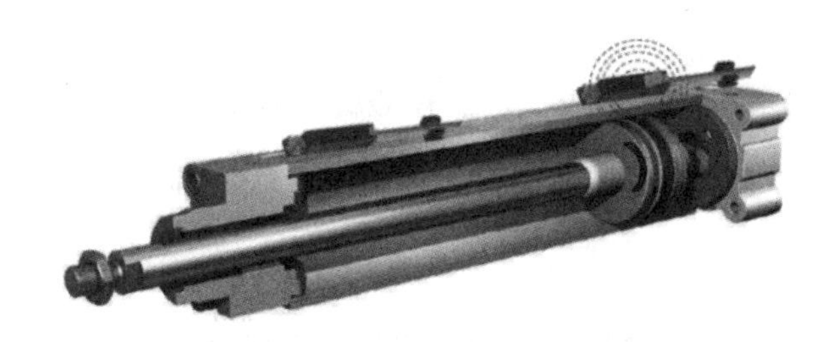

图 4.10　磁性接近开关应用举例

4.3.2 电感式接近开关

1. 定义

电感式接近开关是一种用于检测金属物体的传感器。当有金属物体接近指定的感应距离时，传感器会发出一个电信号。电感式接近开关的实物图和电路符号如图 4.11 所示。

（a）电感式接近开关实物图

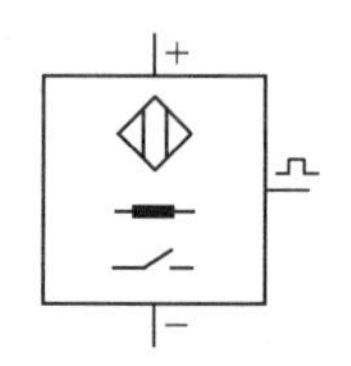

（b）电感式接近开关电路符号

图 4.11　电感式接近开关实物图和电路符号

2. 工作原理

电感式接近开关是利用电磁感应原理对金属物体进行非接触式的检测。电感式接近开关结构示意图如图 4.12（a）所示，传感器内部振荡电路中的线圈产生高频磁场，当金属物体接近高频磁场时，会在金属物体内部形成感应电流（涡流），当金属物体进一步接近传感器时，感应电流会增加，导致振荡电路上的负载增加，使振荡衰减或停止（如图 4.12（b）（c）所示）。传感器利用振幅检测电路检测振荡状态的这种变化，输出检测信号。

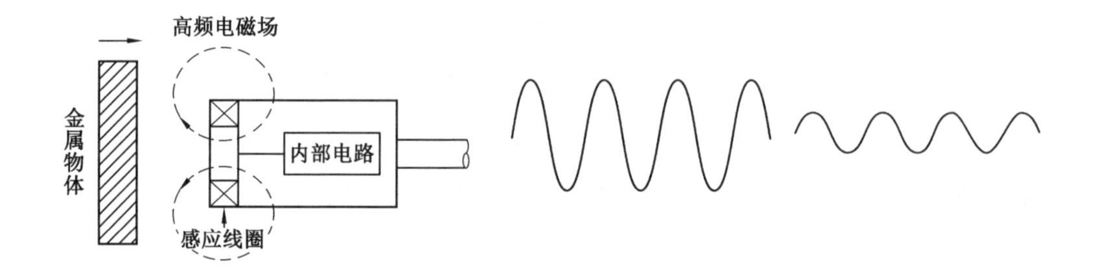

（a）电感式接近开关结构示意图　（b）金属物体未接近时　（c）金属物体接近时

图 4.12　电感式接近开关的工作原理

3. 应用举例

电感式接近开关可用于检测通过的物体是否是金属材质。如图 4.13 所示，当一个塑料材质的物体通过由电感式接近开关组成的检测单元时，系统可收到信号，提示通过的物体不是金属材质。

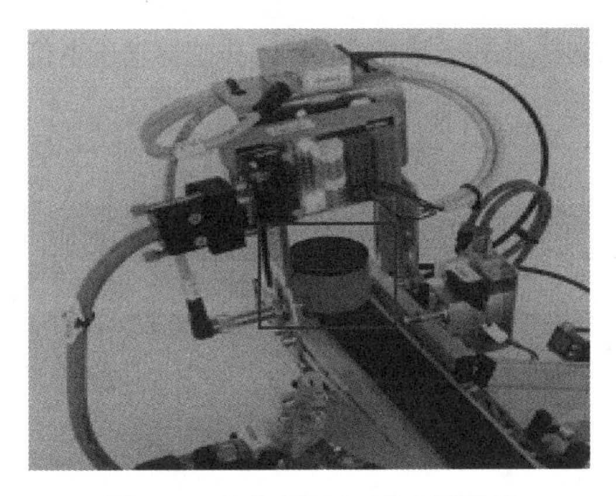

图 4.13　电感式接近开关应用举例

4.3.3　光电式传感器

1. 定义

光电式传感器是利用光电效应的原理制成的传感器，光电效应是指物体将吸收的光能后转换为该物体中某些电子的能量而产生的电效应。光电传感器的发射器发射光束，当发射的光被物体中断或反射时，光的变化被接收器转换为电信号，从而识别目标物体或表面。

光电式传感器按照结构不同可分为三类：漫射式传感器，对射式传感器和反射式传感器。光电式传感器的实物图和电路符号如图 4.14 所示。

（a）漫射式传感器实物图

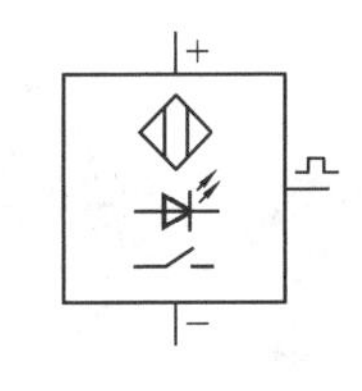

（b）光电式传感器电路符号

图 4.14　光电式传感器实物图和电路符号

2. 工作原理

不同种类的光电式传感器其工作原理也不相同，以下对漫射式传感器、对射式传感器和反射式传感器的工作原理分别进行介绍。

（1）漫射传感器。

漫射式传感器的发射器和接收器都包含在一个外壳中，如图 4.15（a）所示。漫射式传感器的工作原理如图 4.15（b）所示，发射器发出一束可调制的可见红外光，当被测物体经过光束时，光线被物体表面反射回接收器，传感器输出电信号。

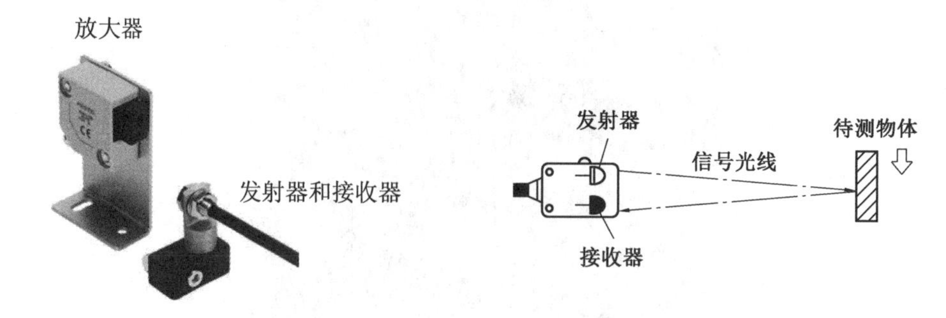

（a）漫射式传感器实物图　　（b）漫射式传感器工作原理

图 4.15　漫射式传感器实物图和工作原理

（2）对射式传感器。

对射式传感器的发射器和接收器是两个独立的元器件，如图 4.16（a）所示。使用时需要将发射器和接收器分别安装在检测物体通过路径的两侧，并将两者对准以建立光路。

对射式传感器的工作原理如图 4.16（b）所示，发射器发出一束可调制的可见红外光，当发射器和接收器之间没有物体时，该光线可被接收机接收到，当待测物体移动到发射器和接收器之间时，光线被中断，接收器输出一个电信号表示检测到物体。

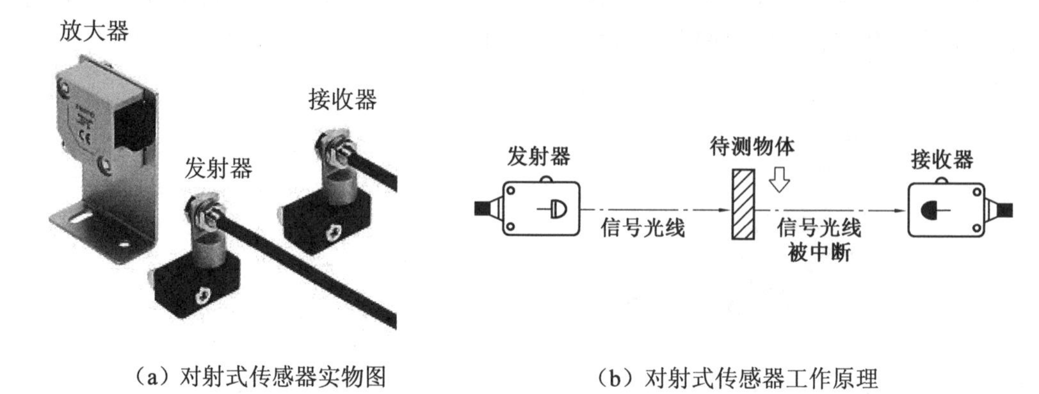

（a）对射式传感器实物图　　（b）对射式传感器工作原理

图 4.16　对射式传感器实物图和工作原理

（3）反射式传感器。

反射式传感器包含一个封装在一起的发射器和接收器，以及一个反射板，如图 4.17（a）所示。反射式传感器的工作原理如图 4.17（b）所示，发射器发出一束可见的偏振红外光，光线被附加的反射板反射，并由接收器接收。当光线被待测物体遮断时，传感器便有电信号输出。反射式传感器配有偏振滤波器，确保只对由特殊反射板反射回的光线产生响应。

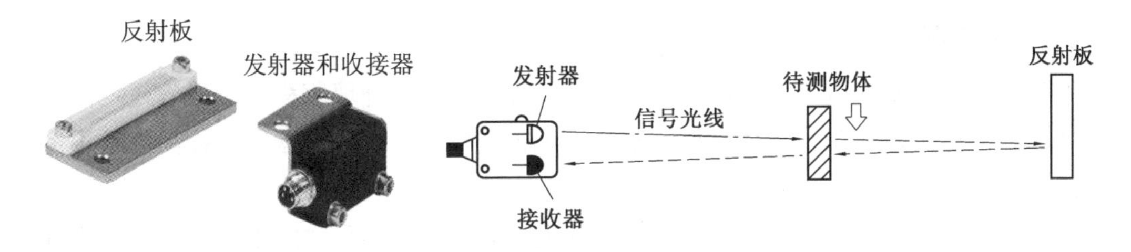

（a）反射式传感器实物图 （b）反射式传感器工作原理

图 4.17 反射式传感器实物图和工作原理

3. 应用举例

图 4.18 展示了一个光电式传感器的应用实例，在该实例中，一个漫射式传感器被安装在传动带边缘，用于检测传送带上是否有物料经过。当没有物料时，放大器指示灯不亮，如图 4.18（a）所示，当物料进入传感器检测范围时，物料被检测到，放大器指示灯亮，如图 4.18（b）所示。

（a）没有物料时 （b）存在物料时

图 4.18 光电式传感器应用举例

4.3.4 压阻式传感器

1. 定义

压阻式传感器是利用硅的压阻效应和集成电路技术制成的，用于压力测量的传感器，压阻式传感器的实物图和电路符号如图 4.19 所示。

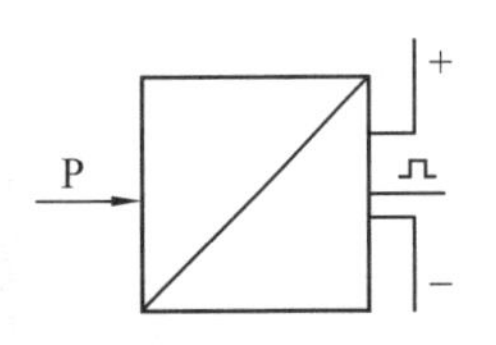

（a）压阻式传感器实物图 （b）压阻式传感器电路符号

图 4.19 压阻式传感器实物图和电路符号

2. 工作原理

半导体材料受应力作用时，其电阻率会发生变化，这种现象称为压阻效应。依据半导体材料的压阻效应在半导体材料的基片上经扩散电阻而制成的器件，称为压阻式传感器。

压阻式传感器在受到力的作用后，内部半导体材料的电阻率发生变化，通过测量电路就可以得到正比于力的变化的电信号输出。

3. 应用举例

压阻式传感器可以安装在真空吸盘的上方，用于判断吸盘是否准确吸取到指定的物料。当压缩空气进入真空发生器的时候，正压会转变成负压，这时吸盘就会产生吸力，吸取物料。当吸盘所产生的真空度达到设定值时，压阻式传感器发出电信号，提示吸盘已准确吸取到指定的物料。

4.4 可编程逻辑控制器

❋ 电气控制技术应用

可编程逻辑控制器（Programmable Logic Controller，PLC），是一种专门为在工业环境下应用而设计的数字运算操作电子系统。它采用可编程的存储器，在其内部存储执行逻辑运算、顺序控制、定时、计数和算术运算等操作的指令，通过数字式或模拟式的输入、输出来控制各种类型的机械设备或生产过程。

PLC 的硬件主要由中央处理器（CPU）、存储器、输入单元、输出单元、通信接口等部分组成。其中 CPU 是 PLC 的核心，输入单元与输出单元是连接现场输入、输出设备与 CPU 之间的接口电路，通信接口用于与编程器、上位计算机等外设连接。

4.4.1 PLC 安装接线

PLC 的安装接线是 PLC 学习的基本内容，在 MPS203 工作站中所采用的 PLC 均为西门子 S7-1500 PLC，本章中将以此系列 PLC 为对象进行讲解。S7-1500 PLC 外观如图 4.20 所示。

图 4.20　S7-1500 PLC 实物图

1. 电源接线

标准的西门子 S7-1500 PLC 模块只有电源接线端子，电源模块接线如图 4.21 所示，1 L+和 2 L+端子与电源 24 V DC 相连接，1 M 和 2 M 与电源 0 V 相连接，同时 0 V 与接地相连接。

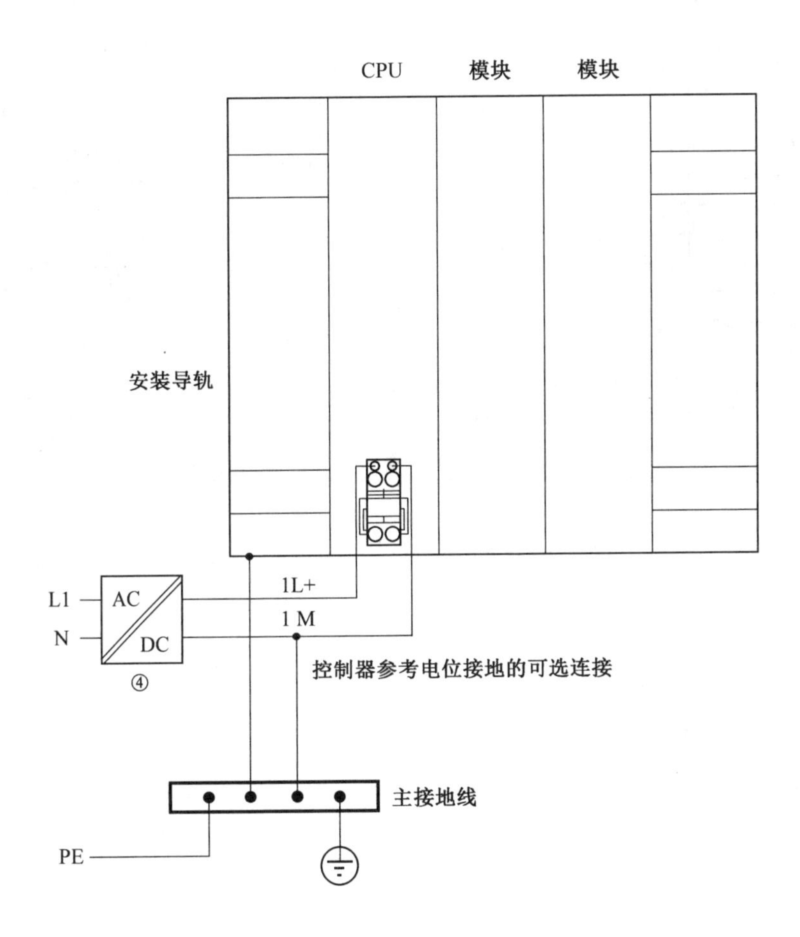

图 4.21　电源接线图

2. 数字量端子接线

以 CPU1512C-1PN 的接线为例介绍。CPC1512C-1PN 自带 32 点数字量输入，32 点数字量输出，接线如图 4.22 所示。左侧是输入端子，高电平有效，为 PNP 输入。右侧是输出端子，输出的高电平信号，为 PNP 输出。

3. 模拟量端子接线

CPU1512C-1PN 有 5 个模拟量输入通道，0～3 通道可以接受电流或电压信号，第 4 通道只能和热电阻连接。CPU1512C-1PN 有 2 个模拟量输出通道，可以输出电流和电压信号。模拟量接线图如图 4.23 所示。

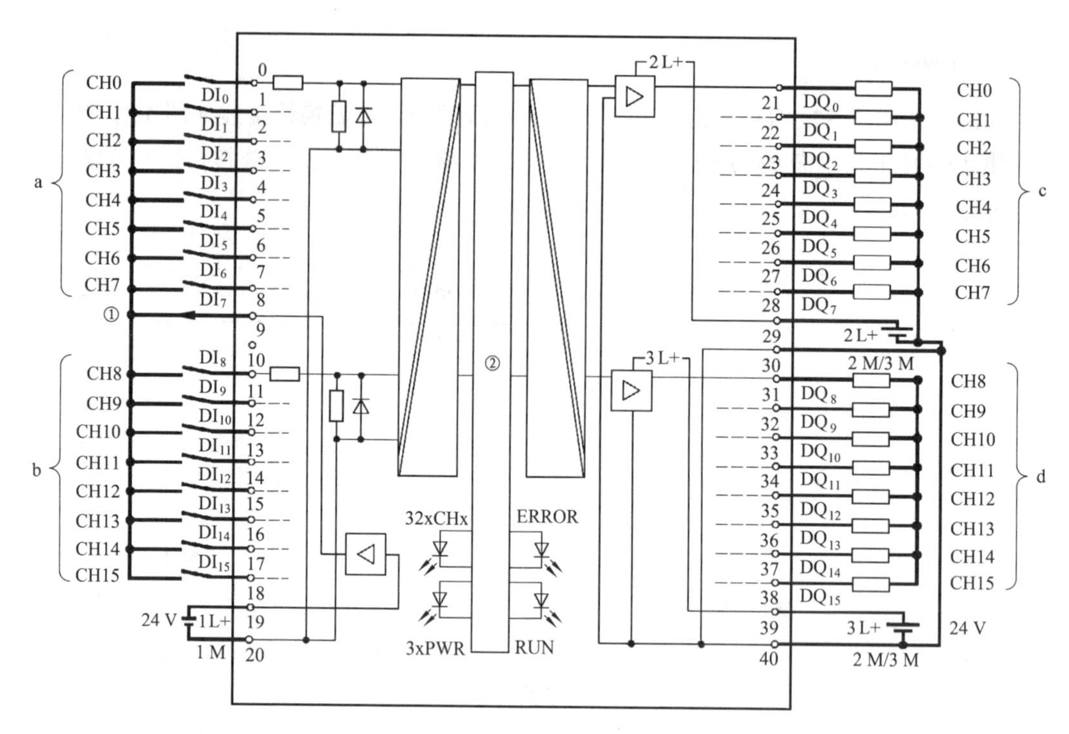

图 4.22　数字量端子接线图

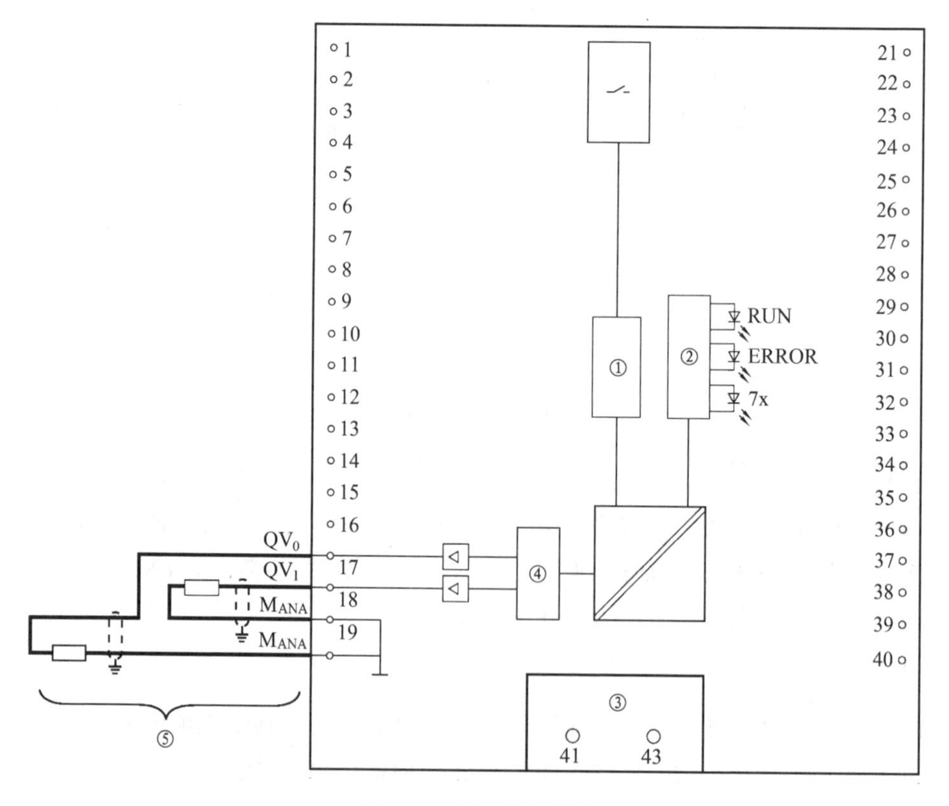

图 4.23　模拟量接线图

4.4.2　PLC 编程语言

S7-1500 PLC 支持梯形图和功能块图两种编程语言。程序的编写使用西门子公司开发的高度集成的工程组态系统 SIMATIC STEP 7 Basic，包括面向任务的 HMI 智能组态软件 SIMATIC WinCC Basic。

1. 梯形图

梯形图（LAD）是使用得最多的 PLC 图形编程语言。

图 4.24 所示为一个 PLC 梯形图程序示例。使用编程软件可以直接生成和编辑梯形图，并将它下载到 PLC 中。

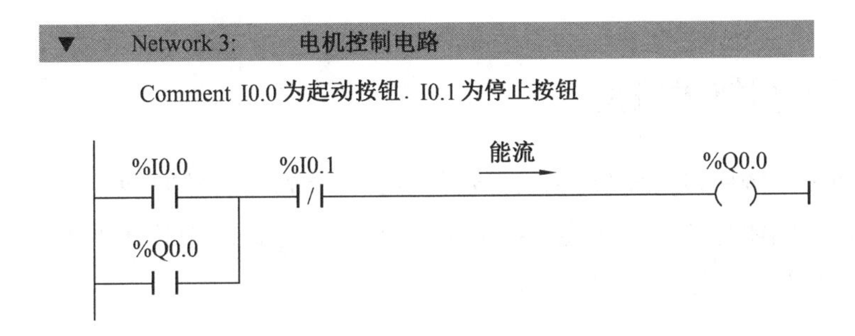

图 4.24　PLC 梯形图程序

触点和线圈等组成的电路称为程序段，英文名称为 Network（网络），STEP 7 Basic 自动地为程序段编号。

在分析梯形图的逻辑关系时，可以想象在梯形图的左右两侧垂直“电源线”之间有一个左正右负的直流电源电压，当图 4.24 中 I0.0 与 I0.1 的触点同时接通，或 Q0.0 与 I0.1 的触点同时接通时，有一个假想的“能流”（Power Flow）流过 Q0.0 的线圈。利用能流的这一概念，可以借用继电器电路的术语和分析方法，帮助我们更好地理解和分析梯形图。能流只能从左到右流动。

2. 功能块图

功能块图使用类似于数字电路的图形逻辑符号来表示控制逻辑，有数字电路基础的人很容易掌握。

在功能块图中，用方框来表示逻辑运算关系，方框的左边为输入变量，右边为逻辑运算的输出变量，方框被“导线”连接在一起，信号自左向右流动。指令框用来表示一些复杂的功能，例如数学运算等。图 4.25 为图 4.24 中的梯形图对应的功能块图，图 4.25 同时显示绝对地址和符号地址。

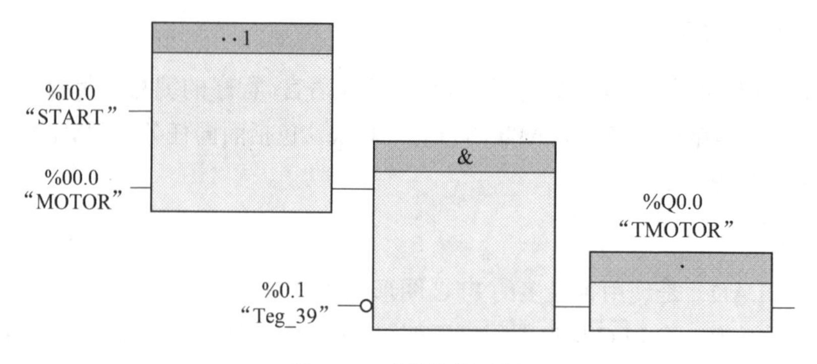

图 4.25 功能块图示例

4.5 电气控制技术应用

在 MPS203 系统中，每个机构模块各自都带有一个独立的微型 I/O 终端，在工作站中，统一将各个模块的微型 I/O 终端连接在 C 接口上，再由 C 接口连接到 PLC 上。图 4.26 所示为供料工作站电路连接模块。

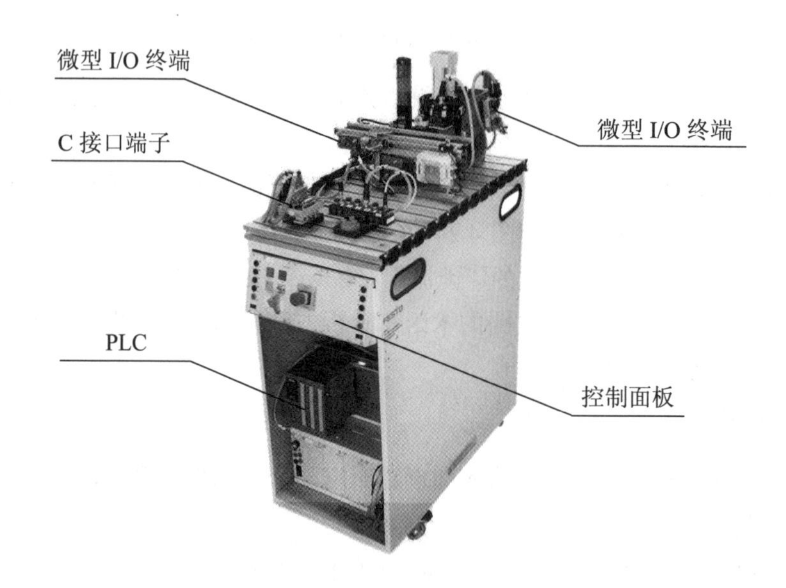

图 4.26 供料工作站电路连接模块

MPS203 系统工作站电路连接如图 4.27 所示。

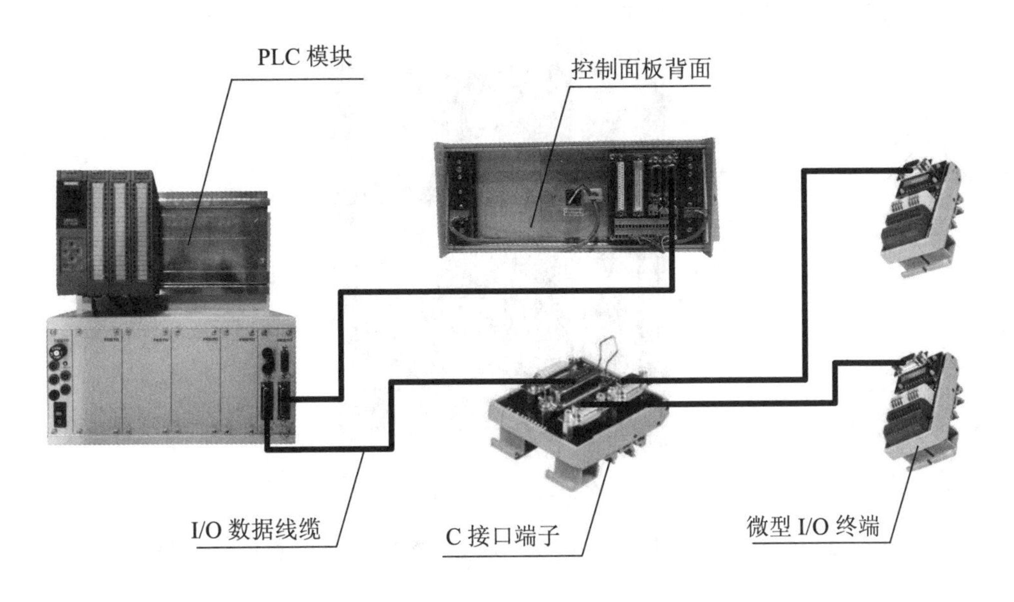

图 4.27　MPS 系统工作站电路连接

1. PLC 模块

PLC 模块由机架模块和 PLC 组成，PLC 模块及相关接口定义如图 4.28 所示。

图 4.28　PLC 模块

①—模拟量端口；②—连接各模块的端子；③—连接操作板上的端子；④—保险丝；⑤—24 V 电源信号；⑥—PLC 模块电源开关

2. C 接口端子

C 接口端子是用于 MPS203 系统各工作站中模块和 PLC 之间的连接，每个机构模块的微型 I/O 终端将会通过 C 接口端子连接至 PLC。C 接口端子允许至多有两个微型 I/O 终端连接，然后再由一根数据电缆将数字量的 I/O 连接到 PLC，也可将模拟量 I/O 连接到

PLC。C 接口端子和定义如图 4.29 所示。

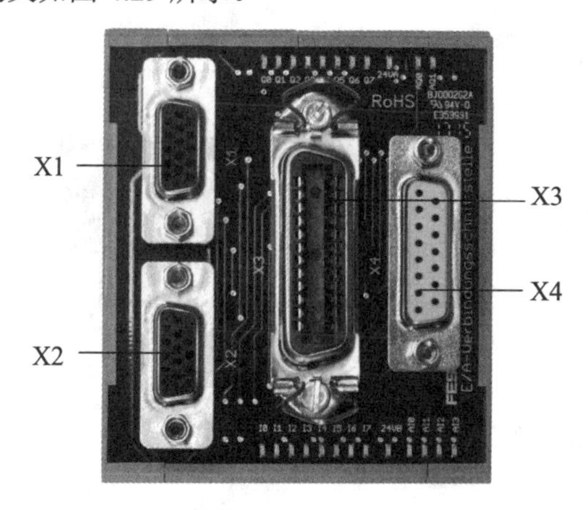

图 4.29　C 接口端子

X1、X2—连接微型 I/O 终端；X3—数字量连接至 PLC；X4—模拟量连接至 PLC

在 C 接口端子引脚定义中，X1、X2 引脚拥有 1 对输入 24 V 和 0 V，1 对输出 24 V 和 0 V；4 对数字量输入输出，2 个模拟量输入和 1 个模拟量输出。X3 引脚拥有 2 对输入 24 V 和 0 V，2 对输出 24 V 和 0 V；8 对数字量输入输出。X4 引脚拥有 2 个模拟量输出、2 个模拟量输入，2 个输出 0 V 和 2 个输入 0 V。

3. I/O 控制面板

该控制面板可以对 MPS203 系统各个工作站进行简单操作。控制面板上集成了控制单元、通信单元。控制单元中包括了带 LED 的启动键、停机键、带 LED 的复位键；通信单元中是 4 mm 安全插座，即 4 组 I/O 插孔。控制面板组成如图 4.30 所示。

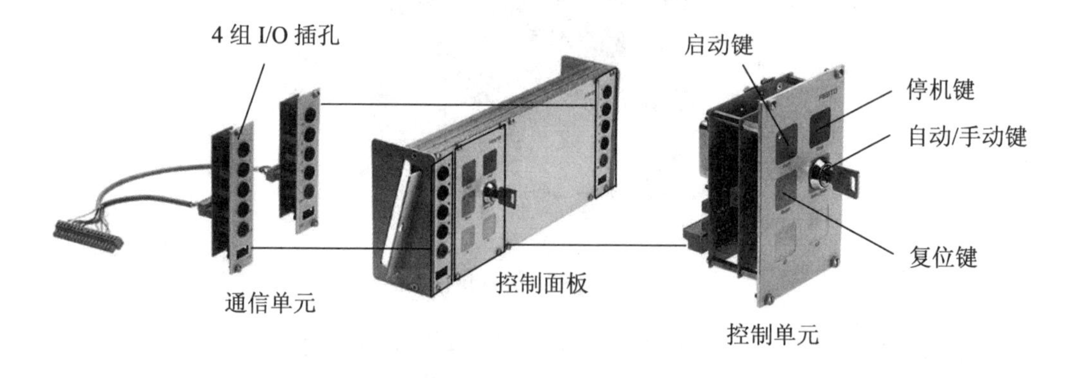

图 4.30　控制面板组成

4. 微型 I/O 终端

带 LED 灯显示的微型 I/O 接线终端，可以通过一根数据电缆将接在端子上的信号连接到别的端子或者 PLC 上。微型 I/O 终端如图 4.31 所示。

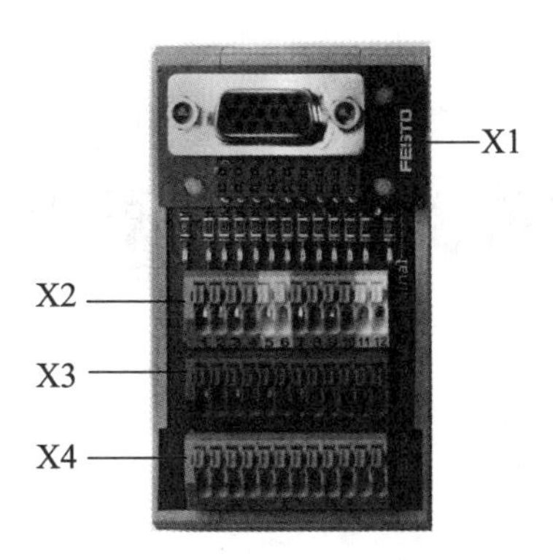

图 4.31　微型 I/O 终端

在微型 I/O 终端引脚中，X1 引脚所具有的定义与 C 接口端子 X1、X2 引脚相同。X2 引脚拥有 1 个输出 24 V，6 个数字量输入、4 个数字量输出和 1 个模拟量输出。X3 引脚中拥有 24 VA 和 24 VB 两个终端区域，分别为 24 V 输出和 24 V 输入。X4 引脚中拥有 GNDA 和 GNDB 两个终端区域，分别为 0 V 输出和 0 V 输入。

第 5 章　工业互联网技术

工业互联网（Industrial Internet）是满足工业智能化发展需求，具有低时延、高可靠、广覆盖特点的关键网络基础设施，是新一代信息通信技术与先进制造业深度融合所形成的新兴业态与应用模式。

工业互联网的本质和核心是通过工业互联网平台把设备、生产线、工厂、供应商、产品和客户紧密地连接融合起来。可以帮助制造业拉长产业链，形成跨设备、跨系统、跨厂区、跨地区的互联互通，从而提高效率，推动整个制造服务体系智能化。

对于制造企业而言，应对市场变化，满足客户个性化需求，最终必须能够快速、实时地响应和调整生产过程，作为管理和控制一线生产的制造企业生产过程执行系统（Manufacturing Execution System，MES）因此至关重要。而更重要的是，MES 要能够与管理层企业资源计划（Enterprise Resource Planning，ERP）无缝衔接，实现从需求到生产到交付的闭环。依据这些理念，诞生了现代工业领域使用的自动化金字塔模型，如图 5.1 所示。

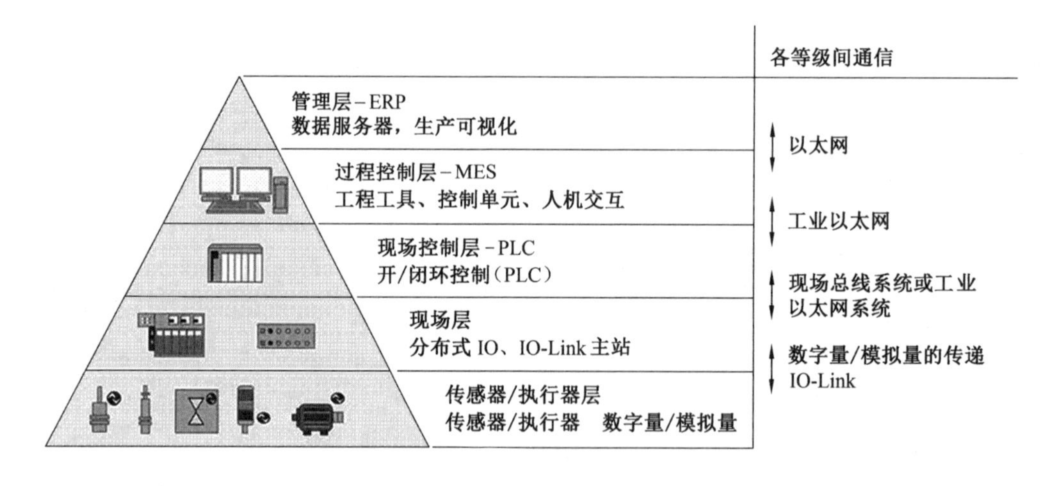

图 5.1　自动化金字塔

针对工业互联网的教学培训，FESTO 公司在 MPS203 工作站的基础上开发了工业 4.0 的教学设备，即 MPS203 I4.0 系统。本章将基于 MPS203 工作站中使用的工业互联网技术，介绍现场总线设备和 MES 系统的应用。

5.1　MPS203 I4.0 系统网络设备组成

※ 系统网络设备组成

在用西门子 PLC 控制的 MPS203 工业 4.0 系统中，网络设备组成图如图 5.2 所示。MES 主机与 PLC 控制器、IO 总线模块、RFID 读写头的通信模块是通过现场总线与一个具有 5 通道的交换机相互连接的，网络连线实物图如图 5.3 所示。每个工作站的交换机放置在该工作站的底车内。

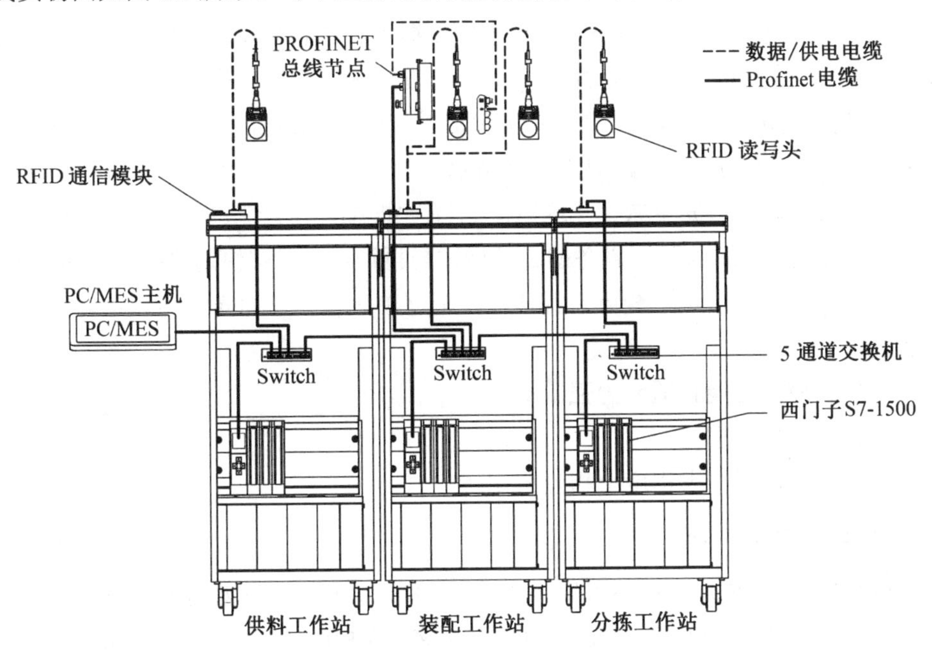

图 5.2　网络设备组成图

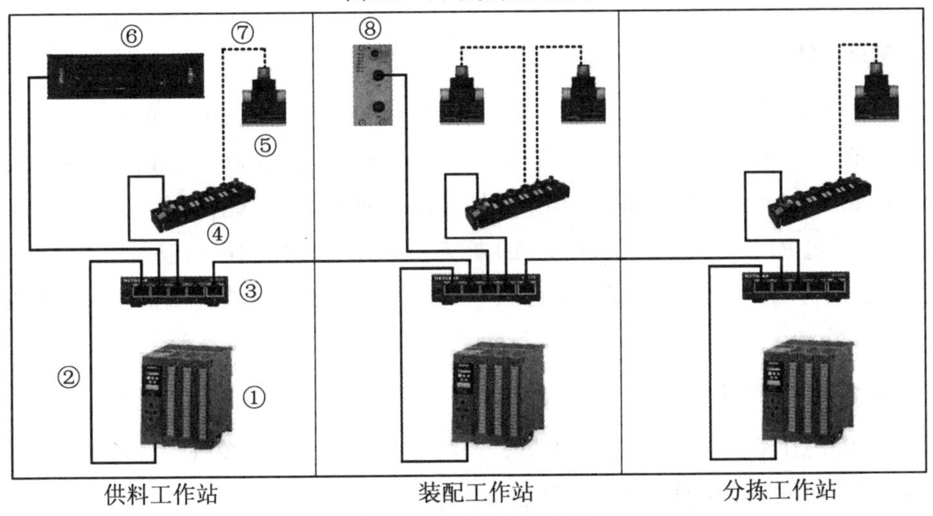

图 5.3　网络连线实物图

①—西门子 PLC S7-1500；②—PROFINET 线缆；③—5 通道交换机；④—RFID 通信模块；⑤—RFID 读写头；⑥—PC/MES 主机；⑦—数据/供电电缆；⑧—PROFINET 总线节点

5.2 MES 系统的应用

在经历机械化、工业化及自动化后，人类工业正处于数字化与互联成网的第四次工业革命前夕。未来工厂的工业进程会通过现代化的信息交流技术互联成网，不断完善。这使得当今的加工工艺变得更高效、智能、可控制，也更一目了然。为此，1990 年 11 月，美国先进制造研究中心 AMR（Advanced Manufacturing Research）就提出了 MES（Manufacturing Execution System，制造企业生产过程执行系统）概念。MES 能通过信息传递对从订单下达到产品完成的整个生产过程进行优化管理。当工厂发生实时事件时，MES 能对此及时做出反应、报告，并用当前的准确数据对它们进行指导和处理。

配有 MES 系统的工厂生产具有以下特点：

（1）所有生产设备完全数字化联网： 配有“即插即生产”的智能元件；生产设备以视觉化图像完整呈现，实现了设备的自动调试与再调试；能够快速平衡生产网络的负荷；通过添加或减少设备，生产线可自行适应匹配订单规模；可对意外停止运转的生产设备快速响应。

（2）生产控制智能且适应力强。

（3）按照客户需求生产。

（4）人与机器在很大程度上相互协作。

5.2.1 MES 系统的概述

MPS203 I4.0 系统是一条小型生产线，由供料、传送、装配和分拣这些标准工作站组成。整个设备都是在联网状态下，并且配备了多个 RFID 读写头。设备会处理由 MES 系统所创建的订单。

1. Mini MES 软件介绍

MPS Mini MES 软件用于 MPS203 I4.0 系统，主要包含 Communication Tool（通信工具）、MiniMES、Web Service（网页服务）、LabView Runtime 和 DeltaLogic OPC Server。Communication Tool 用来配置 MES 和系统控制器之间的端口。MES 用来设计生产和工作订单，并且通过 RFID 技术来写入到 RFID 标签中。MPS 工作站可以根据写入到 RFID 标签中的数据来自动识别是生产或者传送到下一站，并且还可以通过识别其中的数据来选择生产的工序。

2. Mini MES 软件的作用

通过 Mini MES，可以实现设备配置、产品输入和管理、订单跟踪、订单数据存储、针对不同用户组的 WEB 服务等一系列服务。

在成功安装 MES 程序后，会生成一些配置文件，这些文件会自动保存在路径“C:\Users\用户目录\文档\MPS_MiniMES”中。

该路径下包含“Setting”和“History”目录，具体文件如图 5.4 所示。

comSetting.xml
ErrorCodes.xml
Language.xml
Mail.xml
products.xml
Settings.xml

（a）Setting 目录中的文件

FinishedOrders.xml

（b）History 目录中的文件

图 5.4　配置文件

5. 2. 2　MES 系统的配置

要使用 MES 系统，必须先在 MES 软件的配置文件中，设置各个工作站的功能。关于工作站的信息存储在 Setting.xml 文件中。可以用记事本来打开它，在程序中已经创建好了三个工作站。本书以“Stack Magazine”站为例介绍该文件内容。

如图 5.5 所示，一个工作站一般包含一个名称（以供料工作站 Stack Magazine 为例），一个缩写名称（这里是 SM）和一个或多个功能。供料工作站包含三个功能，即释放 3 种不同颜色的工件。每个功能包含一个功能名称，比如“release red workpiece”，和一个缩写功能名称，比如“RR”。在建立工作站时，功能名称缩写必须是两个字母。完整的设置内容见表 5.1。

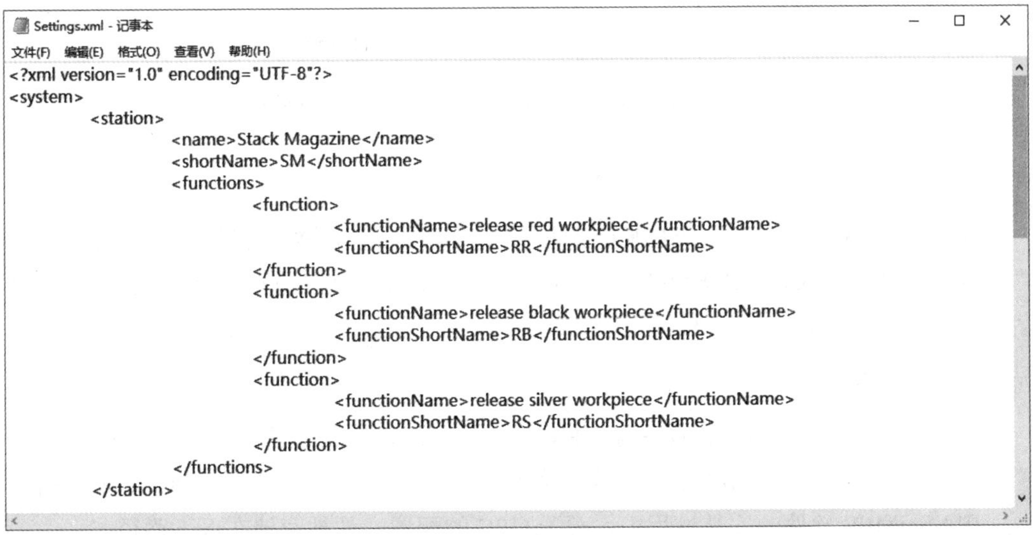

Settings.xml - 记事本
文件(F)　编辑(E)　格式(O)　查看(V)　帮助(H)

```xml
<?xml version="1.0" encoding="UTF-8"?>
<system>
	<station>
		<name>Stack Magazine</name>
		<shortName>SM</shortName>
		<functions>
			<function>
				<functionName>release red workpiece</functionName>
				<functionShortName>RR</functionShortName>
			</function>
			<function>
				<functionName>release black workpiece</functionName>
				<functionShortName>RB</functionShortName>
			</function>
			<function>
				<functionName>release silver workpiece</functionName>
				<functionShortName>RS</functionShortName>
			</function>
		</functions>
	</station>
```

图 5.5　工作站设置文件

表 5.1　工作站设置

工作站名称	工作站缩写	功能名称	功能缩写
Stack Magazine（供料站）	SM	① release red workpiece（释放红色工件）	RR
		② release black workpiece（释放黑色工件）	RB
		③ release silver workpiece（释放银色工件）	RS
Joining（装配站）	MA	① mount cap（安装盖子）	MC
Sorting（分拣站）	SO	① check colour（检查外壳颜色）	CC
		② national distribution（放入国内-左侧仓）	SN
		③ international distribution（放入国外-中间仓）	SI

上述功能缩写主要用于订单标签，当创建一个订单时，MES 系统就通过 RFID 技术将一串 RFID 字符串写入到工件的 RFID 芯片内。RFID 标签数据格式如图 5.6 所示。

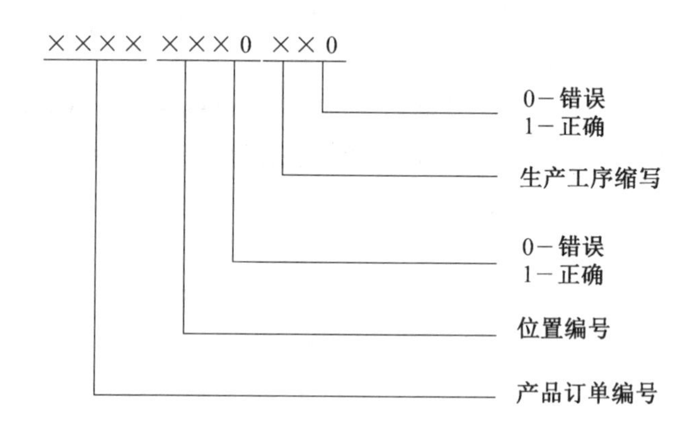

图 5.6　RFID 标签格式

以字符串“00010100RR0MC0CC0SN0”为例，为便于阅读先将字符串用空格分割成“0001 0100 RR0 MC0 CC0 SN0”，即产品订单编号为 1，位置编号为 10，生产工序缩写名称分别为 RR、MC、CC、SN。

5.2.3　OPC 服务的配置

MiniMES 软件通过 OPC 服务与 MPS 工作站的 PLC 进行通信，因此需要学习如何配置 OPC 服务。案例中使用的 OPC 服务软件为 Deltalogic 公司的 S7/S5 OPC Server 软件。

在 MiniMES 软件的安装过程中，关于 OPC 的配置文件被存储在以下路径：

C:\Program Files (x86)\Didactic\MPS MiniMES\OPC Config

路径下包含表 5.2 的文件：

表 5.2　OPC 的配置文件

文件名	含义
AGLink40CfgDev0000.xml	供料站 PLC 的连接方式设置
AGLink40CfgDev0001.xml	装配站 PLC 的连接方式设置
AGLink40CfgDev0002.xml	分拣站 PLC 的连接方式设置
S7OPC.xml	OPC 服务连接设备配置

这些文件需要复制到 OPC 服务的目录下，以便让程序读取到我们的一些设置。

OPC 服务的目录我们可以通过以下方式来寻找。单击电脑右下角的任务栏（在时间和日期旁边）打开“Open Deltalogic S7/S5 OPC Server tray”，单击【Start Configuator】，如图 5.7（a）所示。打开 OPC 服务设置界面，单击【Options Program】，进入目录设置界面，如图 5.7（b）所示。

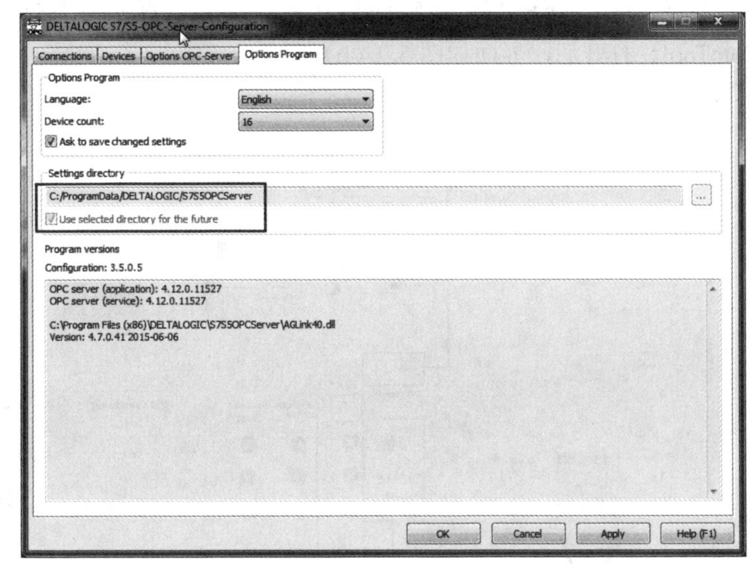

Open Deltalogic S7/S5 OPC Server Tray
Start Configurator
Restart Server
Stop Server
Run Mode
Open Online Help
Show Web Pages
Exit Tray Application

（a）OPC 服务任务栏菜单　　　　（b）OPC 服务设置目录

图 5.7　OPC 服务配置界面

由于“ProgramData”为隐藏目录，如果找不到目录，可以直接将设置文件目录路径复制粘贴在 Windows 窗口的目录路径。

复制完成后，OPC Tray 必须要退出后重新启动。

最后一步是将执行模式设置为“Application”。设置过程如图 5.8 所示。这样就表示 OPC 服务在初始化后可以自动启动。

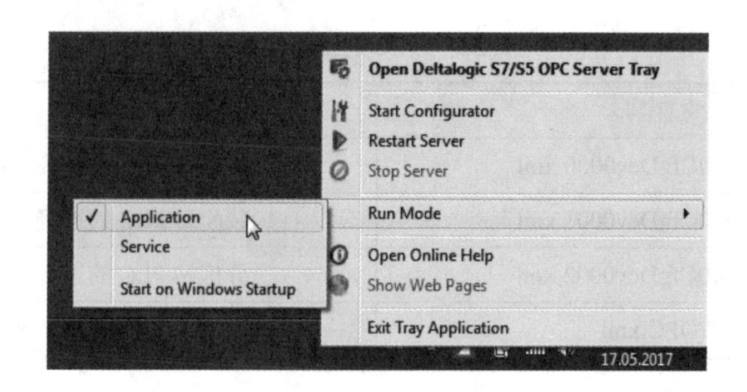

图 5.8　执行模式设置

如果使用的Deltalogic OPC server是测试版本，则需要在一至两个小时之后重启一次。如果工作站的错误信息在操作过程中并没有刷新，有可能是因为 OPC 服务无效。

5.2.4　ComTool 软件的使用

因为要在 MES 与单元之间建立通信，所以首先需要打开第一个软件 MiniMES ComTool。打开后，界面如图 5.9（b）所示。

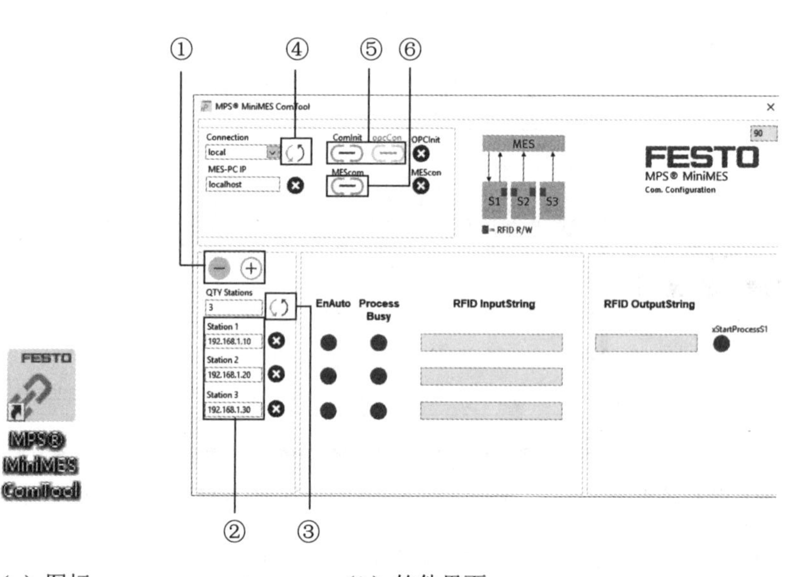

（a）图标　　　　　　　　（b）软件界面

图 5.9　MES ComTool 界面和图标

①—工作站数量设置；②—各站 PLC 的 IP；③—与 PLC 的连接测试；④—与 PC 的连接测试；⑤—opcCon 连接 OPC 服务；⑥—MEScom 启动 MES 通信

ComTool 软件建立通信的步骤见表 5.3。

表 5.3　ComTool 软件建立通信的步骤

序号	图片示例	操作步骤
1	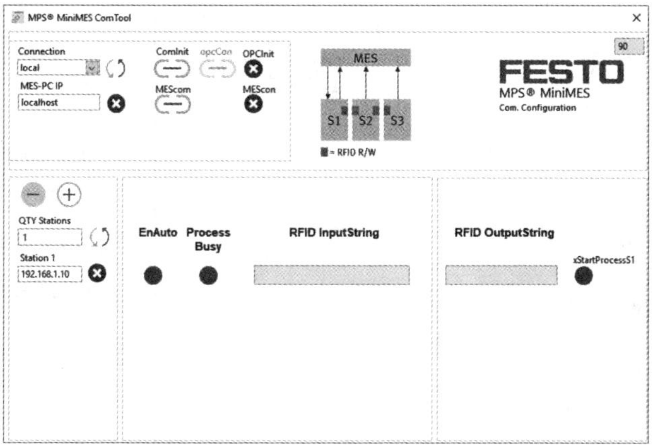	单击⊕按钮三次，创建三个工作站
2	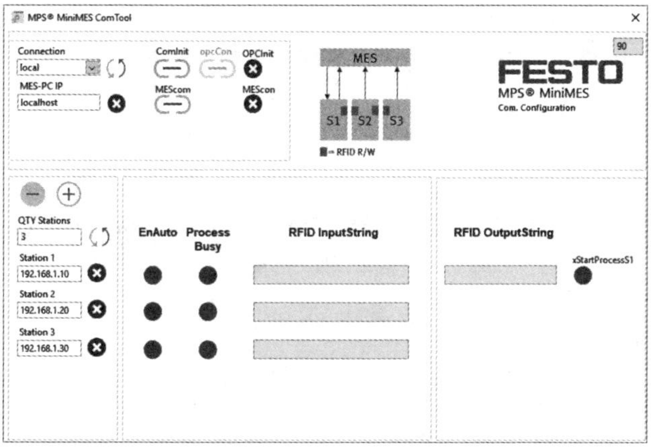	在“Station 1”至“Station 3”文本框中分别输入 IP 地址“192.168.1.10”“192.168.1.20”“192.168.1.30”；单击“QTY Stations”旁的按钮，测试网络设置的连接情况
3	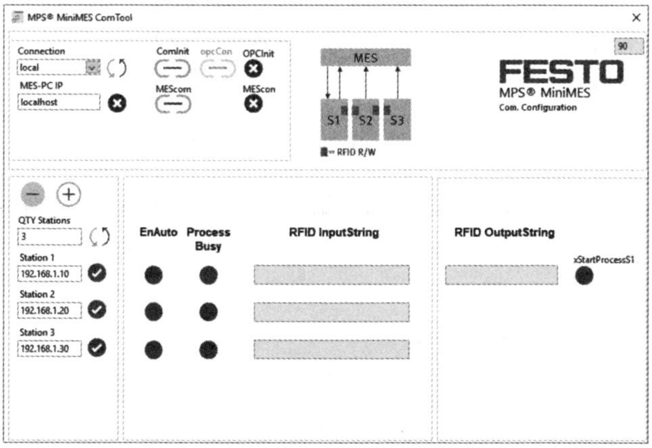	单击“Connection”旁的按钮，测试运行 MES 的电脑是否连接

续表 5.3

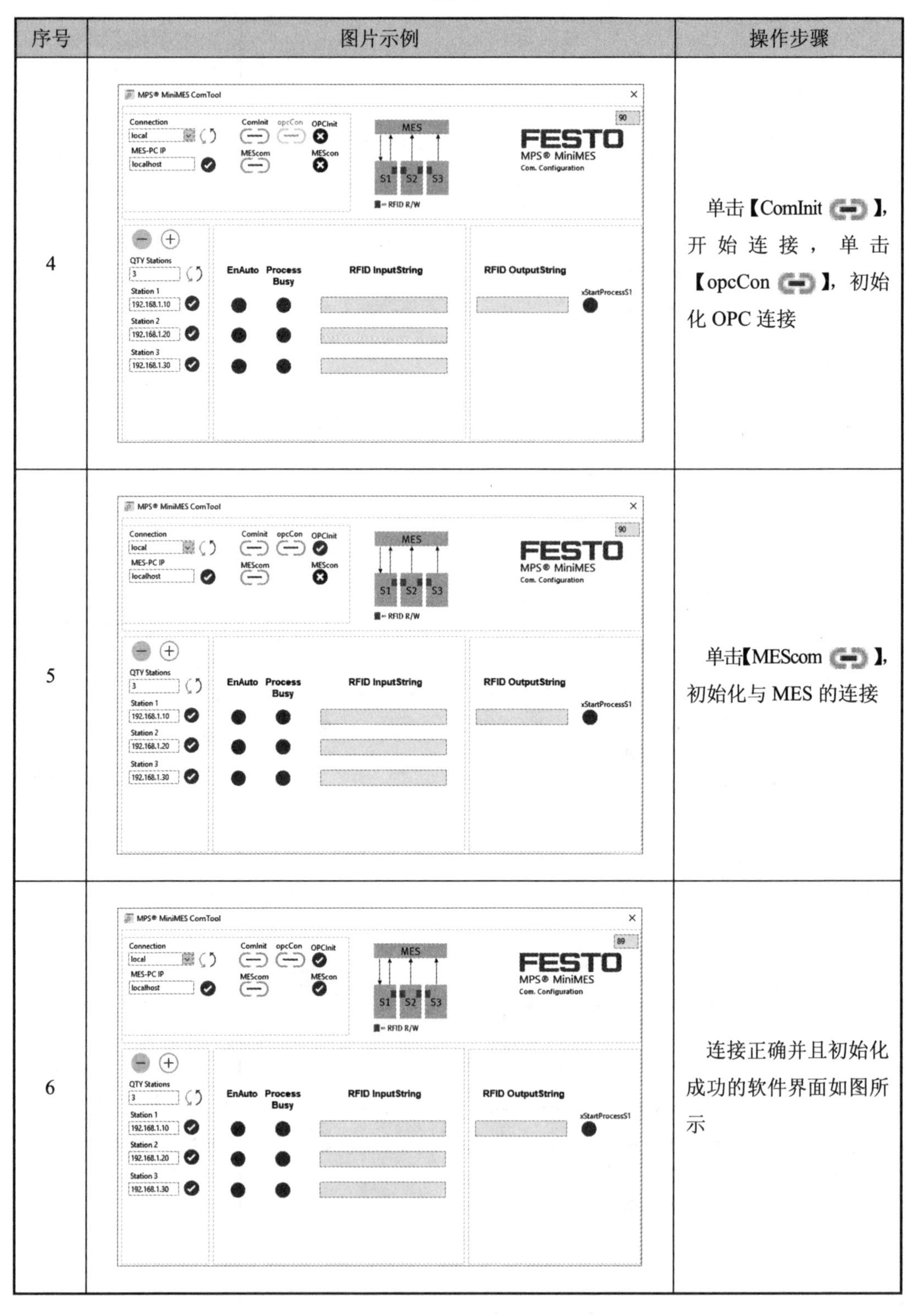

序号	图片示例	操作步骤
4		单击【ComInit】，开始连接，单击【opcCon】，初始化 OPC 连接
5		单击【MEScom】，初始化与 MES 的连接
6		连接正确并且初始化成功的软件界面如图所示

5.2.5　MiniMES 软件的使用

在配置完通讯后，需要对系统进行配置，才能创建订单。不要关闭 MiniMES ComTool，再打开第二个软件 MiniMES，软件图标和界面如图 5.10 所示。

（a）图标

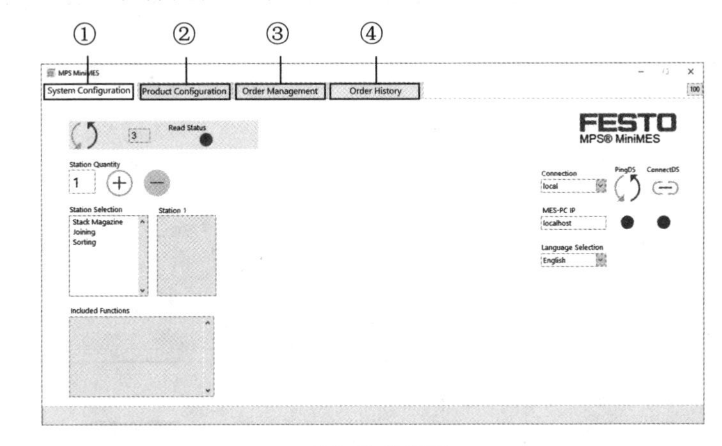

（b）软件界面

图 5.10　MiniMES 软件图标和界面

①—系统配置；②—产品配置；③—订单管理；④—订单历史

1. 系统配置（System Configuration）

打开后的界面如图 5.11 所示。

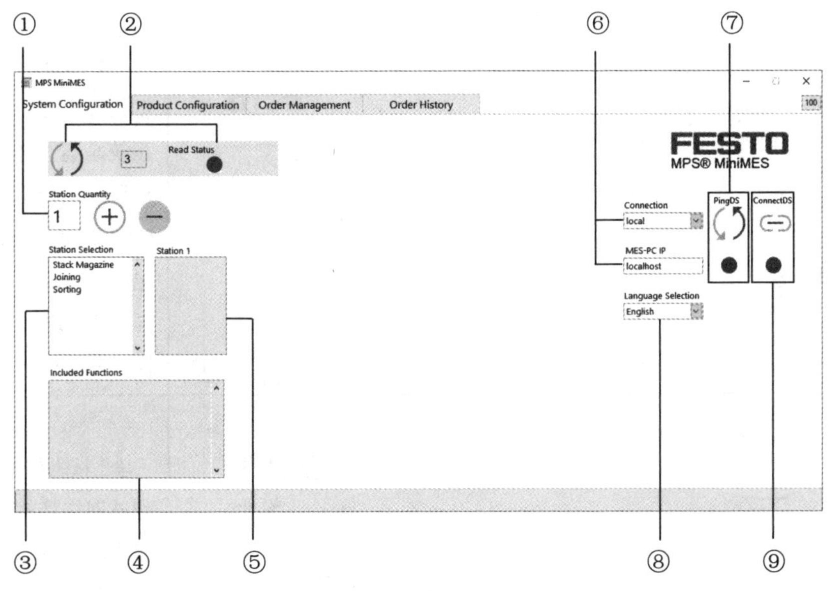

图 5.11　系统配置界面

①—Station Quantity 工作站数量；②—Read Status 读取配置信息；③—Station Selection 可选工作站列表；④—Included Functions 选中的工作站；⑤—Station 1 工作站的功能列表；⑥—Connection/MES-PC IP，设置 MES 主机地址；⑦—PingDS 测试网络通断；⑧—Language Selection 语言设置；⑨—ConnectDS 建立 MES 主机通信

具体的配置步骤见表 5.4。

表 5.4　系统配置的步骤

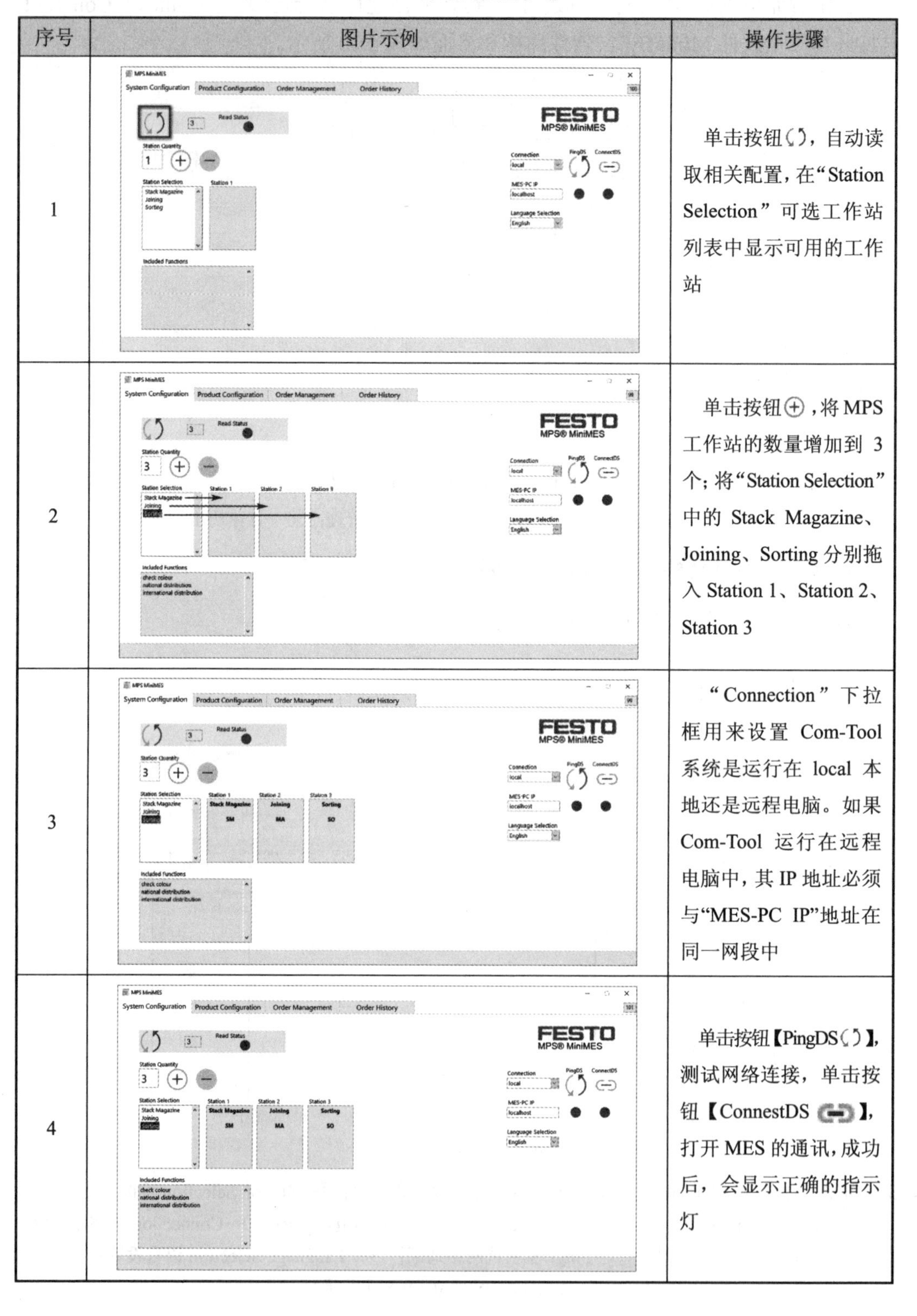

序号	图片示例	操作步骤
1		单击按钮，自动读取相关配置，在“Station Selection”可选工作站列表中显示可用的工作站
2		单击按钮，将 MPS 工作站的数量增加到 3 个；将“Station Selection”中的 Stack Magazine、Joining、Sorting 分别拖入 Station 1、Station 2、Station 3
3		“Connection”下拉框用来设置 Com-Tool 系统是运行在 local 本地还是远程电脑。如果 Com-Tool 运行在远程电脑中，其 IP 地址必须与“MES-PC IP”地址在同一网段中
4		单击按钮【PingDS】，测试网络连接，单击按钮【ConnestDS】，打开 MES 的通讯，成功后，会显示正确的指示灯

2. 添加产品配置（Product Configuration）

切换到产品配置，界面如图 5.12 所示。

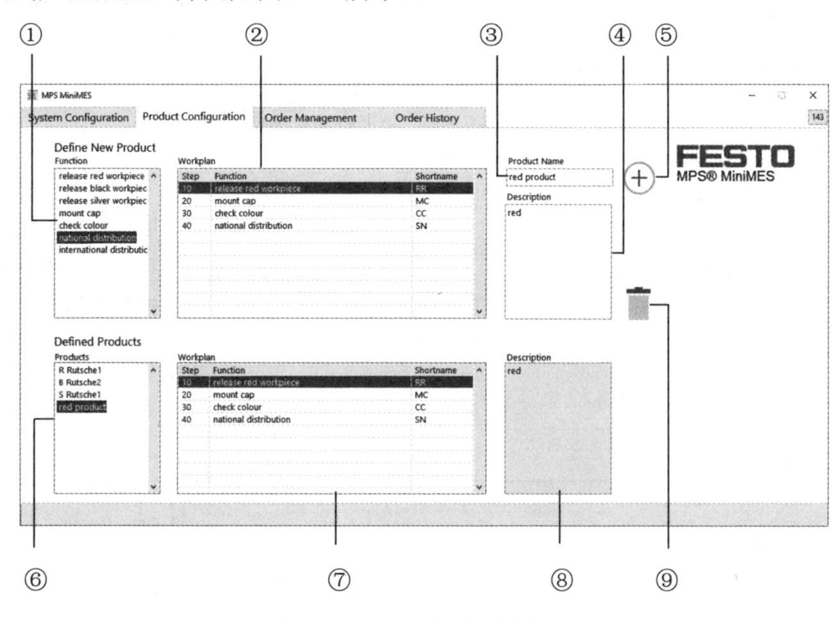

图 5.12 添加产品配置界面

①—Define New Product 所有生产工序列表；②—Workplan 新产品工序设定；③—Product Name 新产品名；④—Description 新产品的描述；⑤—定义新产品；⑥—Defined Products 已定义的产品；⑦—Workplan 选中产品的工序详情；⑧—Description 选中产品的描述；⑨—删除

添加产品配置的具体步骤见表 5.5。

表 5.5 添加产品配置步骤

序号	图片示例	操作步骤
1	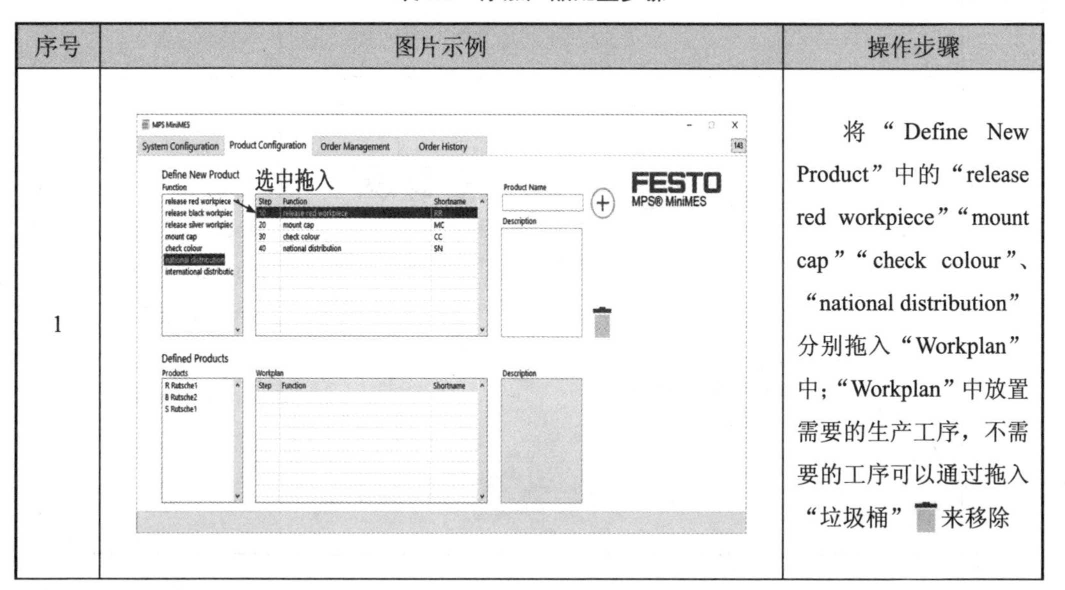	将“Define New Product”中的“release red workpiece”“mount cap”“check colour”、“national distribution”分别拖入“Workplan”中；“Workplan”中放置需要的生产工序，不需要的工序可以通过拖入“垃圾桶”来移除

续表 5.5

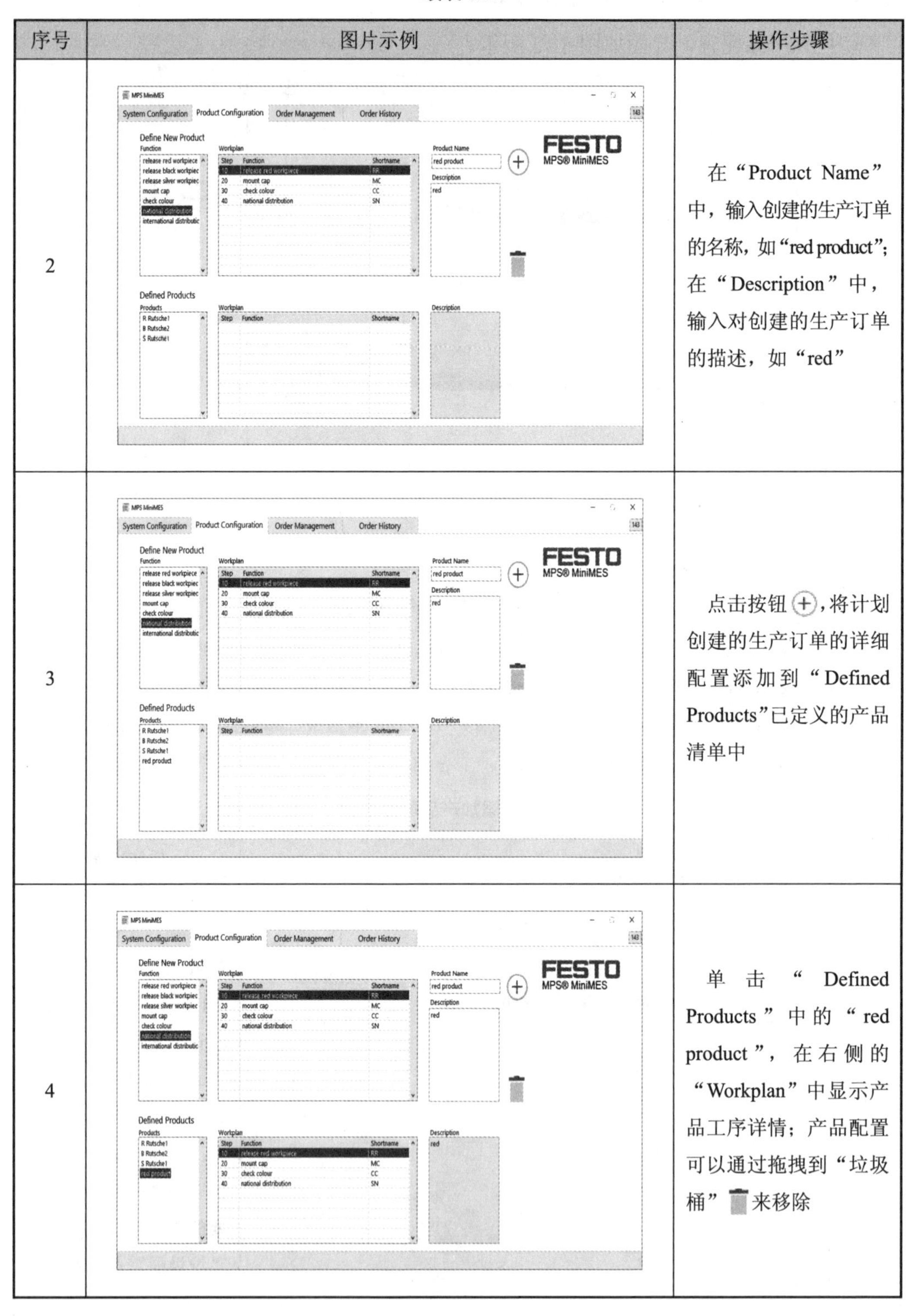

序号	图片示例	操作步骤
2		在“Product Name”中，输入创建的生产订单的名称，如“red product”；在“Description”中，输入对创建的生产订单的描述，如“red”
3		点击按钮 ，将计划创建的生产订单的详细配置添加到“Defined Products”已定义的产品清单中
4		单击“Defined Products”中的“red product”，在右侧的“Workplan”中显示产品工序详情；产品配置可以通过拖拽到“垃圾桶” 来移除

正如表 5.5 所示，四道生产工序被从生产工序清单中拖入生产计划中，其中生产工序是在系统配置中所配置好的。我们所创建的生产订单保存在“product.xml”文件中，并且在下次启动应用时可以再次使用，如果想要删除某个生产订单，我们也可以通过删除“xml”文件来进行删除。

3. 添加产品订单（Order Management）

添加产品订单的界面如图 5.13 所示。

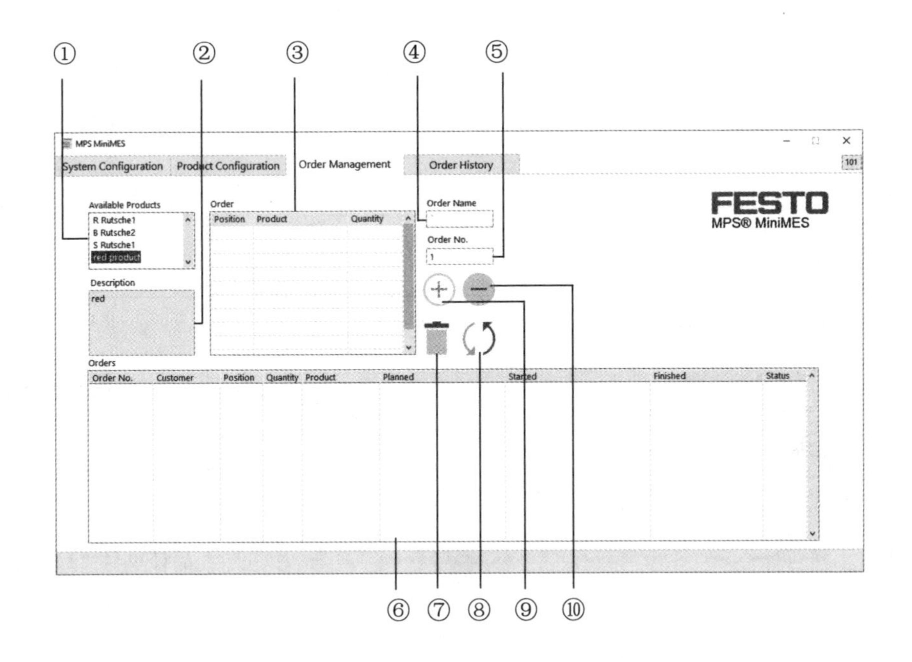

图 5.13 添加产品订单界面

①—Available Products 可选的产品列表；②—Description 选中的产品描述；③—Order 订单的产品信息；④—Order Name 订单的客户名称；⑤—Order No.订单编号；⑥—Orders 订单列表；⑦—删除产品；⑧—刷新订单列表；⑨—生成订单；⑩—去除未完成订单

完成的订单被保存在“Finishedorders.xml”文件中，在“Order History”中也可以看到。添加产品订单的步骤见表 5.6。

表 5.6　添加产品订单的步骤

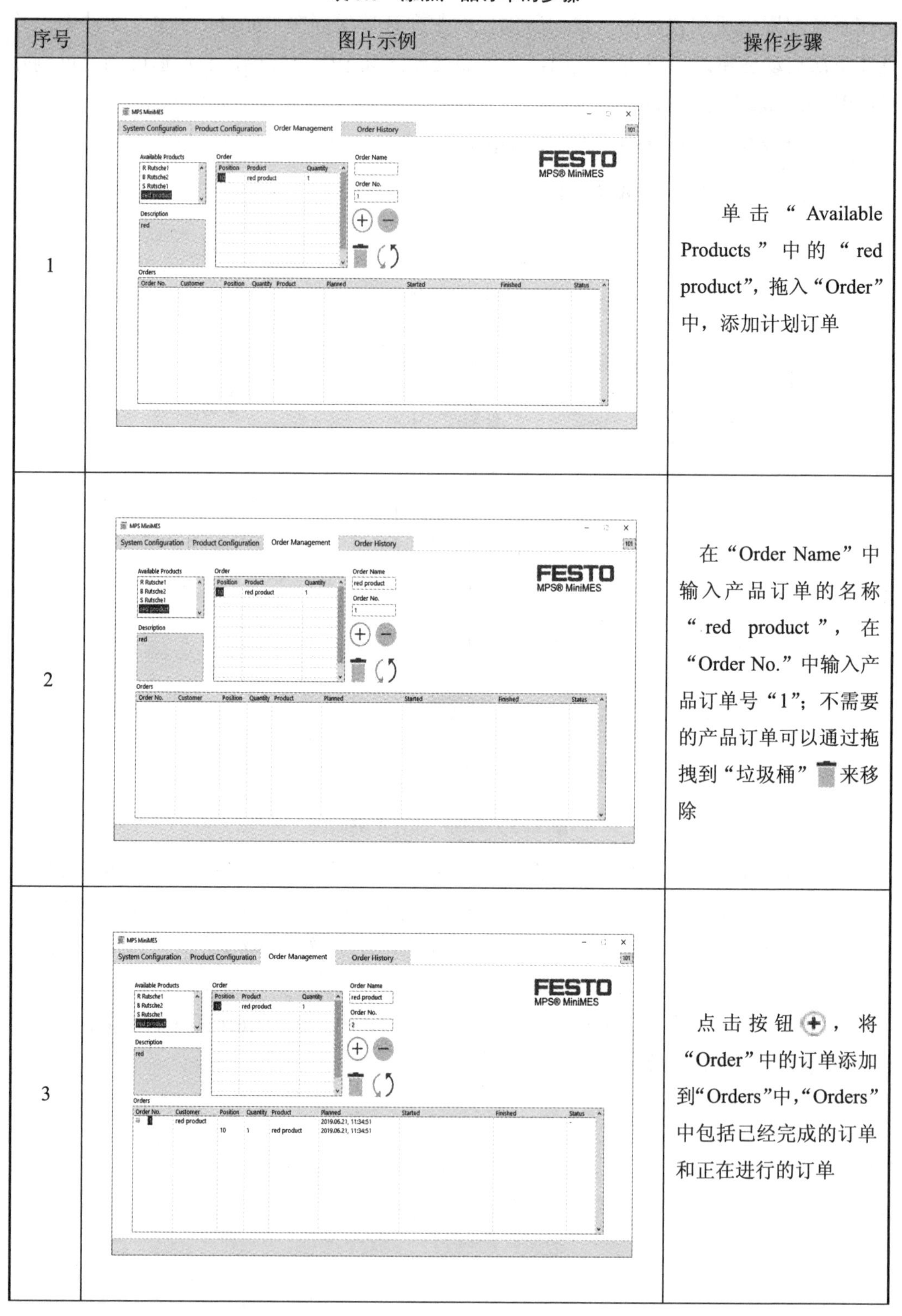

序号	图片示例	操作步骤
1		单击“Available Products”中的“red product”，拖入“Order”中，添加计划订单
2		在“Order Name”中输入产品订单的名称“red product”，在“Order No.”中输入产品订单号“1”；不需要的产品订单可以通过拖拽到“垃圾桶”(垃圾桶图标)来移除
3		点击按钮(+)，将“Order”中的订单添加到“Orders”中，“Orders”中包括已经完成的订单和正在进行的订单

续表 5.6

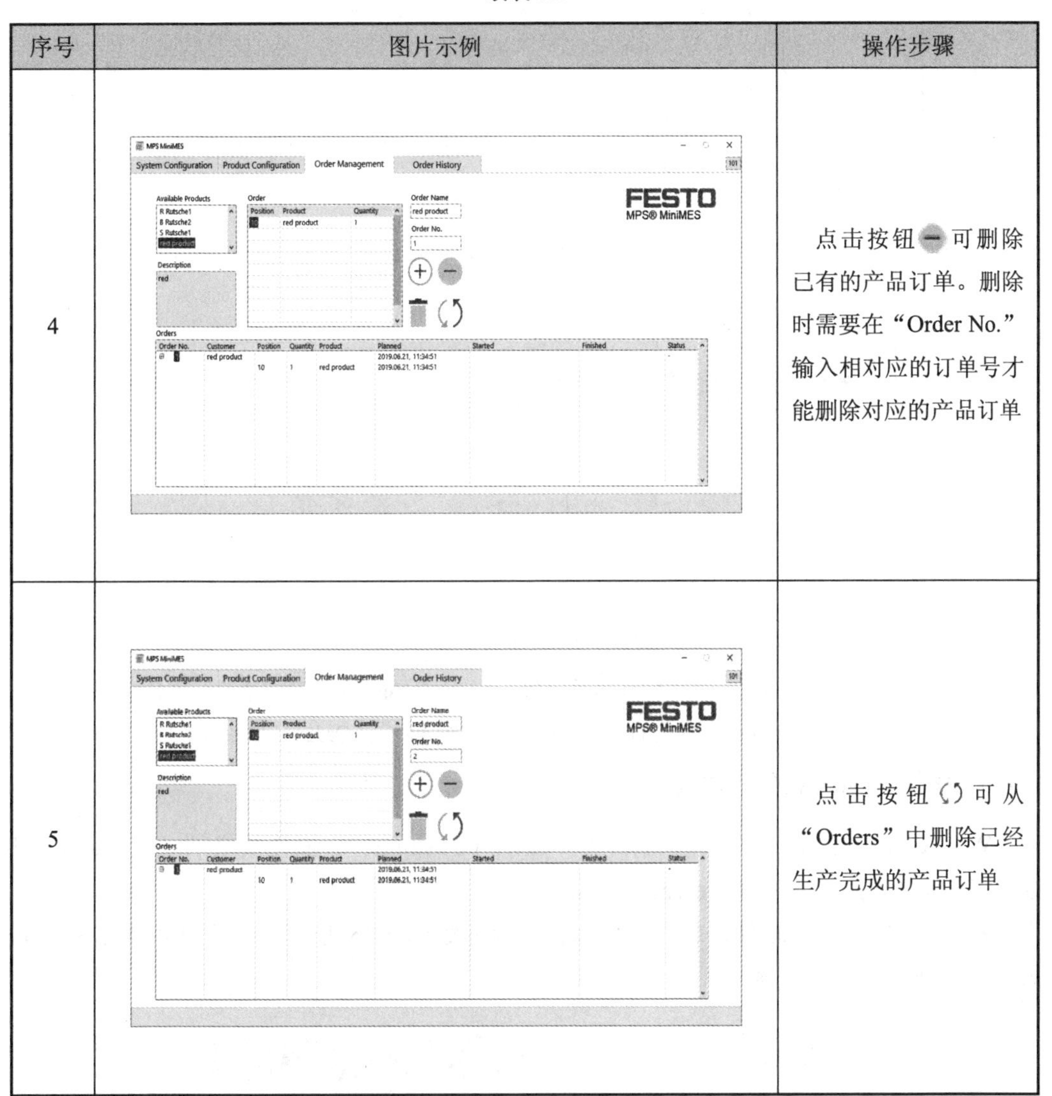

序号	图片示例	操作步骤
4		点击按钮可删除已有的产品订单。删除时需要在“Order No.”输入相对应的订单号才能删除对应的产品订单
5		点击按钮可从“Orders”中删除已经生产完成的产品订单

4. 历史订单（Order History）

查看历史订单的界面如图 5.14 所示。可以根据订单号和订单名称，通过点击按钮，搜索所需要的订单信息。

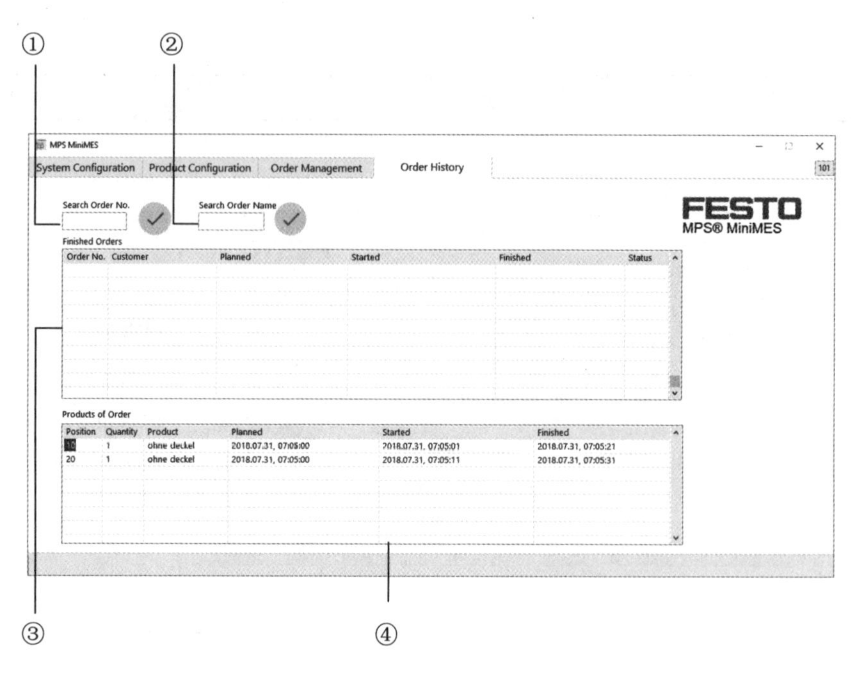

图 5.14　历史订单界面

①—Search Order No. 要搜索的订单号；②—Search Order Name 要搜索的订单名称；
③—Finished Orders 已完成的产品订单；④—Products of Order 订单相关的信息

5. 2. 6　WebService 软件的使用

WebService 包含三个用户等级，客户级别（Customer）、操作员级别（Operator）和维修工程师级别（Maintenace Technician）。

打开 WebService 软件，软件图标和窗口界面如图 5.15 所示，注意使用 WebService 需要保持软件打开的状态。

（a）软件图标　　（b）软件界面　　（c）用户级别

图 5.15　WebService 软件的图标和界面

为了启用 Webservice，先要知道运行 Webservice 程序的主机电脑的 IP 地址。并且，客户机电脑的 IP 地址必须与主机电脑处在同一网段内。假设主机电脑（运行 Webservice 程序的电脑）的 IP 地址是“192.168.1.5”，在客户机电脑浏览器（IE）中需要输入网址：http://192.168.1.5:80/webservice/index.html。

1. 客户级别（Customer）

客户级别的界面如图 5.16 所示。在该界面上通过订单号就可以搜索到相应的订单状态。

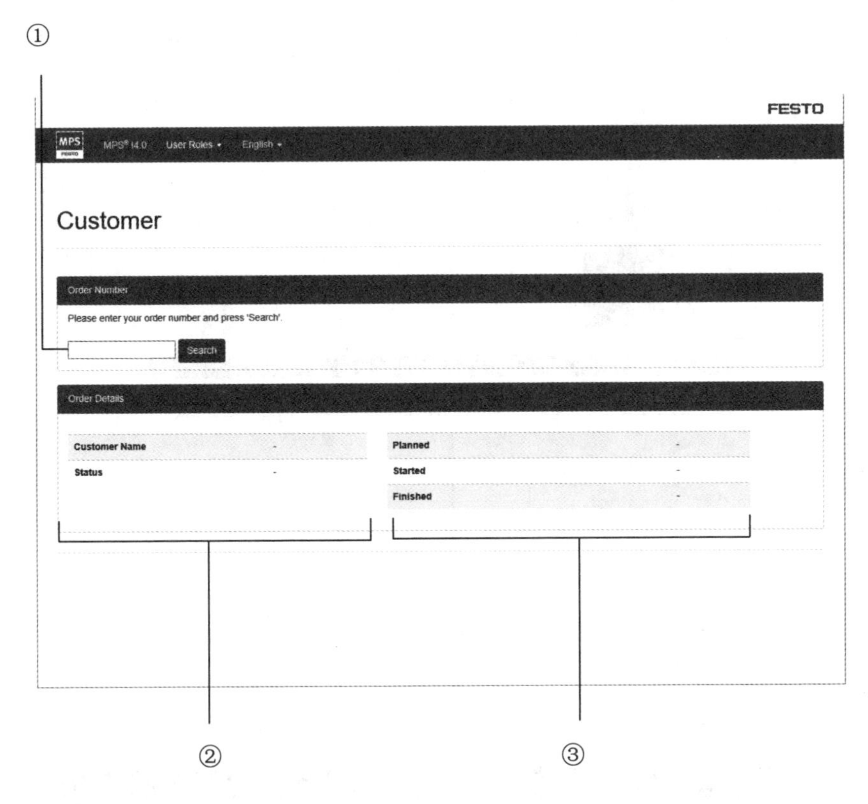

图 5.16　客户级别界面

①—想要搜索的订单号；②—订单名称和订单状态；③—订单记录的时间信息

2. 操作员级别（Operator）

操作员级别的界面如图 5.17 所示。该界面可根据所接收到的订单数量，提示需要添加的物料；对已经存储好的历史订单，显示其订单次序；显示系统错误或维修信息；显示 MES 中当前计划订单的清单。

3. 维修工程师级别（Mainternace Technician）

维修工程师级别的界面如图 5.18 所示。该功能为展示，没有具体效果。维修工程师可以输入 E-mail 地址，当遇到紧急情况时，此邮箱会收到相应的邮件。这里还可以再输入其他 E-mail 地址，只要点击发送按钮，就可以将错误发送给另外的相关人员。当事件发生并且邮件发送完毕后，所有联系人的邮箱地址都会被删除，下次使用时需要重新输入。

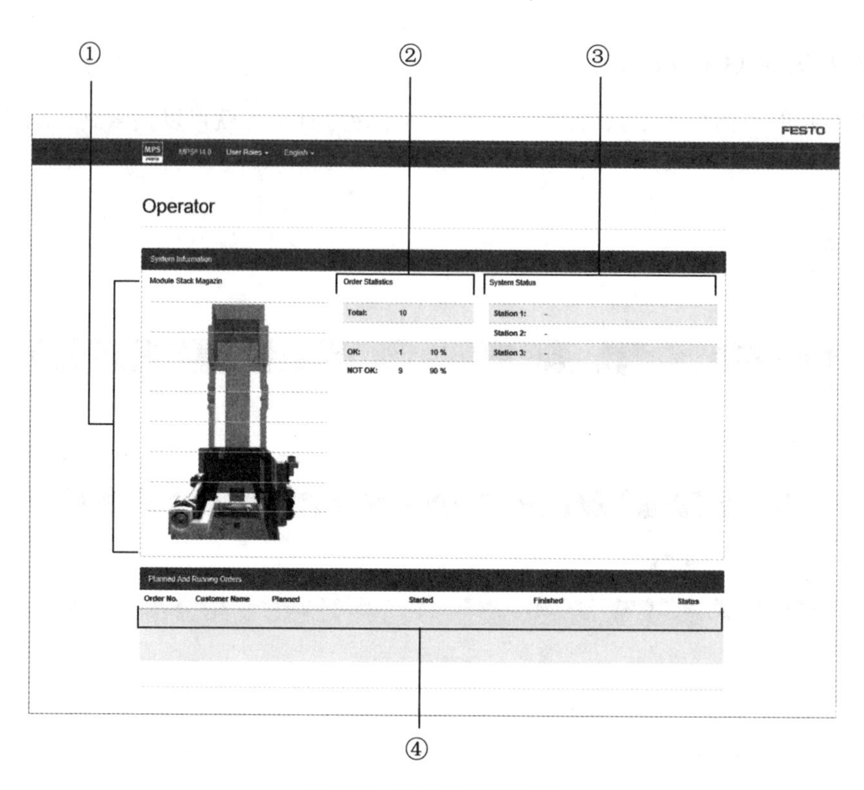

图 5.17　操作员级别界面

①—Module Stack Magazin 提示需要添加的物料；②—Order Statistics 对已完成订单的统计；③—System Status 各工作站的状态显示；④—Planned And Running Orders 当前计划订单的清单

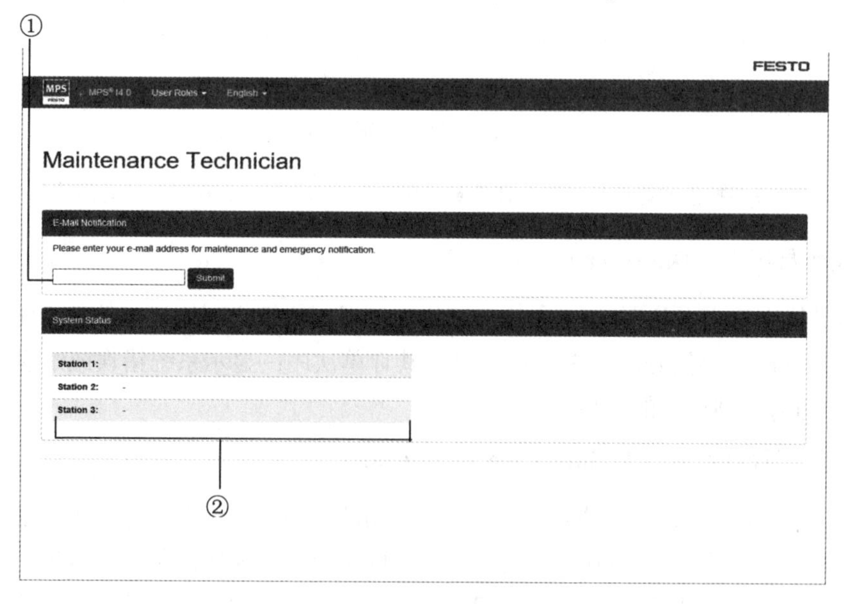

图 5.18　维修工程师级别界面

①—E-Mail Notification 邮件地址；②—System Status 各工作站的状态显示

5.3 供料站在现场层的应用

MPS203 I4.0 系统中采用 Turck 公司的 RFID 读写头和通信模块。在供料工作站中共有一个 RFID 读写头，设备通信由多协议 RFID 通信模块完成，RFID 通信模块可支持两个 RFID 读写头的连接。供料单元 RFID 设备实物图如图 5.19 所示，其说明见表 5.7。

※ 供料工作站应用

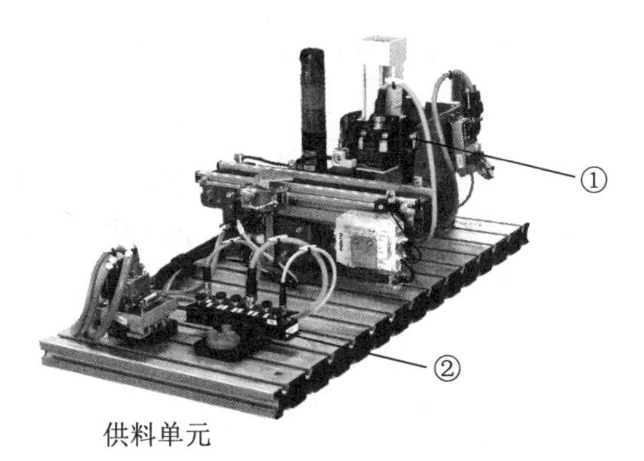

图 5.19 RFID 设备实物图

表 5.7 RFID 设备说明

编号	名称	说明
①	RFID 读写头	写入标签信息
②	RFID 通信模块	I/O 接口

1. RFID 通信模块概述

RFID 通信模块提供现场总线接口、RFID 读写头接口和数字 I/O 接口。四个可配置的数字通道最多可以处理四个传感器和执行器的接口信号。这些接口提供了用于 Modbus TCP、EtherNet / IP™和 PROFINET 的多协议现场总线接口。现场总线接口将 RFID 系统连接到（现有的）现场总线，作为 EtherNet / IP™设备、Modbus TCP 从站或 PROFINET 设备。在操作期间，过程数据在现场总线和 RFID 系统之间交换，并且还为控制器生成诊断信息。读/写头通过 RFID 接口连接到其他接口。RFID 通信模块如图 5.20 所示，通信接口说明见表 5.8。

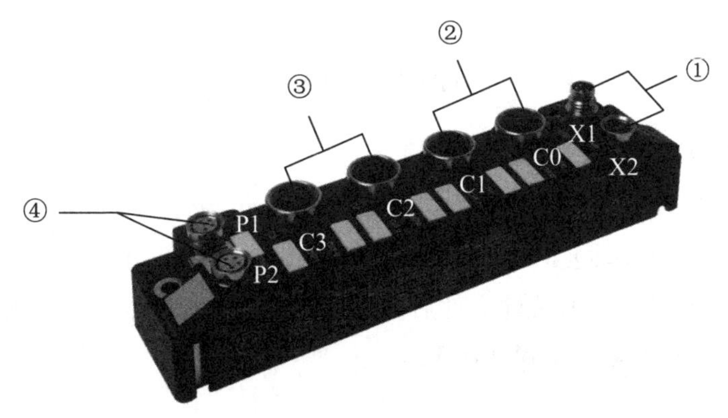

图 5.20 RFID 通信模块

表 5.8　通信接口说明

编号	名称	说明
①	电源接口	X0 系统电压；X1 供应下一节点电压
②	RFID 读写头接头	包括 C0、C1
③	执行器和传感器接头	包括 C2、C3
④	以太网接口	P1 连接交换机；P2 连接下一节点

RFID 通信模块使用 PROFINET 协议，可以连接传感器、执行器和两个 RFID 读写头。

2. RFID 模块连线说明

RFID 模块的连线方式如图 5.21 所示，X1 端口通过电源线连接传送带模块微型 I/O 终端上的 24 V A、24 V B、GND A、GND B，为模块提供 24 V 直流电源；由于供料站的 RFID 读写头位于输送带的末端，RFID 读写头通过专用线缆与 C1 端口相连；P1 端口通过以太网线缆与交换机连接。

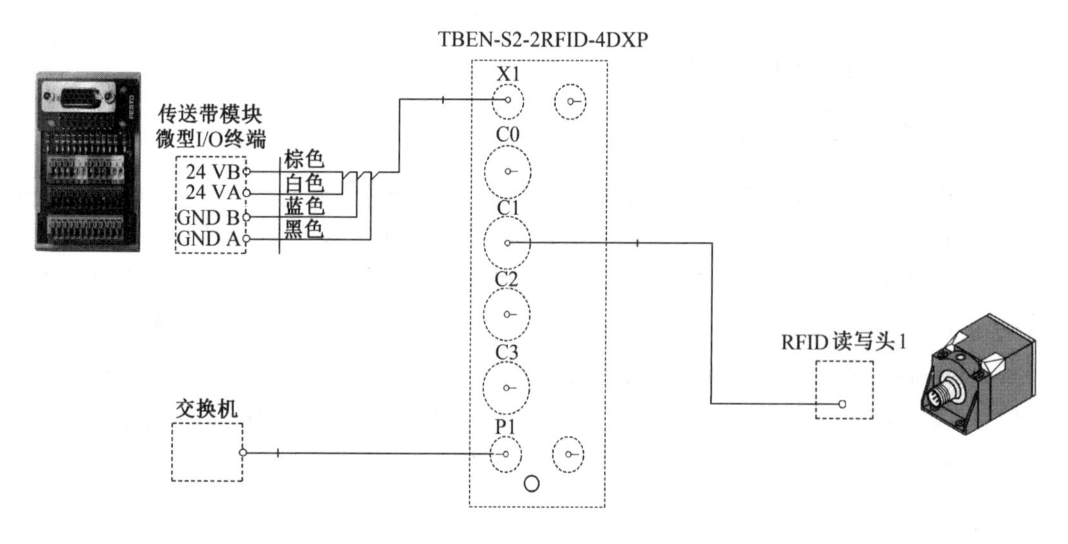

图 5.21　RFID 模块连线示意图

3. RFID 模块的通信建立

为配置 RFID 通信模块与 PLC 的通信，需要在 TURCK 官网下载通用站描述文件（GSD），本节以“GSDML-V2.3-Turck-TBEN_S2_2RFID_4DXP-20170208-010402”为例进行介绍。在使用博途软件安装描述文件后，可在博途设备与网络窗口右侧的硬件目录中添加。RFID 模块的组态建立步骤见表 5.9。

表 5.9　RFID 模块的组态建立步骤

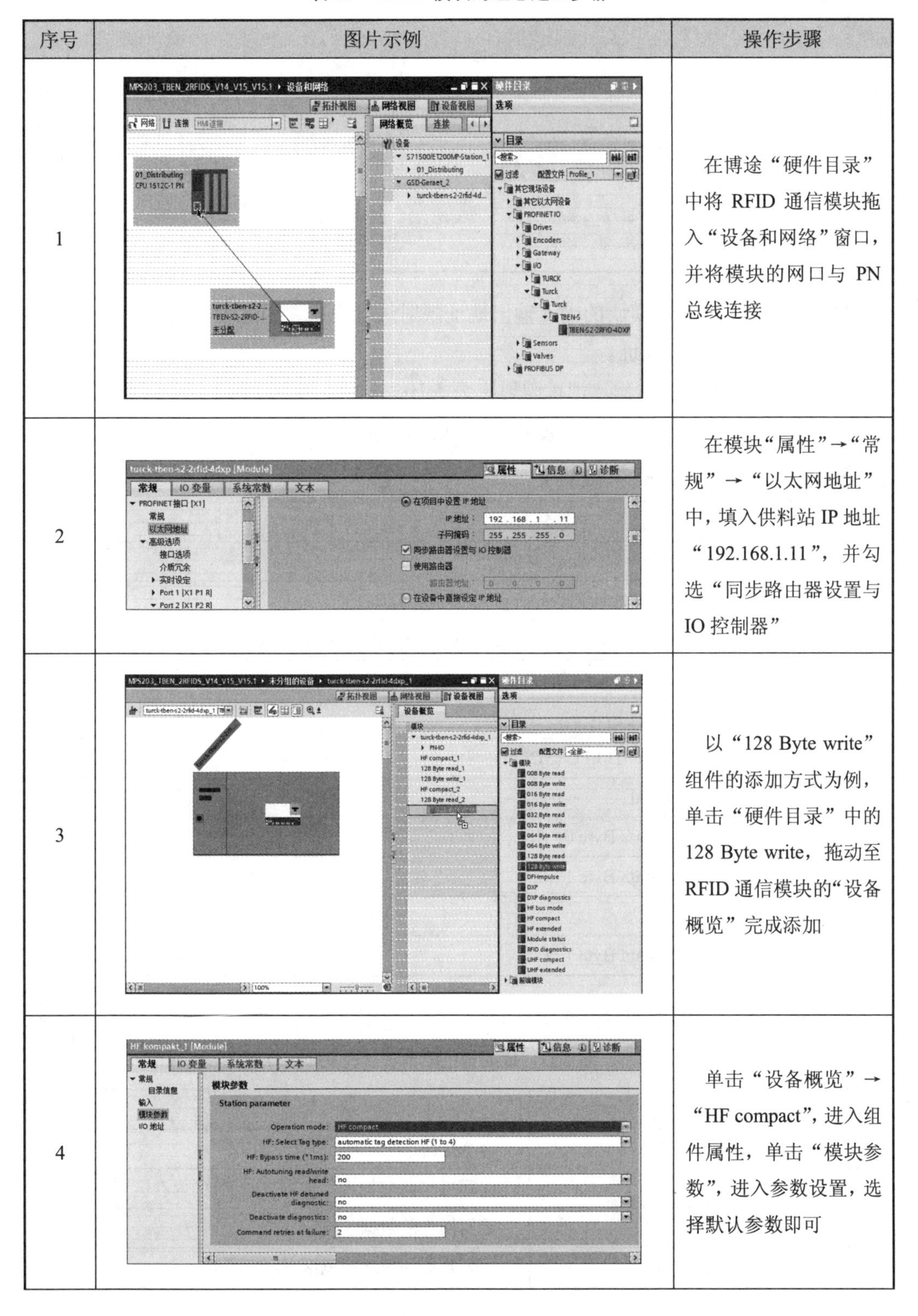

序号	图片示例	操作步骤
1		在博途“硬件目录”中将 RFID 通信模块拖入“设备和网络”窗口，并将模块的网口与 PN 总线连接
2		在模块“属性”→“常规”→“以太网地址”中，填入供料站 IP 地址“192.168.1.11”，并勾选“同步路由器设置与 IO 控制器”
3		以“128 Byte write”组件的添加方式为例，单击“硬件目录”中的 128 Byte write，拖动至 RFID 通信模块的“设备概览”完成添加
4		单击“设备概览”→“HF compact”，进入组件属性，单击“模块参数”，进入参数设置，选择默认参数即可

续表 5.9

<table>
<tr><th>序号</th><th>图片示例</th><th>操作步骤</th></tr>
<tr><td>5</td><td>
<table>
<tr><th>模块</th><th>机架</th><th>插槽</th><th>I 地址</th><th>Q 地址</th><th>类型</th></tr>
<tr><td>▾ turck-tben-s2-2rfid-4dxp_1</td><td>0</td><td>0</td><td></td><td></td><td>TBEN-S2-2RFID-4DXP</td></tr>
<tr><td>▸ PN-IO</td><td>0</td><td>0 X1</td><td></td><td></td><td>turck-tben-s2-2rfid...</td></tr>
<tr><td>HF kompakt_1</td><td>0</td><td>RFID control/status ch0</td><td>440...451</td><td>440...451</td><td>HF compact</td></tr>
<tr><td>128 Byte lesen_1</td><td>0</td><td>RFID read data ch0</td><td>520...647</td><td></td><td>128 Byte read</td></tr>
<tr><td>128 Byte schreiben_1</td><td>0</td><td>RFID write data ch0</td><td></td><td>520...647</td><td>128 Byte write</td></tr>
<tr><td>HF kompakt_2</td><td>0</td><td>RFID control/status ch1</td><td>452...463</td><td>452...463</td><td>HF compact</td></tr>
<tr><td>128 Byte lesen_2</td><td>0</td><td>RFID read data ch1</td><td>648...775</td><td></td><td>128 Byte read</td></tr>
<tr><td>128 Byte schreiben_2</td><td>0</td><td>RFID write data ch1</td><td></td><td>648...775</td><td>128 Byte write</td></tr>
</table>
</td><td>RFID 控制状态参数的每通道占用 12 字节的输入和输出，读和写缓冲区使用 128 字节数据</td></tr>
</table>

接下来详细对 RFID 模块的输入输出地址映射进行说明，该地址是指 HF compact 模式下的 PROFINET 协议地址。

（1）模块输入说明，输入地址映射见表 5.10。

表 5.10　输入地址映射

Byte No.	Bit							
PROFINET	7	6	5	4	3	2	1	0
0~1	Command Code (CMDC)							
2	Loop counter for rapid processing (RCNT)							
3	Memory area (DOM) – only available with UHF applications							
4~7	Start Address (ADDR)							
8~9	Length (LEN)							
10	Length UID/EPC (SOUID)							
11	Reserved							
12	Write data Byte 0							
13	Write data Byte 1							
...	...							
139	Write data Byte 127							

表格中常用内容的英文含义见表 5.11。

表 5.11　输入地址映射英文含义

名称	含义
Command code	命令代码
Start address	读写操作的起始地址（RFID 标签的内存区域）
Length	读写操作的数据长度
Write data byte	写入数据的发送数据区

（2）模块输出说明，输出地址映射见表 5.12。

表 5.12　输出地址映射

Byte No.	Bit							
PROFINET	7	6	5	4	3	2	1	0
0	Response code (RESC)							
1	BUSY	ERROR	Response code (RESC)					
2	Loop counter for rapid processing (RCNT)							
3	Reserved							
4	TNC1	TRE1	PNS1	XD1				TP1
5							CMON	TON
6～7	Length (LEN)							
8～9	Error code (ERRC)							
10～11	Tag counter (TCNT)							
12	Read data Byte 0							
13	Read data Byte 1							
…	…							
139	Read data Byte 127							

表格中常用内容的英文含义见表 5.13。

表 5.13　输出地址映射英文含义

名称	含义
Response code	显示当前被执行的命令
BUSY	0：已经执行完一个命令；1：系统正在执行一个命令
Error（ERROR）	0：上一个命令执行成功；1：命令执行过程中产生了一个错误
TNC1	0：读写头已经连接；1：读写头未连接
TRE1	0：读写头没有报错；1：读写头报错
PNS1	0：读写头支持设定的参数；1：读写头不支持设定的参数
XD1	0：高频读写头频率正常；1：高频读写头失谐
TP1	0：读写头感应范围内没有标签；1：读写头感应范围内有标签
Length（LEN）	读取或写入的数据长度
Error code（ERRC）	错误代码
Read data byte	读取到的接收数据区

4. RFID 通信模块读写控制

实现 RFID 通信模块的读写通信需要对模块写入相关指令。表 5.14 是适用于 RFID 通信模块高频紧凑(HF compact)模式下的常用命令代码。在 MPS203 I4.0 系统中主要使用空闲、读取和写入命令。

表 5.14　RFID 通信模块的常用命令

命令内容	命令代码	
	十六进制	十进制
空闲（Idle）	0x0000	0
存储（Inventory）	0x0001	1
快速存储（Fast inventory）	0x2001	8193
读取（Read）	0x0002	2
快速读取（Fast read）	0x2002	8194
写入（Write）	0x0004	4
快速写入（Fast write）	0x2004	8196
写入与校验（Write and verify）	0x0008	8
复位（Reset）	0x8000	32768

（1）写数据操作步骤。

下面介绍一下 RFID 模块的写数据步骤，流程图如图 5.22 所示。

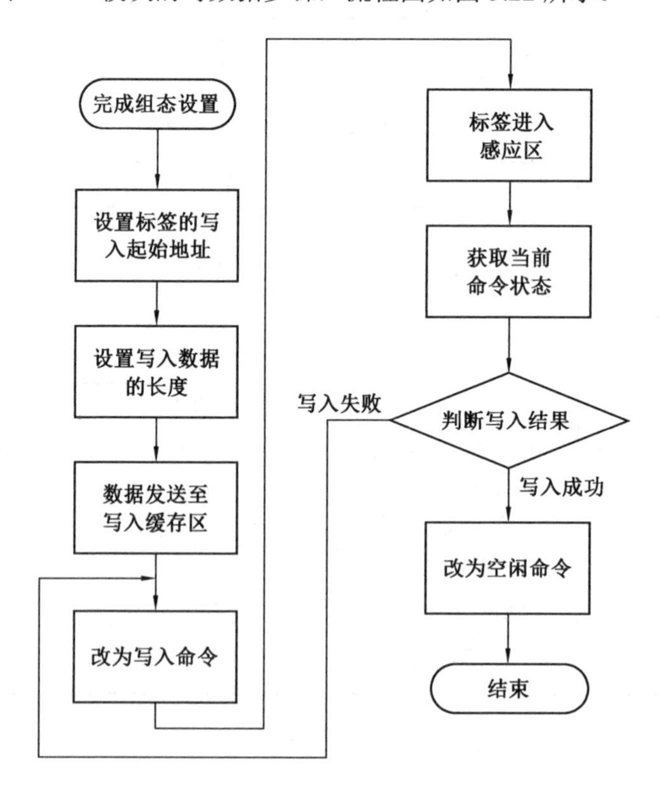

图 5.22　写数据的流程

① 指定要写入数据在 RFID 标签中的起始地址。

② 指定要写入数据的数据长度。

③ 将要写入的数据写入到发送数据区（Write data byte）。

④ 将 Command code 改为写命令代码 0x0004，此时 BUSY 为 1。

⑤ 将 RFID 标签放入感应区，当 Response code 也变为 0x0004，且写入过程已完成时，BUSY 变为 0。如写入过程中 Error 变为 1，则说明写入失败，需重新写入一次。

⑥ 移除 RFID 标签，将 Command code 改为写命令代码 0x0000，结束写入步骤。

（2）读数据操作步骤。

下面介绍一下 RFID 模块的读数据步骤，流程图如图 5.23 所示。

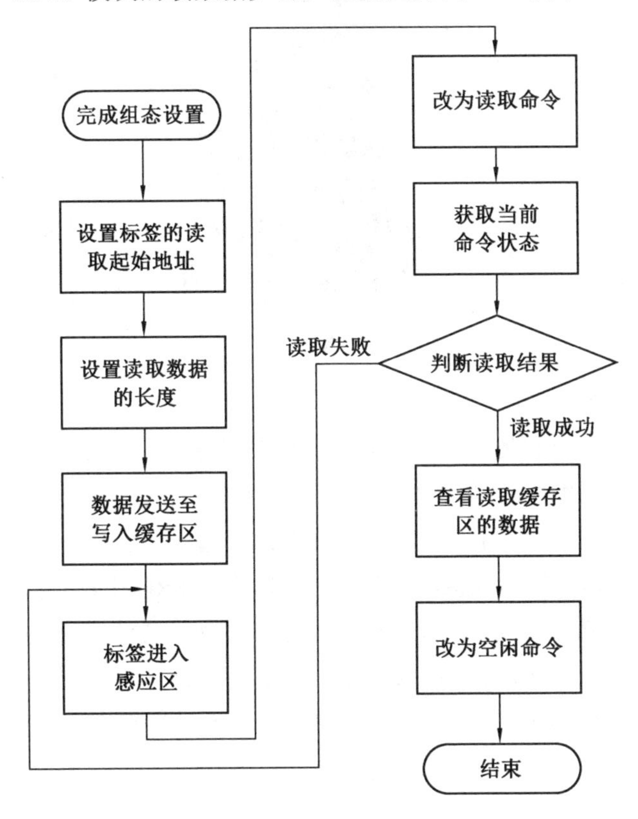

图 5.23　读数据的流程

① 指定要读出数据在 RFID 标签中的起始地址。

② 指定要读出数据的数据长度（本例中最大为 104 字节）。

③ 将 Command code 改为读命令代码 0x0002，此时 BUSY 为 1。

④ 将 RFID 标签放入感应区，当 Response code 也变为 0x0002，且读取过程完成时，此时 BUSY 变为 0。如读取过程中 Error 变为 1，则说明读出失败，需重新读取一次。

⑤ 去接收数据区（Read data byte）查看读取出的数据。

⑥ 移除 RFID 标签，将 Command code 改为写命令代码 0x0000，结束读取步骤。

5.4 装配站在现场层的应用

※ 装配工作站应用

本节主要介绍 MPS203 I4.0 系统中的气动机械手机构所使用的 I/O 总线模块和 RFID 总线通信模块，模块位置如图 5.24 所示。

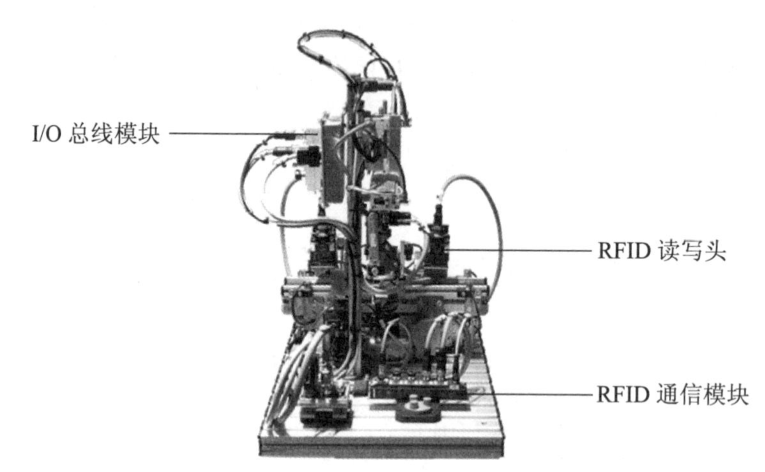

图 5.24 总线模块位置

5.4.1 I/O 总线模块

MPS203 I4.0 系统中的装配工作站存在三个主模块（2 个传送带模块和 1 个气动机械手机构），即存在三个微型 I/O 终端，但工作站内只有一个 C 接口，只能接受两个微型 I/O 终端的连接，因此气动机械手机构需要使用 I/O 总线通信接口，使气动机械手机构的微型 I/O 终端与 I/O 总线通信接口连接，然后模块可以通过 PROFINET 总线与 PLC 等上位机通信。该 I/O 总线通信接口是由 I/O Link DA 接口和现场总线模块（CTEU）组合而成，现场总线模块（CTEU）与 DA 接口 IO-Link 协议的 I-Port 插座相连。总线接口的 LED 显示接口的状态。整个模块可以安装在 19 寸框架内，通过螺纹安装或安装到安装导轨上。如图 5.25 所示。

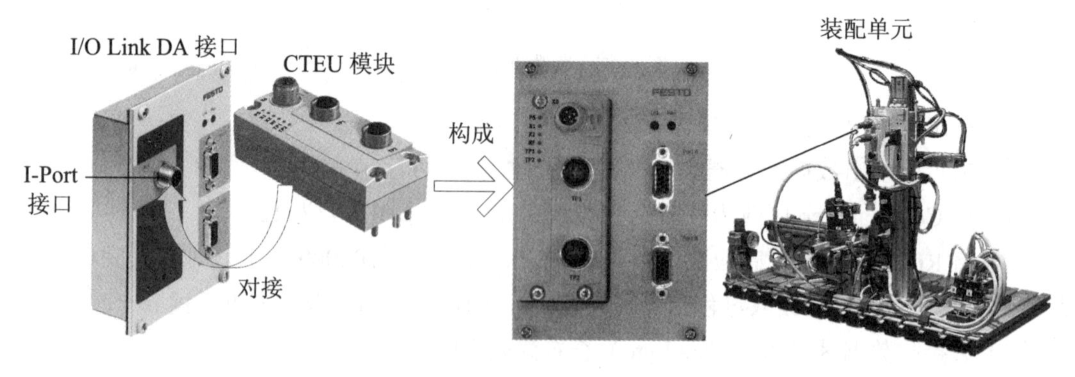

图 5.25 总线接口

1. IO-Link 协议

IO-Link 是第一个被采纳为国际标准（IEC 61131-9）的、与传感器和执行器通信的 I/O 技术，它是一种开放式串行通信协议，允许从支持 IO-Link 的传感器和其他设备进行双向数据交换，并连接到主设备。IO-Link 主站可以在不同的网络、现场总线或背板总线上传输此数据，便于访问数据以立即采取行动或通过工业信息系统（PLC，HMI 等）进行长期分析。

2. IO-Link DA 接口

IO-Link DA 接口是用于将模块与不同通信/总线系统连接的多功能接口，可以实现 I/O 的扩展。接口包含 2 个 15 针 D-Sub-HD 插口，可以分别与 1 个 MPS 模块连接，另外还包含 1 个 IO-Link 协议的 I-Port 接口。另外接口包含两个 LED“Lnk”和“Pwr”，用于指示设备状态和错误诊断。由于 MPS203 工作站没有 IO-Link 主站，PLC 无法直接读取 IO-Link，因此必须使用现场总线模块 CTEU-PN 转换成 PROFINET 协议。I/O Link DA 接口如图 5.26 所示。

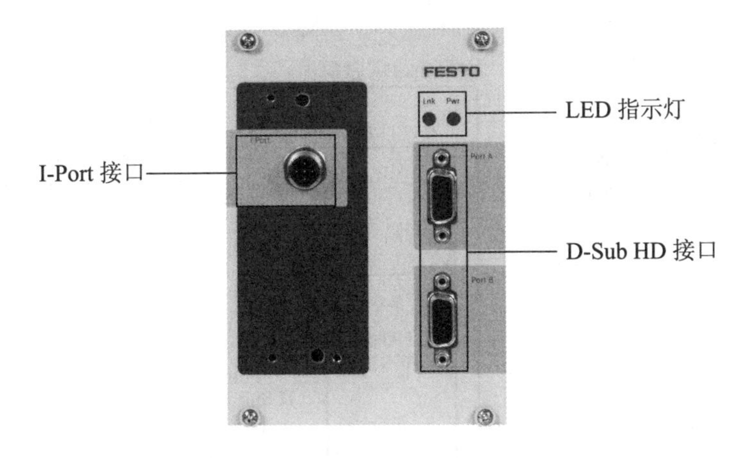

图 5.26　I/O Link DA 接口

“Lnk”代表链接，此 LED 指示 IO-Link 连接的状态。它亮起红色或绿色，或闪烁。电源 LED（“Pwr”）指示开关输出的工作电压是打开还是关闭。

3. 现场总线模块

现场总线模块（CTEU）对 IO-Link DA 接口模块的 I-Port 接口进行了拓展，CTEU 模块可用于连接不同的现场总线系统。气动机械手机构使用 CTEU-PN，该模块的现场总线协议为 PROFINET。该总线节点处理气动机械手机构与上位 PLC 主站之间的通信。模块具有基本诊断功能。现场总线模块有六个集成 LED，用于现场显示；通过循环过程图像最多可传输 64 字节输入和 64 字节输出。CTEU-PN 接口如图 5.27 所示，接口说明见表 5.15。

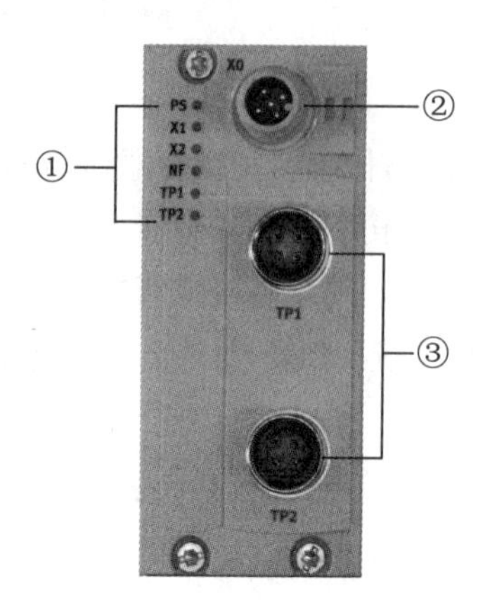

图 5.27　CTEU-PN 接口

表 5.15　接口说明

编号	名称	说明
①	状态 LED	工作状态/诊断
②	电源插口	连接电源
③	现场总线接口	连接至交换机

4. CTEU-PN 连线说明

CTEU-PN 的连线方式如图 5.28 所示，X0 端口通过电源线连接传送带模块微型 I/O 终端上的 24 V A、24 V B、GND A、GND B，为模块提供 24 V 直流电源；TP1 端口通过以太网线缆与交换机连接；Port A 端口通过 15 针 D-Sub 线缆与气动机械手机构的微型 I/O 终端连接。

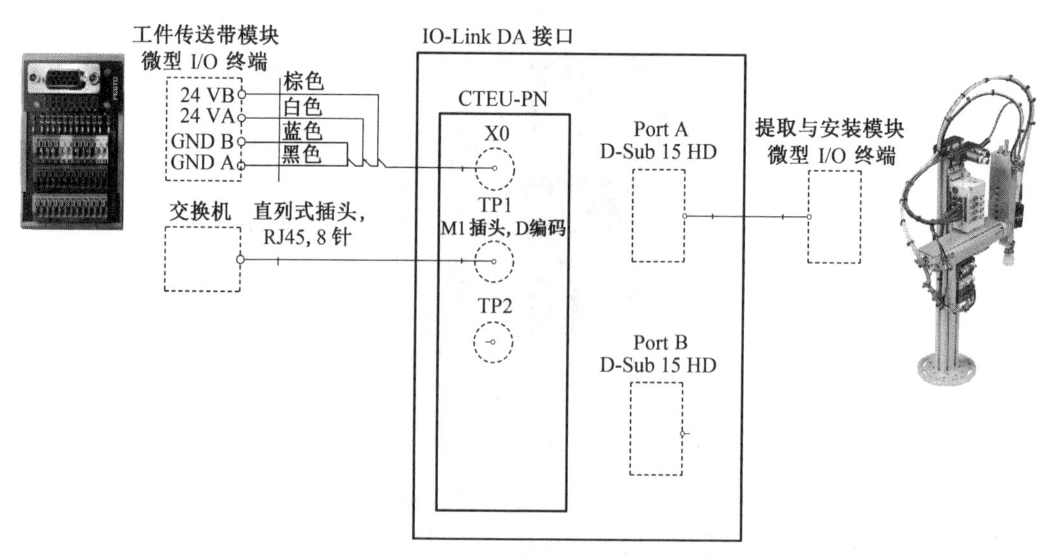

图 5.28　CTEU-PN 线路连接示意图

5. CTEU-PN 的通信建立

为配置 RFID 通信模块与 PLC 的通信，需要在 Festo 官网下载通用站描述文件（GSD），本节以“GSDML-V2.31-Festo-CTEU-20141201”为例介绍。在使用博途软件安装描述文件后，可在博途设备与网络窗口右侧的硬件目录中添加。目录中 CTEU-PN 的位置如图 5.29（b）所示。将 CTEU-PN 拖入设备和网络窗口，并与 PN 总线连接。

在如图 5.29（a）所示的“设备和网络”窗口中，单击 CTEU-PN 的图片，进入模块“属性”；然后，在模块“属性”的“以太网地址”设置中，填入 IP 地址，CTEU-PN 的 IP 地址为 192.168.1.22，并勾选“同步路由器设置与 IO 控制器”。设置完成后，进行硬件编译，即完成了 CTEU-PN 通信模块与 PLC 的通信配置。

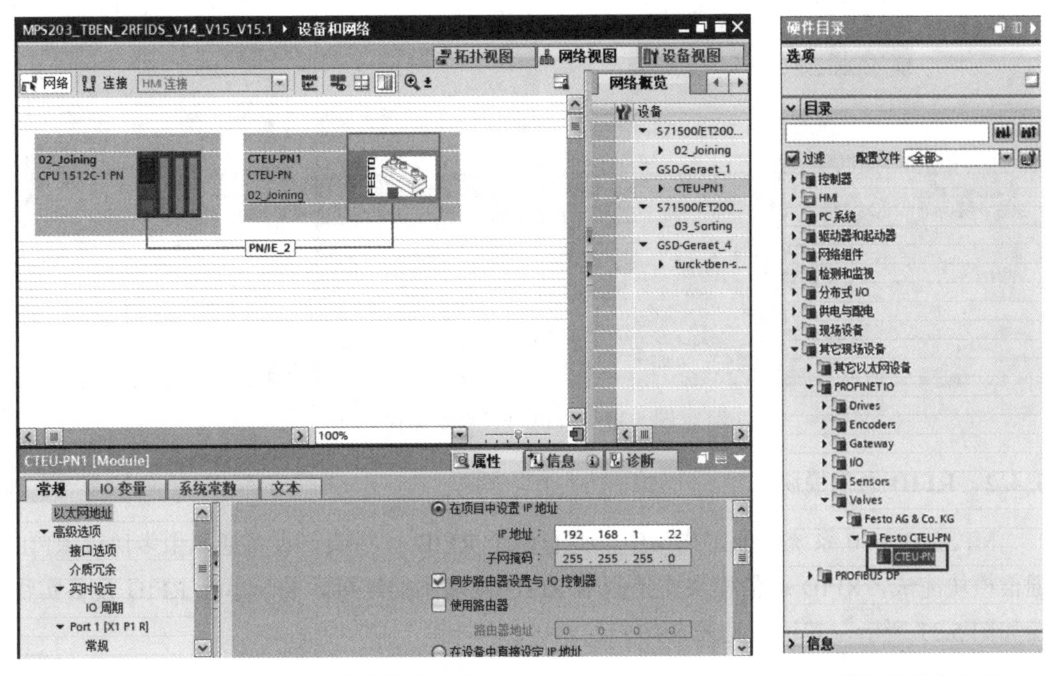

（a）模块的设置窗口　　（b）模块的目录位置

图 5.29　设备和网络窗口

由于需要使用 CTEU-PN 控制气动机械手机构的 I/O 信号，因此还需要在 CTEU-PN 模块的设备概览中添加通用 DI/DO 设备。在设备与网络窗口的“网络视图”选项卡中，选中 CTEU-PN，单击“设备视图”，或者在“网络视图”中双击 CTEU-PN 模块，均可进入 CTEU-PN 的设备概览。由于 CTEU-PN 最大支持 64 字节的地址，因此添加通用 64DI/DO 设备的步骤如图 5.30 所示，在“设备视图”右侧的“硬件目录”中，双击“Universal Device 064DIO”，将通用 64DI/DO 设备添加到设备概览。

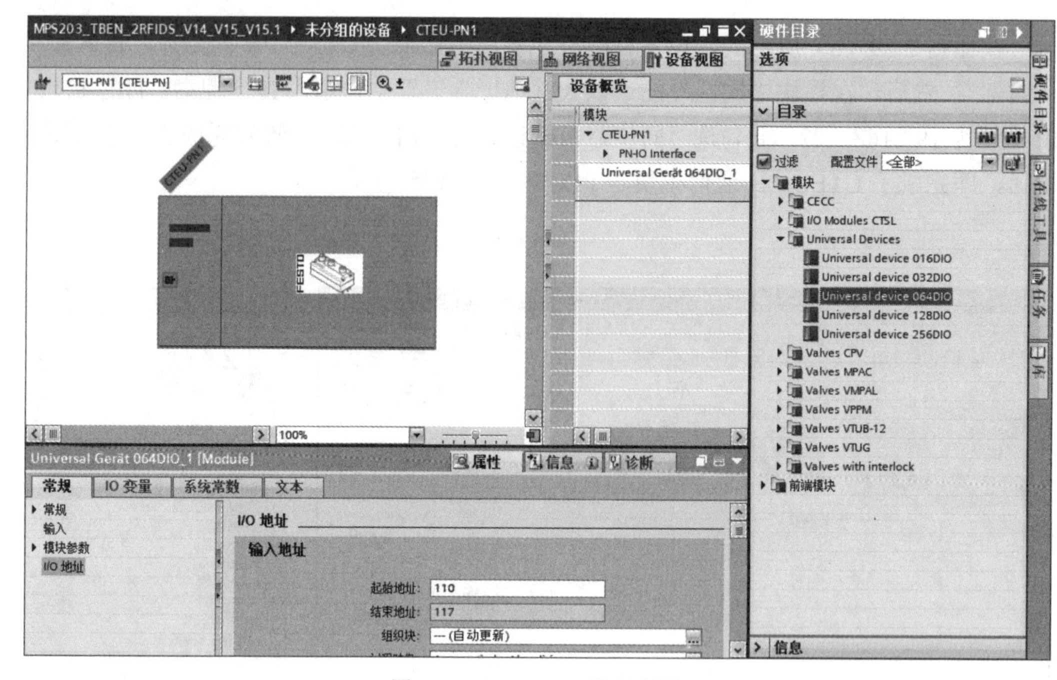

图 5.30　CTEU-PN 设备配置

5.4.2　RFID 通信模块

MPS203 I4.0 系统装配工作站中，拥有两个 RFID 读写头，设备通讯由多协议 RFID 通信模块完成，RFID 通信模块支持两个 RFID 读写头的连接。装配单元 RFID 设备实物图如图 5.31 所示，其说明见表 5.16。

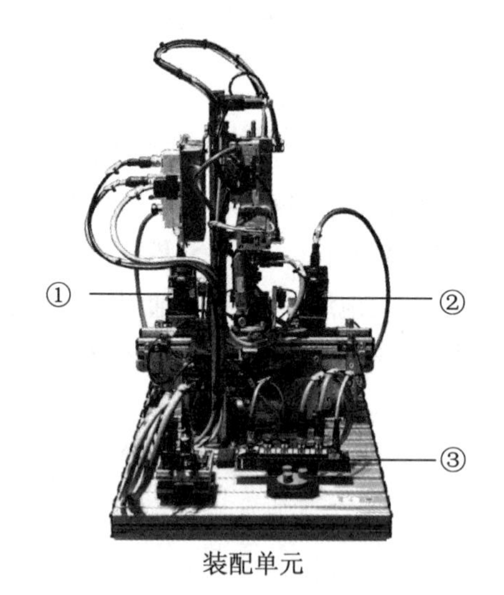

图 5.31　RFID 设备实物图

表 5.16　RFID 设备说明

编号	名称	说明
①	RFID 读写头 1	读取标签信息
②	RFID 读写头 2	写入标签信息
③	RFID 通信模块	I/O 通信

1. RFID 通信模块连线说明

RFID 通信模块的连线方式如图 5.32 所示，X1 端口通过电源线连接传送带模块微型 I/O 终端上的 24 V A、24 V B、GND A、GND B，为模块提供 24 V 直流电源；由于装配站有两个 RFID 读写头，因此 C0 端口通过专用线缆与 RFID 读写头 1 连接，C1 端口通过专用线缆 RFID 读写头 2 相连；P1 端口通过以太网线缆与交换机连接。

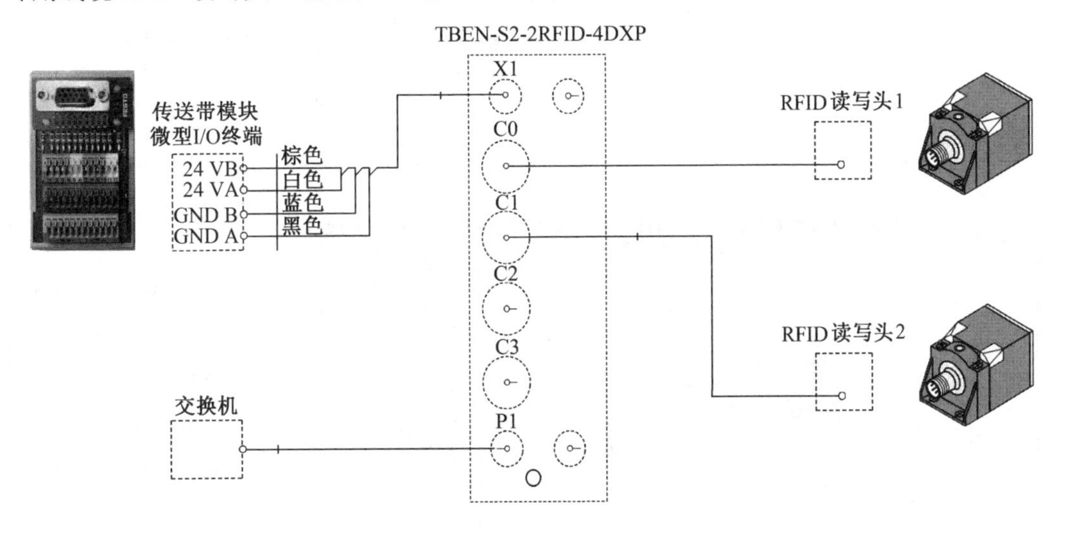

图 5.32　RFID 通信模块连线示意图

2. RFID 模块的通信建立

为配置 RFID 通信模块与 PLC 的通信，需要在 TURCK 官网下载通用站描述文件（GSD），本节以“GSDML-V2.3-Turck-TBEN_S2_2RFID_4DXP-20170208-010402”为例进行介绍。在使用博途软件安装描述文件后，可在博途设备与网络窗口右侧的硬件目录中添加。装配站 RFID 模块的组态建立步骤见表 5.17。

表 5.17　RFID 模块的组态建立步骤

序号	图片示例	操作步骤
1		在博途软件“硬件目录”中将通信模块拖入“设备和网络”窗口，并将模块的网口与 PN 总线连接

续表 5.17

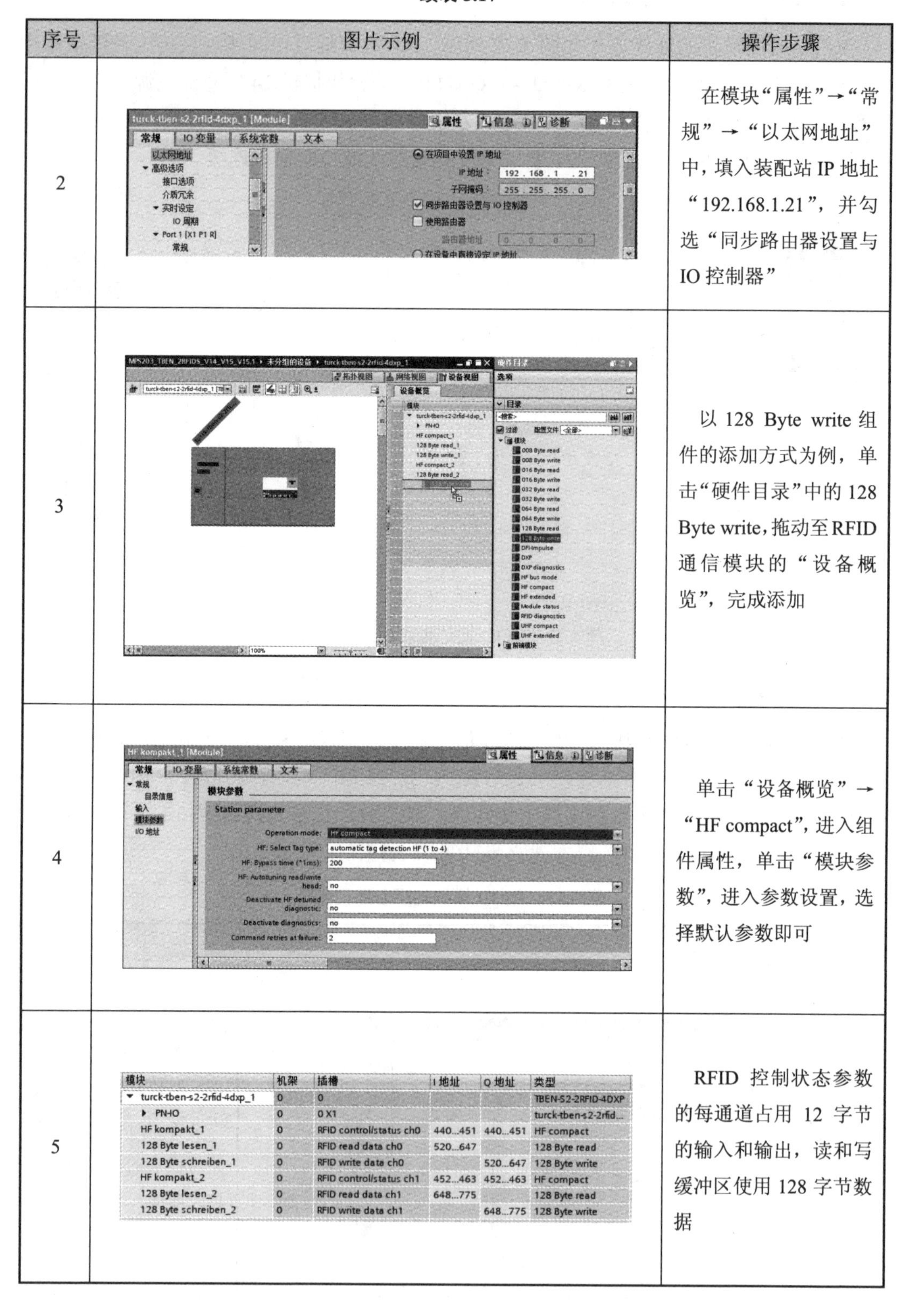

序号	图片示例	操作步骤
2		在模块“属性”→“常规”→“以太网地址”中，填入装配站 IP 地址“192.168.1.21”，并勾选“同步路由器设置与 IO 控制器”
3		以 128 Byte write 组件的添加方式为例，单击“硬件目录”中的 128 Byte write，拖动至 RFID 通信模块的“设备概览”，完成添加
4		单击“设备概览”→“HF compact”，进入组件属性，单击“模块参数”，进入参数设置，选择默认参数即可
5		RFID 控制状态参数的每通道占用 12 字节的输入和输出，读和写缓冲区使用 128 字节数据

5.5　分拣站在现场层的应用

※ 分拣工作站应用

MPS203 I4.0 系统分拣工作站中，拥有一个 RFID 读写头，设备通讯由多协议 RFID 通信模块完成，RFID 通信模块支持两个 RFID 读写头的连接。分拣单元 RFID 设备实物图如图 5.33 所示，RFID 设备说明见表 5.18。

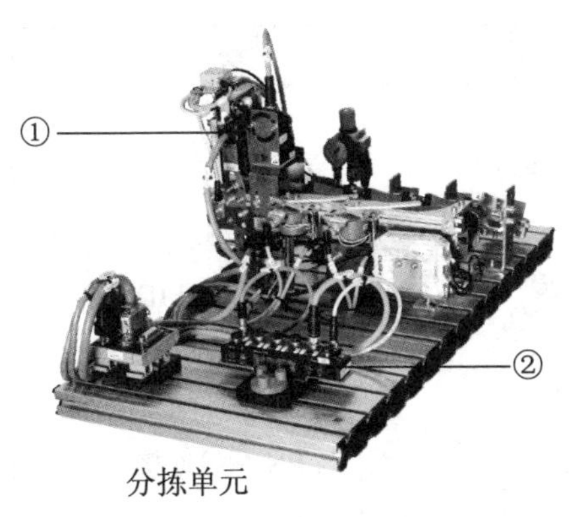

图 5.33　RFID 设备实物图

表 5.18　RFID 设备说明

编号	名称	说明
①	RFID 读写头	读取与写入标签信息
②	RFID 通信模块	I/O 接口

1. RFID 通信模块连线说明

RFID 通信模块的连线方式如图 5.34 所示，X1 端口通过电源线连接传送带模块微型 I/O 终端上的 24 V A、24 V B、GND A、GND B，为模块提供 24 V 直流电源；由于分拣站的 RFID 读写头位于输送带前端，因此 RFID 读写头 1 通过专用线缆与 C0 端口连接；P1 端口通过以太网线缆与交换机连接。

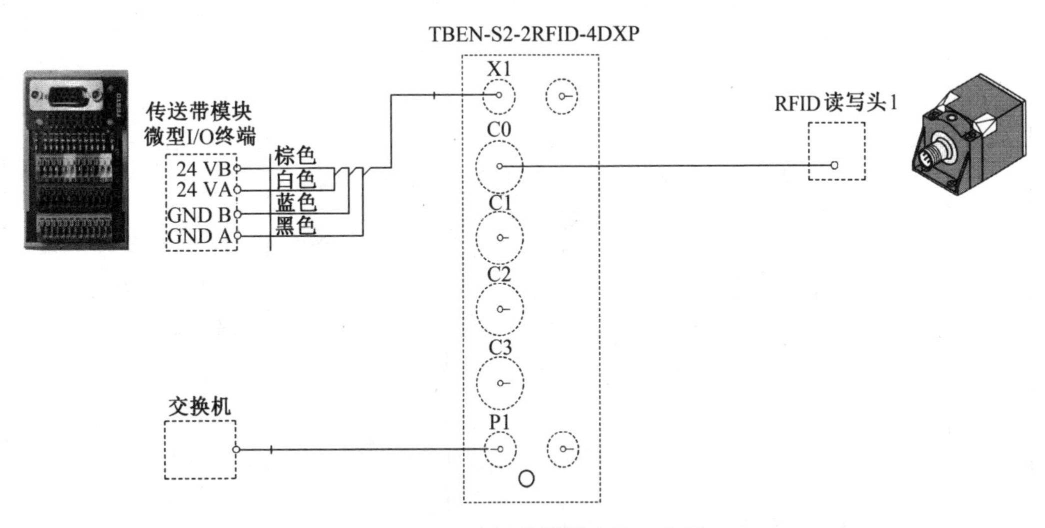

图 5.34　RFID 通信模块连线示意图

2. RFID 模块的通信建立

为配置 RFID 通信模块与 PLC 的通信，需要在 TURCK 官网下载通用站描述文件（GSD），本节以“GSDML-V2.3-Turck-TBEN_S2_2RFID_4DXP-20170208-010402”为例介绍。在使用博途软件安装描述文件后，可在博途设备与网络窗口右侧的硬件目录中添加。具体的组态步骤见表 5.19。

表 5.19　RFID 模块的组态建立步骤

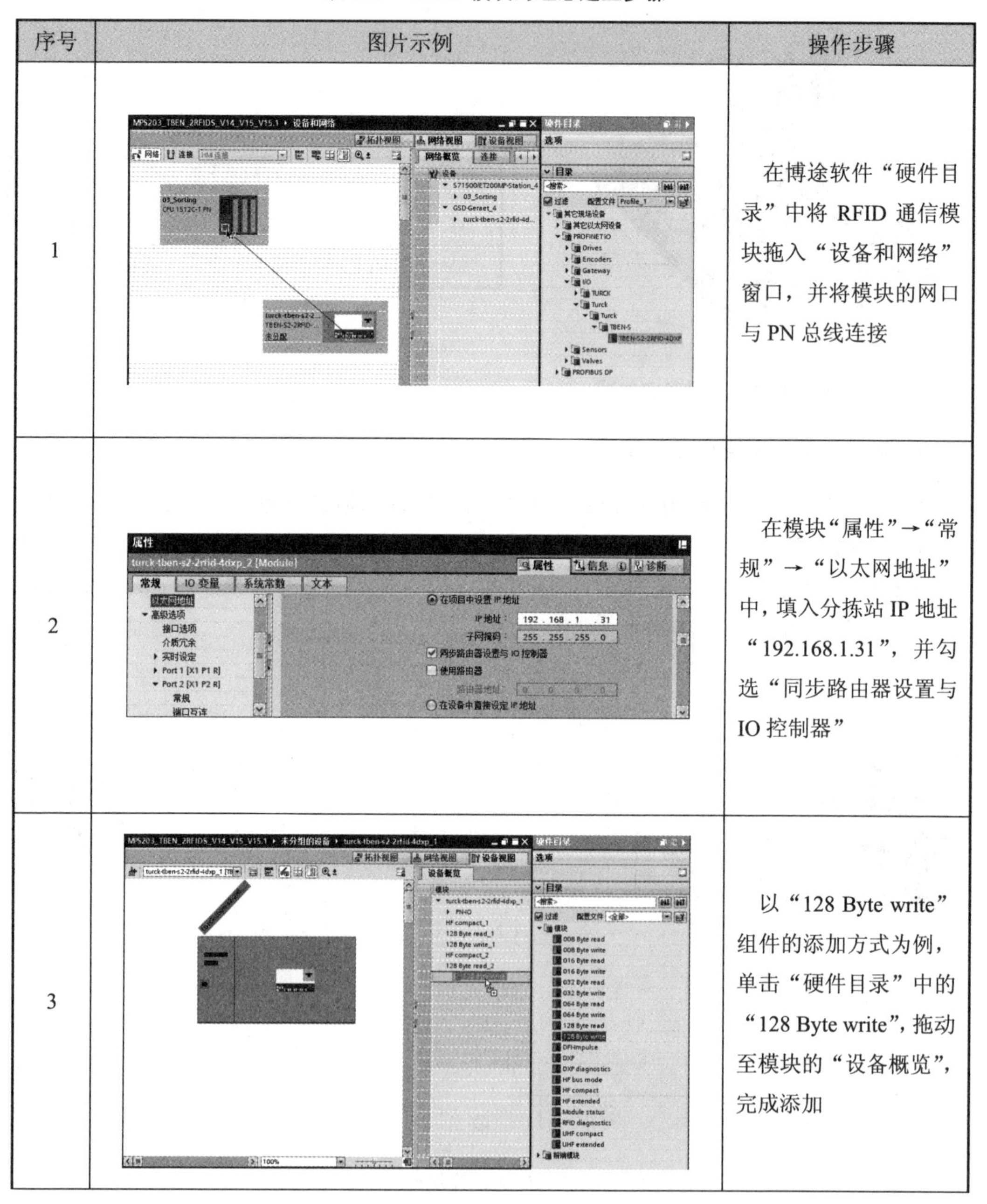

序号	图片示例	操作步骤
1		在博途软件“硬件目录”中将 RFID 通信模块拖入“设备和网络”窗口，并将模块的网口与 PN 总线连接
2		在模块“属性”→“常规”→“以太网地址”中，填入分拣站 IP 地址“192.168.1.31”，并勾选“同步路由器设置与 IO 控制器”
3		以“128 Byte write”组件的添加方式为例，单击“硬件目录”中的“128 Byte write”，拖动至模块的“设备概览”，完成添加

续表 5.19

<table>
<tr><th>序号</th><th>图片示例</th><th>操作步骤</th></tr>
<tr><td>4</td><td>HF kompakt_1 [Module]　属性　信息　诊断
常规　IO 变量　系统常数　文本
▼ 常规
目录信息
输入
模块参数
I/O 地址
模块参数
Station parameter
Operation mode: HF compact
HF: Select Tag type: automatic tag detection HF (1 to 4)
HF: Bypass time (*1ms): 200
HF: Autotuning read/write head: no
Deactivate HF detuned diagnostic: no
Deactivate diagnostics: no
Command retries at failure: 2</td><td>单击“设备概览”→“HF compact”，进入组件属性，单击“模块参数”，进入参数设置，选择默认参数即可</td></tr>
<tr><td>5</td><td><table>
<tr><th>模块</th><th>机架</th><th>插槽</th><th>I 地址</th><th>Q 地址</th><th>类型</th></tr>
<tr><td>▼ turck-tben-s2-2rfid-4dxp_1</td><td>0</td><td>0</td><td></td><td></td><td>TBEN-S2-2RFID-4DXP</td></tr>
<tr><td>▶ PN-IO</td><td>0</td><td>0 X1</td><td></td><td></td><td>turck-tben-s2-2rfid...</td></tr>
<tr><td>HF kompakt_1</td><td>0</td><td>RFID control/status ch0</td><td>440...451</td><td>440...451</td><td>HF compact</td></tr>
<tr><td>128 Byte lesen_1</td><td>0</td><td>RFID read data ch0</td><td>520...647</td><td></td><td>128 Byte read</td></tr>
<tr><td>128 Byte schreiben_1</td><td>0</td><td>RFID write data ch0</td><td></td><td>520...647</td><td>128 Byte write</td></tr>
<tr><td>HF kompakt_2</td><td>0</td><td>RFID control/status ch1</td><td>452...463</td><td>452...463</td><td>HF compact</td></tr>
<tr><td>128 Byte lesen_2</td><td>0</td><td>RFID read data ch1</td><td>648...775</td><td></td><td>128 Byte read</td></tr>
<tr><td>128 Byte schreiben_2</td><td>0</td><td>RFID write data ch1</td><td></td><td>648...775</td><td>128 Byte write</td></tr>
</table></td><td>RFID 控制状态参数的每通道占用 12 字节的输入和输出，读和写缓冲区使用 128 字节数据</td></tr>
</table>

第6章　工业机器人技术

机器人是先进制造业的重要支撑装备，也是未来智能制造业的关键切入点，工业机器人作为机器人家族中的重要一员，是目前技术最成熟、应用最广泛的一类机器人。工业机器人的研发和产业化应用是衡量科技创新和高端制造发展水平的重要标志。工业机器人自动化生产线在汽车工业、电子电器行业、工程机械等众多行业中广泛使用，这在保证产品质量的同时，改善了工作环境，提高了社会生产效率，有力地推动了企业和社会生产力的发展。随着社会工业化发展，工业机器人与机器视觉结合的应用领域也越来越多。

6.1　工业机器人概述

机器人是典型的机电一体化装置，涉及机械、电气、控制、检测、通信和计算机等方面的知识。以互联网、新材料和新能源为基础，“数字化智能制造”为核心的新一轮工业革命即将到来，而工业机器人则是“数字化智能制造”的重要载体。

❋ 工业机器人概述

6.1.1　工业机器人定义和特点

虽然工业机器人是技术上最成熟、应用最广泛的一类机器人，但对其具体的定义，科学界尚未形成统一。目前大多数国家遵循的是国际标准化组织（ISO）的定义。

国际标准化组织（ISO）的定义为：“工业机器人是一种能自动控制，可重复编程，多功能，多自由度的操作机，能够搬运材料、工件或者操持工具来完成各种作业。”

工业机器人通常具有以下4个特点：

（1）拟人化：在机械结构上类似于人的手臂或者其他组织结构。

（2）通用性：可执行不同的作业任务，动作程序可按需求改变。

（3）独立性：完整的机器人系统在工作中可以不依赖于人的干预。

（4）智能性：具有不同程度的智能功能，如感知系统、记忆等提高了工业机器人对周围环境的自适应能力。

6.1.2　工业机器人主要技术参数

机器人的技术参数反映了机器人的适用范围和工作性能，主要包括自由度、额定负载、工作空间、最大工作速度、分辨率和工作精度，其他参数还包括控制方式、驱动方式、安装方式、动力源容量、本体重量，以及环境参数等。

1. 自由度

自由度是指描述物体运动所需要的独立坐标数。

空间直角坐标系又称笛卡尔直角坐标系，它是以空间一点 O 为原点，建立三条两两相互垂直的数轴，即 X 轴、Y 轴和 Z 轴。机器人系统中常用的坐标系为右手坐标系，即三个轴的正方向符合右手规则：右手大拇指指向 X 轴正方向，食指指向 Y 轴正方向，中指指向 Z 轴正方向。

在三维空间中描述一个物体的位姿（即位置和姿态）需要 6 个自由度（图 6.2）：

➢ 沿空间直角坐标系 O-XYZ 的 X、Y、Z 三个轴平移运动 T_X、T_Y、T_Z；

➢ 绕空间直角坐标系 O-XYZ 的 X、Y、Z 三个轴旋转运动 R_X、R_Y、R_Z。

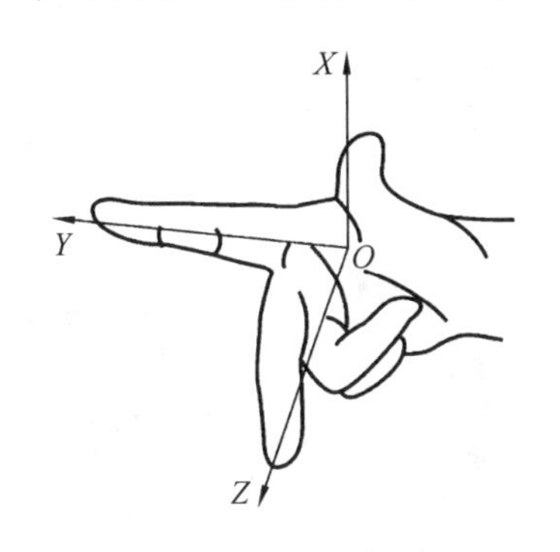

图 6.1　右手规则

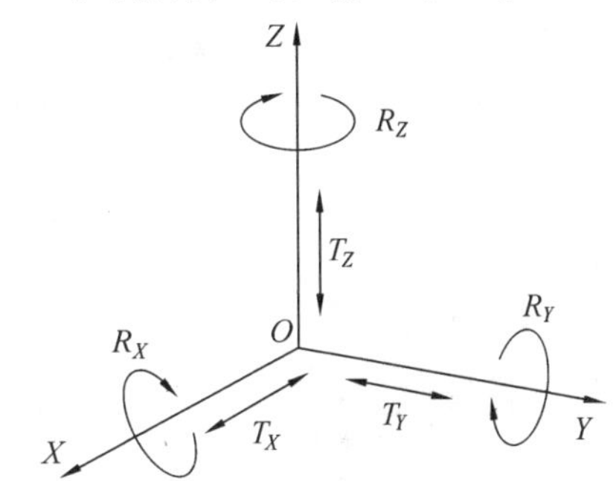

图 6.2　刚体的 6 个自由度

机器人的自由度是指工业机器人相对坐标系能够进行独立运动的数目，不包括末端执行器的动作，如焊接、喷涂等。通常，垂直多关节机器人以 6 自由度为主，SCARA 机器人是 4 自由度，如图 6.3 所示。

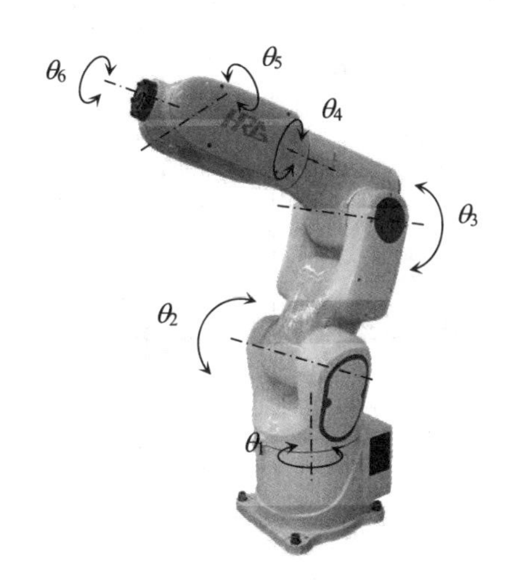

（a）HRG-HR3 机器人

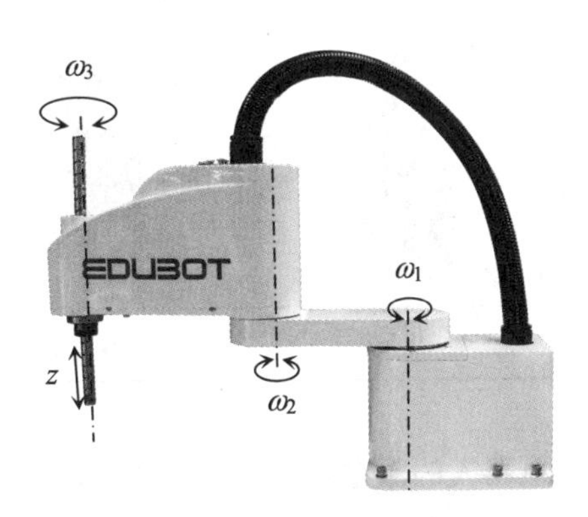

（b）EDUBOT-SCARA 机器人

图 6.3　机器人的自由度

机器人的自由度反映机器人动作的灵活性，自由度越多，机器人就越能接近人手的动作机能，通用性越好；但是自由度越多，结构就越复杂，对机器人的整体要求就越高。因此，工业机器人的自由度是根据其用途设计的。

采用空间开链连杆机构的机器人，因每个关节运动处仅有一个自由度，所以机器人的自由度数就等于它的关节数。

2. 额定负载

额定负载也称有效负荷，是指正常作业条件下，工业机器人在规定性能范围内，手腕末端所能承受的最大载荷。

目前使用的工业机器人负载范围较大：0.5～2 300 kg（见表 6.1）。

表 6.1　工业机器人的额定负载

型号	ABB YuMi	ABB IRB120	YASKAWA MH12	YASKAWA MS100 II
实物图				
额定负载	0.5 kg	3 kg	12 kg	110 kg
型号	KUKA KR6	KUKA KR16	FANUC R-2000iB/210F	FANUC M-200*i*A/2300
实物图				
额定负载	6 kg	16 kg	210 kg	2 300 kg

工业机器人的额定负载通常用载荷图表示（图 6.4）。

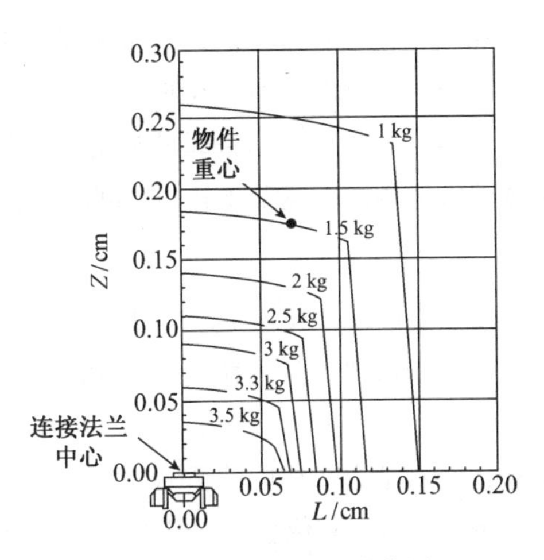

图 6.4　某机器人的载荷图

在图 6.4 中：纵轴 Z（cm）表示负载重心与连接法兰中心的纵向距离，横轴 L（cm）表示负载重心在连接法兰所处平面上的投影与连接法兰中心的距离。例如：图 6.4 中物件重心落在 1.5 kg 载荷线上，表示此时物件重量不能超过 1.5 kg。

3. 工作空间

工作空间又称工作范围、工作行程，是指工业机器人作业时，手腕参考中心（即手腕旋转中心）所能到达的空间区域，不包括手部本身所能达到的区域，常用图形表示。ABB-IRB120 机器人的工作空间如图 6.5 所示。*P* 点为手腕参考中心。

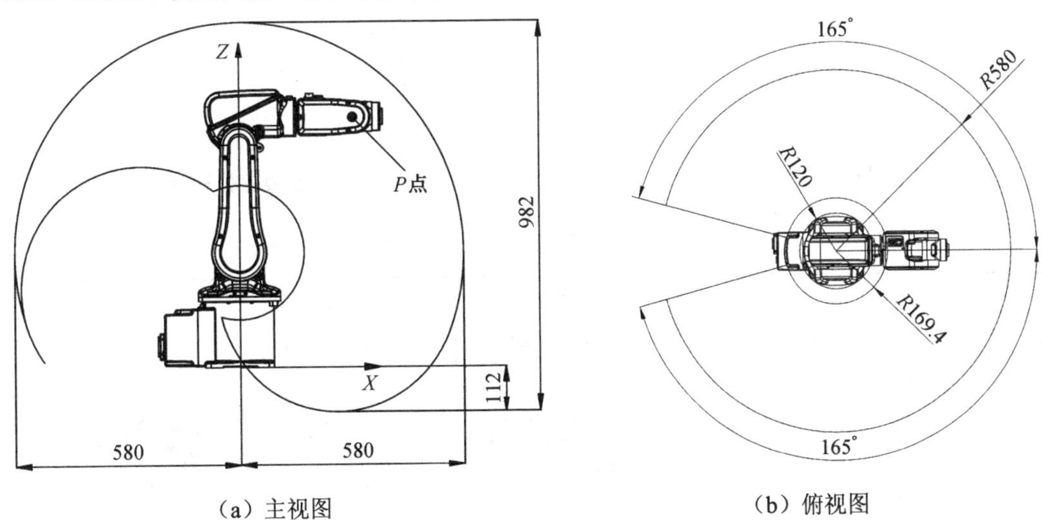

（a）主视图　　（b）俯视图

图 6.5　ABB-IRB120 机器人的工作空间

工作空间的形状和大小反映了机器人工作能力的大小，它不仅与机器人各连杆的尺寸有关，还与机器人的总体结构有关，工业机器人在作业时，可能会因存在手部不能到达的作业死区，而不能完成规定任务。

由于末端执行器的形状和尺寸是多种多样的，为真实反映机器人的特征参数，工作范围一般是指不安装末端执行器时，可以达到的区域。

注意：在装上末端执行器后，需要同时保证工具姿态，实际的可达空间会和生产商给出的有差距，因此需要通过比例作图或模型核算，来判断是否满足实际需求。

4. 工作精度

工业机器人的工作精度包括定位精度和重复定位精度。

定位精度又称绝对精度，是指机器人的末端执行器实际到达位置与目标位置之间的差距。

重复定位精度简称重复精度，是指在相同的运动位置命令下，机器人重复定位其末端执行器于同一目标位置的能力，以实际位置值的分散程度来表示。

实际上机器人重复执行某位置给定指令时，每次走过的距离并不相同，都是在一个平均值附近变化，该平均值代表精度，变化的幅值代表重复精度，如图 6.6 和图 6.7 所示。机器人具有绝对精度低、重复精度高的特点。常见工业机器人的重复定位精度见表 6.2。

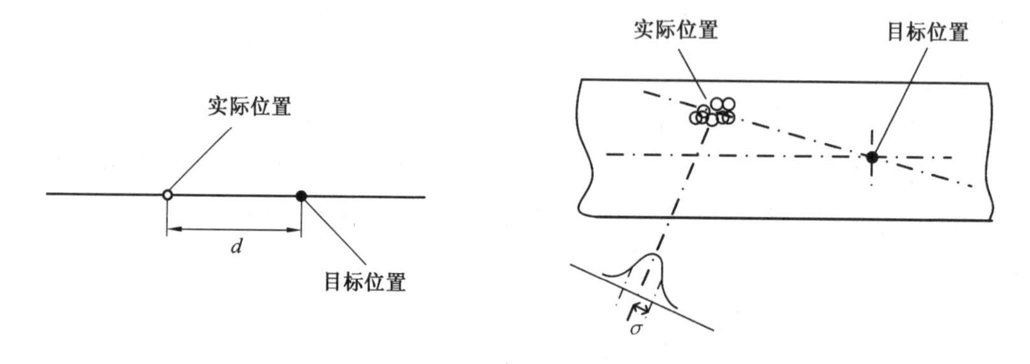

图 6.6　定位精度图　　　　图 6.7　重复定位精度

表 6.2　常见工业机器人的重复定位精度

型号	ABB IRB 120	FANUC LR Mate 200iD/4S	YASKAMA MH12	KUKA KR16
实物图				
重复定位精度	±0.01 mm	±0.02 mm	±0.08 mm	±0.05 mm

6.1.3　工业机器人应用

工业机器人主要用于汽车、3C 产品、医疗、食品、通用机械制造、金属加工、船舶等领域，用来完成焊接、喷涂、装配、码垛搬运和打磨等复杂作业。

1. 焊接

目前工业应用领域最大的是机器人焊接，如工程机械、汽车制造、电力建设等，焊接机器人能在恶劣的环境下连续工作并能提供稳定的焊接质量，提高工作效率，减轻工人的劳动强度（图 6.8～6.9）。

图 6.8　弧焊机器人

图 6.9　焊接机器人

目前，焊接机器人基本上都是关节型机器人，绝大多数有 6 个轴。按焊接工艺的不同，焊接机器人主要分为 3 类：点焊机器人、弧焊机器人和激光焊接机器人（图 6.10）。

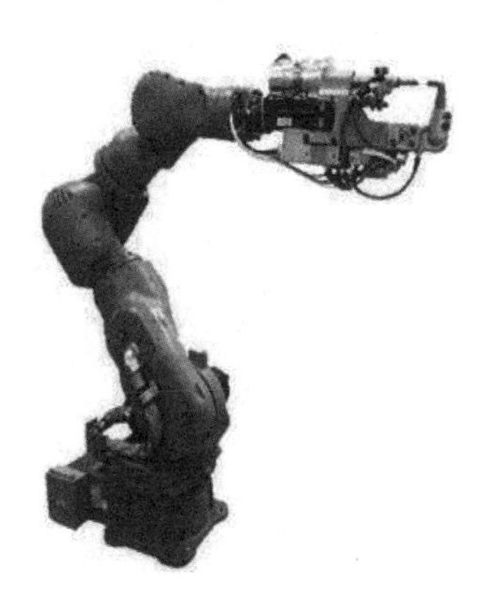

（a）点焊机器人

（b）弧焊机器人

（c）激光焊接机器人

图 6.10　焊接机器人分类

2. 喷涂

喷涂机器人适用于生产量大、产品型号多、表面形状不规则的工件外表面涂装，广泛应用于汽车及其零配件、仪表、家电、建材和机械等行业。

按照机器人手腕结构形式的不同，喷涂机器人可分为球型手腕喷涂机器人和非球型手腕喷涂机器人。其中，非球型手腕喷涂机器人根据相邻轴线的位置关系又可分为正交非球型手腕和斜交非球型手腕 2 种形式（见图 6.11）。

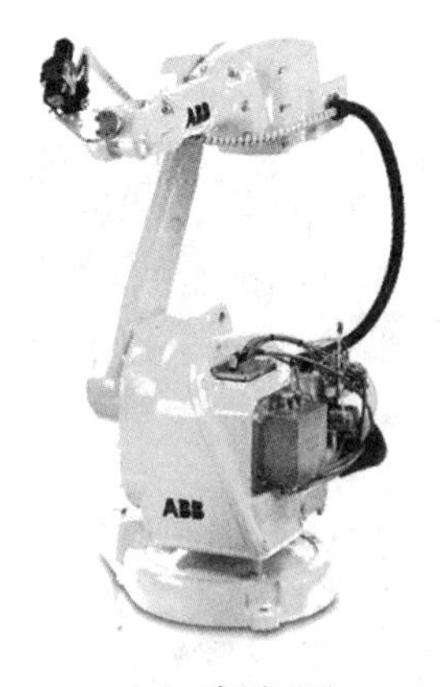

（a）球型手腕

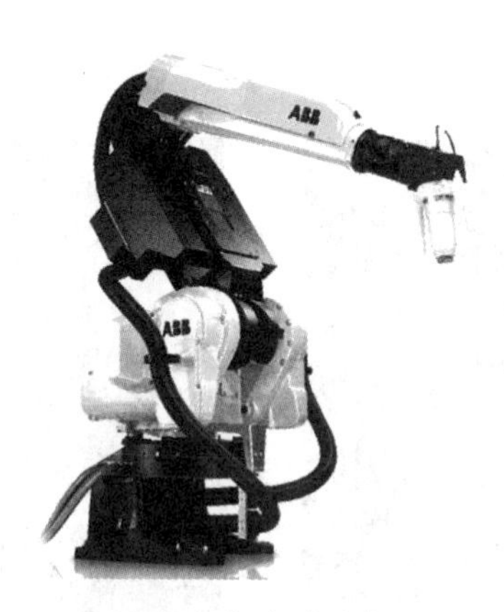

（b）正交非球型手腕

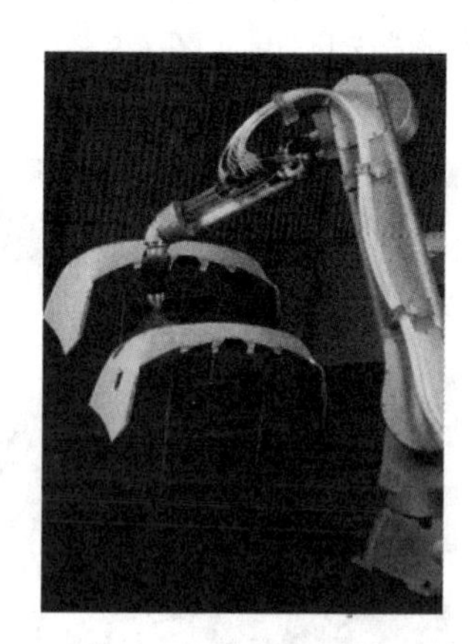

（c）斜交非球型手腕

图 6.11　喷涂机器人

（1）球型手腕喷涂机器人除了具备防爆功能外，其手腕结构与通用六轴关节型工业机器人相同，即 1 个摆动轴、2 个回转轴，3 个轴线相交于一点，且两相邻关节的轴线垂直，具有代表性的国外产品有 ABB 公司的 IRB52 喷涂机器人，国内产品有新松公司的 SR35A 喷涂机器人。

（2）正交非球型手腕喷涂机器人的 3 个回转轴相交于两点，且相邻轴线夹角为 90°，具有代表性的为 ABB 公司的 IRB5400 和 IRB5500 喷涂机器人。

（3）斜交非球型手腕喷涂机器人的手腕相邻两轴线不垂直，而是具有一定角度，为 3 个回转轴，且 3 个回转轴相交于两点的形式，具有代表性的为 YASKAWA、Kawasaki 和 FANUC 公司的喷涂机器人。

3. 码垛

码垛机器人可以满足中低产量的生产需要，也可按照要求的编组方式和层数，完成对料袋、箱体等各种产品的码垛（图 6.12～6.13）。

使用码垛机器人能提高企业的生产效率和产量，同时减少人工搬运造成的错误；还可以全天候作业，节约大量人力资源成本。码垛机器人广泛应用于化工、饮料、食品、啤酒、塑料等生产企业。

图 6.12　流水线箱体码垛

图 6.13　包装箱码垛

4. 打磨

打磨机器人是指可进行自动打磨的工业机器人，主要用于工件的表面打磨、棱角去毛刺、焊缝打磨、内腔内孔去毛刺、孔口螺纹口加工等工作。

打磨机器人广泛应用于 3C、卫浴五金、IT、汽车零部件、工业零件、医疗器械、木材建材家具制造、民用产品等行业。

在目前的实际应用中，打磨机器人大多数是六轴机器人。根据末端执行器性质的不同，打磨机器人系统可分为 2 大类：机器人持工件和机器人持工具（图 6.14）。

（a）机器人持工件

（b）机器人持工具

图 6.14　打磨机器人分类

6.2　工业机器人组成

工业机器人一般由三部分组成：机器人本体、控制器、示教器。

本项目中将以 FANUC 典型产品 LR Mate 200iD/4S 机器人为例进行相关介绍和应用分析，其组成结构如图 6.15 所示。

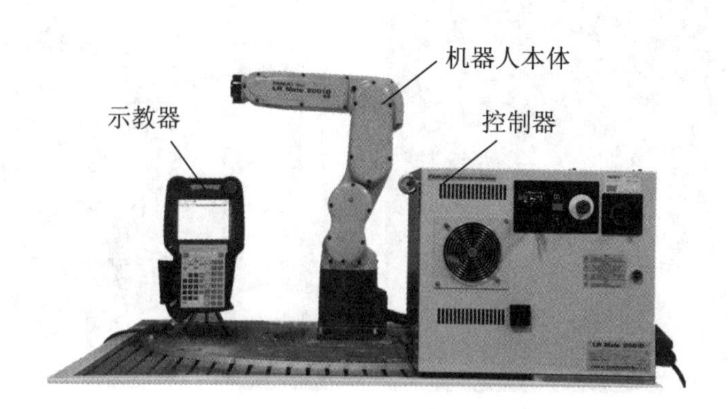

图 6.15　FANUC LR Mate 200iD/4S 机器人组成

6.2.1　机器人本体

机器人本体又称操作机，是工业机器人的机械主体，是用来完成规定任务的执行机构。主要由机械臂、驱动装置、传动装置和内部传感器组成。对于六轴串联机器人而言，其机械臂主要包括基座、腰部、手臂（大臂和小臂）和手腕。

LR Mate 200iD/4S 六轴串联机器人的机械臂如图 6.16 所示。

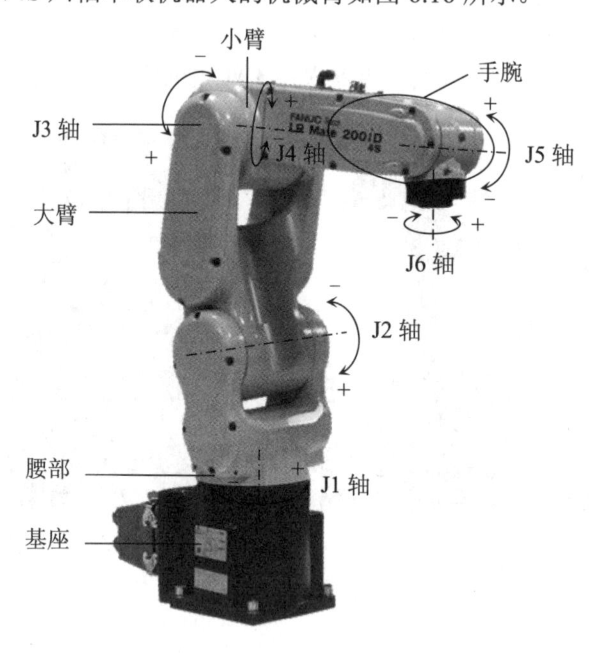

图 6.16　LR Mate 200iD/4S 六轴机器人的机械臂

6.2.2　控制器

LR Mate 200iD/4S 机器人一般采用 R-30iB Mate 型控制器，其面板和接口的主要构成有：操作面板、断路器、USB 端口、连接电缆、散热风扇单元，如图 6.17 所示。

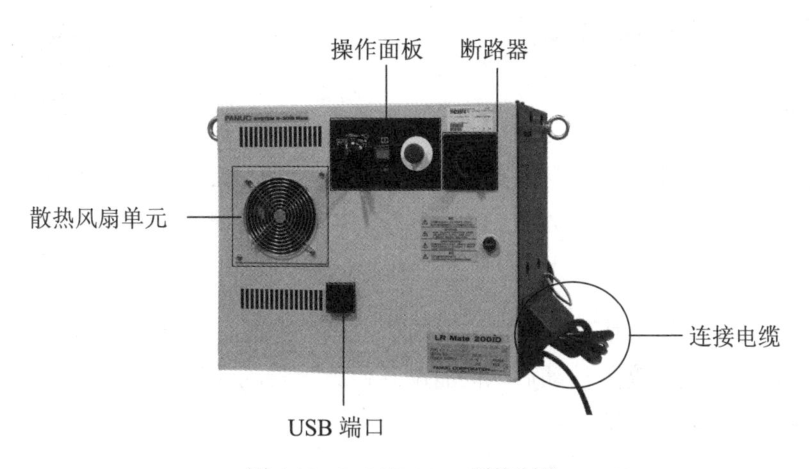

图 6.17　R-30iB Mate 型控制器

6.2.3　示教器

示教器是工业机器人的人机交互接口，机器人的绝大部分操作均可以通过示教器来完成，如点动机器人，编写、测试和运行机器人程序，设定、查阅机器人状态设置和位置等。示教器通过电缆与控制器连接。

FANUC 机器人的示教器（iPendant）有 3 个开关：示教器有效开关、急停按钮、安全开关（2 个），如图 6.18 所示。

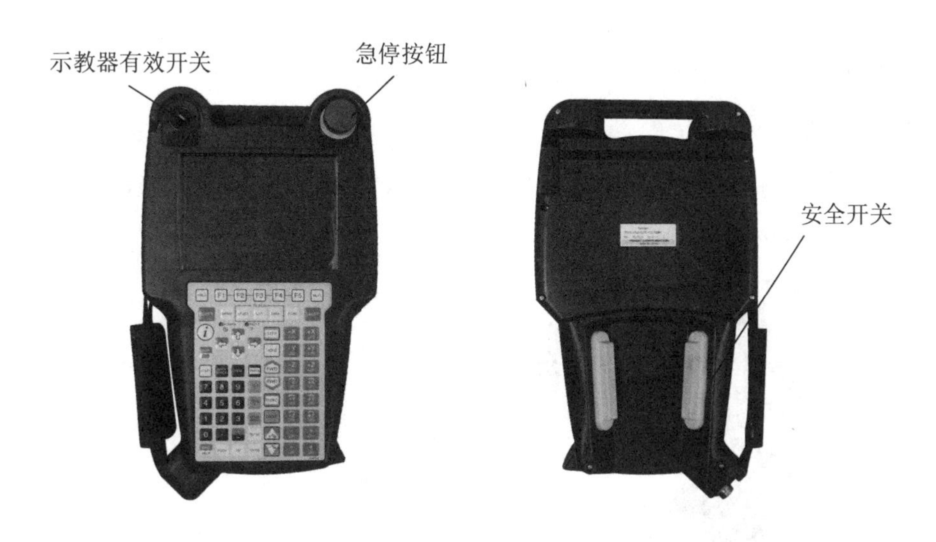

图 6.18　FANUC 机器人的示教器外观图

6.3 工业机器人基本操作

6.3.1 动作类型

※ 工业机器人基本操作

动作类型是指机器人向指定位置移动时的运行轨迹。机器人的动作类型有 4 种：关节动作（J）、直线动作（L）、圆弧动作（C）、圆弧动作（A）。

1. 关节动作（J）

关节动作是将机器人移动到指定位置的基本移动方法，如图 6.19 所示。机器人所有轴同时加速，在示教速度下移动后，同时减速停止。移动轨迹通常为非直线，在对结束点进行示教时记述动作类型。

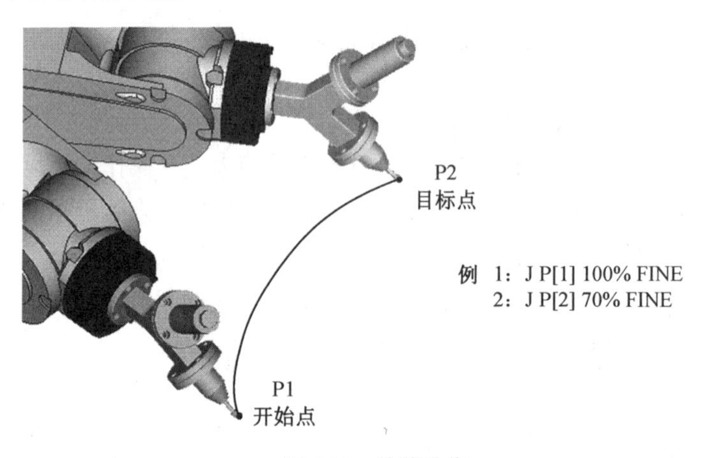
P2
目标点
例 1：J P[1] 100% FINE
2：J P[2] 70% FINE
P1
开始点

图 6.19 关节动作

2. 直线动作（L）

直线动作是将所选定的机器人工具中心点（TCP）从轨迹开始点直线运动到目标点的运动类型，如图 6.20 所示。

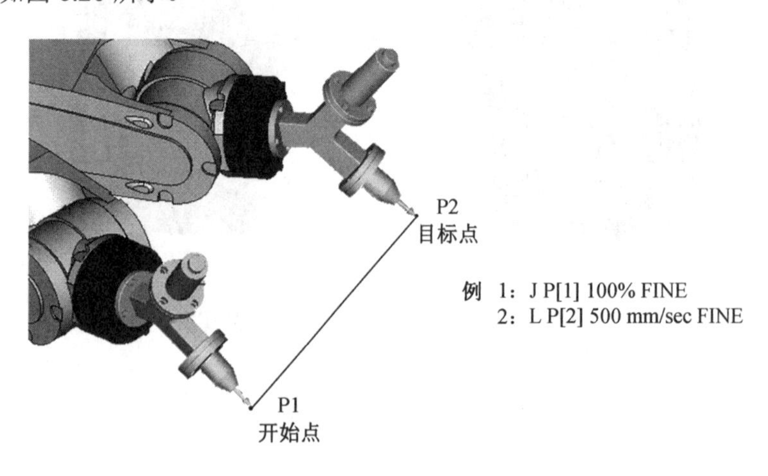
P2
目标点
例 1：J P[1] 100% FINE
2：L P[2] 500 mm/sec FINE
P1
开始点

图 6.20 直线动作

3. 圆弧动作（C）

圆弧动作是从动作开始点通过经过点到达目标点以圆弧方式对工具中心点移动轨迹进行控制的一种移动方式，其在一个指令中对经过点、目标点进行示教，如图 6.21 所示。

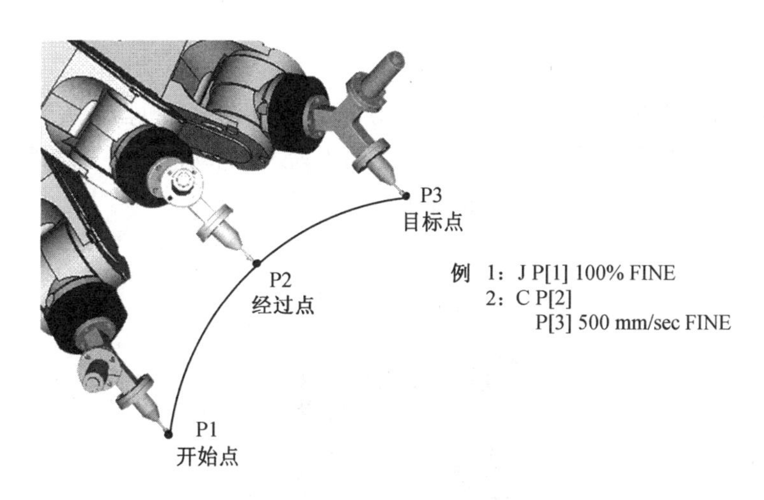
P3
目标点
P2
经过点
P1
开始点
例 1：J P[1] 100% FINE
2：C P[2]
P[3] 500 mm/sec FINE

图 6.21　圆弧动作

4. 圆弧动作（A）

圆弧动作指令下，需要在一行中示教 2 个位置，分别是经过点和目标点，而 C 圆弧动作指令下，在一行中只示教一个位置，连续的 3 个圆弧动作指令将使机器人按照 3 个示教的点位所形成的圆弧轨迹进行动作，如图 6.22 所示。

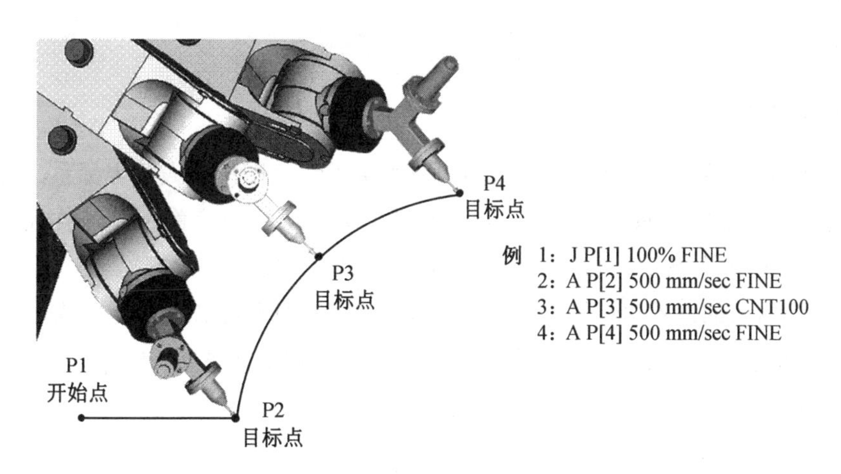
P4
目标点
P3
目标点
P1
开始点
P2
目标点
例 1：J P[1] 100% FINE
2：A P[2] 500 mm/sec FINE
3：A P[3] 500 mm/sec CNT100
4：A P[4] 500 mm/sec FINE

图 6.22　C 圆弧动作

6.3.2 坐标系种类

坐标系是为确定机器人的位置和姿态而在机器人或空间上进行定义的位置指标系统。FANUC 机器人坐标系有：关节坐标系、世界坐标系、手动坐标系、工具坐标系、用户坐标系。

1. 关节坐标系

关节坐标系是设定在机器人的关节中的坐标系，其原点设置在机器人关节中心点处。在关节坐标系下，工业机器人各轴均可实现单独正向或反向运动，如图 6.23 所示。对于大范围运动，且不要求 TCP 姿态时，可选择关节坐标系。

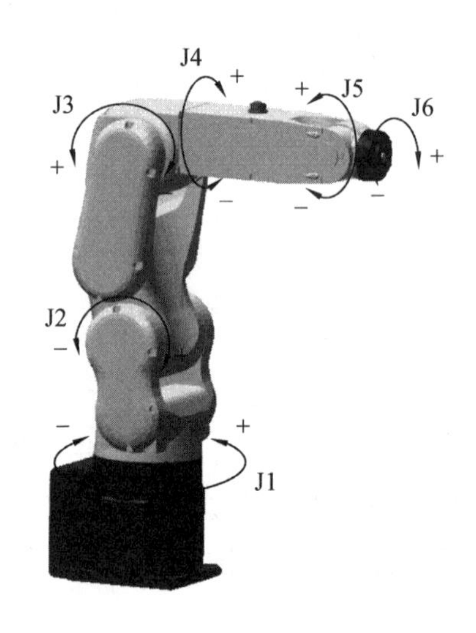

图 6.23 各关节运动方向

2. 世界坐标系

在 FANUC 机器人中，世界坐标系被赋予了特定含义，即机器人基坐标系，是被固定在空间上的标准直角坐标系，其被固定在由机器人事先确定的位置。用户坐标系、工具坐标系基于该坐标系而设定。它用于位置数据的示教和执行。

FANUC 机器人的世界坐标系：原点位置定义在 J2 轴所处水平面与 J1 轴交点处，Z 轴向上，X 轴向前，Y 轴按右手规则确定，如图 6.24 中的坐标系 O_1-$X_1Y_1Z_1$。

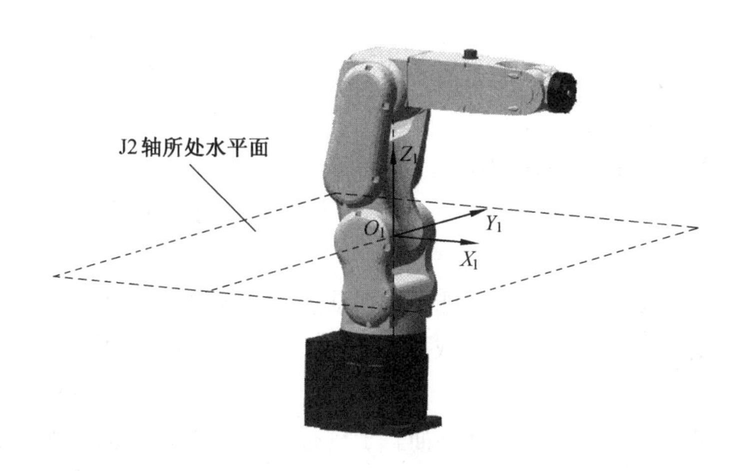

图 6.24　世界坐标系

3. 手动坐标系

手动坐标系是在机器人作业空间中，为了方便、有效地进行线性运动示教而定义的坐标系。该坐标系只能用于示教，在程序中不能被调用。未定义时，与世界坐标系重合。

使用手动坐标系是为了在示教过程中避免其他坐标系参数改变时误操作，尤其适用于机器人倾斜安装或者用户坐标系数量较多的场合。

4. 工具坐标系

工具坐标系是用来定义工具中心点的位置和工具姿态的坐标系。而工具中心点（Tool Center Point，TCP）是机器人系统的控制点，出厂时默认为最后一个运动轴或连接法兰的中心。

未定义时，TCP 默认在连接法兰中心处。安装工具后，TCP 将发生变化，变为工具末端的中心。为实现精确运动控制，当换装工具或发生工具碰撞时，工具坐标系必须事先进行定义。

5. 用户坐标系

用户坐标系是用户对每个作业空间进行定义的直角坐标系。它用于位置寄存器的示教和执行、位置补偿指令的执行等。未定义时，由世界坐标系代替该坐标系，用户坐标系与世界坐标系重合。

用户坐标系的优点：当机器人运行轨迹相同，工件位置不同时，只需要更新用户坐标系即可，无须重新编程。

6. 单元坐标系

单元坐标系在 4D 图形功能中使用，用来表示工作单元内的机器人位置。通过设定单元坐标系，就可以表达机器人相互之间的位置关系。

6.3.3 负载设定

负载设定，是与安装在机器人上的负载信息（重量、重心位置等）相关的设定。通过适当设定负载信息，就会带来如下效果。

（1）动作性能提高（振动减小，周期时间改善等）。

（2）更加有效地发挥与动力学相关功能（碰撞检测功能、重力补偿功能等的性能提高）。

如果负载信息错误变大，则有可能导致振动加大，或错误检测出碰撞。为了更加有效利用机器人，建议用户对配备在机械手、工件、机器人手臂上的设备等负载信息进行适当设定。

负载信息的设定，在“动作性能画面”上进行，该画面由一览画面和负载设定画面以及手臂负载设定画面构成，见表 6.3。使用该画面，可以设定 10 种负载信息。通过预先设定多个负载信息，只要切换负载设定编号就可以实现对应负载的变更。此外，可通过程序指令，在程序中的任意时机切换负载设定编号。此外，作为选项功能，还提供有机器人用来自动计算负载信息。

表 6.3 动作性能画面

画面的名称	内　容
负载设定（一览画面）	显示负载信息的一览（No.1～No.10），实际使用的负载设定编号的确认、切换，也可以在此画面上进行
动作/负载设定	负载信息的详细设定画面，针对每个负载设定编号进行设置，可以进行负载的重量、重心位置、惯量的显示以及设定
动作/手臂负载设定	用来设定机器人上设置的设备重量的画面。可以对 J1 手臂上（=J2 机座部）和 J3 手臂上的负载重量进行设定

6.4 I/O 通信

6.4.1 I/O 种类

I/O 信号即输入/输出信号，是机器人与末端执行器、外部装置等系统的外围设备进行通信的电信号。FANUC 机器人的 I/O 信号可分 2 大类：通用 I/O 和专用 I/O。

1. 通用 I/O

通用 I/O 是可由用户自定义而使用的 I/O。通用 I/O 包括：数字 I/O、模拟 I/O 和组 I/O。

（1）数字 I/O。

数字 I/O 是从外围设备通过处理 I/O 印刷电路板（或 I/O 单元）的输入/输出信号线来进行数据交换的信号，分为数字量输入 DI [i]和数字量输出 DO[i]。而数字信号的状态有 ON（通）和 OFF（断）两类。

（2）模拟 I/O。

模拟 I/O 是从外围设备提供处理 I/O 印刷电路板（或 I/O 单元）的输入/输出信号线而进行模拟输入/输出电压值交换，分为模拟量输入 AI [i] 和模拟量输出 AO[i]。进行读写时，将模拟输入/输出电压值转化为数字值。因此，其值与输入/输出电压值不一定完全一致。

（3）组 I/O。

组 I/O 是用来汇总多条信号线并进行数据交换的通用数字信号，分为 GI [i]和 GO[i]。组信号的值用数值（10 进制数或 16 进制数）来表达，转变或逆转变为二进制数后通过信号线交换数据。

2. 专用 I/O

专用 I/O 指用途已确定的 I/O。专用 I/O 包括：机器人 I/O、外围设备 I/O、操作面板 I/O。

（1）机器人 I/O。

机器人 I/O 是经由机器人，作为末端执行器 I/O 被使用的机器人数字信号，分为机器人输入信号 RI [i] 和机器人输出信号 RO[i]。末端执行器 I/O 与机器人的手腕上所附带的连接器连接后使用。

（2）外围设备 I/O（UOP）。

外围设备 I/O 是在系统中已经确定了其用途的专用信号，分为外围设备输入信号 UI[i]和外围设备输出信号 UO[i]。这些信号从处理 I/O 印刷电路板（或 I/O 单元）通过相关接口及 I/O Link 与程控装置和外围设备连接，从外部进行机器人控制。

（3）操作面板 I/O（SOP）。

操作面板 I/O 是用来进行操作面板、操作箱的按钮和 LED 状态数据交换的数字专用信号，分为输入信号 SI[i]和输出信号 SO[i]。输入随操作面板上按钮的 ON/OFF 而定。输出时，进行操作面板上 LED 指示灯的 ON、OFF 操作。

6. 4. 2 I/O 硬件连接

1. R-30iB Mate 主板

外围设备接口的主要作用是从外部进行机器人控制。R-30iB Mate 的主板备有输入 28 点、输出 24 点的外围设备控制接口。由机器人控制器上的两根电缆线 CRMA15 和 CRMA16 连接至外围设备上的 I/O 印刷电路板。外围设备接口实物图如图 6.25 所示。

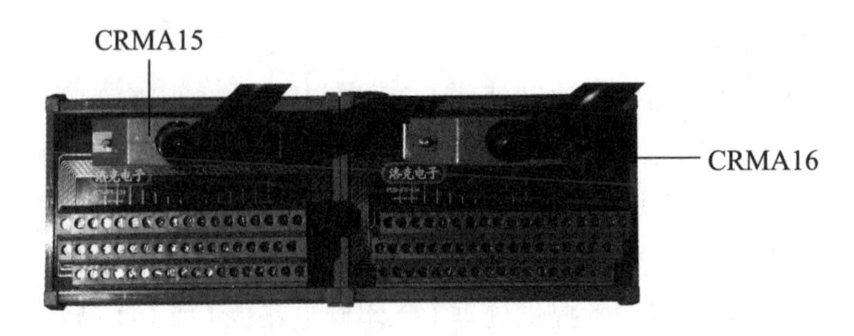

图 6.25　外围设备接口实物图

2. EE 接口

EE 接口为机器人手臂上的信号接口，主要用来控制和检测机器人末端执行器的信号，其实物图如图 6.26 所示。LR Mate 200iD/4S 型机器人，EE 接口共有 12 个信号接口：6 个机器人输入信号、2 个机器人输出信号、4 个电源信号。

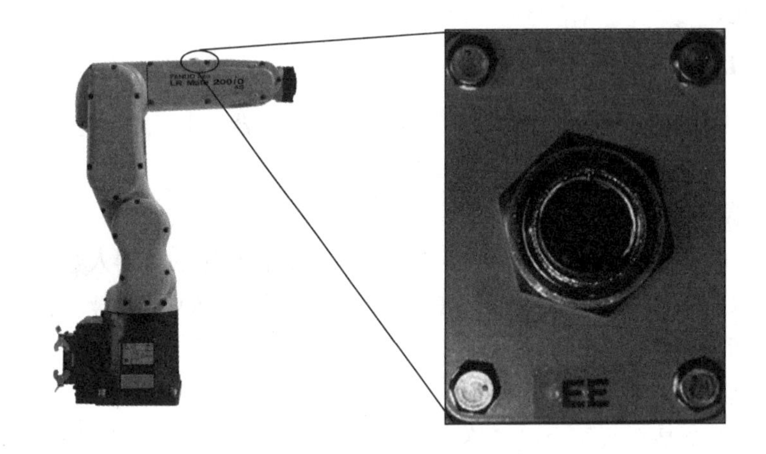

图 6.26　EE 接口实物图

6.5　基本指令

※ 基本指令及编程基础

6.5.1　寄存器指令

1. 数值寄存器指令

数值寄存器指令是进行数值寄存器算术运算的指令，见表 6.4。数值寄存器用来存储某一整数值或小数值的变量，标准情况下提供有 200 个数值寄存器。

表 6.4　数值寄存器指令

格式	**R[*i*]=（值）** **R[*i*]=（值）+（值）**
示例	R[1]=1 R[2]=1+2
说明	将某一值代入数值寄存器或将两个值的运算结果代入数值寄存器

2. 位置寄存器指令

位置寄存器指令是进行位置数据算术运算的指令。位置寄存器指令可进行代入、加算、减算处理，以与寄存器指令相同的方式记述，标准情况下提供有 100 个位置寄存器。

（1）将当前位置的直角坐标值代入位置寄存器，见表 6.5。

表 6.5　位置寄存器指令

格式	**PR[*i*]=（值）** 其“值”内容包括： “PR:位置寄存器[*i*]的值” “P[*i*]:程序内的示教位置[*i*]的值” “LPOS:当前位置的直角坐标值” “JPOS:当前位置的关节坐标值” “UFRAME[*i*]:用户坐标系[*i*]的值” “UTOOL[*i*]:工具坐标系[*i*]的值”
示例	PR[1]=LPOS

（2）将两个值的运算结果代入位置寄存器，见表 6.6。

表 6.6　位置寄存器运算指令

格式	**PR[i]=（值）+（值）** 其“值”内容包括： “PR:位置寄存器[*i*]的值” “P[*i*]:程序内的示教位置[*i*]的值” “LPOS:当前位置的直角坐标值” “JPOS:当前位置的关节坐标值” “UFRAME[*i*]:用户坐标系[*i*]的值” “UTOOL[*i*]:工具坐标系[*i*]的值”
示例	PR[1]=PR[3]+LPOS
说明	将 PR[3]中的数值与直角坐标值相加代入 PR[1]中

3. 码垛寄存器运算指令

码垛寄存器运算指令是进行码垛寄存器算术运算的指令，见表6.7。码垛寄存器运算指令可进行代入、加法运算、减法运算处理，以与数值寄存器指令相同的方式记述。码垛寄存器，存储有码垛寄存器要素（i,j,k）。码垛寄存器在所有全程序中可以使用32个。

表6.7 码垛寄存器运算指令

格式	**PL[i]=（ i , j , k ）** 其“**PL[i]中的 i**”表示码垛寄存器号码（1~32） 其“**i , j , k**”表示码垛寄存器要素，内容包括以下： “**直接指定**：行.列.段数（1~127）” “**间接指定**：R[i]的值” “**无指定**：（*）表示没有变更”
示例	PL[1]=[* , R[1] , 1]
说明	将码垛寄存器要素代入码垛寄存器

6.5.2 I/O 指令

I/O 信号（输入/输出信号）指令，是改变向外围设备的输出信号状态，或读取输入信号状态的指令。常用的I/O指令有如下几种。

1. 机器人 I/O 指令

机器人输入信号指令（RI[i]）和机器人输出信号指令（RO[i]），机器人I/O的硬件接口存在于机器人手臂上，机器人I/O指令主要用于机器人末端执行器的控制与信号检测。

（1）将机器人输入的状态存储到寄存器中，见表6.8。

表6.8 机器人输入信号

格式	**R[*i*]=RI[*i*]** R[*i*]：其中 *i* 指寄存器号码，它的范围为1～200 RI[*i*]：*i* 为机器人输入信号号码
示例	R[1]=RI[1]
说明	将机器人输入RI[1]的状态（ON=1,OFF=0）存储到寄存器R[1]中

（2）接通机器人数字输出信号，见表 6.9。

表 6.9　机器人输出信号

格式	**RO[*i*]=（值）** RO[*i*]：*i* 为机器人输出信号号码 （值）：分为“ON：接通数字输出信号”和“OFF：断开数字输出信号”
示例	RO[1]=ON
说明	接通机器人数字输出信号 RO[1]

（3）根据所指定的寄存器的值，接通或断开所指定的数字输出信号，见表 6.10。

表 6.10　机器人根据寄存器值的输出信号

格式	**RO[*i*]= R[*i*]** RO[*i*]：*i* 为机器人输出信号号码 R[*i*]：其中 *i* 指寄存器号码，它的范围为 1～200
示例	RO[1]= R[1]

2. 数字 I/O 指令

数字输入指令（DI[i]）和数字输出指令（DO[i]），是用户可以控制的通用型数字输入/输出信号。

（1）将数字输入的状态存储到寄存器中，见表 6.11。

表 6.11　数字输入信号

格式	**R[*i*]=DI[*i*]** R[*i*]：其中 *i* 指寄存器号码，它的范围为 1～200 D[*i*]：其中 *i* 指数字输入信号号码
示例	R[1]=DI[1]
说明	将数字输入 DI[1]的状态（ON=1、OFF=0）存储到寄存器 R[1]中

（2）接通数字输出信号，见表 6.12。

表 6.12　数字输出信号

格式	**DO[*i*]=（值）** DO[*i*]：其中 *i* 指数字输出信号号码 （值）：分为“ON：接通数字输出信号”和“OFF：断开数字输出信号”
示例	DO[1]=ON
说明	接通数字输出信号 DO[1]

（3）根据所指定的寄存器的值，接通或断开所指定的数字输出信号，见表 6.13。

表 6.13　根据寄存器值的数字输出信号

格式	**DO[*i*]=R[*i*]** DO[*i*]：其中 *i* 指数字输出信号号码 R[*i*]：其中 *i* 指寄存器号码，它的范围为 1～200
示例	DO[1]=R[1]
说明	根据所指定的寄存器的值，接通或断开所指定的数字输出信号

3. 模拟 I/O 指令

模拟输入指令（AI[i]）和模拟输出指令（AO[i]），是可以进行模拟信号检测和输出的指令。

（1）将模拟输入信号的值存储到寄存器中，见表 6.14。

表 6.14　模拟输入信号

格式	**R[*i*]=AI[*i*]** R[*i*]：其中 *i* 指寄存器号码，它的范围为 1～200 AI[*i*]：其中 *i* 为模拟输入信号号码
示例	R[1]=AI[1]
说明	将模拟输入信号 AI[1]的值存储到寄存器 R[1]中

（2）向所指定的模拟输出信号输出值，见表 6.15。

表 6.15　模拟输出信号

格式	**AO[*i*]=（值）** AO[*i*]：其中 *i* 为模拟输出信号号码 值：模拟输出信号的值
示例	AO[1]= 0
说明	向模拟输出信号 AO[1]输出值“0”

（3）向模拟输出信号输出寄存器的值，见表 6.16。

表 6.16　根据寄存器值模拟输出信号

格式	**AO[*i*]=R[*i*]** AO[*i*]：其中 *i* 为模拟输出信号号码 R[*i*]：其中 *i* 指寄存器号码，它的范围为 1～200
示例	AO[1]=R[2]
说明	向模拟输出信号 AO[1]输出寄存器 R[2]的值

6.5.3　坐标系指令

坐标系指令是在改变机器人进行作业的直角坐标系设定时使用。坐标系指令有 2 类：坐标系设定指令和坐标系选择指令。

1. 坐标系设定指令

坐标系设定指令用以改变所指定的坐标系定义。

（1）改变工具坐标系的设定值为指定的值，见表 6.17。

表 6.17　工具坐标系设定指令

格式	**UTOOL[*i*]=（值）** UTOOL[*i*]：其中 *i* 为工具坐标系号码（1～10） （值）：为 PR[*i*]
示例	UTOOL[2]=PR[1]
说明	改变工具坐标系 2 的设定值为 PR[1]中指定的值

（2）改变用户坐标系的设定值为指定的值，见表 6.18。

表 6.18　用户坐标系设定指令

格式	**UFRAME[*i*]=（值）** UFRAME[*i*]：其中 *i* 为用户坐标系号码（1～9） （值）：为 PR[*i*]
示例	UFRAME[1]= PR[2]
说明	改变用户坐标系 1 的设定值为 PR[2]中指定的值

2. 坐标系选择指令

坐标系选择指令用以改变当前所选的坐标系号码。

（1）改变当前所选的工具坐标系号码，见表 6.19。

表 6.19　工具坐标系选择指令

格式	**UTOOL_NUM=（值）** （值）：分为“R[*i*]” “常数”，工具坐标系号码（1～10）
示例	UTOOL_NUM=1
说明	改变当前所选的工具坐标系号码 ，选用“1”号工具坐标系

（2）改变当前所选的用户坐标系号码，见表 6.20。

表 6.20　用户坐标系选择指令

格式	**UFRAME_NUM=（值）** （值）：分为“R[*i*]” “常数”，用户坐标系号码（1～9）
示例	UFRAME_NUM=1
说明	改变当前所选的用户坐标系号码 ，选用“1”号用户坐标系

6.6　编程基础

6.6.1　程序构成

机器人应用程序是由用户编写的一系列机器人指令以及其他附带信息构成，使机器人完成特定的作业任务。程序除了记述机器人如何进行作业的程序信息外，还包括程序属性等详细信息。

1. 程序一览画面

程序一览画面，如图 6.27 所示。

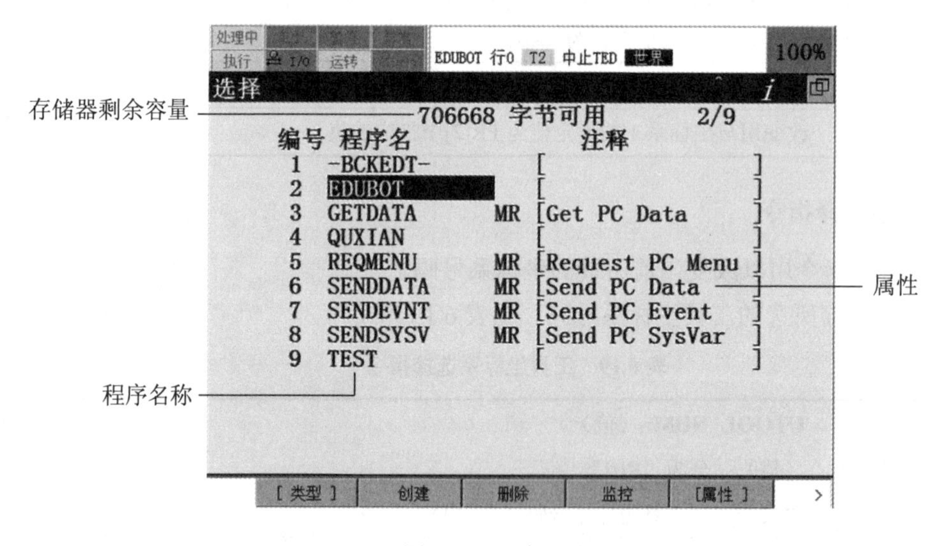

图 6.27　程序一览画面

程序一览画面说明如下：

（1）存储器剩余容量：显示当前设备所能存储的程序容量。

（2）程序名称：用来区别存储在控制器内的程序，在相同控制器内不能创建相同名称的程序。

（3）程序注释：用来记述与程序相关的说明性附加信息。

（4）程序末尾记号：是程序结束标记，表示本指令后面没有程序指令。

2. 程序编辑画面

程序编辑画面，如图 6.28 所示。

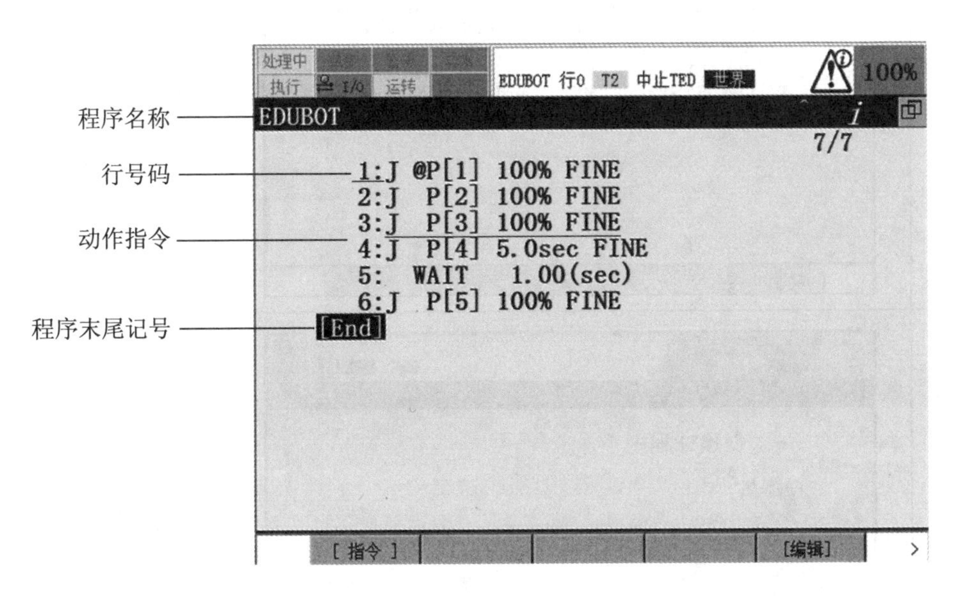

图 6.28　程序编辑画面

程序编辑画面说明如下：

（1）行号码：记述程序各指令的行编号。

（2）动作指令：以指定的移动速度和移动方法，使机器人向作业空间内的指定位置移动的指令。

6.6.2　程序创建

用户在创建程序前，需要对程序的概要进行设计，要考虑机器人执行所期望作业的最有效方法，在完成概要设计后，即可使用相应的机器人指令来创建程序。

程序的创建一般通过示教器进行。在对动作指令进行创建时，通过示教器手动进行操作，控制机器人运动至目标位置，然后根据期望的运动类型进行程序指令记述。程序创建结束后，可通过示教器根据需要修改程序。程序编辑包括对指令的更改、追加、删除、复制、替换等。创建程序的操作步骤见表 6.21。

表 6.21 创建程序的操作步骤

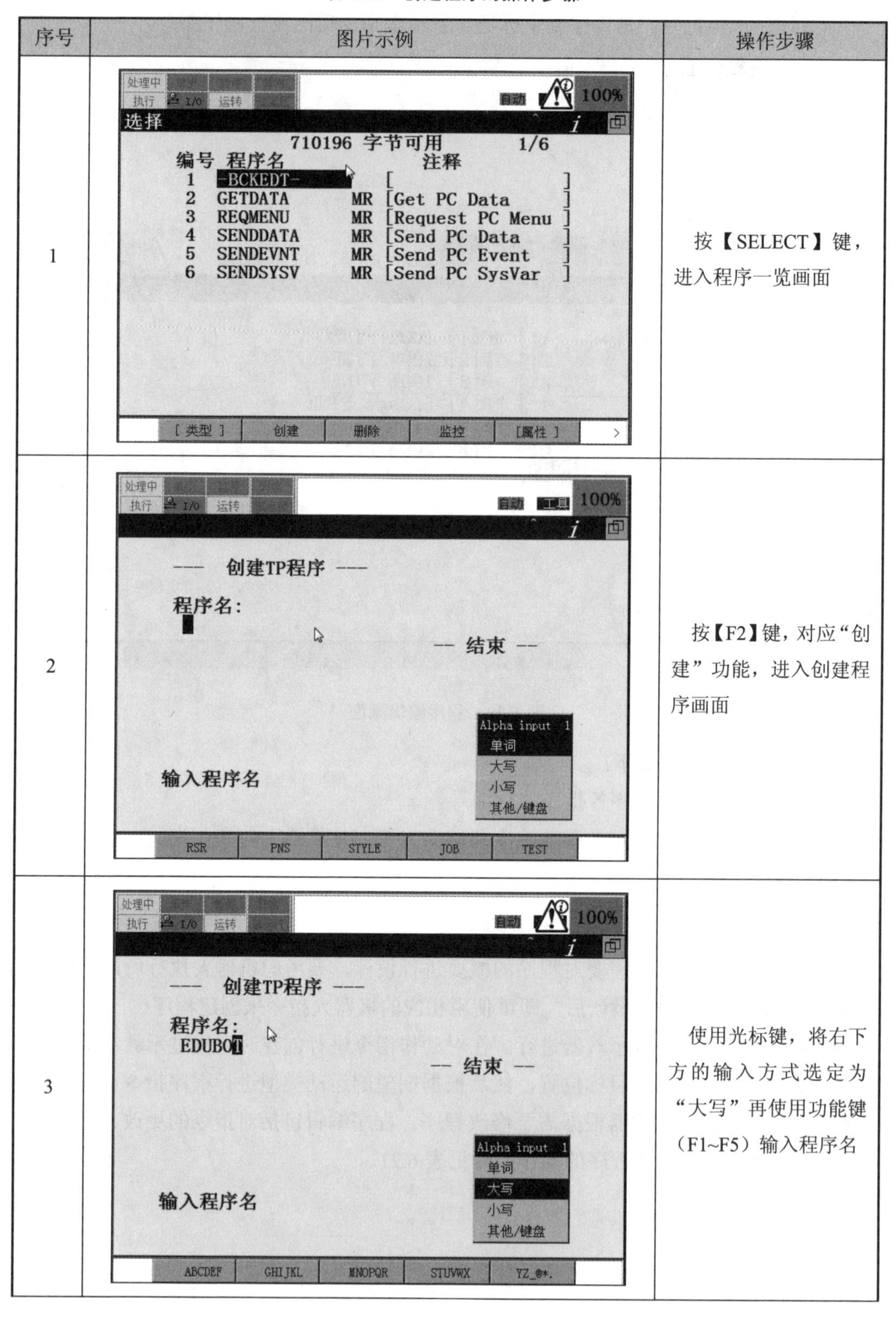

序号	图片示例	操作步骤
1		按【SELECT】键，进入程序一览画面
2		按【F2】键，对应“创建”功能，进入创建程序画面
3		使用光标键，将右下方的输入方式选定为“大写”再使用功能键（F1~F5）输入程序名

续表 6.21

序号	图片示例	操作步骤
4	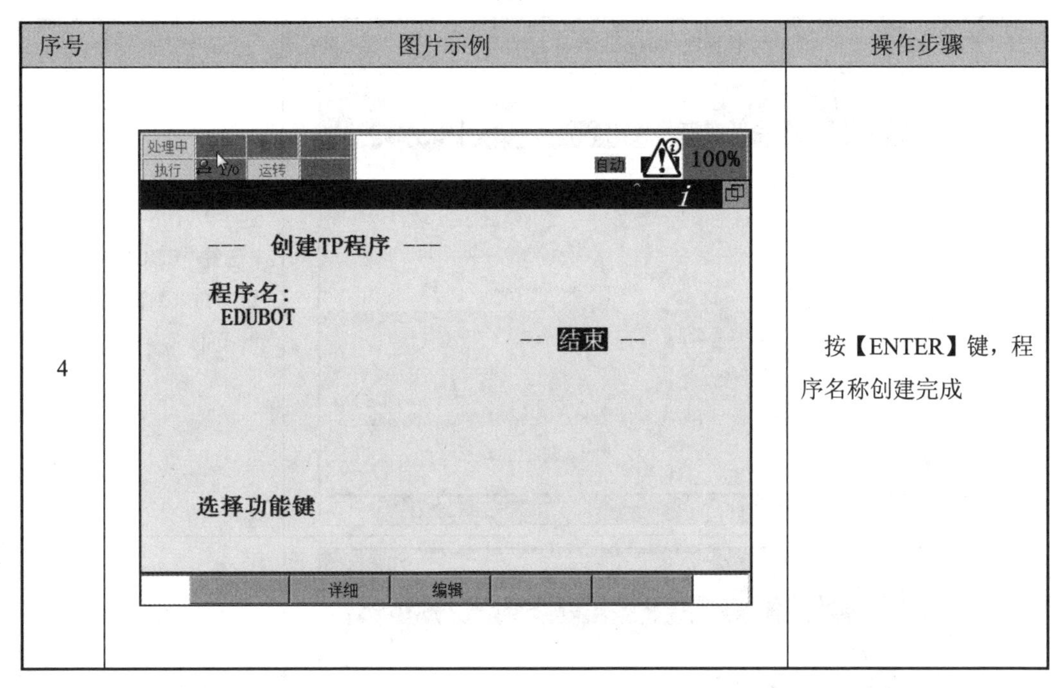	按【ENTER】键，程序名称创建完成

在完成程序创建后，需要对程序进行编辑。程序编辑的操作步骤见表 6.22。

表 6.22　编辑程序的操作步骤

序号	图片示例	操作步骤
1	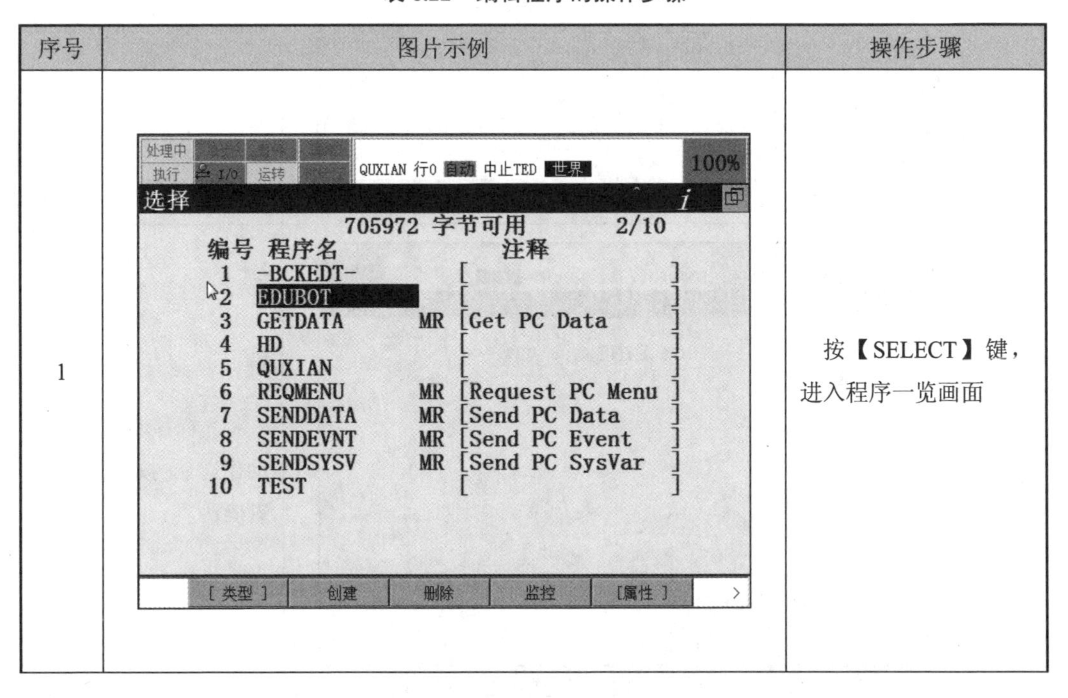	按【SELECT】键，进入程序一览画面

续表 6.22

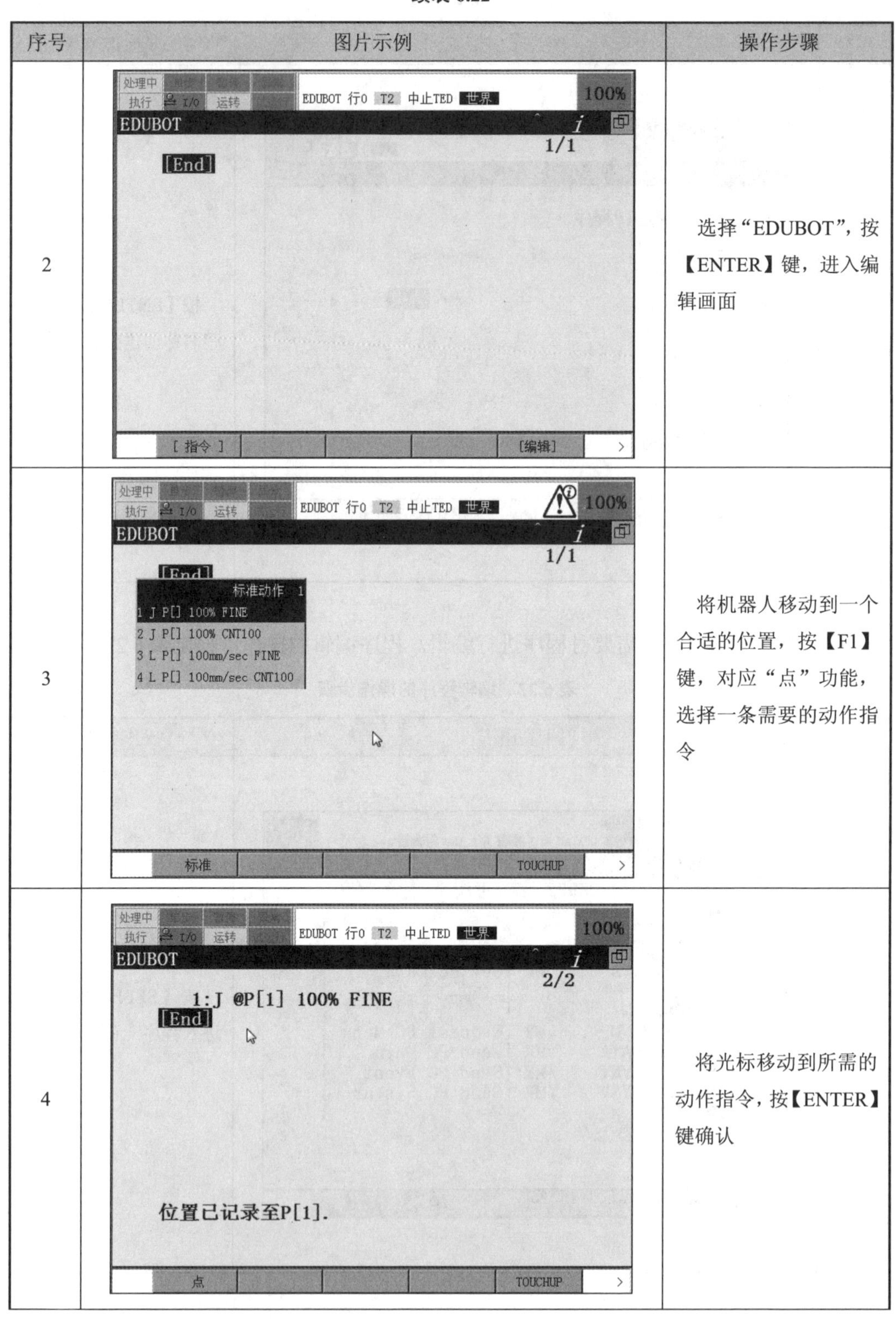

序号	图片示例	操作步骤
2		选择“EDUBOT”，按【ENTER】键，进入编辑画面
3		将机器人移动到一个合适的位置，按【F1】键，对应“点”功能，选择一条需要的动作指令
4		将光标移动到所需的动作指令，按【ENTER】键确认

续表 6.22

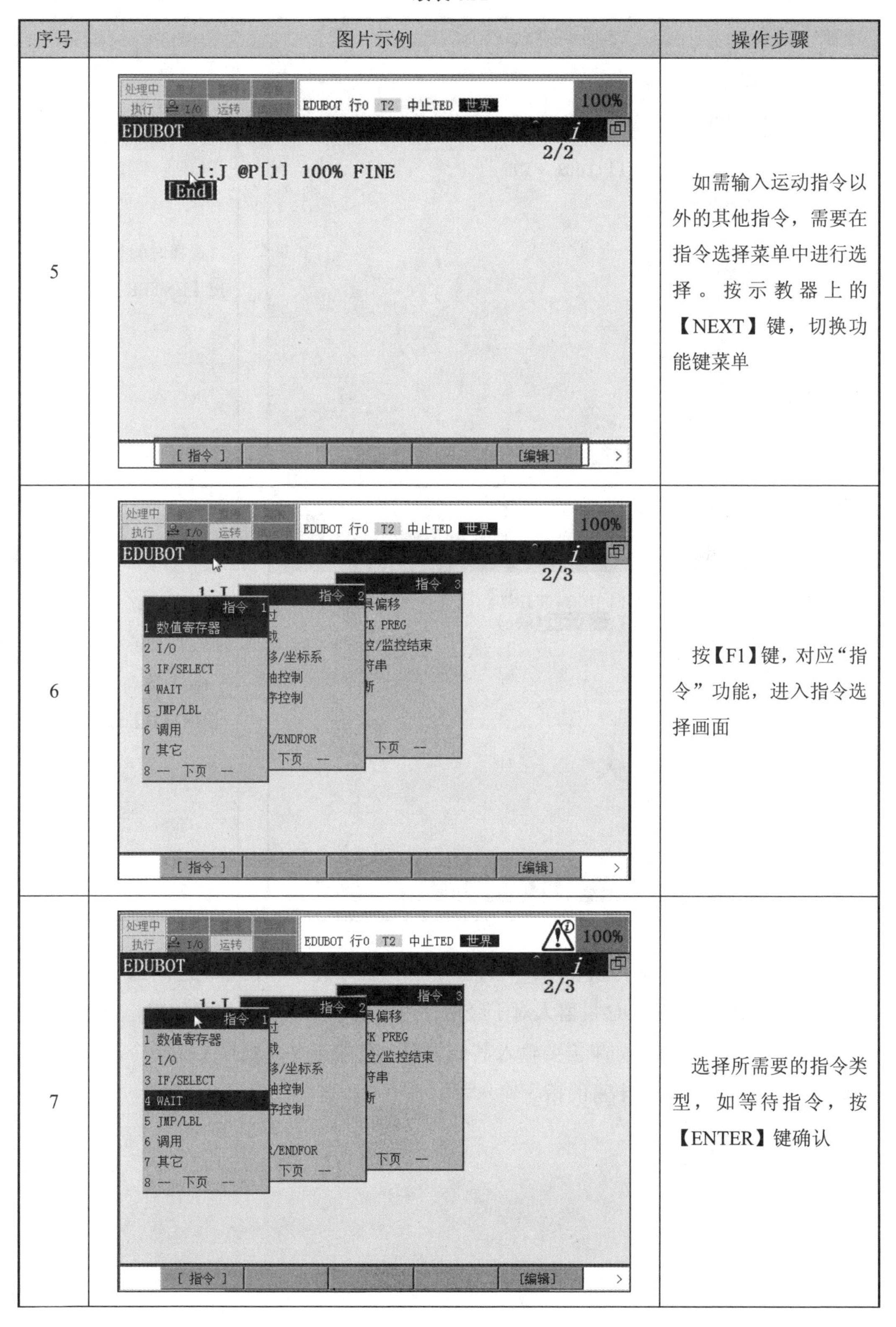

序号	图片示例	操作步骤
5		如需输入运动指令以外的其他指令，需要在指令选择菜单中进行选择。按示教器上的【NEXT】键，切换功能键菜单
6		按【F1】键，对应“指令”功能，进入指令选择画面
7		选择所需要的指令类型，如等待指令，按【ENTER】键确认

续表 6.22

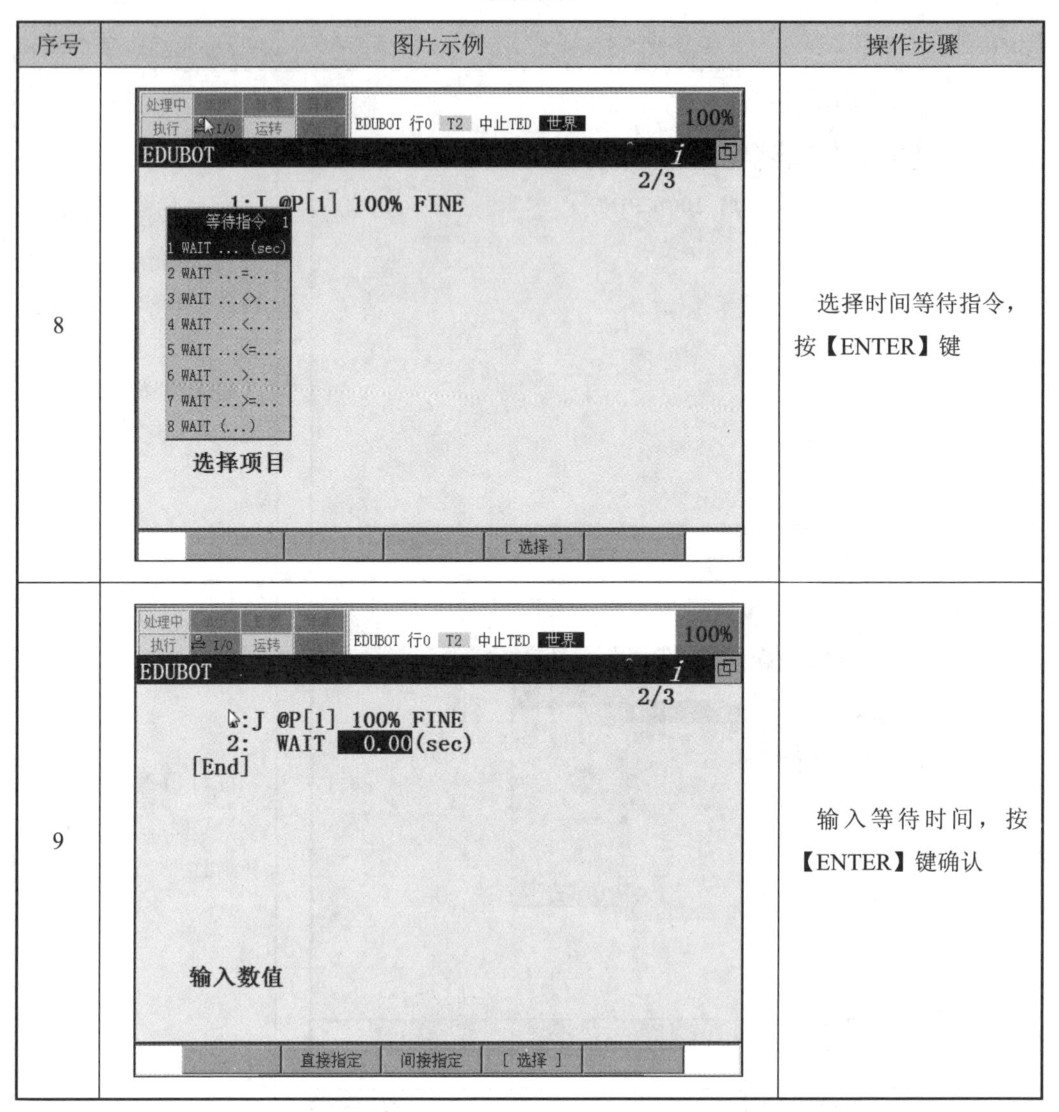

序号	图片示例	操作步骤
8		选择时间等待指令，按【ENTER】键
9		输入等待时间，按【ENTER】键确认

从上述程序创建步骤可以看出，程序创建包括程序建立和指令记述两部分内容。在指令记述的过程中，FANUC 机器人对于经常使用的运动指令做了快捷按键，方便用户进行快速选择和位置记录。如果需要输入其他更加丰富的指令，则需要在指令选择画面进行选择，以进行各种功能丰富的指令输入。

第二部分　项目应用

第 7 章　装配工作站

※ 装配工作站项目简介

7.1　项目目的

7.1.1　项目背景

自动化装配工作站主要从事产品制造中期的各种检测、装配、标示等工序，操作的对象包括多种零部件，最后完成的是成品或半成品，主要应用于产品设计成熟、市场需求量巨大、需要多种装配工序、长期生产的产品制造场合。自动化装配的优点是产品性能及质量稳定、所需人工少、效率高、单价产品的制造成本大幅降低、占用场地最少等。

在工业生产中，装配工序是大部分生产流水线中必不可少的一个生产流程，如汽车制造业中的汽车总装。在安装汽车挡风玻璃的过程中，首先取来挡风玻璃，然后在挡风玻璃的内侧的边缘涂胶，最后将挡风玻璃黏结在车体上完成装配工序。图 7.1 所示为机器人正在将挡风玻璃装配到车身上。

图 7.1　挡风玻璃装配到车身上

7.1.2 项目需求

本项目要求通过传送带机构来运送半成品物料，运用机械手完成半成品物料的装配工序。项目需求框图如图 7.2 所示。

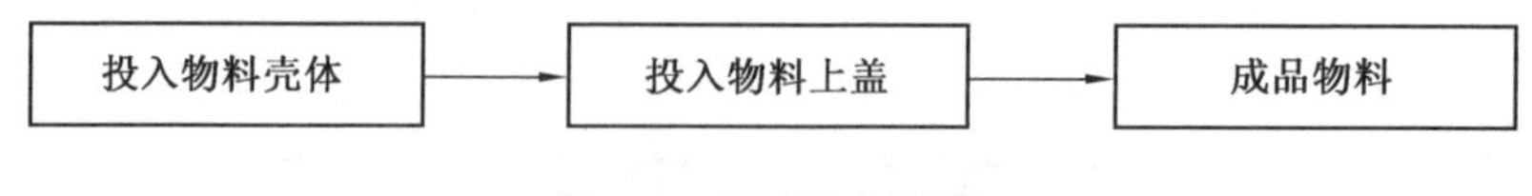

图 7.2 项目需求框图

7.1.3 项目目的

（1）熟悉装配工作站的模块化集成特点。

（2）掌握装配工作站的 PLC 程序设计。

7.2 项目分析

7.2.1 项目构架

装配工作站通常是一个生产系统的中间环节，为生产系统中的加工物料执行装配工序，是生产系统中的重要环节。当物料和工作流程达到可装配的条件时，工作站将会执行装配动作。装配工作站主要包括：气动机械手机构、物料上盖传送带机构、物料壳体传送带机构。装配工作站的组成如图 7.3 所示。

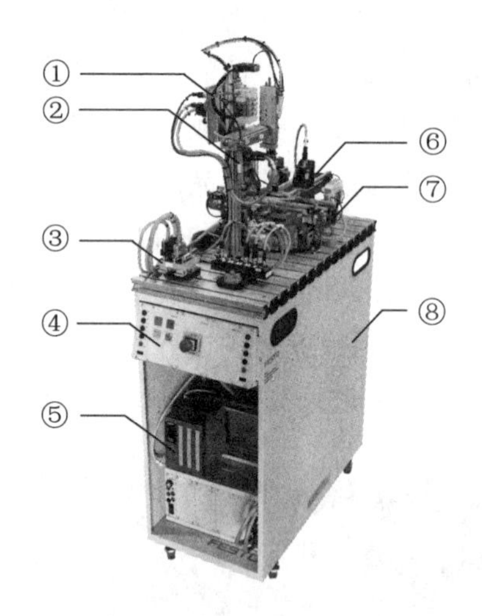

图 7.3 装配工作站的组成

①—气动机械手机构；②—微型 I/O 终端；③—C 接口端子；④—操作面板；⑤—控制面板（PLC）；⑥—上盖传送带机构；⑦—壳体传送带机构；⑧—底车

工作站开始运行时，手动将物料壳体和上盖放在对应的传送带上。上盖在运送到传送带末端时被铝合金挡块阻挡而停止。壳体在传送带上首先会经过一个制动器，配合距离传感器用于检测壳体上是否已经加盖。通过制动器后，壳体会继续向前运送，直至被螺线管阻隔器阻挡而停止。当传送带上的上盖和壳体均到达装配位置后，气动机械手机构便吸取上盖并安装在物料壳体上。安装完成后，阻隔器回到原位，物料继续向传送带末端运送。装配工作站的工作流程图如图 7.4 所示。

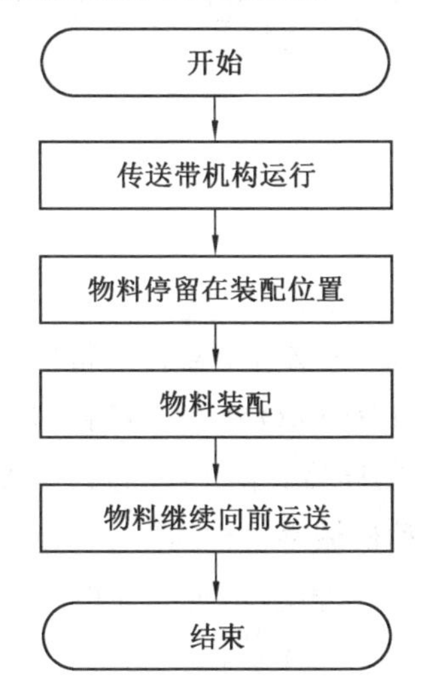

图 7.4　装配工作站工作流程图

7.2.2　项目流程

本项目实施流程如图 7.5 所示。

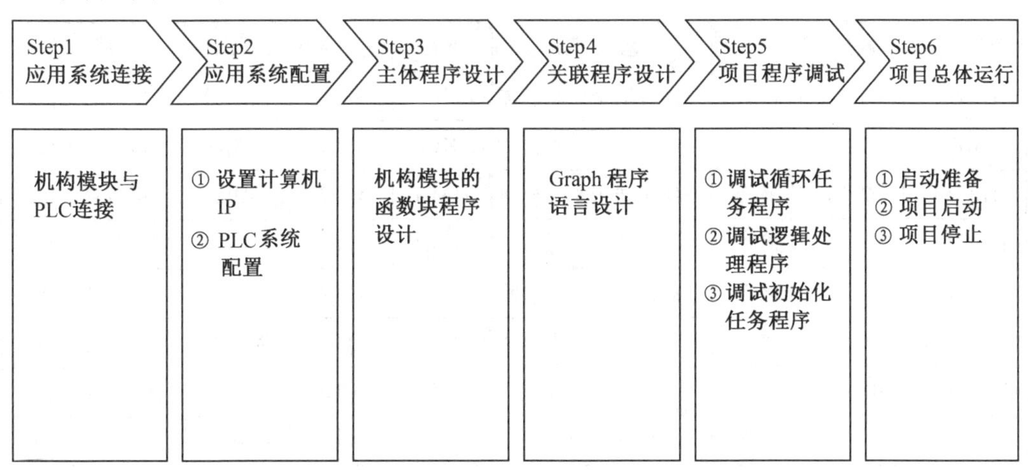

图 7.5　项目流程图

7.3　项目要点

1. 模块化集成

工作站的构架采用模块化的设计，工作单元中，各个机构模块可以单独拆卸和组装。模块化集成的效果保证了工作站的灵活性，使得对工作站的模块之间的搭配和机械调试更为多样化。每个模块都配备有独立的 I/O 端子，通过工作单元里的 C 接口与 PLC 连接。

2. PLC 程序设计

由于工作站采用模块化的集成方式，PLC 程序采用模块化的编写方式，各个机构模块拥有各自独立的 PLC 程序。

7.4 项目步骤

7.4.1 应用系统连接

装配工作站的系统连接主要包括物料上盖传送带机构微型 I/O 终端、物料壳体传送带机构微型 I/O 终端与 C 接口的连接，C 接口与控制面板（PLC）的连接。由于 C 接口至多供两个微型 I/O 终端连接，因此气动机械手机构的微型 I/O 终端是通过现场总线接口连接至交换机，再由交换机与 PLC 连接完成通讯。

※ 装配工作站项目步骤

1. 装配工作站 PLC 的 I/O 信号分配

装配工作站的信号端点分配及 PLC 的 I/O 信号表见表 7.1。

表 7.1 I/O 信号分配

名称	信号端点	连接部件	功能说明	名称	信号端点	连接部件	功能说明
G1BG1	I10.0	传感器	壳体传送带始端检测	G1KF1-1	Q4.0	控制器	壳体传送带前进
G1BG2	I10.1	传感器	壳体传送带中端检测	G1KF1-2	Q4.1	控制器	壳体传送带后退
G1BG3	I10.2	传感器	壳体传送带末端检测	G1MB1	Q4.2	螺线管	螺线管阻挡
G1BG4	I10.3	传感器	检测物料是否加盖	G1MB2	Q4.3	电磁阀	制动器水平缩回
G2BG1	I10.4	传感器	上盖传送带始端检测	G2KF1-1	Q4.4	控制器	上盖传送带前进
G2BG3	I10.6	传感器	上盖传送带末端检测	G2KF1-2	Q4.5	控制器	上盖传送带后退
G3BG1	I110.0	传感器	水平气缸后限位	G3MB1	Q80.0	电磁阀	水平气缸缩回
G3BG2	I110.1	传感器	水平气缸前限位	G3MB2	Q80.1	电磁阀	水平气缸伸出
G3BG3	I110.2	传感器	垂直气缸上限位	G3MB3	Q80.2	电磁阀	垂直气缸伸出
G3BP1	I110.3	传感器	真空传感器检测	G3MB4	Q80.3	电磁阀	打开真空

2. 装配工作站的硬件连接

（1）传送带机构与微型 I/O 终端的连接。

装配工作站中的壳体传送带与微型 I/O 终端的接线示意图如图 7.6 所示。

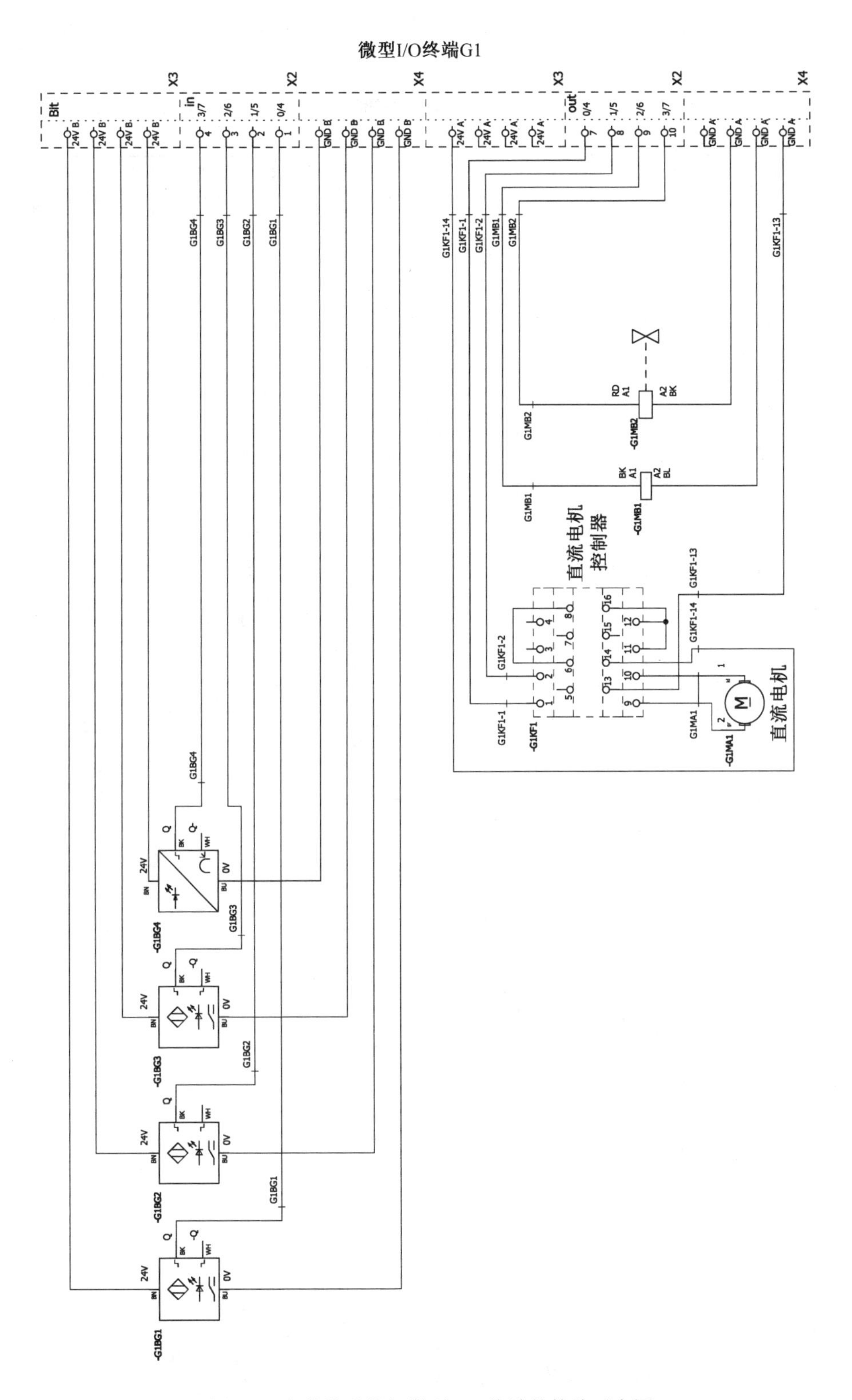

图 7.6　壳体传送带与微型 I/O 终端的接线示意图

上盖传送带与微型 I/O 终端的接线示意图如图 7.7 所示。

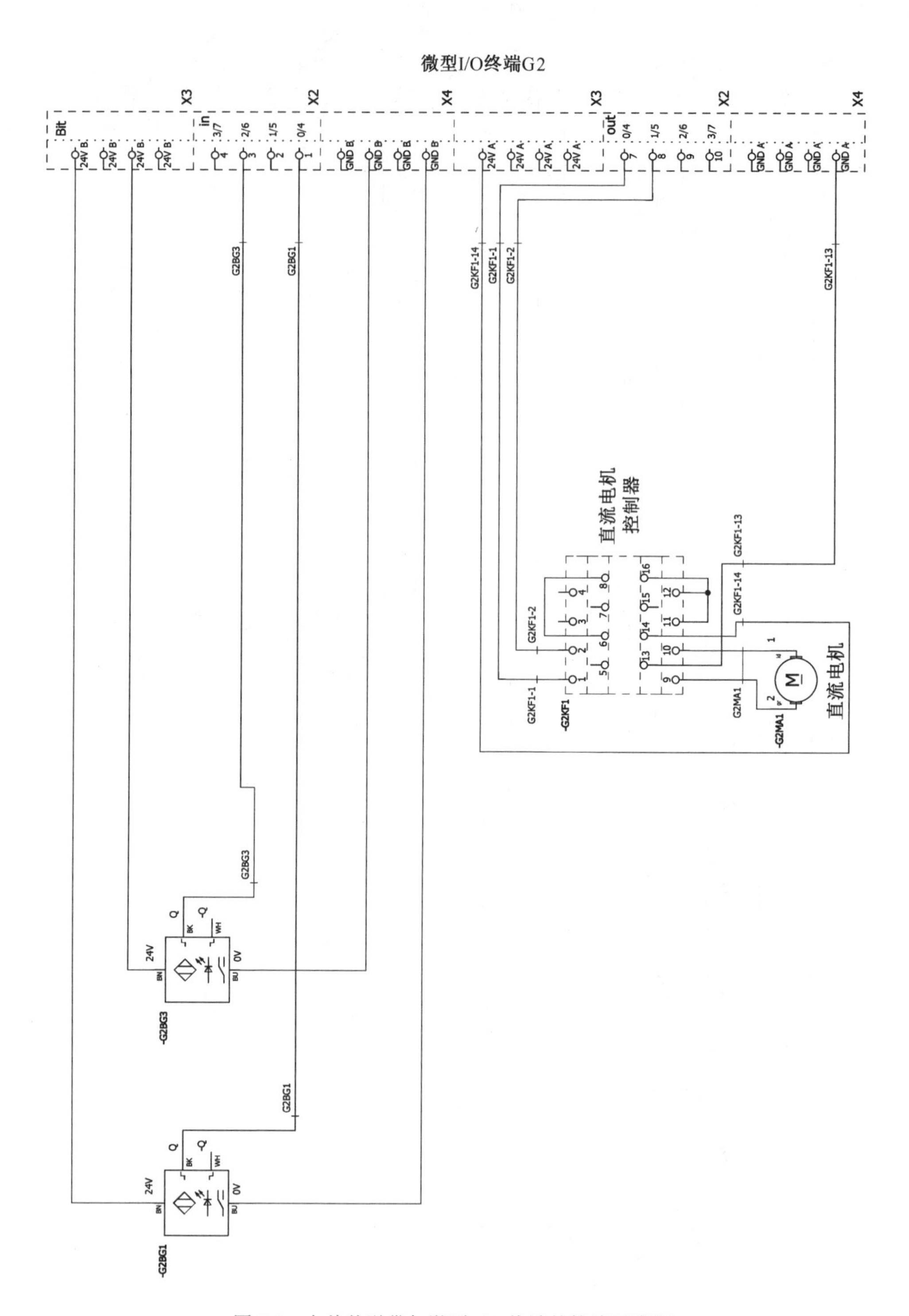

图 7.7　上盖传送带与微型 I/O 终端的接线示意图

（2）气动机械手机构与微型I/O终端的连接。

装配工作站中气动机械手机构与微型I/O终端的接线示意图如图7.8所示。

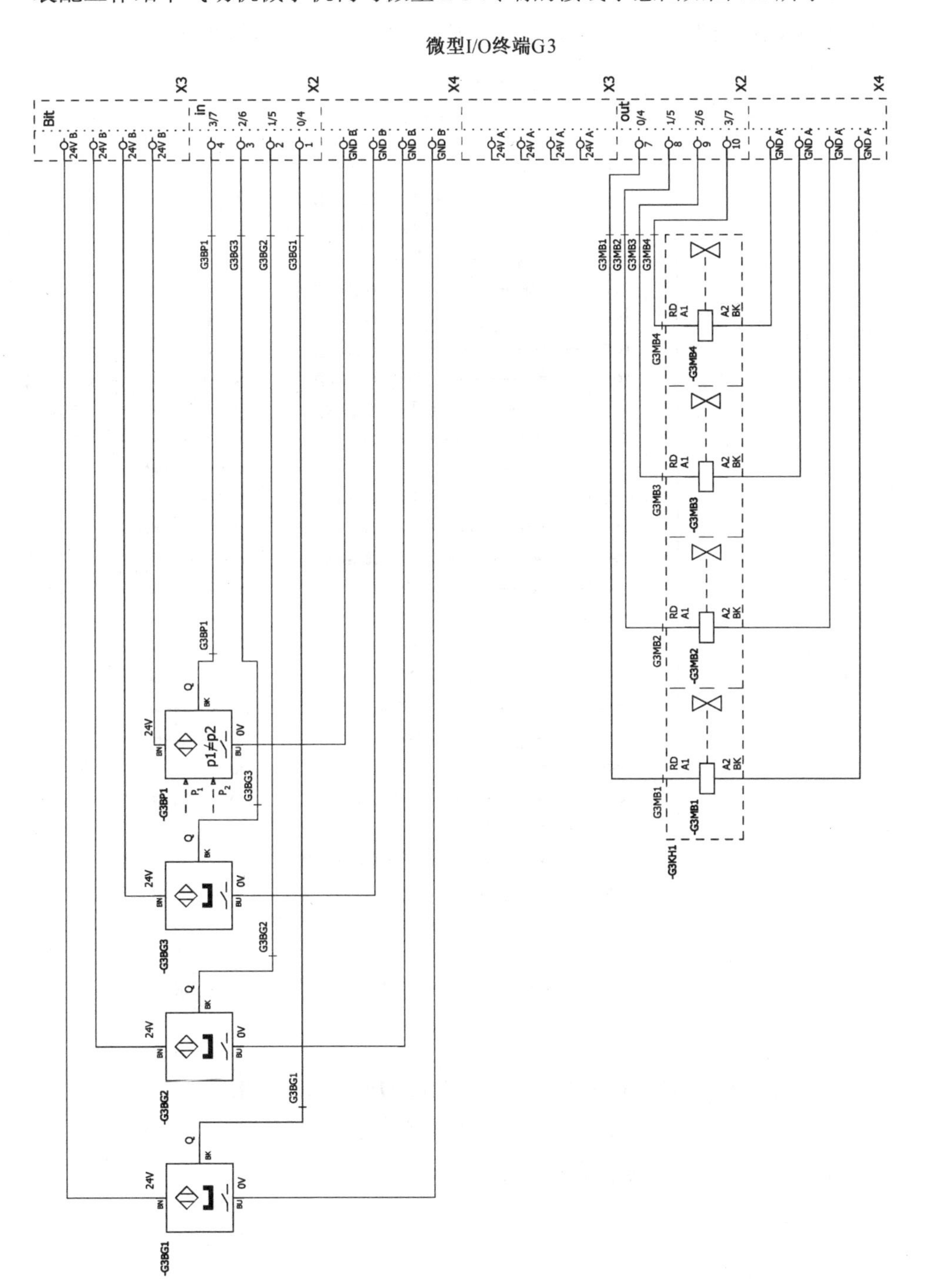

图7.8　气动机械手机构与微型I/O终端的接线示意图

（3）壳体传送带机构和上盖传送带机构的微型 I/O 终端与装配工作站 C 接口的连接。

装配工作站中的壳体传送带机构和上盖传送带机构的微型 I/O 终端与装配工作站 C 接口的接线示意图如图 7.9 所示，图中 G1、G2 为两条传送带机构。

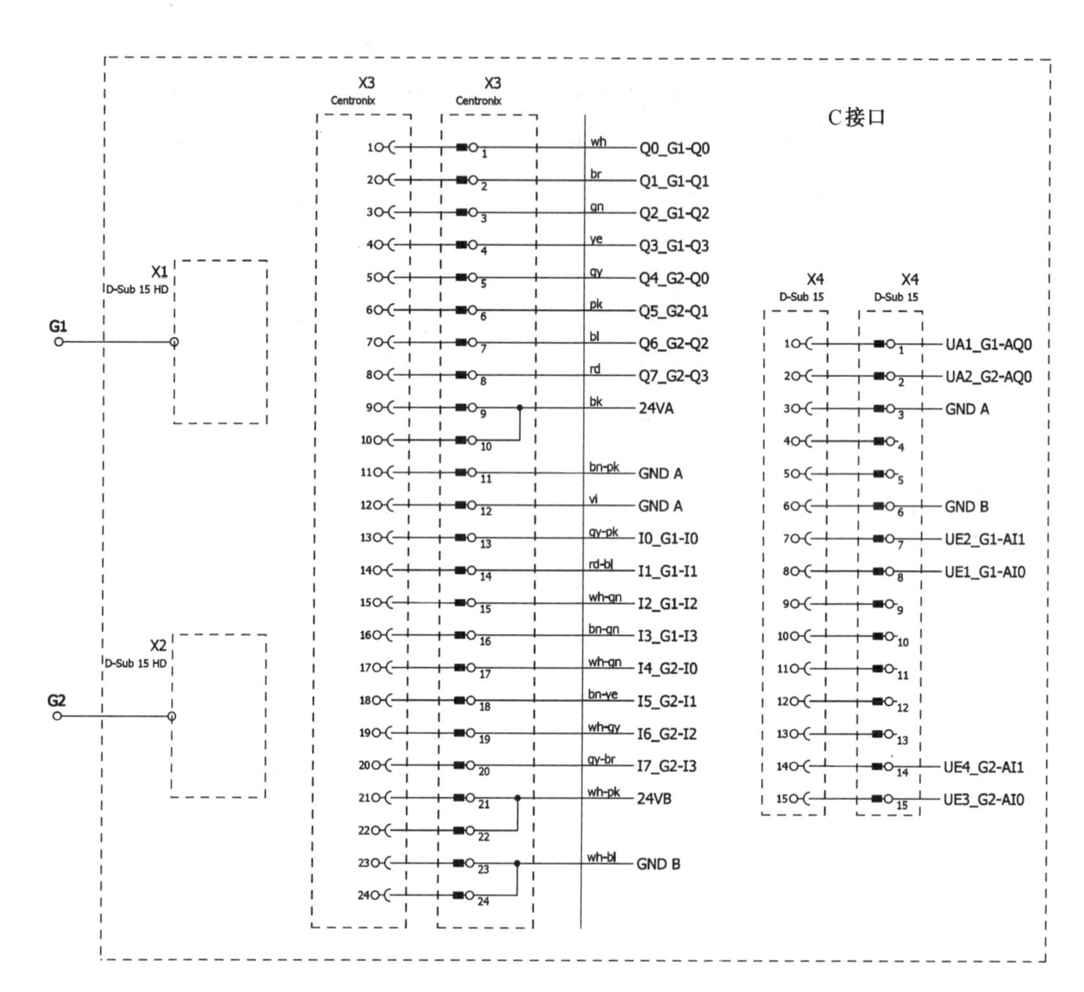

图 7.9 壳体和上盖的传送带机构的微型 I/O 终端与 C 接口的接线示意图

（4）气动机械手机构微型 I/O 终端与 I/O Link DA 接口的连接。

装配工作站中的气动机械手机构的微型 I/O 终端与 I/O Link DA 接口的接线示意图如图 7.10 所示，图中 G3 为气动机械手机构。

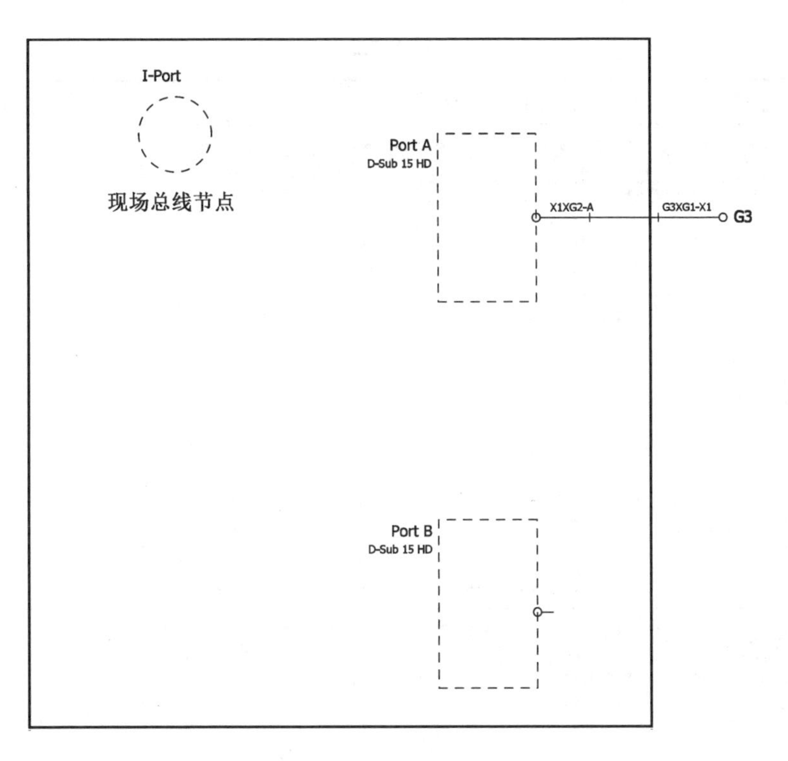

图 7.10　微型 I/O 终端与 I/O Link DA 接口接线示意图

7.4.2　应用系统配置

为了使计算机能连接到 PLC 上对其进行编程调试，需要对计算机的 IP 地址进行设置。计算机 IP 地址设置的操作步骤见表 7.2。

表 7.2　计算机 IP 地址设置的操作步骤

序号	图片示例	操作步骤
1	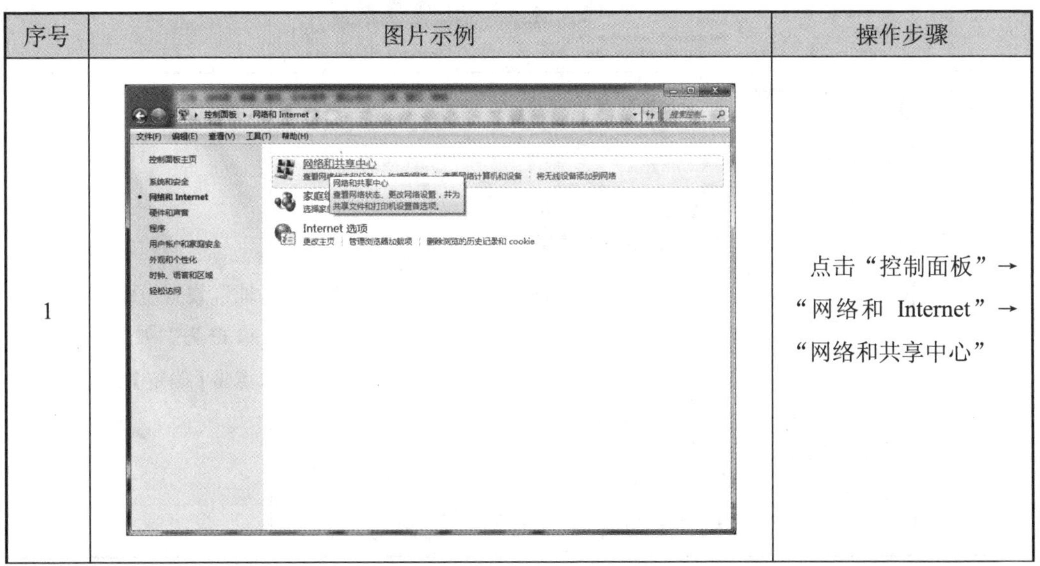	点击“控制面板”→“网络和 Internet”→“网络和共享中心”

续表 7.2

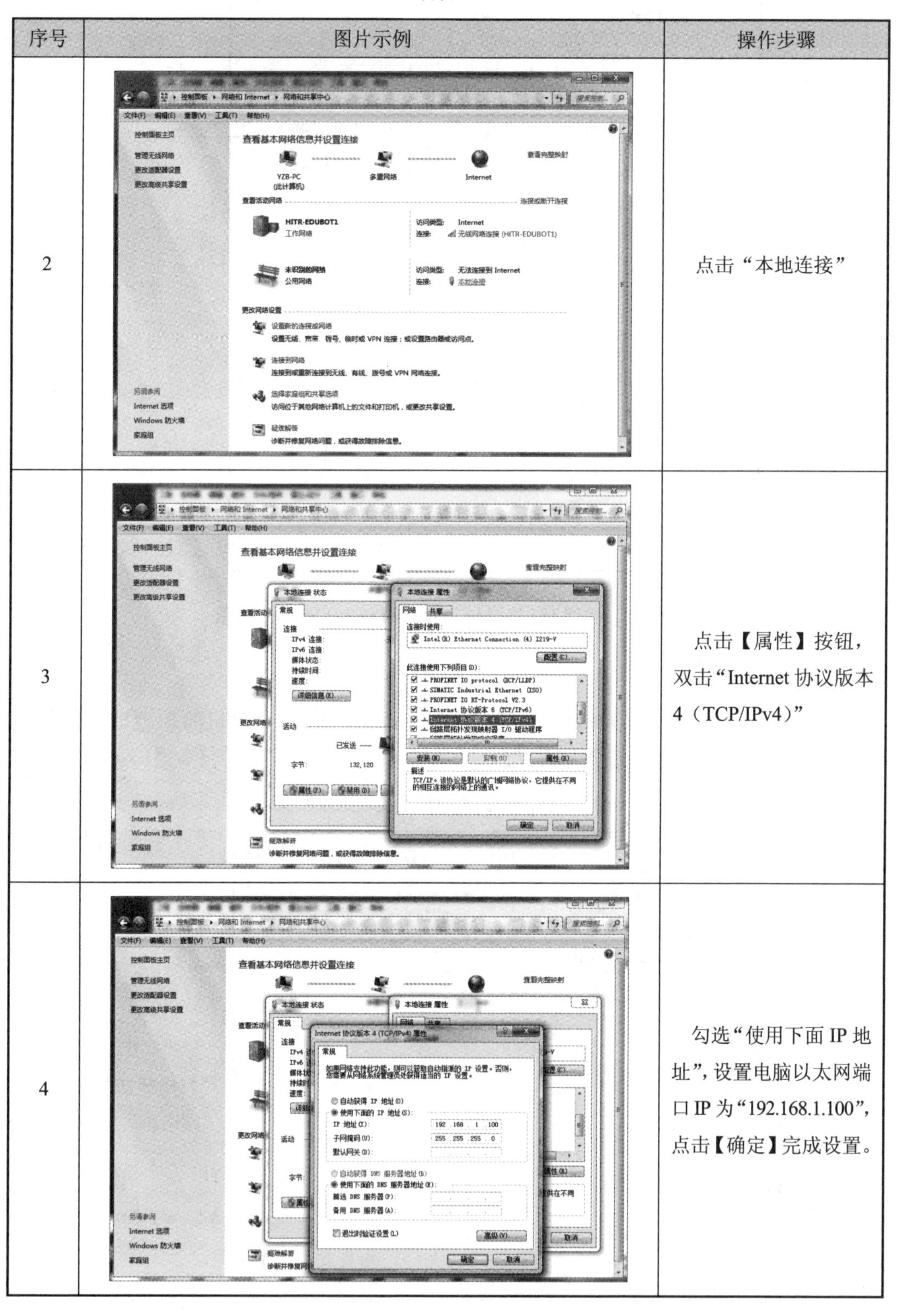

序号	图片示例	操作步骤
2		点击“本地连接”
3		点击【属性】按钮，双击“Internet 协议版本 4（TCP/IPv4）”
4		勾选“使用下面 IP 地址”，设置电脑以太网端口 IP 为“192.168.1.100”，点击【确定】完成设置。

PLC 系统配置的操作步骤见表 7.3。

表 7.3　PLC 系统配置的操作步骤

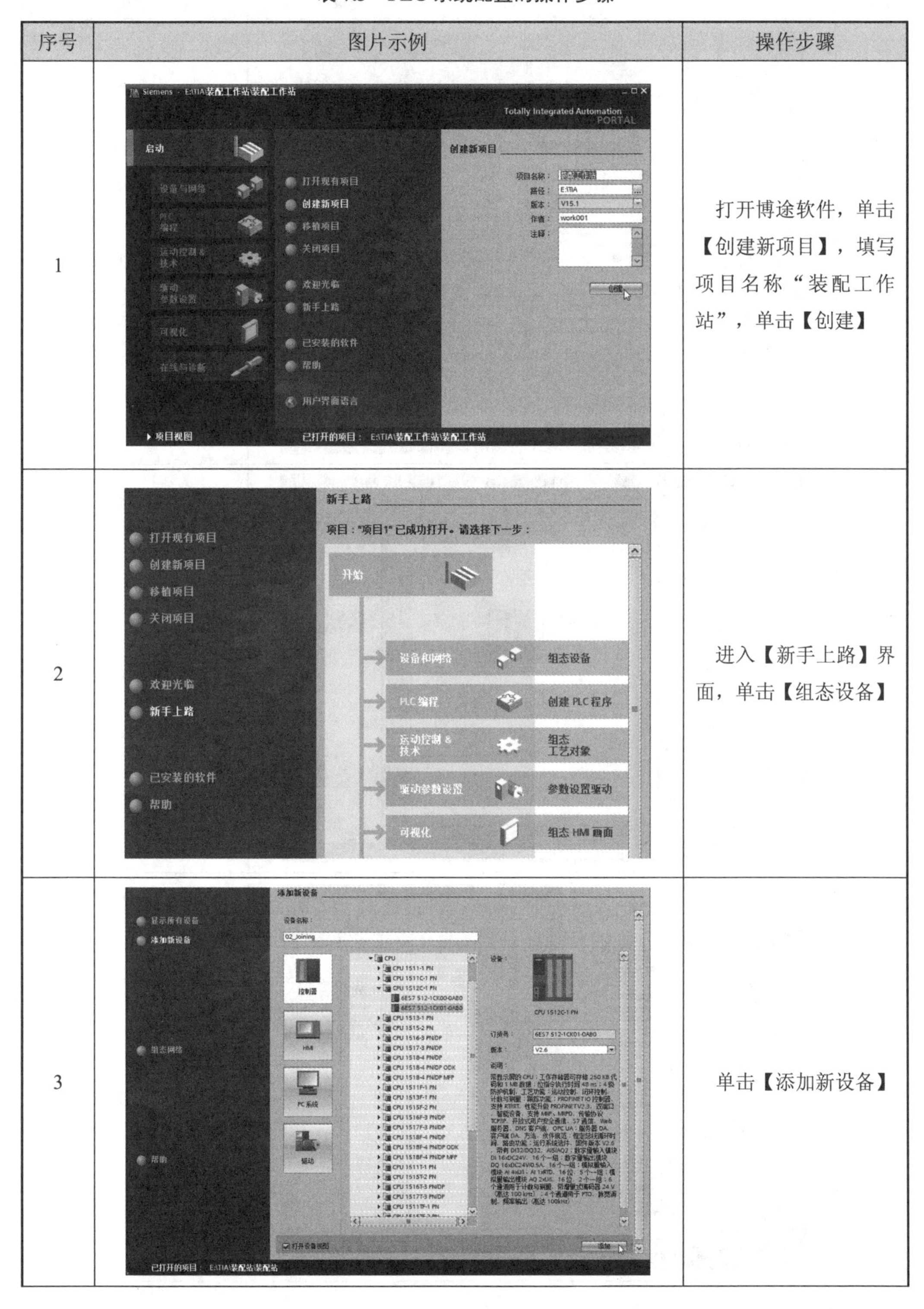

序号	图片示例	操作步骤
1		打开博途软件，单击【创建新项目】，填写项目名称“装配工作站”，单击【创建】
2		进入【新手上路】界面，单击【组态设备】
3		单击【添加新设备】

续表 7.3

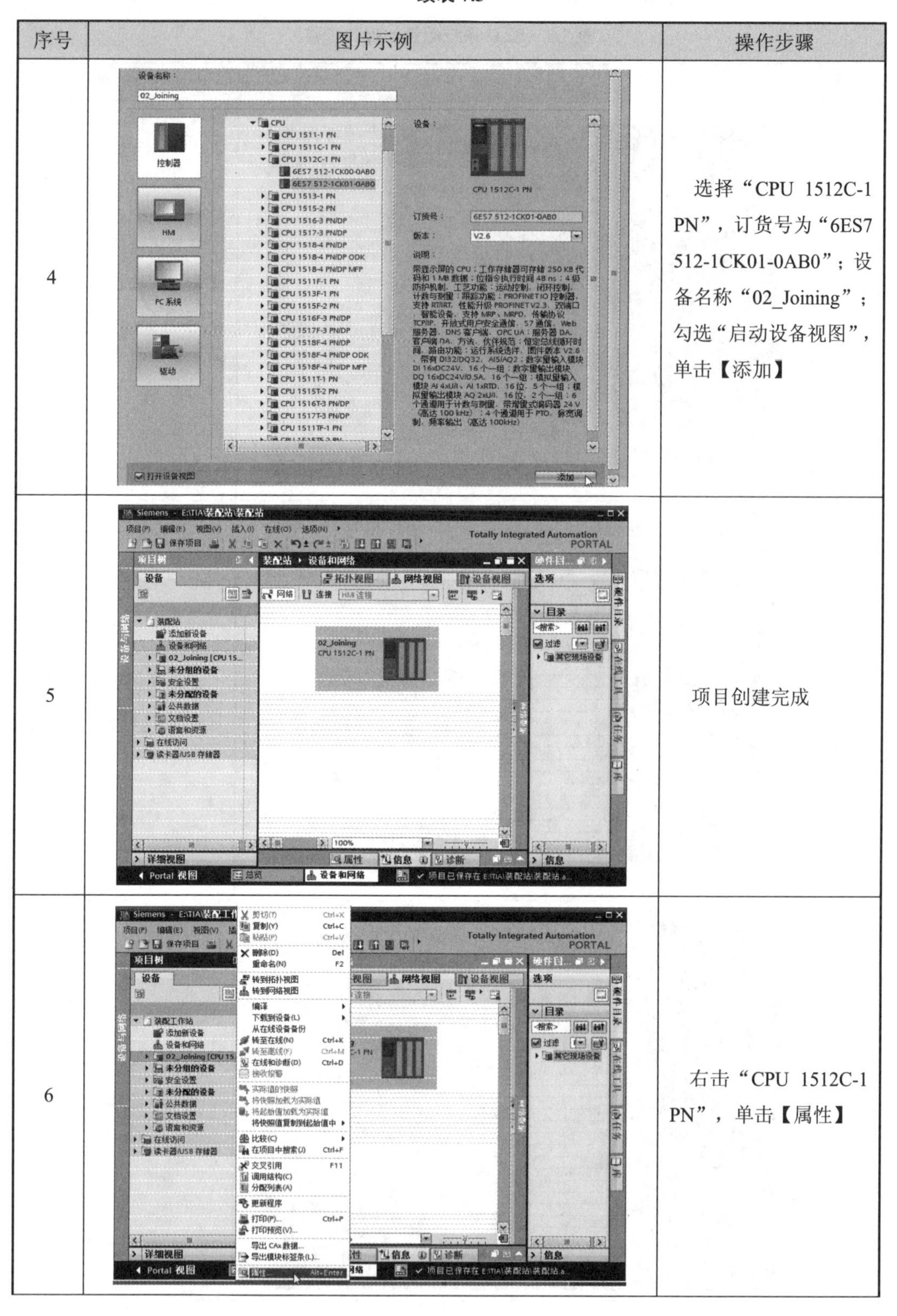

序号	图片示例	操作步骤
4		选择“CPU 1512C-1 PN”，订货号为“6ES7 512-1CK01-0AB0”；设备名称“02_Joining”；勾选“启动设备视图”，单击【添加】
5		项目创建完成
6		右击“CPU 1512C-1 PN”，单击【属性】

续表 7.3

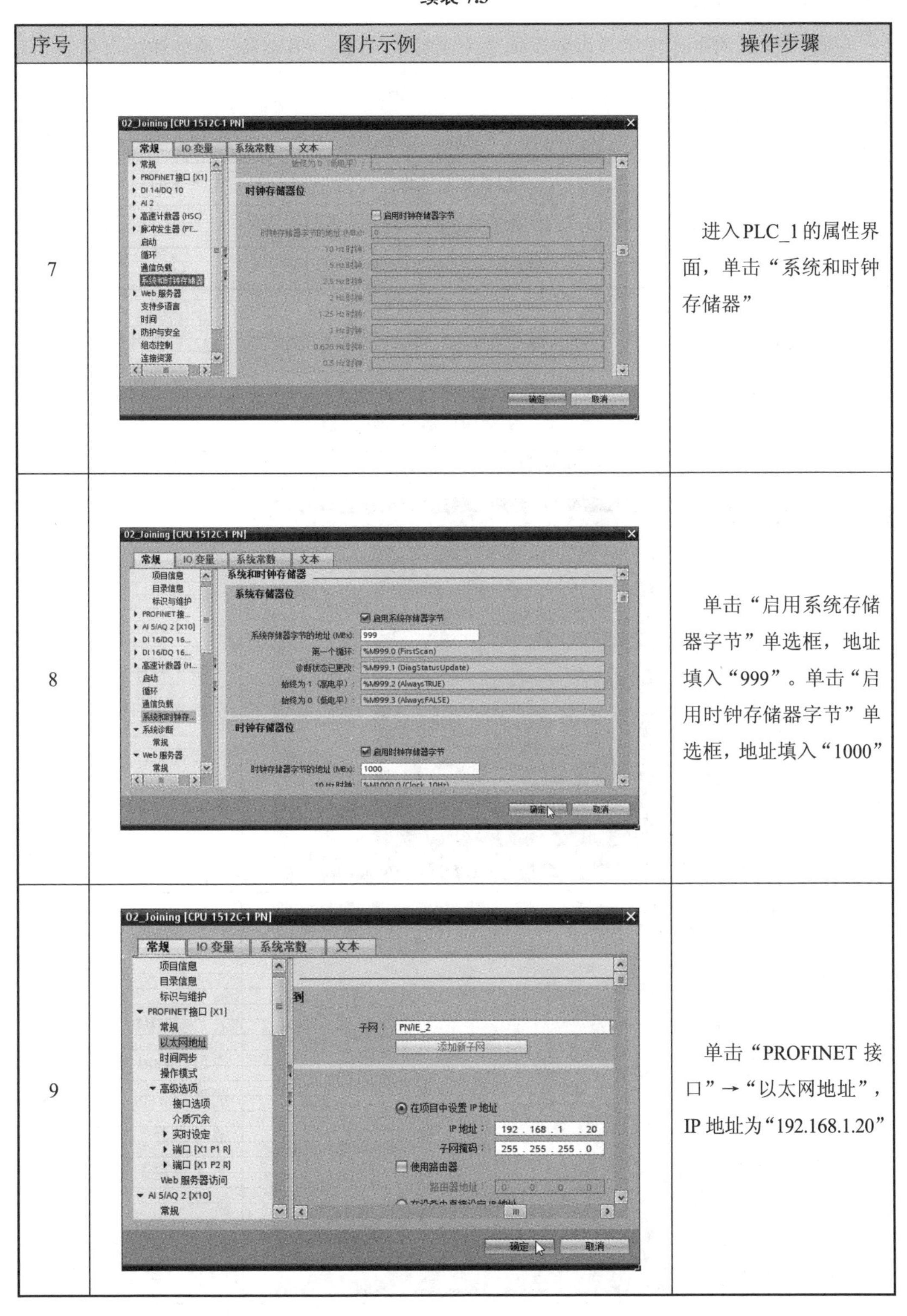

序号	图片示例	操作步骤
7		进入PLC_1的属性界面，单击“系统和时钟存储器”
8		单击“启用系统存储器字节”单选框，地址填入“999”。单击“启用时钟存储器字节”单选框，地址填入“1000”
9		单击“PROFINET 接口”→“以太网地址”，IP 地址为“192.168.1.20”

7.4.3 主体程序设计

装配工作站的主体程序共需要添加 3 个函数块（FB），其名称、功能和语言见表 7.4。

表 7.4 函数块

块名称	功能	块语言
Fb_OpMode	操作面板控制	LAD
FB_SeqNTransport	传送带机构控制	Graph
FB_Mod_PP	气动机械手机构控制	Graph

本章将以装配工作站的气动机械手机构为例，介绍其程序设计。气动机械手函数块创建的操作步骤见表 7.5。

表 7.5 函数块创建的操作步骤

序号	图片示例	操作步骤
1		在“程序块”项目下双击“添加新块”
2		“名称”填写为“FB_Mod_PP”；语言选择“Graph”；勾选“新增并打开”单选框，单击【确定】

续表 7.5

序号	图片示例	操作步骤
3	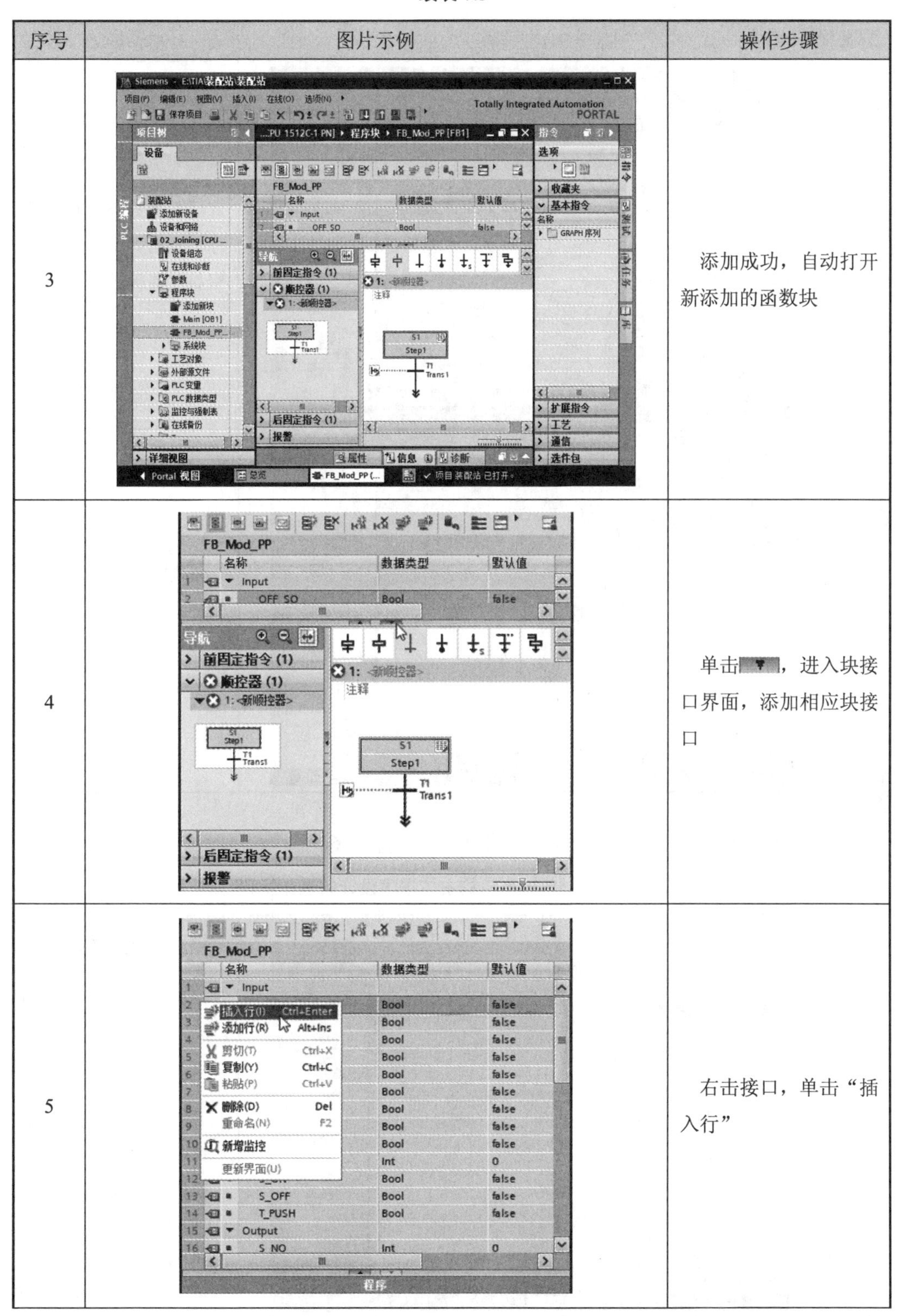	添加成功，自动打开新添加的函数块
4		单击▼，进入块接口界面，添加相应块接口
5		右击接口，单击“插入行”

续表 7.5

序号	图片示例	操作步骤
6		填写函数块的变量名称与数据类型，此处填写如左图所示
7		单击▲，返回块编辑界面，完成函数块的创建

气动机械手机构的主体程序设计的操作步骤见表 7.6。

表 7.6　气动机械手机构主体程序设计的操作步骤

序号	图片示例	操作步骤
1		打开博途项目，双击“Main”进入主程序

续表 7.6

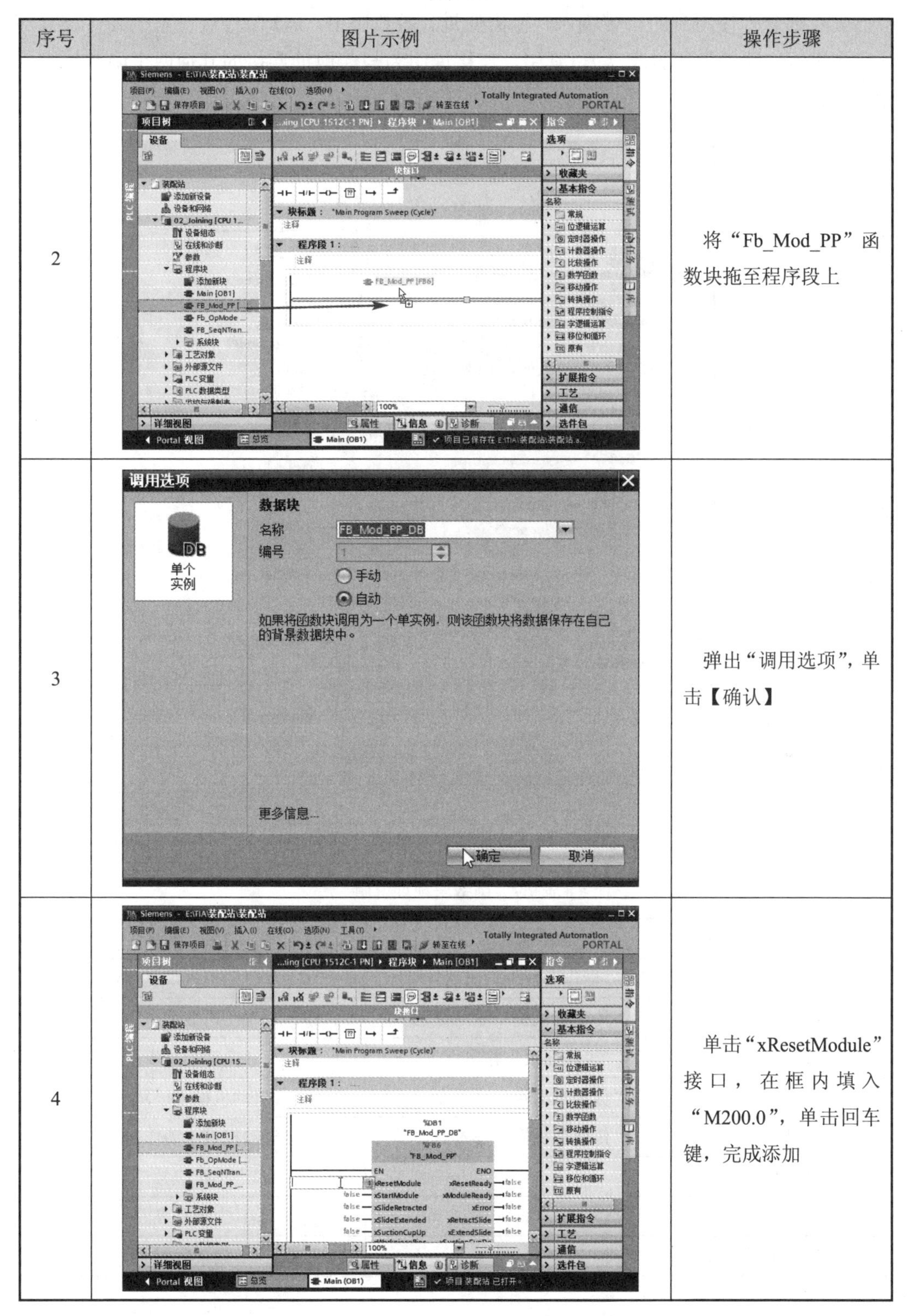

序号	图片示例	操作步骤
2		将“Fb_Mod_PP”函数块拖至程序段上
3		弹出“调用选项”，单击【确认】
4		单击“xResetModule”接口，在框内填入“M200.0”，单击回车键，完成添加

在函数块中依次填入所需变量，气动机械手机构的完整主体程序如图 7.11 所示。图中已去除部分未使用到的自带输入、输出变量。函数块中，I/O 信号点在系统硬件连接部分已作讲解。地址说明见表 7.7，其中，连接说明为与此地址连接的其他两个函数块输入输出点。

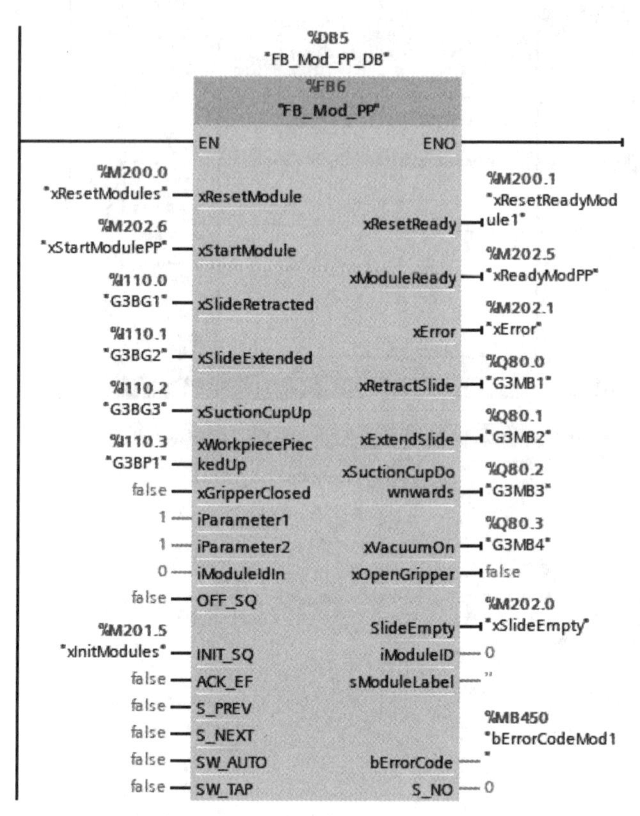

图 7.11　气动机械手机构主体程序

表 7.7　函数块地址说明

地址	连接说明	功能说明
M200.0	“操作面板”输出点	气动机械手复位
M202.6	“传送带机构”输出点	气动机械手启动
M201.5	“操作面板”输出点	激活初始步
M200.1	“传送带机构”输入点	气动机械手已复位
M202.5	“传送带机构”输入点	气动机械手动作结束
M202.1	/	错误信号
M202.0	/	真空吸取失败
MB450	/	错误代码

7.4.4　关联程序设计

气动机械手机构的程序语言为 Graph，函数块包括前固定永久命令。前固定永久命令是指可以使用永久指令编写待执行顺控程序之前/之后的程序代码，这意味着可以编写在顺控程序的每个周期中独立执行的条件和块调用。前固定永久命令设计见表 7.8。

表 7.8　前固定永久命令设计

序号	图片示例	操作步骤
1	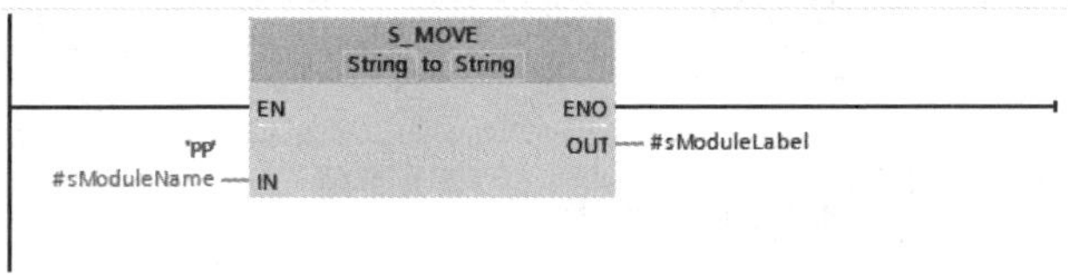	将常量 sModuleName 传递给输出变量 sModuleLabel
2	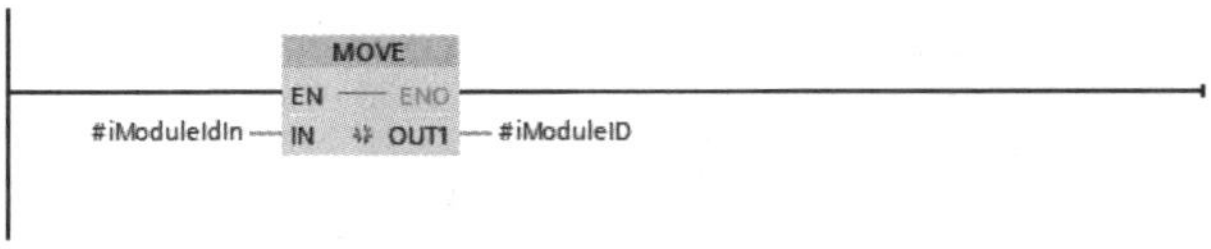	将输入 iModuleIdIn 传递给输出变量 iModuleID
3	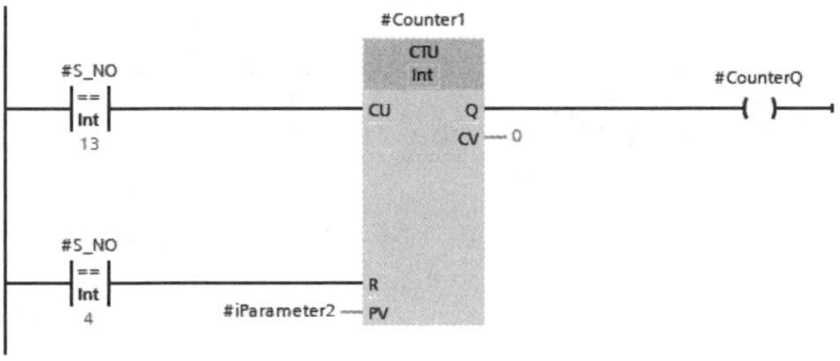	当前步为 S13 时启动加计数器，计数值加 1 后等于参数 iParameter2，输出 CounterQ 为 1；当跳转至 S4 步时，复位加计数器，计数值为 0
4	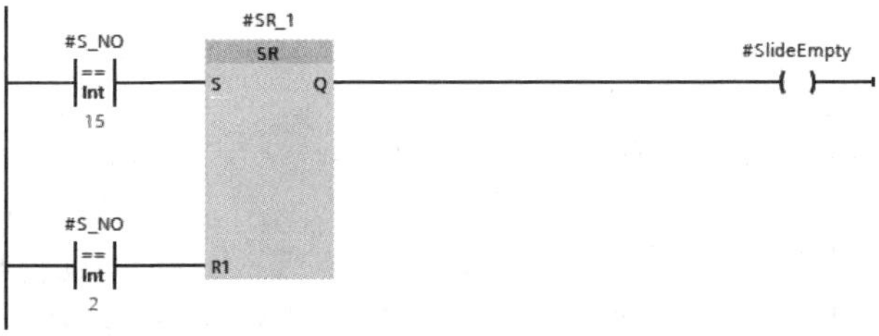	当前步为 S15 时，置位 SlideEmpty；当跳转至 S2 步时，即复位完成，复位 SlideEmpty

当前步激活时，Graph 常用的命令有：

- 命令 N：当步为活动步时，输出被置为 1；该步变为不活动步时，输出被复位为 0。
- 命令 S：当步为活动步时，使输出置位为 1 状态并保持。
- 命令 R：当步为活动步时，使输出复位为 0 状态并保持。
- 命令 CALL：用来调用块，当该步为活动步时，调用命令中指定的块。
- 命令 D：使某一动作执行延时，延时时间在该命令右下方的方框中设置。

气动机械手机构的程序语言设计见表 7.9。

表 7.9　气动机械手机构程序语言设计

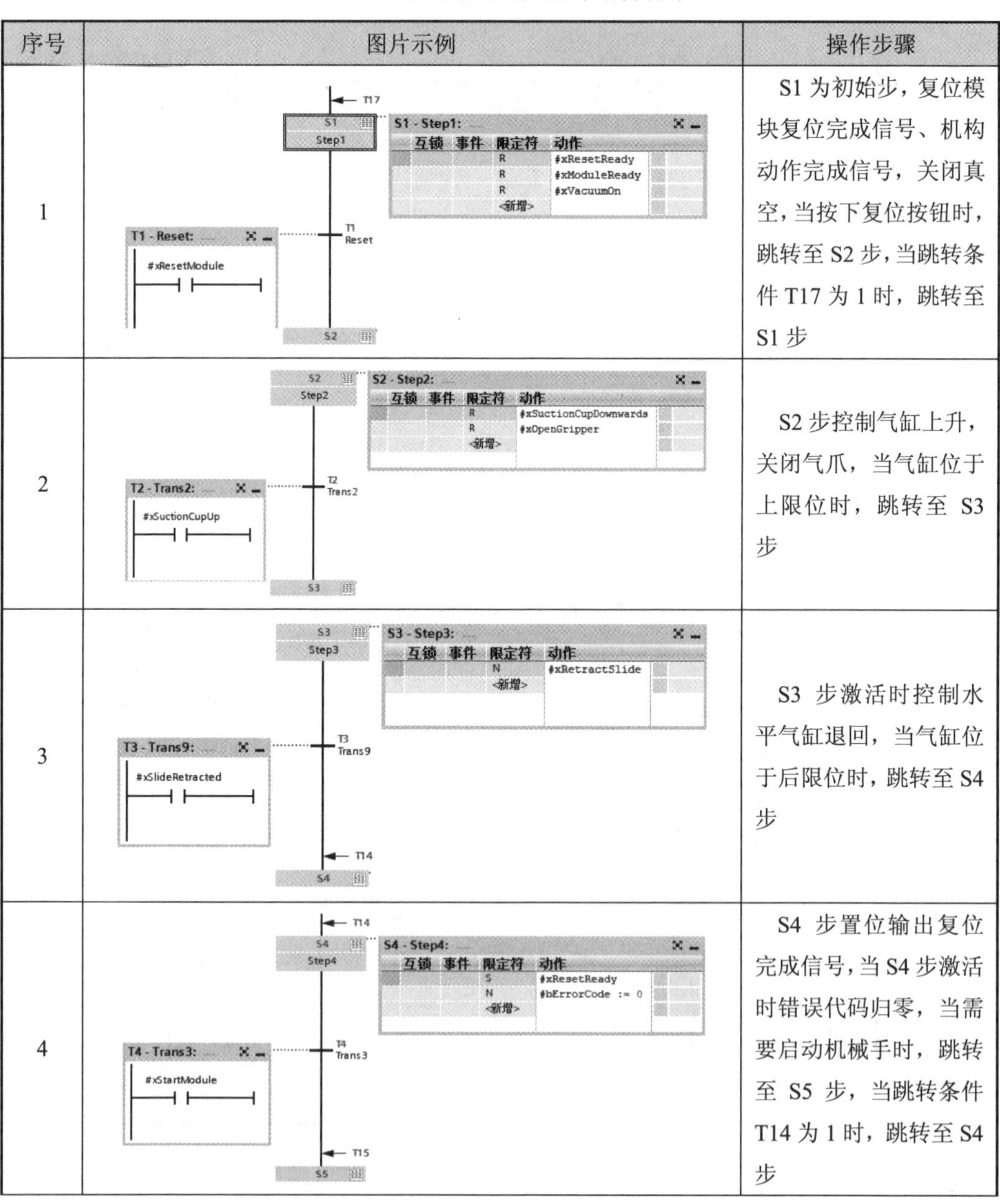

序号	图片示例	操作步骤
1		S1 为初始步，复位模块复位完成信号、机构动作完成信号，关闭真空，当按下复位按钮时，跳转至 S2 步，当跳转条件 T17 为 1 时，跳转至 S1 步
2		S2 步控制气缸上升，关闭气爪，当气缸位于上限位时，跳转至 S3 步
3		S3 步激活时控制水平气缸退回，当气缸位于后限位时，跳转至 S4 步
4		S4 步置位输出复位完成信号，当 S4 步激活时错误代码归零，当需要启动机械手时，跳转至 S5 步，当跳转条件 T14 为 1 时，跳转至 S4 步

续表 7.9

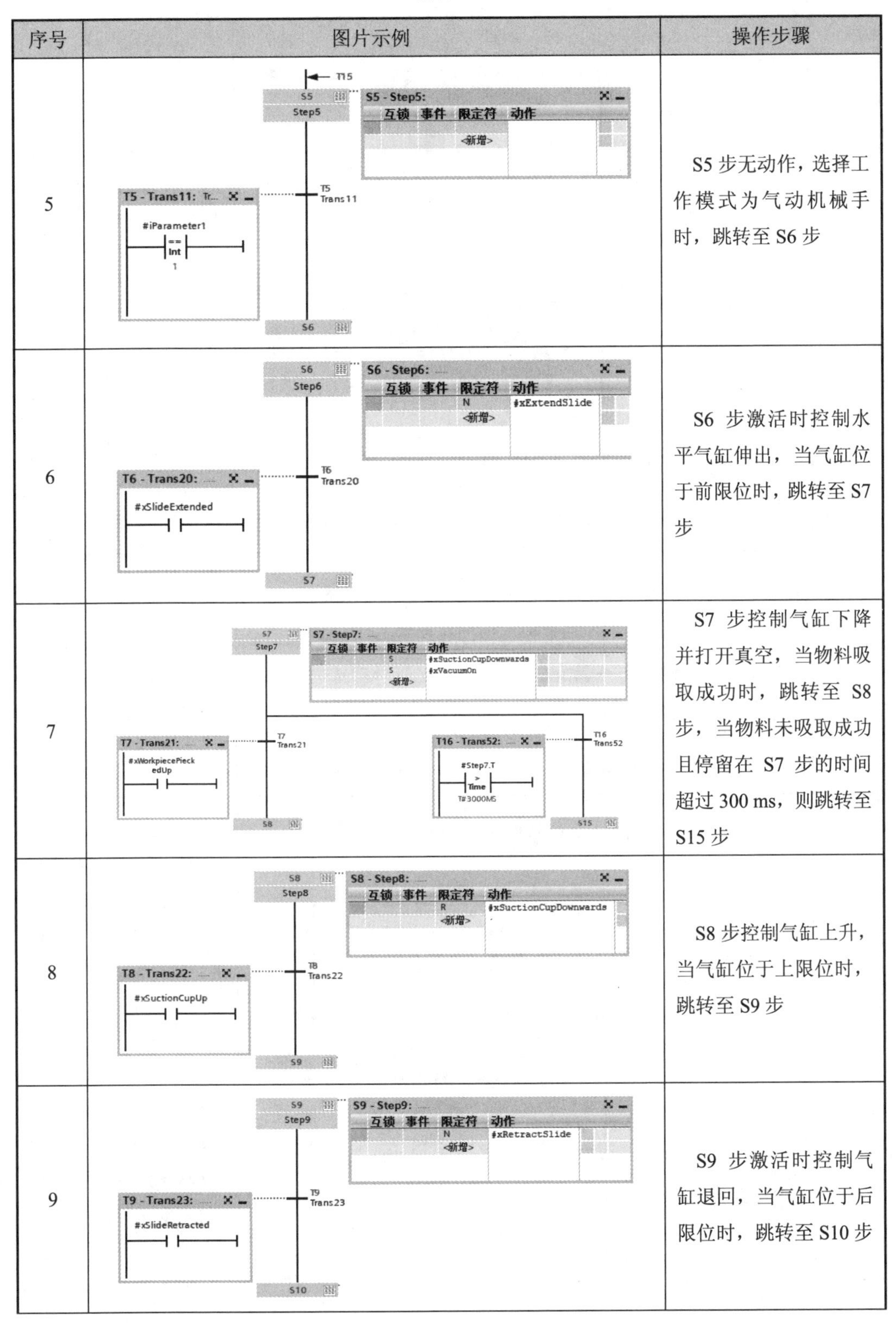

序号	图片示例	操作步骤
5		S5 步无动作，选择工作模式为气动机械手时，跳转至 S6 步
6		S6 步激活时控制水平气缸伸出，当气缸位于前限位时，跳转至 S7 步
7		S7 步控制气缸下降并打开真空，当物料吸取成功时，跳转至 S8 步，当物料未吸取成功且停留在 S7 步的时间超过 300 ms，则跳转至 S15 步
8		S8 步控制气缸上升，当气缸位于上限位时，跳转至 S9 步
9		S9 步激活时控制气缸退回，当气缸位于后限位时，跳转至 S10 步

续表 7.9

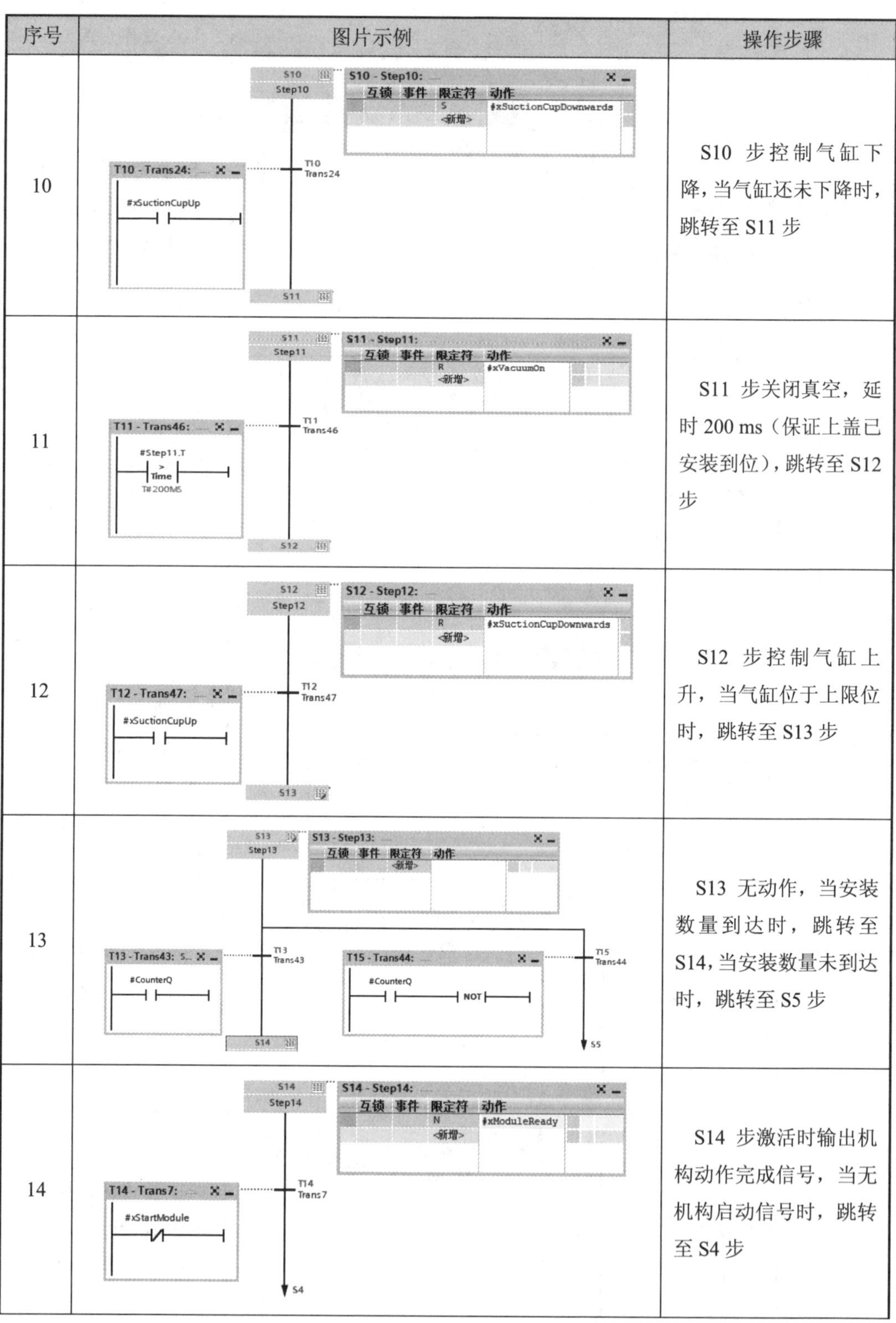

序号	图片示例	操作步骤
10		S10 步控制气缸下降，当气缸还未下降时，跳转至 S11 步
11		S11 步关闭真空，延时 200 ms（保证上盖已安装到位），跳转至 S12 步
12		S12 步控制气缸上升，当气缸位于上限位时，跳转至 S13 步
13		S13 无动作，当安装数量到达时，跳转至 S14，当安装数量未到达时，跳转至 S5 步
14		S14 步激活时输出机构动作完成信号，当无机构启动信号时，跳转至 S4 步

续表 7.9

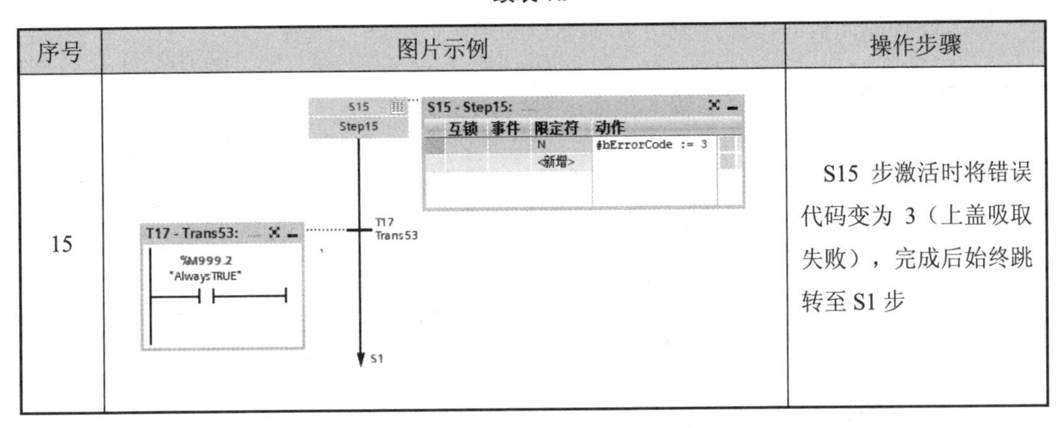

序号	图片示例	操作步骤
15		S15 步激活时将错误代码变为 3（上盖吸取失败），完成后始终跳转至 S1 步

7.4.5　项目调试

（1）调整气动部分，检查气路是否正确，气压是否合理，气缸的动作速度是否合理。

（2）检查 I/O 接线是否正确。

（3）检查光电式传感器安装是否合理，灵敏度是否合适，保证检测的可靠性。

（4）放入物料，运行程序看装配工作站动作是否满足任务要求。

（5）调试各种可能出现的情况，例如系统突然断电时，是否能够正常复位。

（6）程序是否可优化。

7.4.6　项目总体运行

项目运行的总体流程包括 3 个方面：启动准备、项目启动和项目停止。

1. 启动准备

（1）确保电源正常。

（2）确认气源压力为 4～6 bar 之间。

（3）确认工作站各机构模块处于合理位置。

（4）确认将工件壳体和上盖分别放置在相应传送带起始端。

2. 项目启动

（1）在操作面板上将钥匙按顺时针方向旋转至水平位置（MAN），复位灯点亮。

（2）按下复位按钮。

（3）工作站回到初始位置，复位灯熄灭。

（4）将钥匙逆时针方向旋转至垂直位置（AUTO），启动灯点亮。

（5）至此工作站准备完成，等待工序的开始。

3. 项目停止

（1）点击【STOP】按钮。

（2）等待机器完全停止。

（3）将控制面板的电源开关切至 OFF 以断电。

7.5 项目验证

※ 装配工作站项目验证

将装配工作站准备就绪后，在指定位置放上物料。工作站运行效果见表 7.10。

表 7.10 工作站运行效果

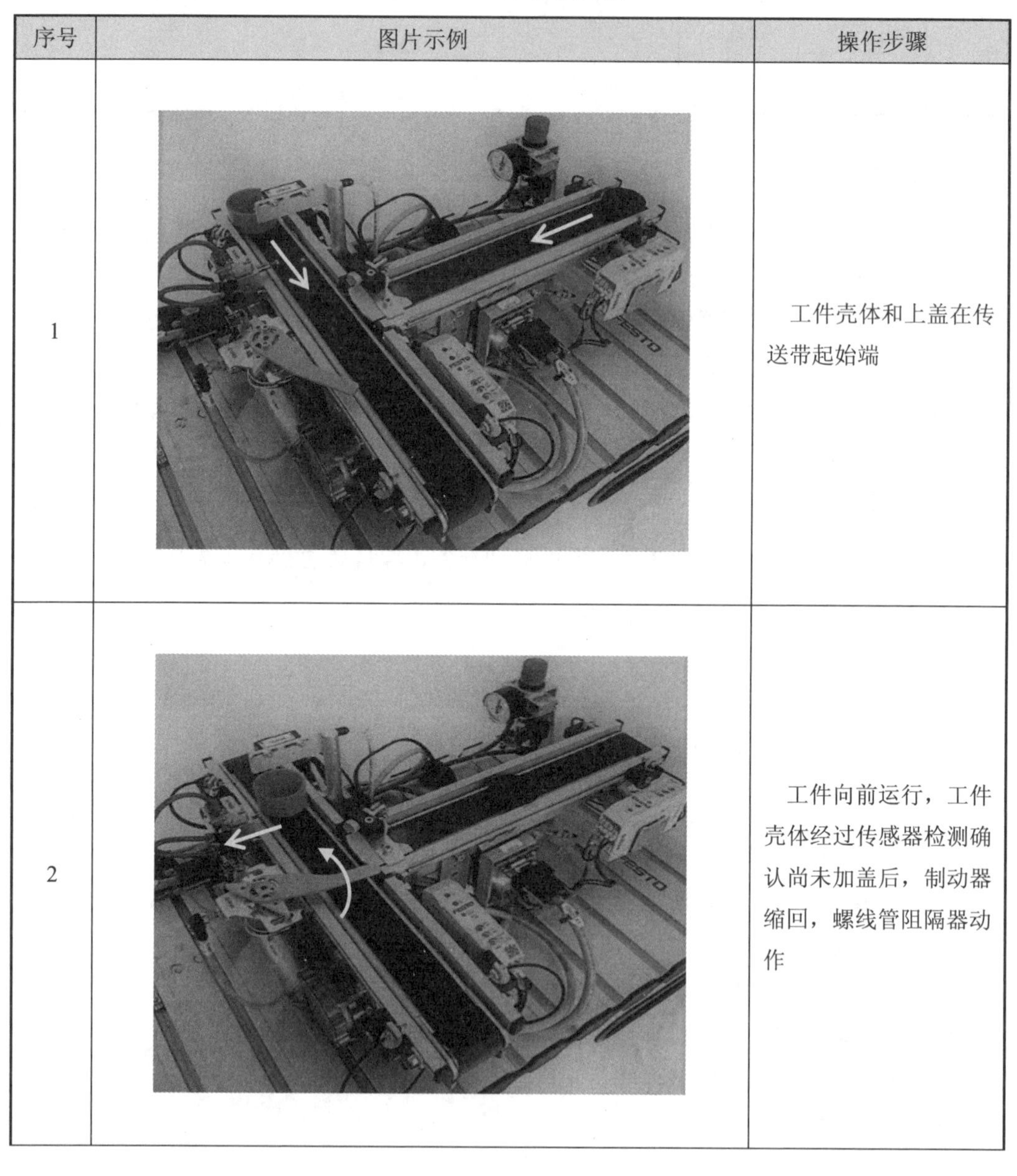

序号	图片示例	操作步骤
1		工件壳体和上盖在传送带起始端
2		工件向前运行，工件壳体经过传感器检测确认尚未加盖后，制动器缩回，螺线管阻隔器动作

续表 7.10

序号	图片示例	操作步骤
3	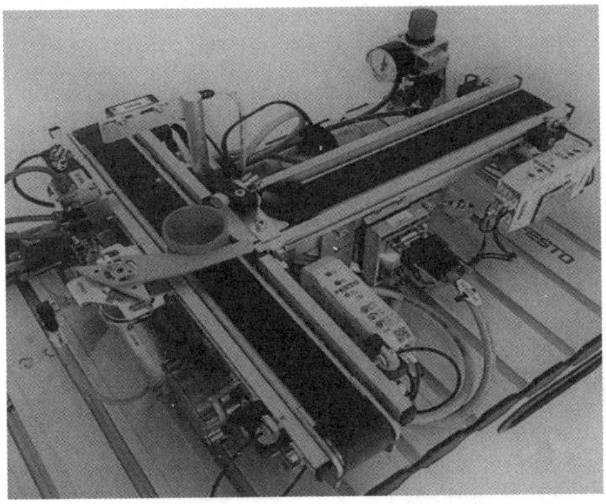	工件壳体和上盖到达装配位置
4		气动机械手水平伸出
5		气动机械手垂直伸出

续表 7.10

序号	图片示例	操作步骤
6		气动机械手打开真空吸取工件上盖
7	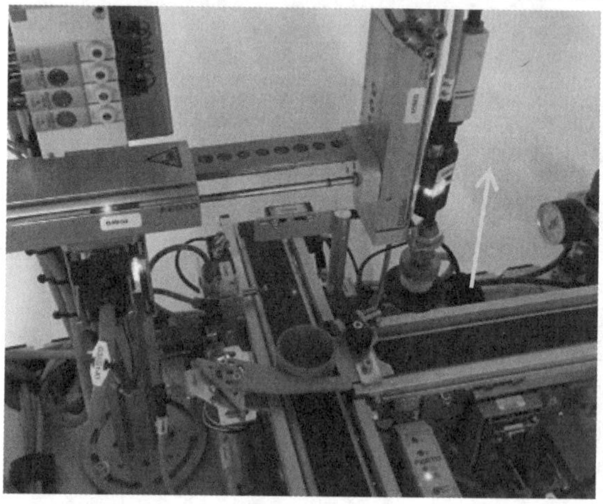	气动机械手垂直缩回
8	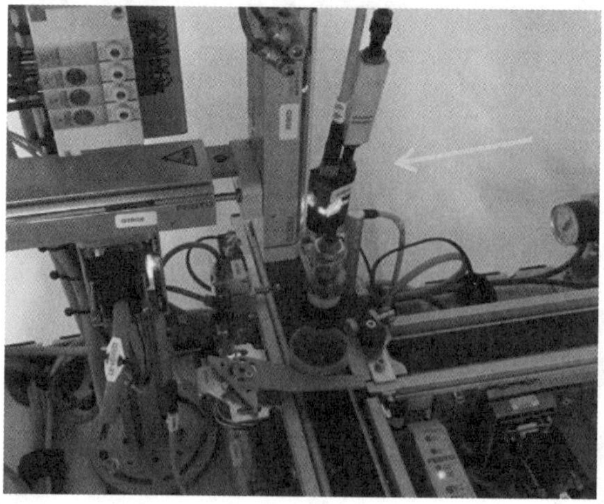	气动机械手水平退回

续表 7.10

序号	图片示例	操作步骤
9		气动机械手垂直伸出，将工件上盖安装在壳体上
10		装配完成，气动机械手垂直缩回
11		螺线管阻隔器回到原点，已装配完成的工件继续向前运行

7.6 项目总结

7.6.1 项目评价

项目评价见表 7.11。

表 7.11 项目评价

项目指标		分值	自评	互评	评分说明
项目分析	1. 硬件构架分析	6			
	2. 软件构架分析	6			
	3. 项目流程分析	6			
项目要点	1. 模块化集成	12			
	2. PLC 程序设计	12			
项目步骤	1. 应用系统连接	8			
	2. 应用系统配置	8			
	3. 主体程序设计	8			
	4. 关联程序设计	8			
	5. 项目程序调试	8			
	6. 项目运行调试	8			
项目验证	效果验证	10			
合计		100			

7.6.2 项目拓展

在本项目中，分析了装配工作站的工作机理和功能属性。装配工作站是用来实现物料的装配，当尚未装配过的工件经过该站时，工作站会对其执行装配工序。在实际的工业生产中，装配工作站是一个生产线总系统的中间部分、关键环节。通过对装配工作站的讨论学习，设计供料工作站和分拣工作站，将 3 个工作站进行组合，以组成一个完整的生产系统。工作站如图 7.12 所示。

（a）供料工作站

（b）分拣工作站

图 7.12　工作站

第8章　工业机器人基础应用

8.1　项目目的

※ 基础应用项目简介

8.1.1　项目背景

现阶段，我国制造业面临资源短缺，劳动成本上升、人口红利减少等压力，而工业机器人的应用与推广，将极大地提高生产效率和产品质量，降低生产成本和资源消耗，有效提高我国工业制造竞争力。机器人是先进制造业的关键支撑装备和未来生活方式的重要切入点。广泛采用工业机器人，对促进我国先进制造业的崛起，有着十分重要的意义。“机器换人，人用机器”的新型制造方式有效推进了工业升级和转型。图 8.1 所示为自动化汽车生产车间。

图 8.1　自动化汽车生产车间

8.1.2　项目需求

在基础模块上有各种简单的图形，机器人通过模拟运行出上面形状的轨迹，达到基本操作运行的效果。项目需求框图如图 8.2 所示。

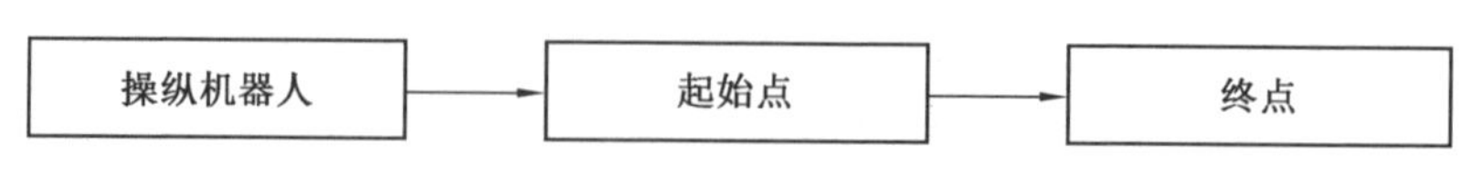

图 8.2　项目需求框图

8.1.3　项目目的

（1）熟悉机器人的组成和基本信息。

（2）掌握机器人的程序设计方法。

8.2　项目分析

8.2.1　项目构架

本项目旨在对 FANUC 工业机器人的基础知识及操作进行讲解。项目中使用了 KE 型智能制造实训台，装配有 FANUC 机器人、基础模块。基础模块中包含有若干基础图形，通过操作机器人对基础模块图形模拟绘制来掌握机器人的基本应用。智能制造实训台如图 8.3 所示。

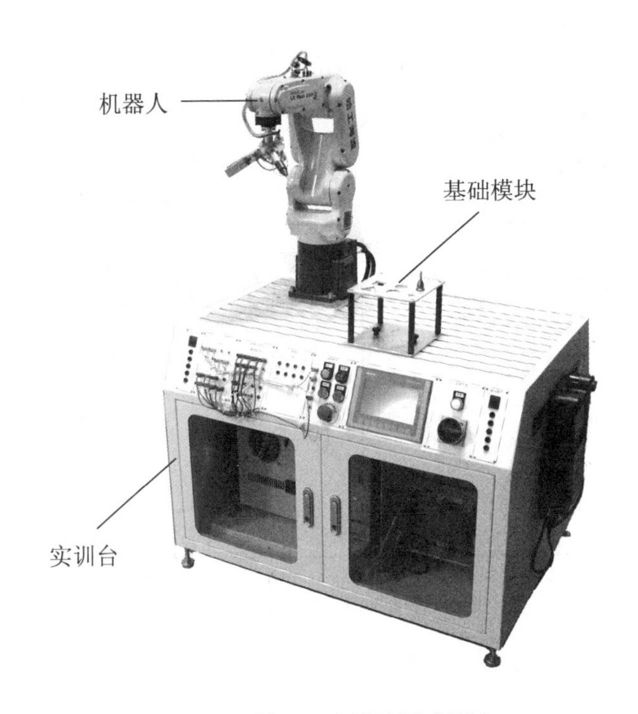

图 8.3　智能制造实训台

在本项目中，工业机器人将会通过各关节配合移动，画出基础模块上的基础图形。本书以模块中的四边形为例，演示六轴机器人的直线运动。

路径规划：初始点 P1→过渡点 P2→第一点 P3→第二点 P4→第三点 P5→第四点 P6，如图 8.4 所示。

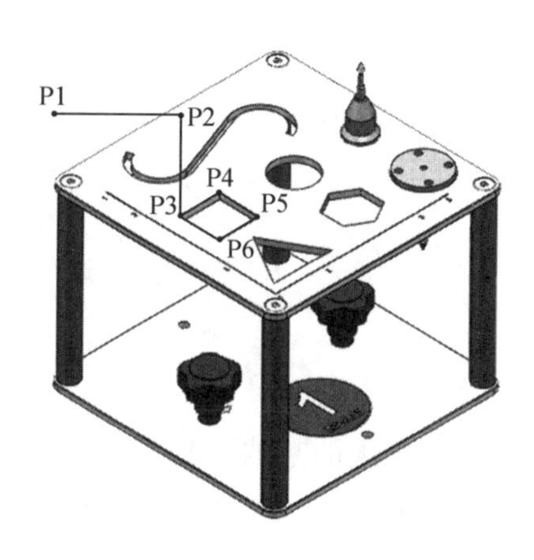

图 8.4 路径规划

8.2.2 项目流程

本项目实施流程如图 8.5 所示。

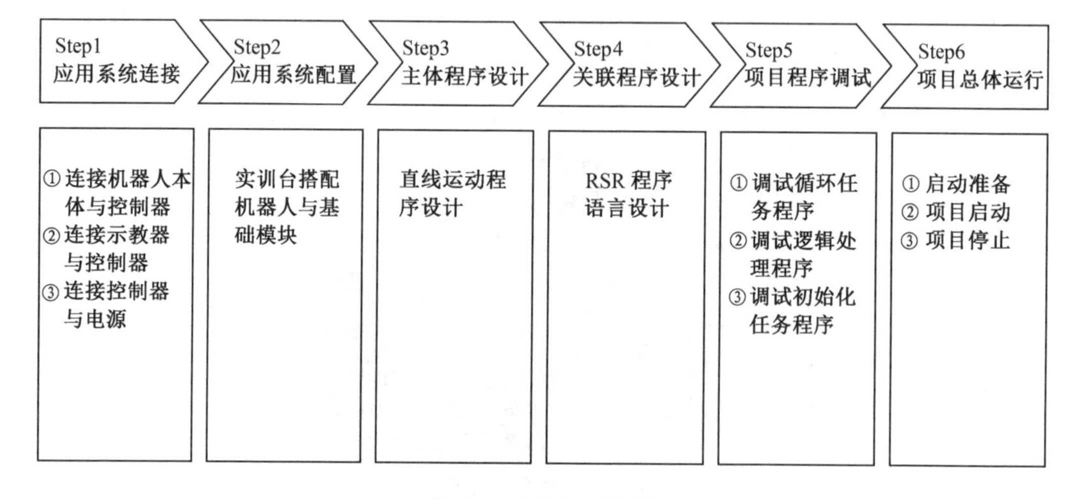

图 8.5 项目实施流程

8.3 项目要点

1. 机器人认知

本项目中采用 FANUC LR Mate 200iD/4S 机器人，机器人由控制器、示教器和机器人本体组成，如图 8.6 所示。机器人本体又称操作机，是工业机器人的机械主体，是用来完成规定任务的执行机构。控制器是机器人的大脑，控制着机器人的运动。示教器是机器人的人机交互接口，机器人的绝大部分操作均可以通过示教器来完成。机器人本体和示教器通过电缆与控制器连接。

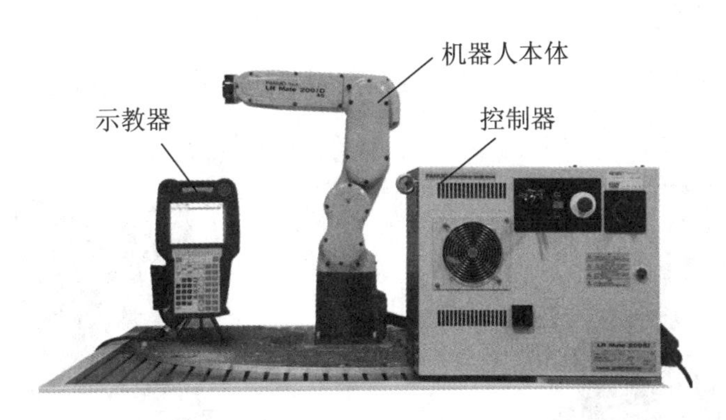

图 8.6　FANUC LR Mate 200iD/4S 机器人组成

2. 机器人程序设计

通过对示教器的操作使得机器人进行简单的运动，对机器人的运行轨迹进行记录从而编写简单的运行程序。

8.4　项目步骤

※ 基础应用项目步骤

8.4.1　应用系统连接

机器人系统之间的电缆线连接主要为系统内部的电缆线连接。系统内部的电缆线连接主要分 3 种情况：机器人本体与控制器、示教器与控制器和电源与控制器。必须将这些电缆线连接完成，才可以实现机器人的基本运动。

1. 机器人本体与控制器

机器人本体与控制器之间的连接线有两根，这两根线连接控制器的一端已接好，而连接机器人的一端共用一个插口，如图 8.7 所示。

图 8.7　机器人本体与控制器电缆线连接

2. 示教器与控制器

示教器电缆线为黑色线，一端已连接至控制器；将另一端接口对准示教器卡槽插入，并将其固定好，如图 8.8 所示。

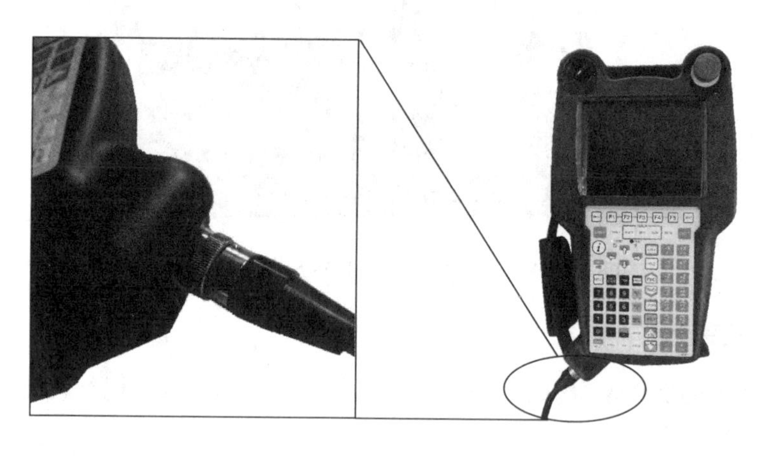

图 8.8　示教器与控制器连线连接

3. 电源与控制器

将电源电缆线一端连接至控制器右上角断路器上端接口，如图 8.9 所示；另一端连接至 220 V/50 Hz 电源（通常采用 10 A 电流）。

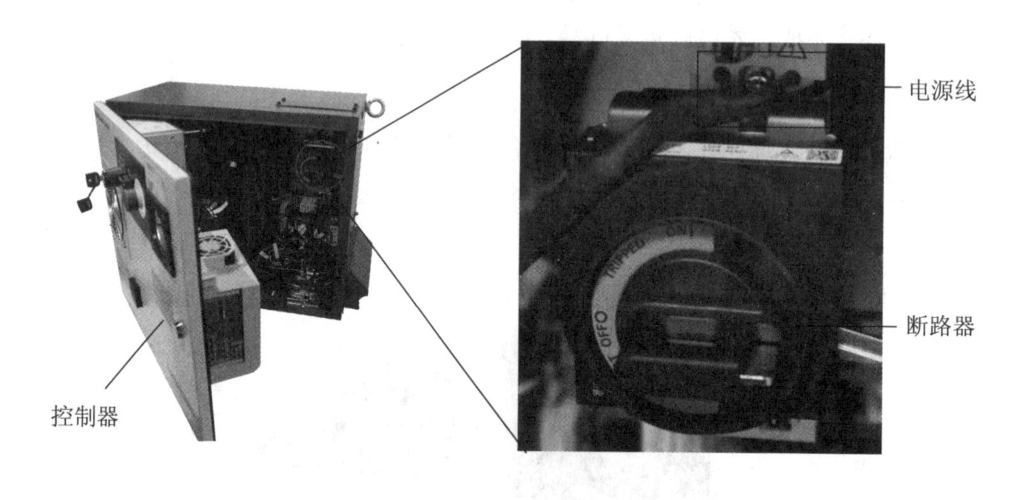

图 8.9　电源线与控制器的连接

8.4.2　应用系统配置

智能制造实训台采用模块化教学方式，具有兼容性、通用性和易扩展性等特点。本实训台可以搭载各类机器人和各种通用实训模块，兼容工业领域各类应用。对于不同的要求可以搭载不同的配置，易扩展，方便后期搭载更高配置。此外实训台还配置有主控接线板、触摸屏、PLC 等。本项目中，智能制造实训台主要由机器人及安装在实训台上的基础模块组成，如图 8.10 所示。基础模块用于机器人直线运动示教操作。

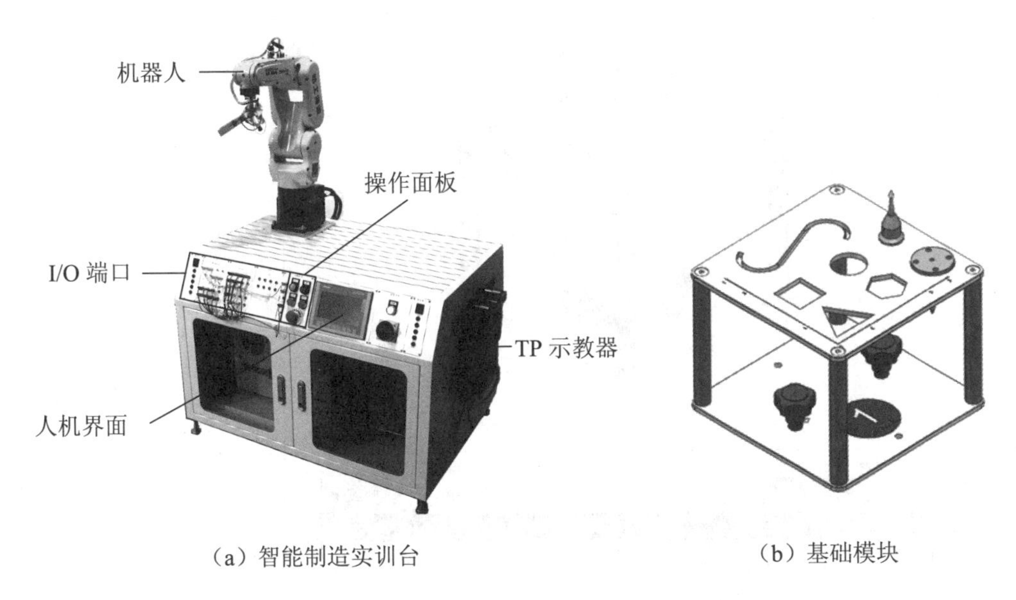

（a）智能制造实训台　　（b）基础模块

图 8.10　智能制造实训台及基础模块

8. 4. 3　主体程序设计

直线运动程序设计步骤见表 8.1。

表 8.1　直线运动程序设计步骤

序号	图片示例	操作步骤
1	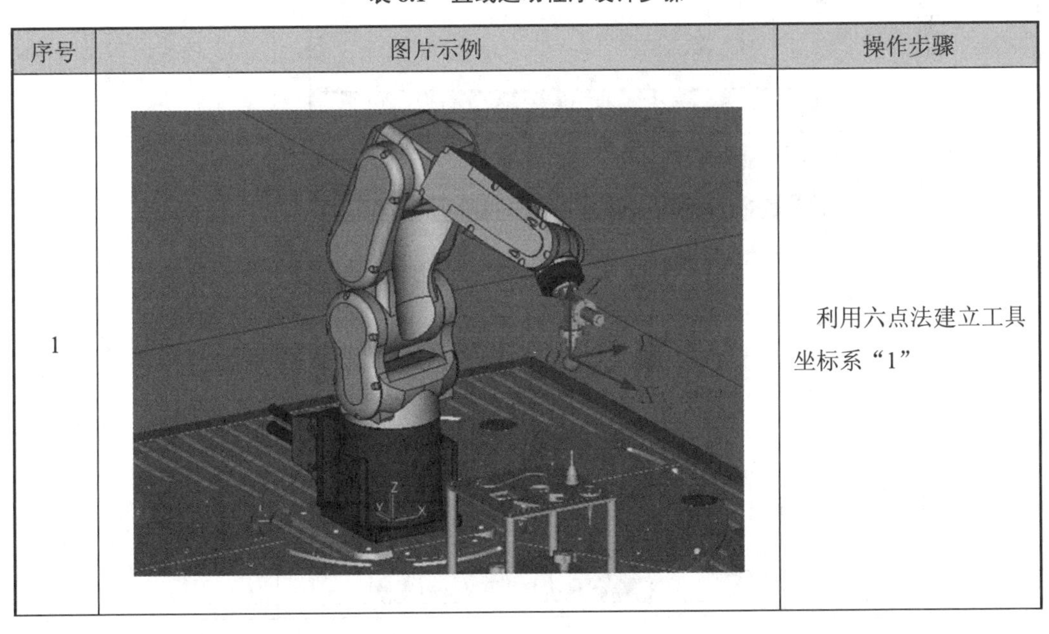	利用六点法建立工具坐标系“1”

续表 8.1

序号	图片示例	操作步骤
2		利用三点法建立用户坐标系“1”
3		按【SELECT】键，进入程序一览画面
4		按【F2】键，对应“创建”功能，建立一个新的程序“ZHIXIAN”

续表 8.1

序号	图片示例	操作步骤
5	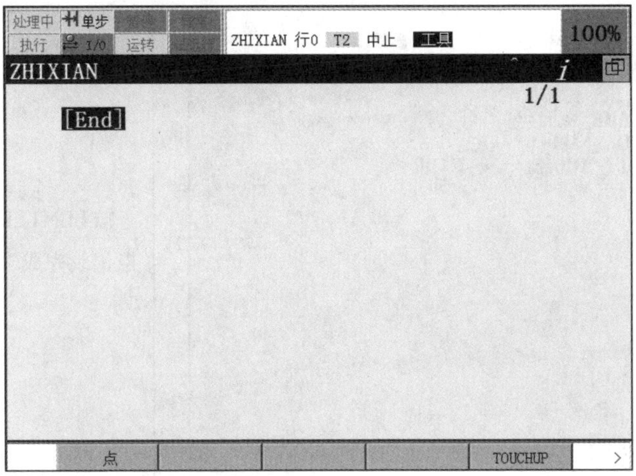	按【ENTER】键，进入程序编辑画面
6	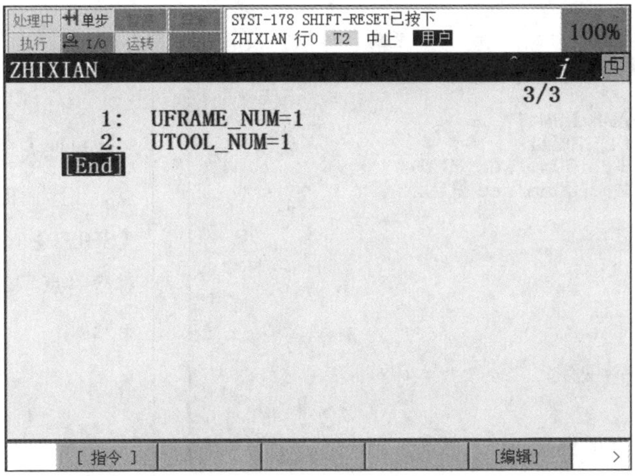	添加坐标系选择指令，选择工具坐标系“1”和用户坐标系“1”。将示教坐标切换成“用户坐标 1”
7	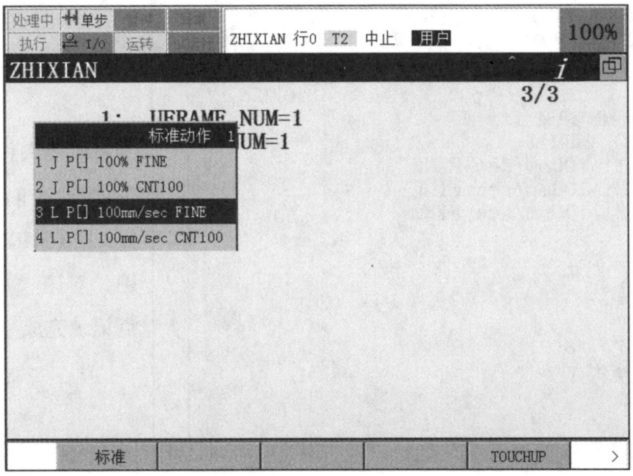	将机器人移动到一点，记为 P1 点；按【F1】键，对应“点”，选择“LP[] 100mm/sec FINE”，（如功能菜单中无“点”，按【NEXT】键，切换功能菜单）

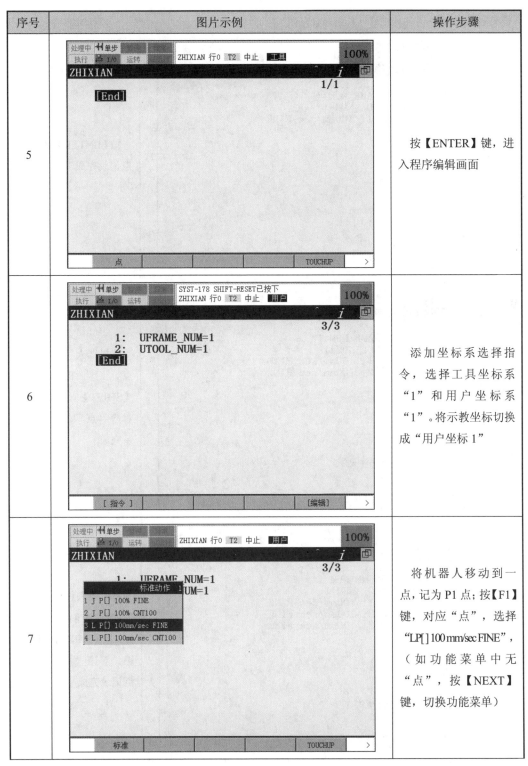

续表 8.1

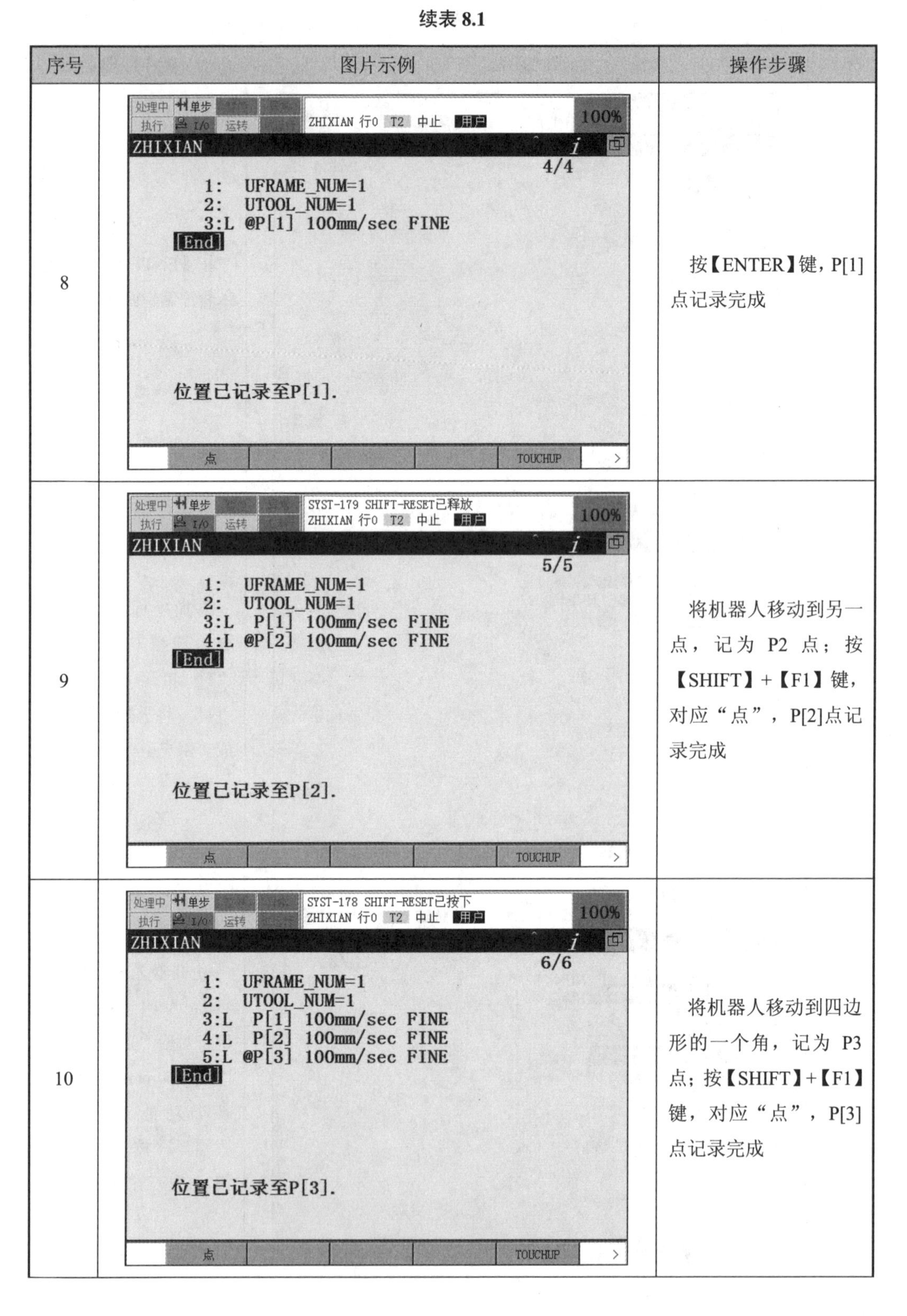

序号	图片示例	操作步骤
8	处理中 单步 执行 I/O 运转 ZHIXIAN 行0 T2 中止 用户 100% ZHIXIAN 4/4 1: UFRAME_NUM=1 2: UTOOL_NUM=1 3:L @P[1] 100mm/sec FINE [End] 位置已记录至P[1]. 点 TOUCHUP >	按【ENTER】键，P[1]点记录完成
9	处理中 单步 执行 I/O 运转 SYST-179 SHIFT-RESET已释放 ZHIXIAN 行0 T2 中止 用户 100% ZHIXIAN 5/5 1: UFRAME_NUM=1 2: UTOOL_NUM=1 3:L P[1] 100mm/sec FINE 4:L @P[2] 100mm/sec FINE [End] 位置已记录至P[2]. 点 TOUCHUP >	将机器人移动到另一点，记为 P2 点；按【SHIFT】+【F1】键，对应“点”，P[2]点记录完成
10	处理中 单步 执行 I/O 运转 SYST-178 SHIFT-RESET已按下 ZHIXIAN 行0 T2 中止 用户 100% ZHIXIAN 6/6 1: UFRAME_NUM=1 2: UTOOL_NUM=1 3:L P[1] 100mm/sec FINE 4:L P[2] 100mm/sec FINE 5:L @P[3] 100mm/sec FINE [End] 位置已记录至P[3]. 点 TOUCHUP >	将机器人移动到四边形的一个角，记为 P3 点；按【SHIFT】+【F1】键，对应“点”，P[3]点记录完成

续表 8.1

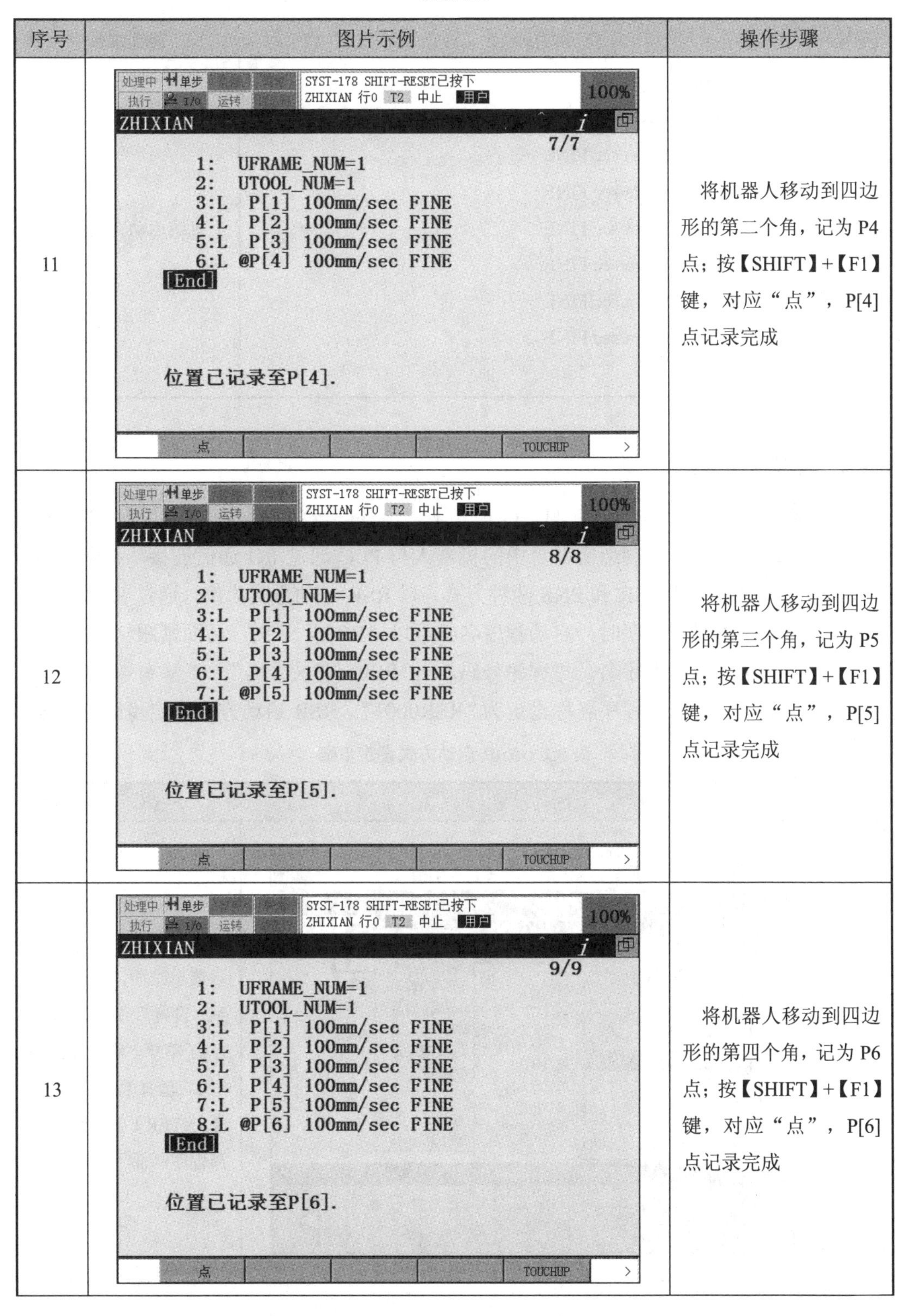

序号	图片示例	操作步骤
11	SYST-178 SHIFT-RESET已按下 ZHIXIAN 行0 T2 中止 用户 100% ZHIXIAN 7/7 1: UFRAME_NUM=1 2: UTOOL_NUM=1 3:L P[1] 100mm/sec FINE 4:L P[2] 100mm/sec FINE 5:L P[3] 100mm/sec FINE 6:L @P[4] 100mm/sec FINE [End] 位置已记录至P[4]. 点 TOUCHUP	将机器人移动到四边形的第二个角，记为 P4 点；按【SHIFT】+【F1】键，对应“点”，P[4]点记录完成
12	SYST-178 SHIFT-RESET已按下 ZHIXIAN 行0 T2 中止 用户 100% ZHIXIAN 8/8 1: UFRAME_NUM=1 2: UTOOL_NUM=1 3:L P[1] 100mm/sec FINE 4:L P[2] 100mm/sec FINE 5:L P[3] 100mm/sec FINE 6:L P[4] 100mm/sec FINE 7:L @P[5] 100mm/sec FINE [End] 位置已记录至P[5]. 点 TOUCHUP	将机器人移动到四边形的第三个角，记为 P5 点；按【SHIFT】+【F1】键，对应“点”，P[5]点记录完成
13	SYST-178 SHIFT-RESET已按下 ZHIXIAN 行0 T2 中止 用户 100% ZHIXIAN 9/9 1: UFRAME_NUM=1 2: UTOOL_NUM=1 3:L P[1] 100mm/sec FINE 4:L P[2] 100mm/sec FINE 5:L P[3] 100mm/sec FINE 6:L P[4] 100mm/sec FINE 7:L P[5] 100mm/sec FINE 8:L @P[6] 100mm/sec FINE [End] 位置已记录至P[6]. 点 TOUCHUP	将机器人移动到四边形的第四个角，记为 P6 点；按【SHIFT】+【F1】键，对应“点”，P[6]点记录完成

续表 8.1

序号	图片示例	操作步骤
14	1: UFRAME_NUM=1 2: UTOOL_NUM=1 3: L P[1] 100mm/sec FINE 4: L P[2] 100mm/sec FINE 5: L P[3] 100mm/sec FINE 6: L P[4] 100mm/sec FINE 7: L P[5] 100mm/sec FINE 8: L P[6] 100mm/sec FINE [End]	直线运动完整程序

8.4.4 关联程序设计

当主体程序设计完成后，在 AUTO 模式下，由外部设备 I/O 输入启动程序信号来使得机器人自动运转。智能制造实训台中的机器人与 PLC 通过 I/O 通信连接。机器人接受外部信号进行启动包括 RSR 和 PNS 两种方式。以 RSR 启动方式为例，通过 RSR 方式接受外部信号启动机器人程序时，启动程序名必须以“RSR”开头，后面紧跟 4 位“程序号码”数字，从而构成程序名。“程序号码”=“RSRn 登录号码”+“基本号码”。

本项目中将被启动的程序名称设定为“RSR0001”，RSR 启动方式设定步骤见表 8.2。

表 8.2　RSR 启动方式设定步骤

序号	图片示例	操作步骤
1	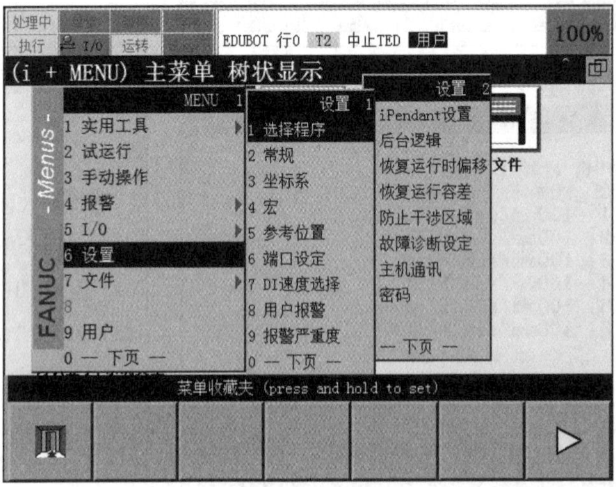	按【MENU】键，显示菜单画面，将光标移到“设置”，进入“设置 1”子菜单。将光标移到“1 选择程序”，按【ENTER】键，进入选择程序画面

续表 8.2

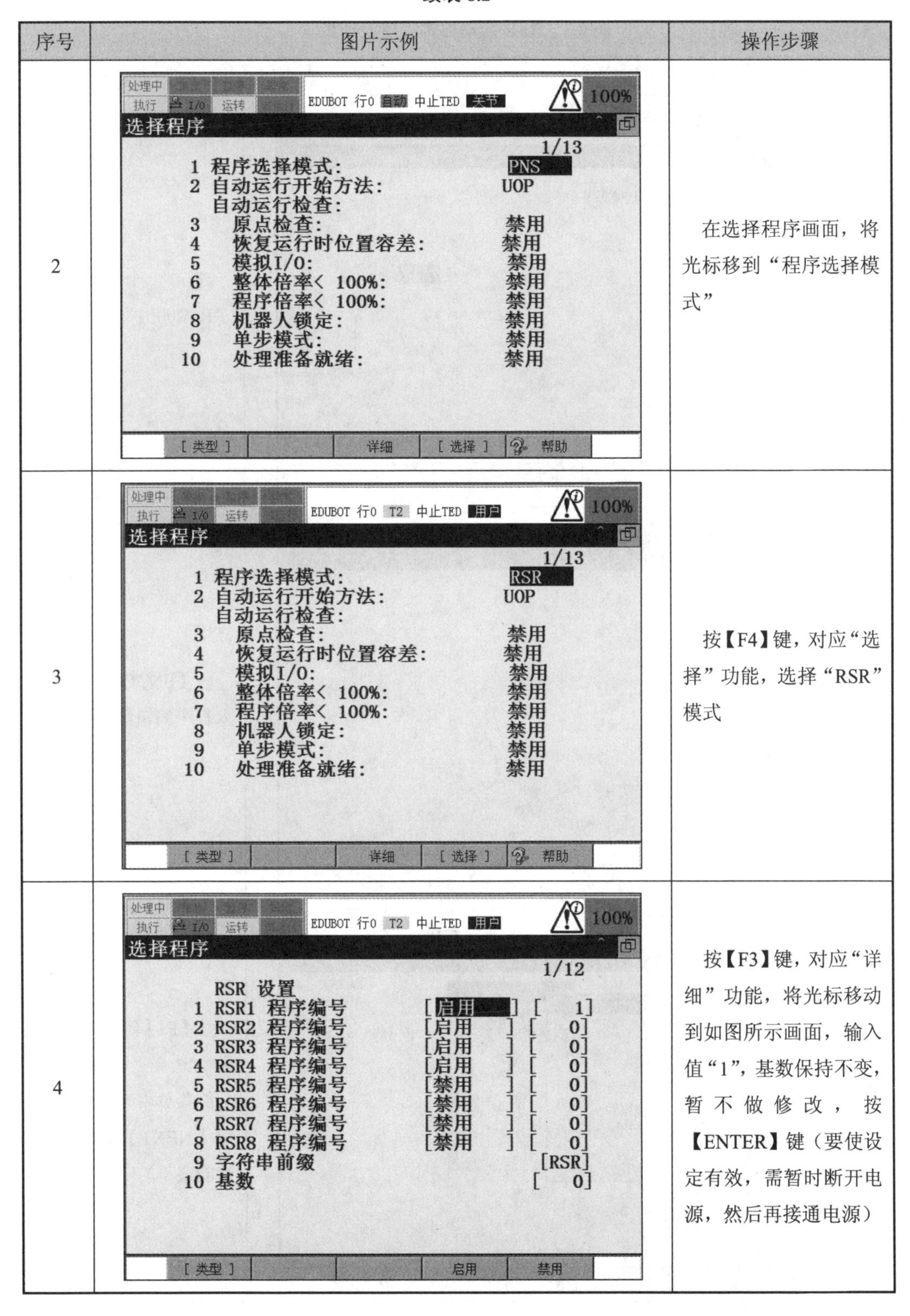

序号	图片示例	操作步骤
2		在选择程序画面，将光标移到“程序选择模式”
3		按【F4】键，对应“选择”功能，选择“RSR”模式
4		按【F3】键，对应“详细”功能，将光标移动到如图所示画面，输入值“1”，基数保持不变，暂不做修改，按【ENTER】键（要使设定有效，需暂时断开电源，然后再接通电源）

RSR 启动方式程序设计步骤见表 8.3。

表 8.3　RSR 启动方式程序设计步骤

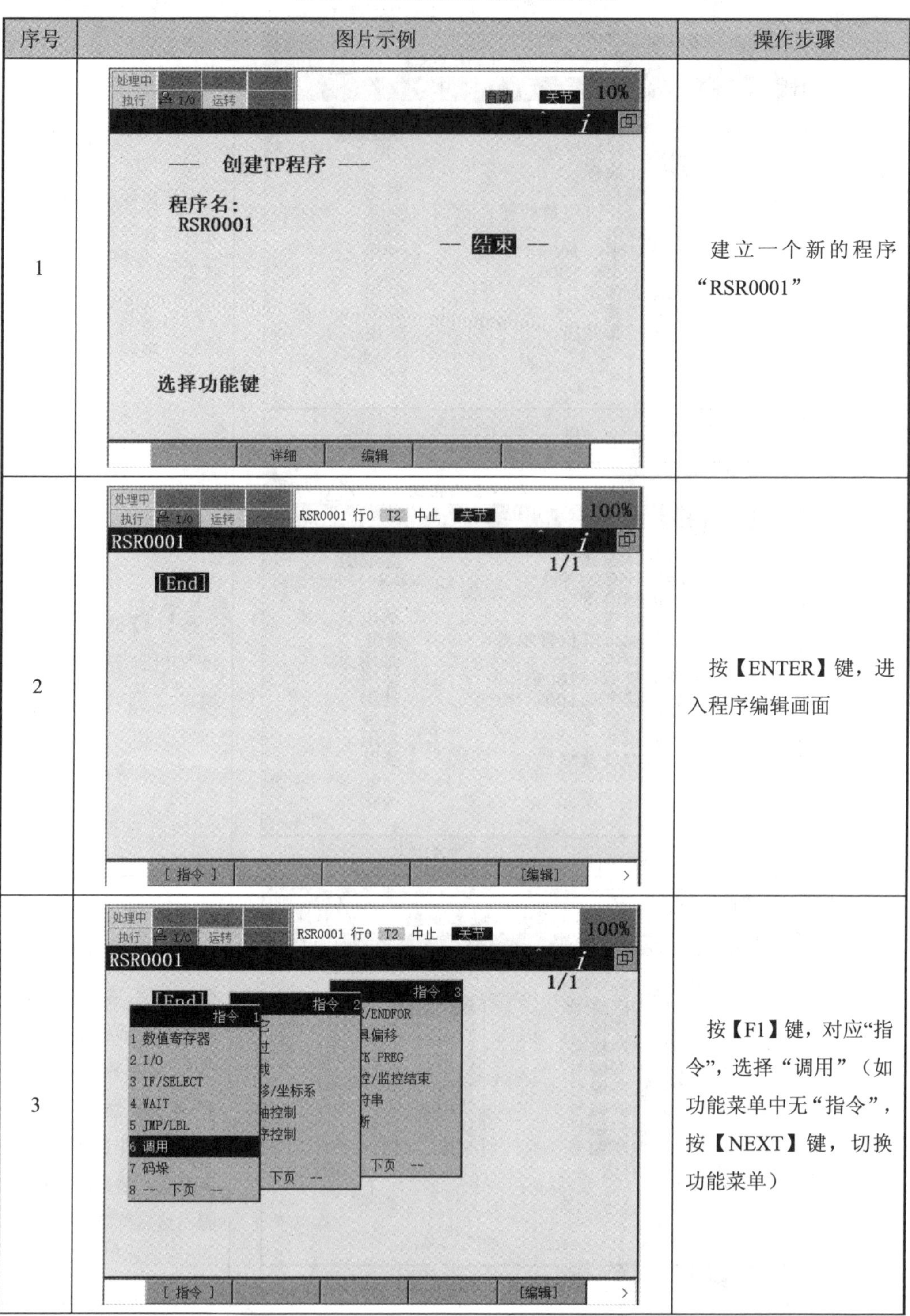

序号	图片示例	操作步骤
1	处理中 执行 I/O 运转 自动 关节 10% --- 创建TP程序 --- 程序名: RSR0001 -- 结束 -- 选择功能键 详细 编辑	建立一个新的程序“RSR0001”
2	处理中 执行 I/O 运转 RSR0001 行0 T2 中止 关节 100% RSR0001 1/1 [End] [指令] [编辑] >	按【ENTER】键，进入程序编辑画面
3	处理中 执行 I/O 运转 RSR0001 行0 T2 中止 关节 100% RSR0001 1/1 指令 1 1 数值寄存器 2 I/O 3 IF/SELECT 4 WAIT 5 JMP/LBL 6 调用 7 码垛 8 -- 下页 -- [指令] [编辑] >	按【F1】键，对应“指令”，选择“调用”（如功能菜单中无“指令”，按【NEXT】键，切换功能菜单）

续表 8.3

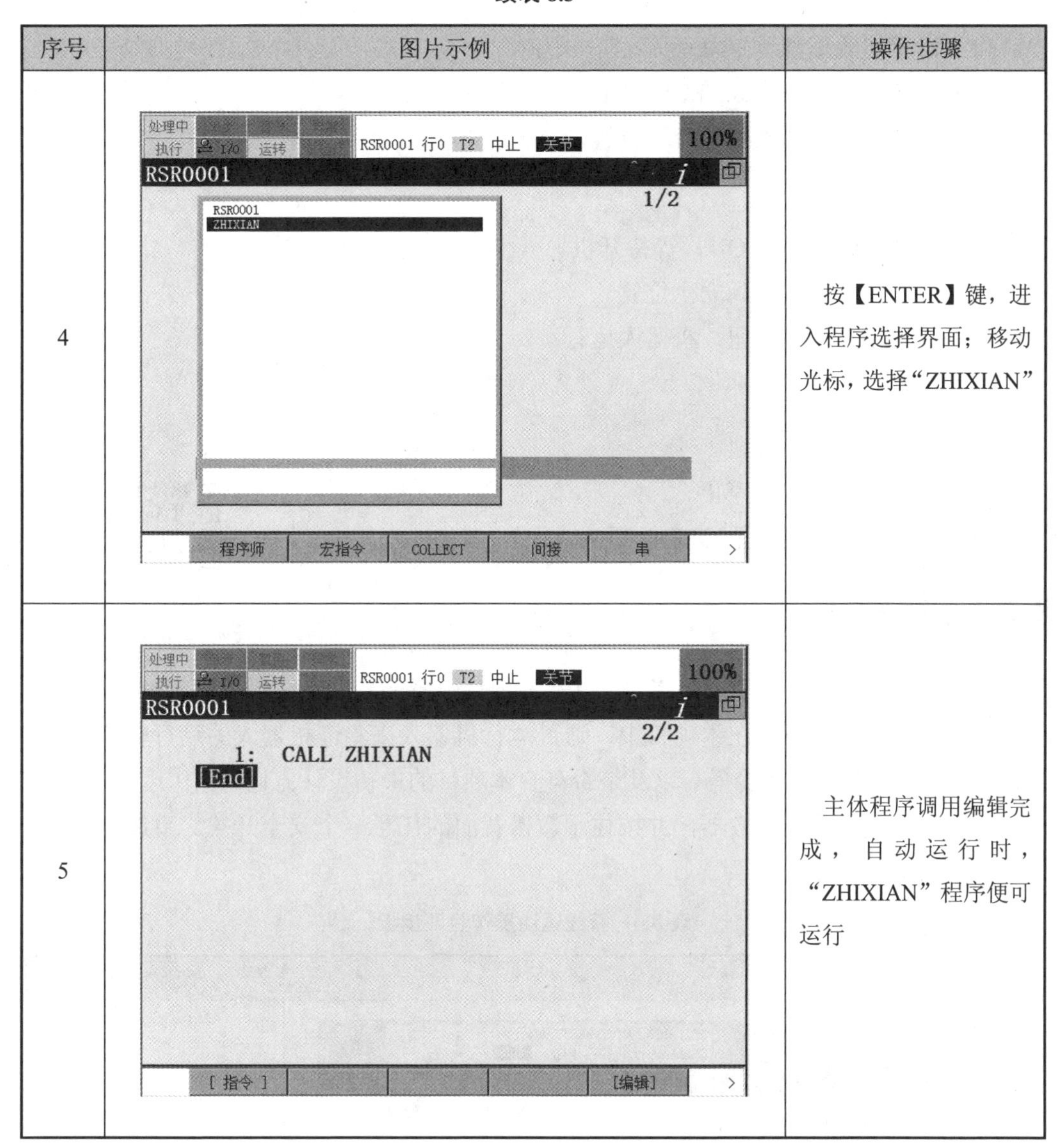

序号	图片示例	操作步骤
4		按【ENTER】键，进入程序选择界面；移动光标，选择“ZHIXIAN”
5		主体程序调用编辑完成，自动运行时，“ZHIXIAN”程序便可运行

8.4.5　项目调试

（1）调整气动部分，检查气路是否正确，气压是否合理，气缸的动作速度是否合理。

（2）检查 I/O 接线是否正确。

（3）调试各种可能出现的情况，如系统突然断电时，是否能够正常复位。

（4）优化程序。

8.4.6　项目总体运行

项目运行的总体流程包括 3 个方面：启动准备、项目启动和项目停止。

1. 启动准备

（1）确保电源正常。

（2）确认气源压力为 0.5 MPa 以上。

（3）确认机器人各轴处于合理位置。

2. 项目启动

（1）旋转电源开关至 ON，等待开机。

（2）手动将机器人调到安全位置。

（3）点击【启动】按钮，机器人运行。

3. 项目停止

（1）点击【停止】按钮。

（2）等待机器人完全停止。

（3）将电源开关旋转至 OFF 以断电。

※ 基础应用项目验证

8.5 项目验证

在主体程序、关联程序设计完成，以及本项目中所涉及的设备模块等调试完毕之后，便开始进行项目的验证。在本项目中，通过运行机器人来验证机器人的运行轨迹和动作是否符合所设计的程序指令等，以及是否符合本项目的最初设计方向。操作运行 FANUC 机器人时，需正确手持示教器，并按住示教器背面的任意一个安全开关。直线运动的操作验证步骤见表 8.4。

表 8.4 直线运动操作验证步骤

序号	图片示例	操作步骤
1	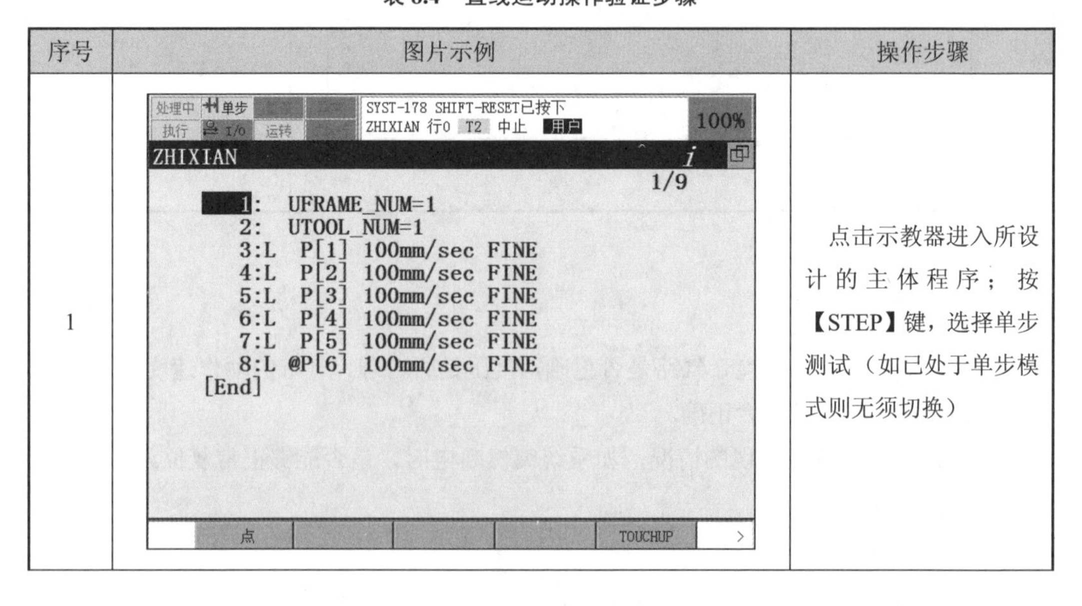	点击示教器进入所设计的主体程序；按【STEP】键，选择单步测试（如已处于单步模式则无须切换）

续表 8.4

序号	图片示例	操作步骤
2	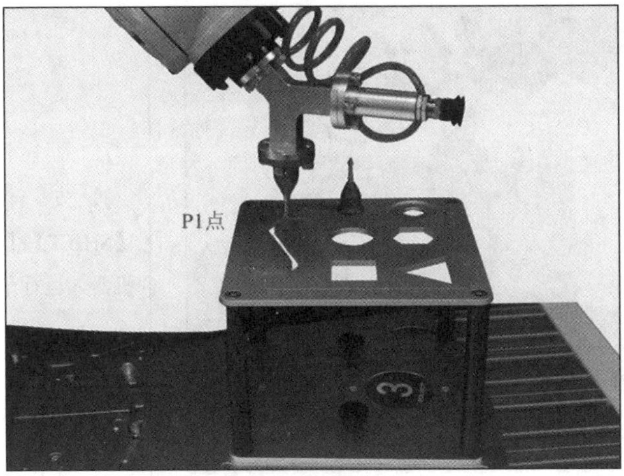 P1点	点动运行程序，按安全开关+【SHIFT】+【FWD】键，机器人运行至 P1 点
3	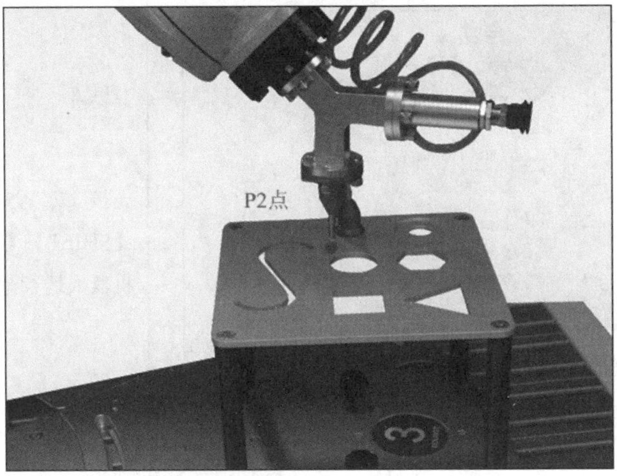 P2点	按安全开关+【SHIFT】+【FWD】键，机器人运行至 P2 点
4	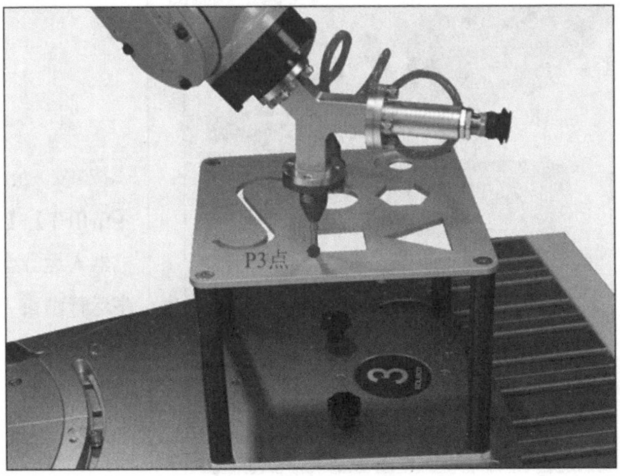 P3点	按安全开关+【SHIFT】+【FWD】键，机器人运行至 P3 点

续表 8.4

序号	图片示例	操作步骤
5	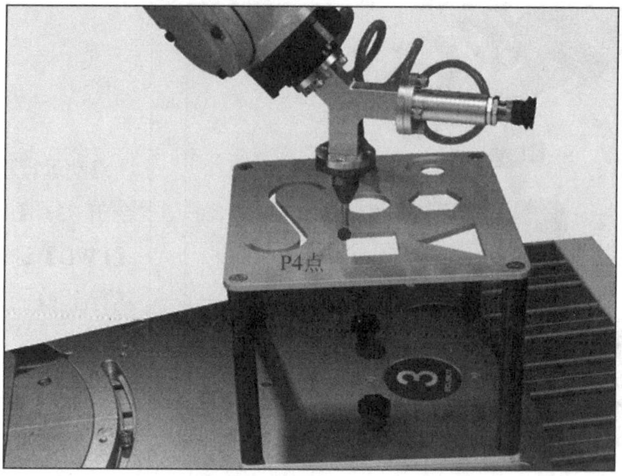	按安全开关+【SHIFT】+【FWD】键，机器人运行至 P4 点
6	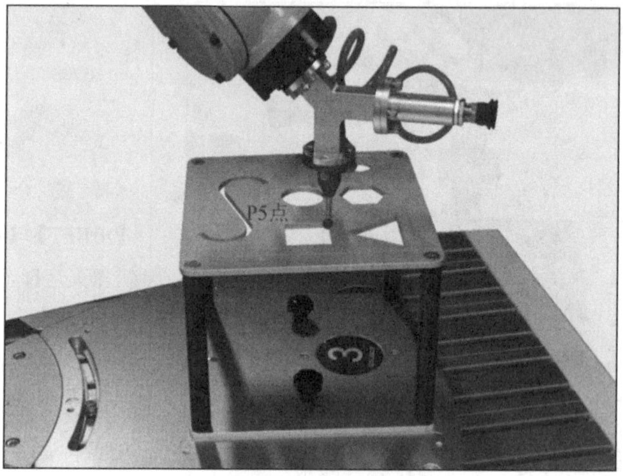	按安全开关+【SHIFT】+【FWD】键，机器人运行至 P5 点
7	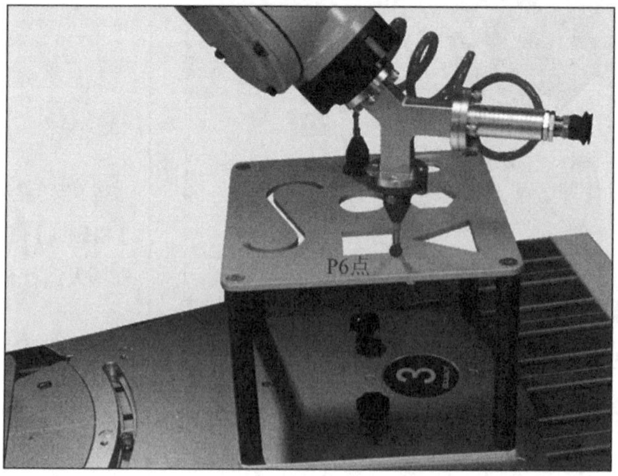	按安全开关+【SHIFT】+【FWD】键，机器人运行至 P6 点；程序运行结束

续表 8.4

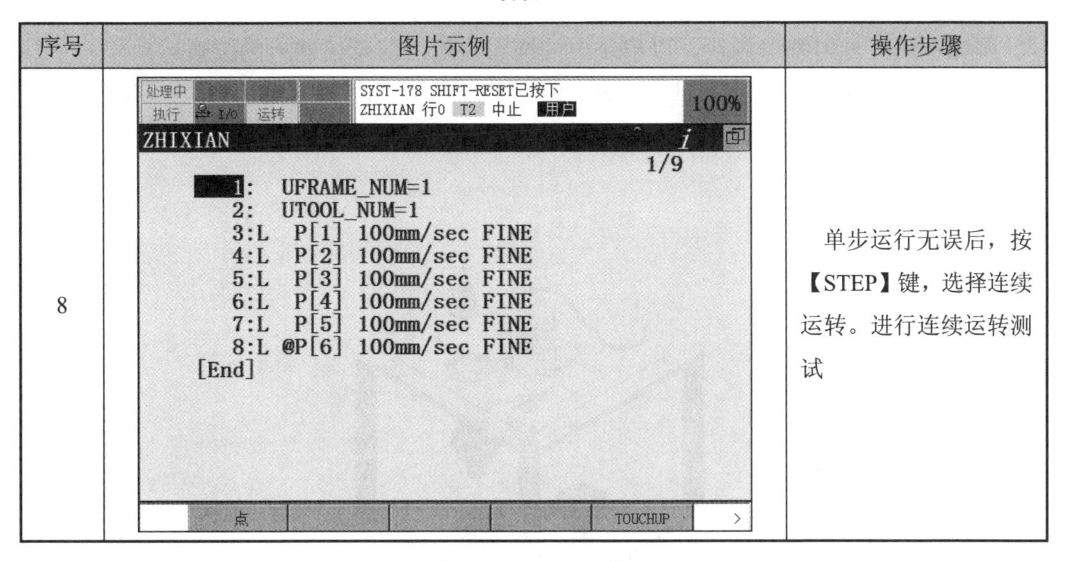

序号	图片示例	操作步骤
8		单步运行无误后，按【STEP】键，选择连续运转。进行连续运转测试

当确认系统程序运行完整无误、符合起初项目所设计的思路后，可以选择机器人自动运行。在自动运行之前，配置好机器人相关 I/O 信号，并做好相关的系统设定。

8. 6　项目总结

8. 6. 1　项目评价

项目评价见表 8.5。

表 8.5　项目评价

项目指标		分值	自评	互评	评分说明
项目分析	1. 硬件构架分析	6			
	2. 软件构架分析	6			
	3. 项目流程分析	6			
项目要点	1. 机器人认知	12			
	2. 机器人程序设计	12			
项目步骤	1. 应用系统连接	8			
	2. 应用系统配置	8			
	3. 主体程序设计	8			
	4. 关联程序设计	8			
	5. 项目程序调试	8			
	6. 项目运行调试	8			
项目验证	效果验证	10			
合计		100			

8. 6. 2　项目拓展

圆弧运动：使用基础模块，以模块中的圆形为例，演示机器人的圆弧运动。

路径规划：初始点 P1→过渡点 P2→第一点 P3→第二点 P4→第三点 P5→第四点 P6，如图 8.11 所示。

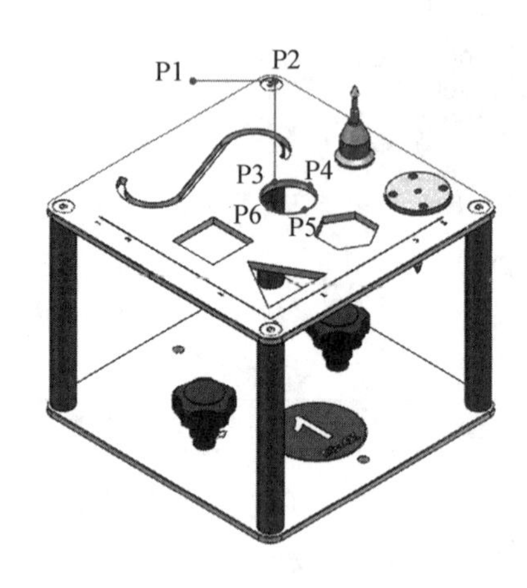

图 8.11　圆弧运动轨迹

第9章　工业机器人I/O信号应用

9.1　项目目的

※ I/O信号应用项目简介

9.1.1　项目背景

机器人较人工而言，具有超大的负重力，可代替人工完成危险、恶劣环境下的任务，如危险品、放射性物质、有毒物质等的搬运和装卸。机器人搬运相对于传统的物料运输系统而言，有更加灵活方便的优势，对于生产节拍有着很强的适应能力。搬运作业是指用一种设备握持工件，从一个加工位置移动到另一个加工位置。工业机器人可安装不同的末端执行器（如机械手爪、真空吸盘等）以完成各种不同形状的工件搬运。通过编程控制，搬运机器人可配合各个工序不同设备实现流水线作业。图9.1所示为工业机器人正在搬运物料。

图9.1　机器人搬运物料

9.1.2　项目需求

本项目要求用机器人将物料从当前位置搬运到另一个位置。项目需求框图如图9.2所示。

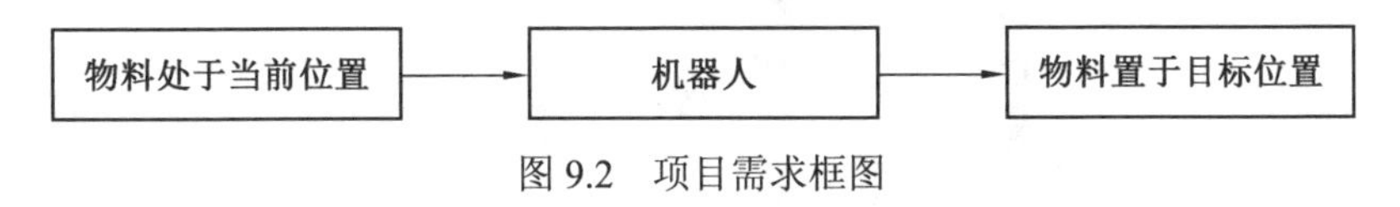

图9.2　项目需求框图

9.1.3　项目目的

（1）了解机器人的数字I/O信号的应用。

（2）掌握机器人的物料搬运程序设计方法。

9.2 项目分析

9.2.1 项目构架

本项目使用搬运模块，通过物料搬运操作来介绍机器人 I/O 模块的输出信号的使用。本项目采用 KE 型智能制造实训台，安装 FANUC 机器人以及搬运模块。搬运模块包含 3×3 的槽位点，用于存放物料。智能制造实训台如图 9.3 所示。

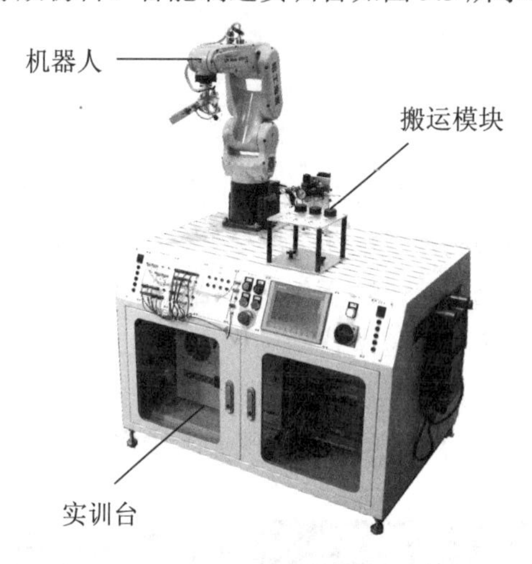

图 9.3 智能制造实训台

在本项目中，工业机器人将结合 I/O 信号，将物料从搬运模块的一个位置搬运到另一个位置。

路径规划：初始点 P1→圆饼 1 抬起点 P2→圆饼 1 拾取点 P3→圆饼 1 抬起点 P2→圆饼 7 抬起点 P4→圆饼 7 拾取点 P5→圆饼 7 抬起点 P4→初始点 P1。物料搬运路径规划如图 9.4 所示。

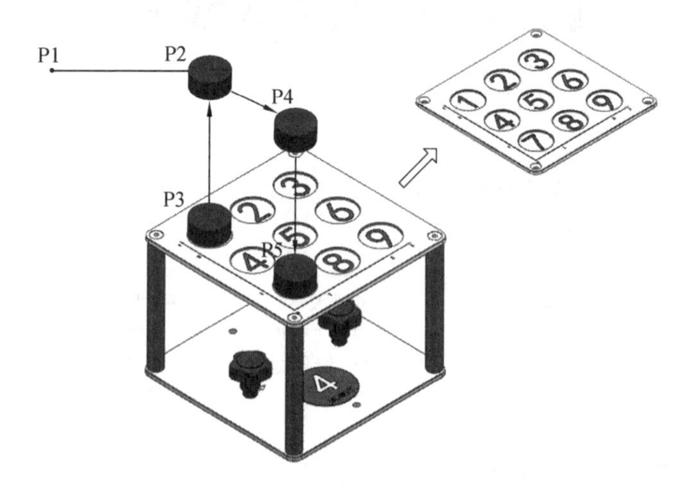

图 9.4 物料搬运路径规划

9. 2. 2　项目流程

本项目实施流程如图 9.5 所示。

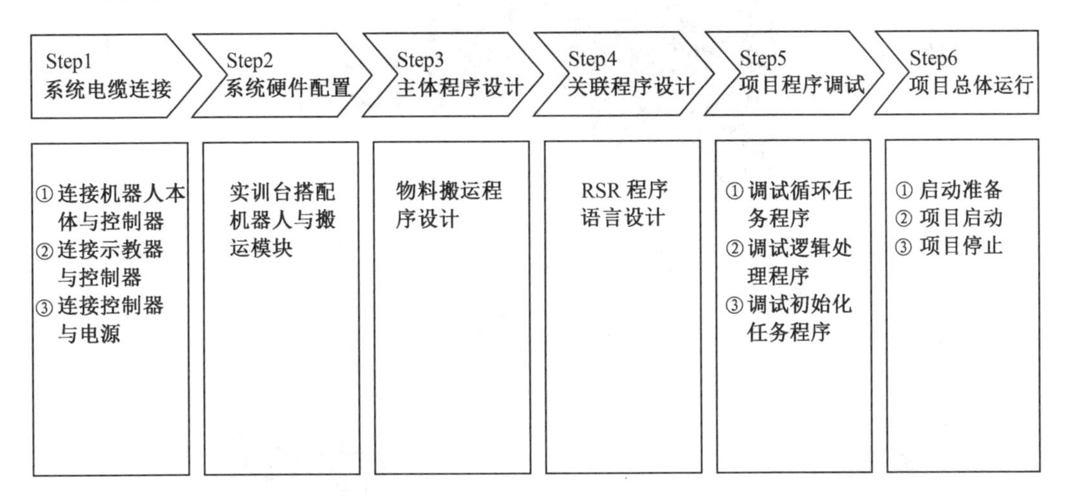

图 9.5　项目实施流程

9. 3　项目要点

1. 机器人的数字 I/O 应用

I/O 信号即输入/输出信号，数字 I/O 是从外围设备通过处理 I/O 印刷电路板（或 I/O 单元）的输入/输出信号线来进行数据交换的信号，分为数字量输入 DI[i]和数字量输出 DO[i]。数字信号的状态有 ON（通）和 OFF（断）两类。

2. 机器人程序设计

本项目通过手动示教操作机器人，在搬运模块上进行物料搬运项目应用，项目中需要配置机器人的 I/O 实现对物料的搬运。

9. 4　项目步骤

※ I/O 信号应用项目步骤

9. 4. 1　应用系统连接

机器人系统之间的电缆线连接主要为系统内部的电缆线连接。系统内部的电缆线连接主要分 3 种情况：机器人本体与控制器、示教器与控制器和电源与控制器。必须将这些电缆线连接完成，才可以实现机器人的基本运动。

1. 机器人本体与控制器

机器人本体与控制器之间的连接线有两根，这两根线连接控制器的一端已接好，而连接机器人的一端共用一个插口，如图 9.6 所示。

图 9.6　机器人本体与控制器电缆线连接

2. 示教器与控制器

示教器电缆线为黑色线，一端已连接至控制器；将另一端接口对准示教器卡槽插入，并将其固定好，如图 9.7 所示。

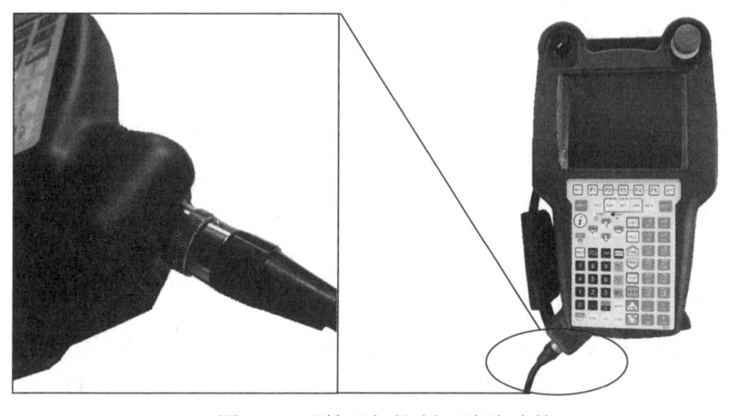
图 9.7　示教器与控制器连线连接

3. 电源与控制器

将电源电缆线一端连接至控制器右上角断路器上端接口，如图 9.8 所示；另一端连接至 220 V/50 Hz 电源（通常采用 10 A 电流）。

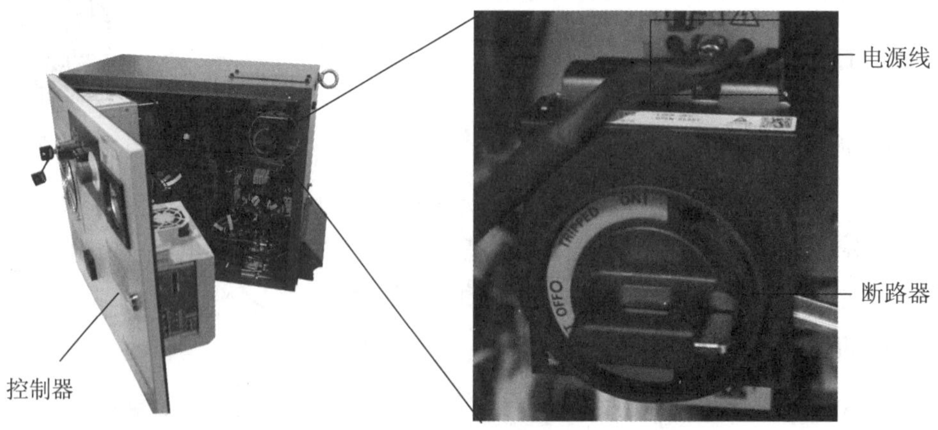

图 9.8　电源线与控制器的连接

9.4.2　应用系统配置

智能制造实训台采用模块化教学方式，具有兼容性、通用性和易扩展性等特点。本实训台可以搭载各类机器人和各种通用实训模块，兼容工业领域各类应用。对于不同的要求可以搭载不同的配置，易扩展，方便后期搭载更高配置。此外实训台还配置有主控接线板、触摸屏、PLC 等。本项目中，智能制造实训台上的机器人将用于物料的取放搬运。智能制造实训台主要由机器人及安装在实训台上的搬运模块组成，如图 9.9 所示。

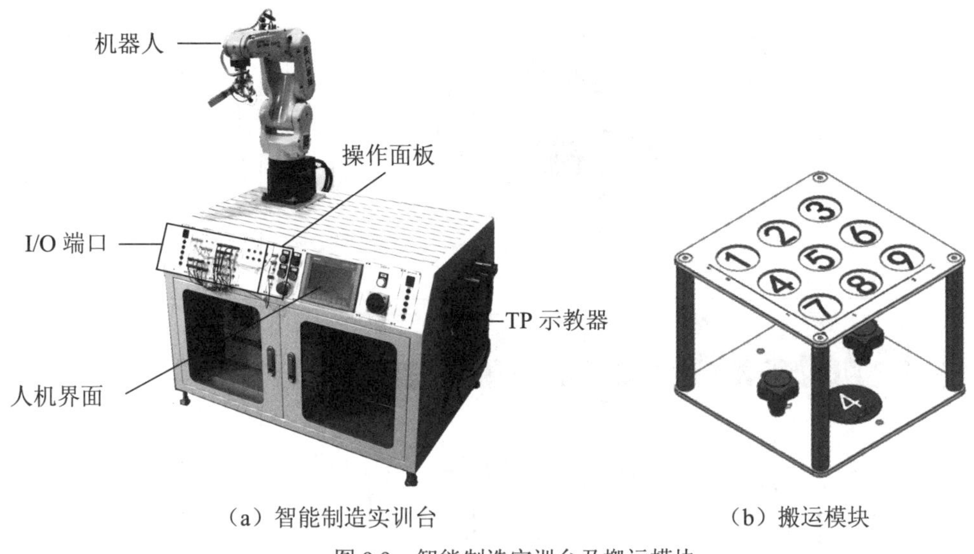

（a）智能制造实训台　　（b）搬运模块

图 9.9　智能制造实训台及搬运模块

9.4.3　主体程序设计

在硬件连接时，使用机器人通用数字输出信号 DO102，驱动电磁阀，产生气压通过真空发生器后，连接至吸盘。物料搬运程序设计步骤见表 9.1。

表 9.1　物料搬运程序设计步骤

序号	图片示例	操作步骤
1		利用六点法建立工具坐标系“1”，如工具坐标系已创建完成，则无须再次创建

续表 9.1

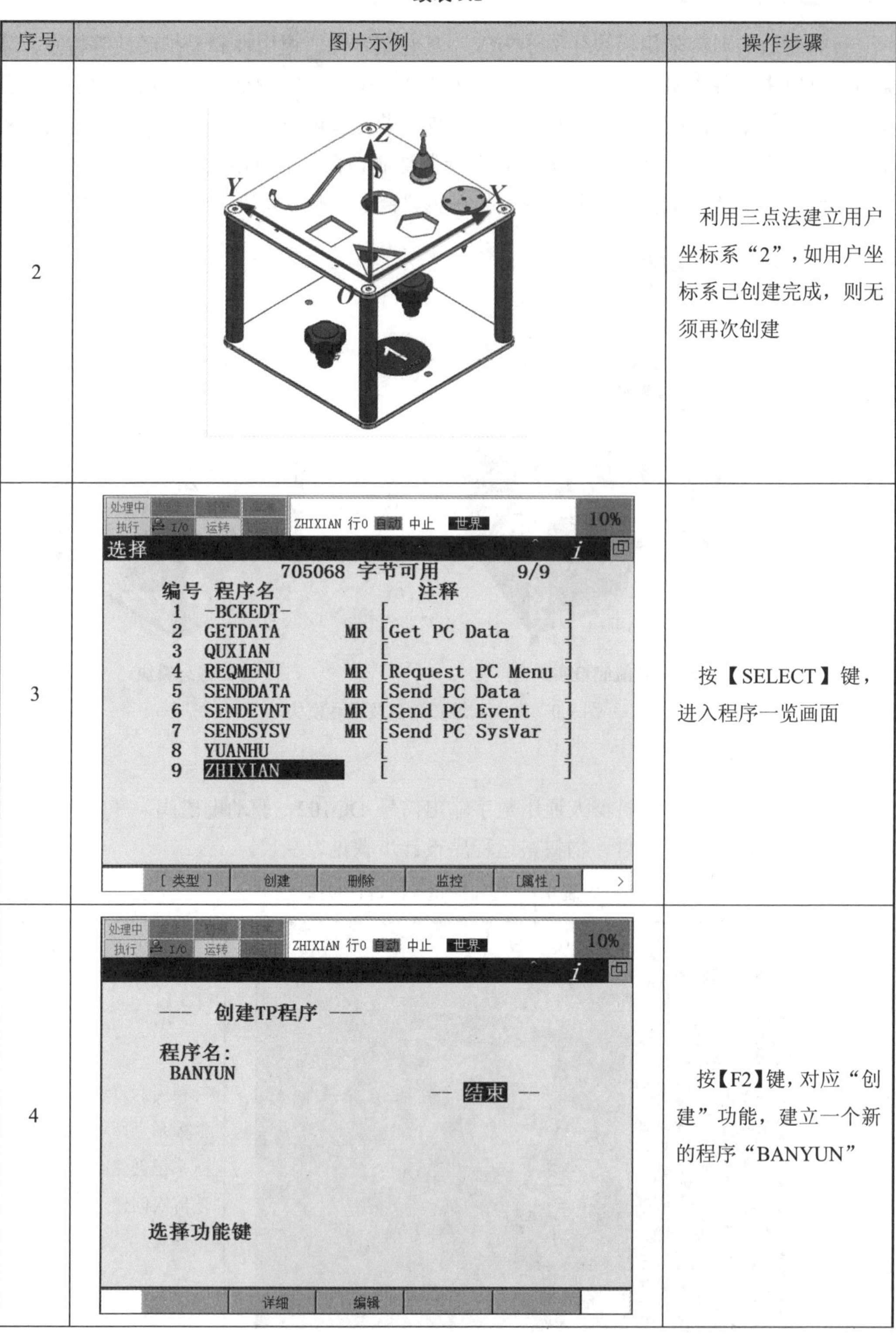

序号	图片示例	操作步骤
2		利用三点法建立用户坐标系“2”，如用户坐标系已创建完成，则无须再次创建
3		按【SELECT】键，进入程序一览画面
4		按【F2】键，对应“创建”功能，建立一个新的程序“BANYUN”

续表 9.1

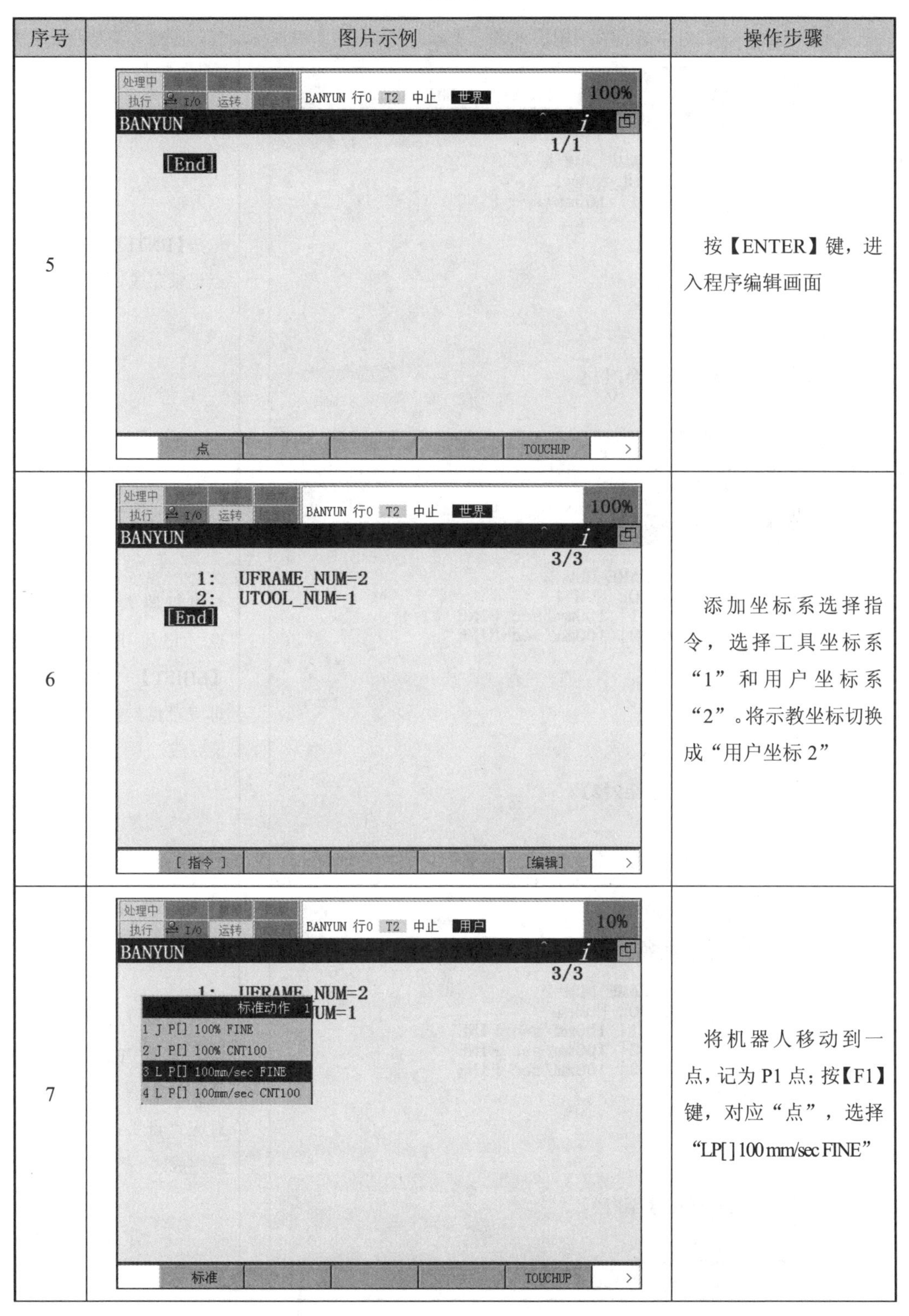

序号	图片示例	操作步骤
5		按【ENTER】键，进入程序编辑画面
6		添加坐标系选择指令，选择工具坐标系“1”和用户坐标系“2”。将示教坐标切换成“用户坐标 2”
7		将机器人移动到一点，记为 P1 点；按【F1】键，对应“点”，选择“LP[ ] 100 mm/sec FINE”

续表 9.1

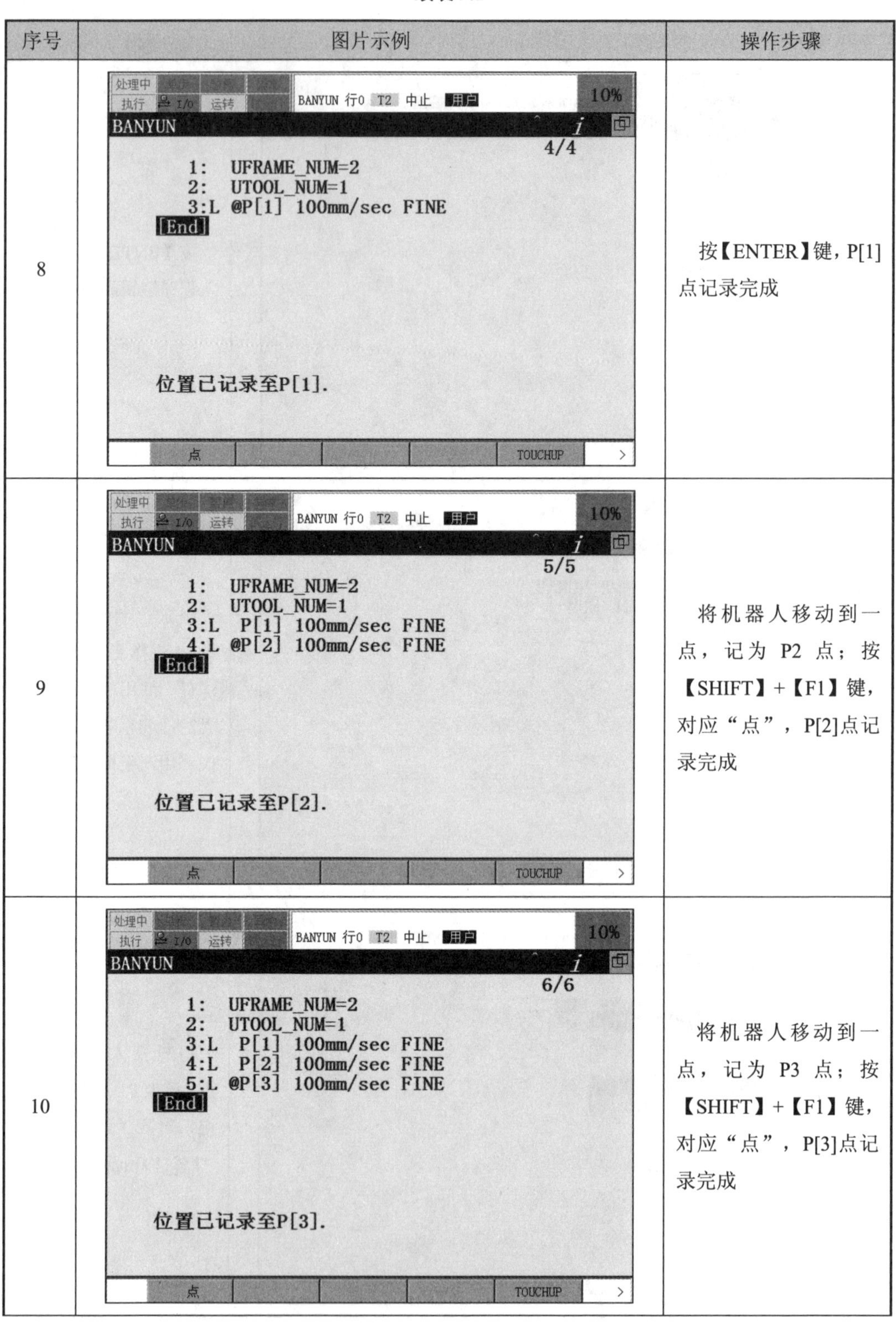

序号	图片示例	操作步骤
8	处理中 执行 I/O 运转 BANYUN 行0 T2 中止 用户 10% BANYUN 4/4 1: UFRAME_NUM=2 2: UTOOL_NUM=1 3:L @P[1] 100mm/sec FINE [End] 位置已记录至P[1]. 点 TOUCHUP >	按【ENTER】键，P[1]点记录完成
9	处理中 执行 I/O 运转 BANYUN 行0 T2 中止 用户 10% BANYUN 5/5 1: UFRAME_NUM=2 2: UTOOL_NUM=1 3:L P[1] 100mm/sec FINE 4:L @P[2] 100mm/sec FINE [End] 位置已记录至P[2]. 点 TOUCHUP >	将机器人移动到一点，记为 P2 点；按【SHIFT】+【F1】键，对应“点”，P[2]点记录完成
10	处理中 执行 I/O 运转 BANYUN 行0 T2 中止 用户 10% BANYUN 6/6 1: UFRAME_NUM=2 2: UTOOL_NUM=1 3:L P[1] 100mm/sec FINE 4:L P[2] 100mm/sec FINE 5:L @P[3] 100mm/sec FINE [End] 位置已记录至P[3]. 点 TOUCHUP >	将机器人移动到一点，记为 P3 点；按【SHIFT】+【F1】键，对应“点”，P[3]点记录完成

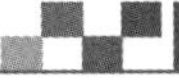

续表 9.1

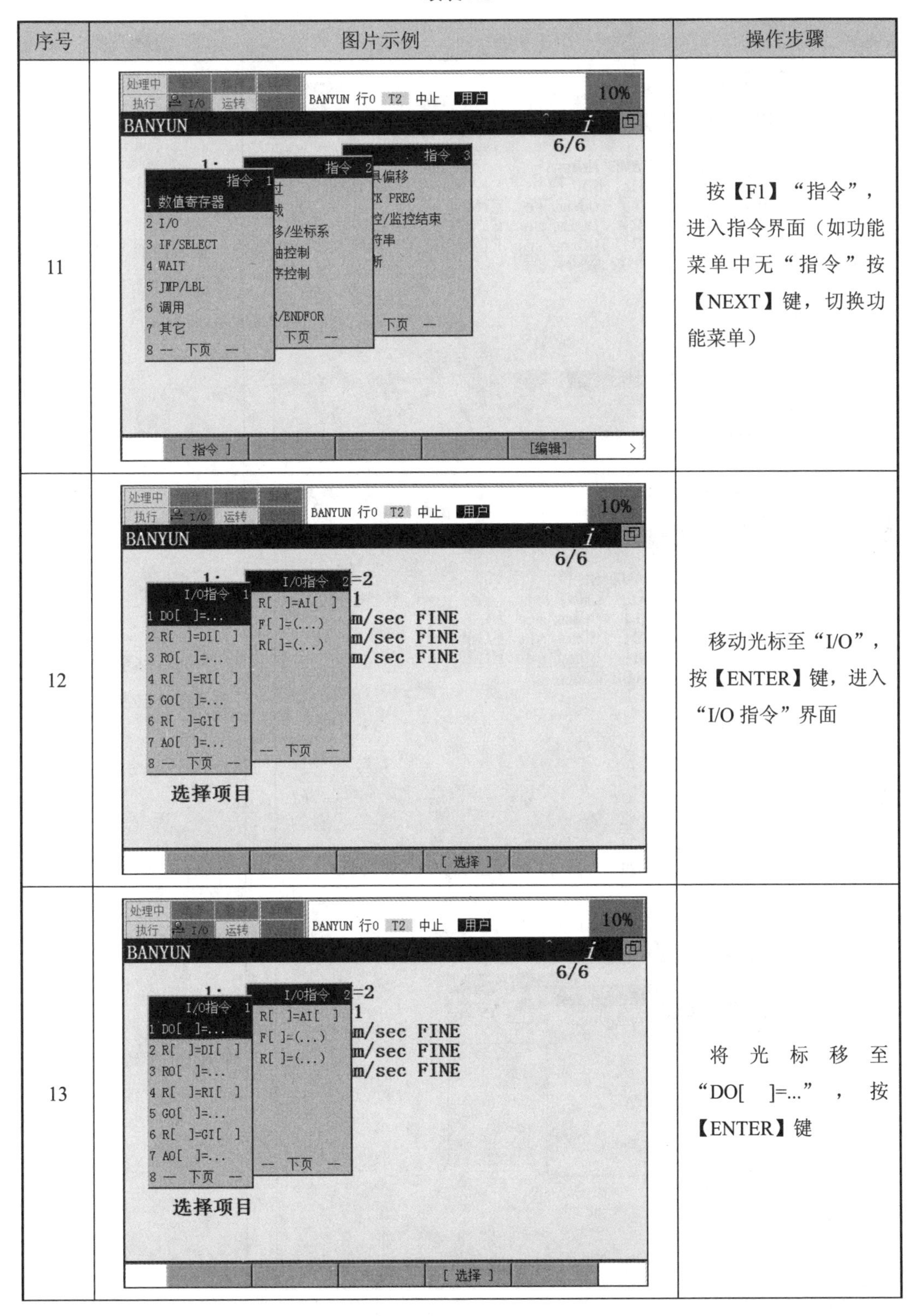

序号	图片示例	操作步骤
11		按【F1】“指令”，进入指令界面（如功能菜单中无“指令”按【NEXT】键，切换功能菜单）
12		移动光标至“I/O”，按【ENTER】键，进入“I/O 指令”界面
13		将光标移至“DO[ ]=...”，按【ENTER】键

续表 9.1

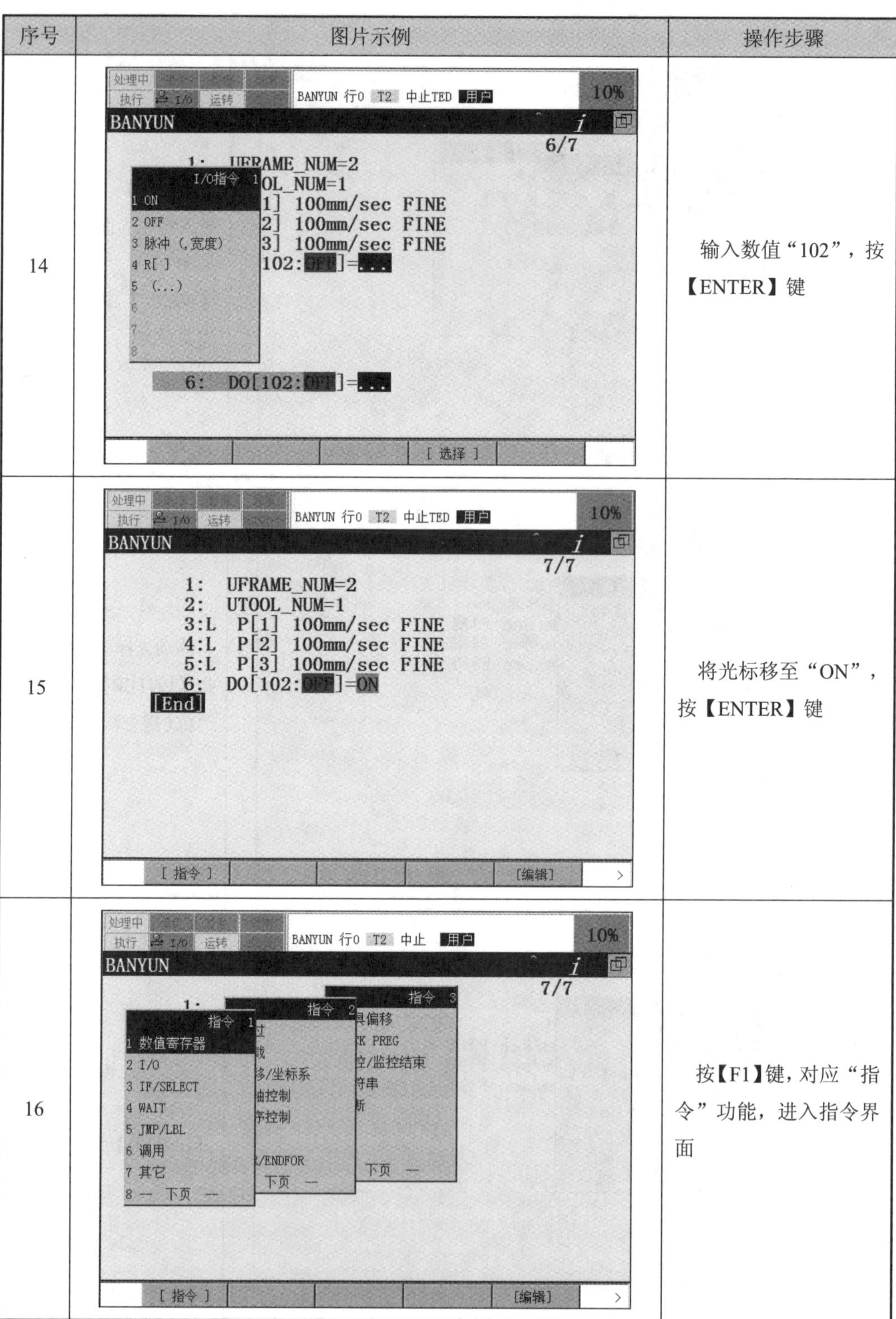

序号	图片示例	操作步骤
14		输入数值“102”，按【ENTER】键
15		将光标移至“ON”，按【ENTER】键
16		按【F1】键，对应“指令”功能，进入指令界面

续表 9.1

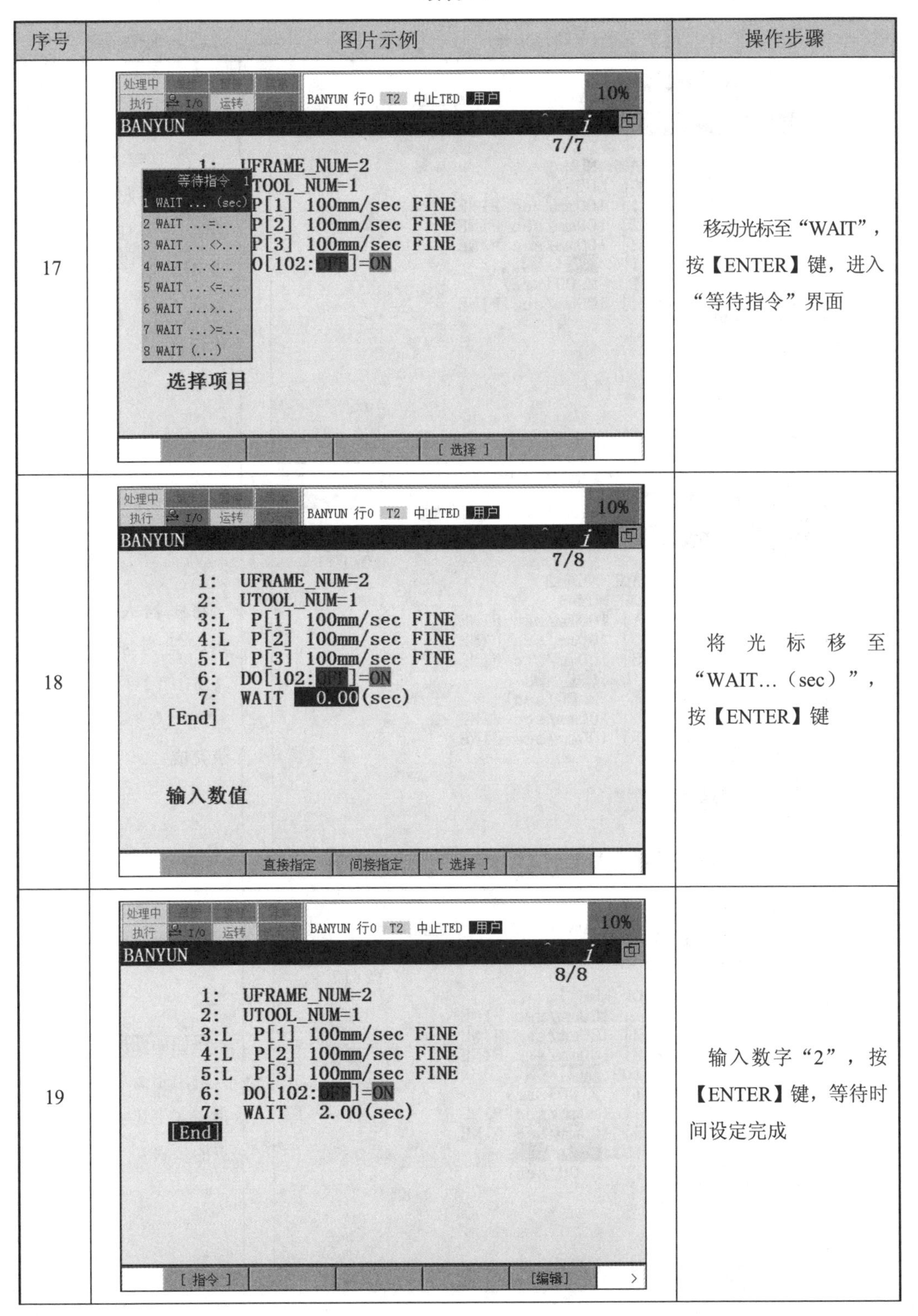

序号	图片示例	操作步骤
17		移动光标至“WAIT”，按【ENTER】键，进入“等待指令”界面
18		将光标移至“WAIT…（sec）”，按【ENTER】键
19		输入数字“2”，按【ENTER】键，等待时间设定完成

续表 9.1

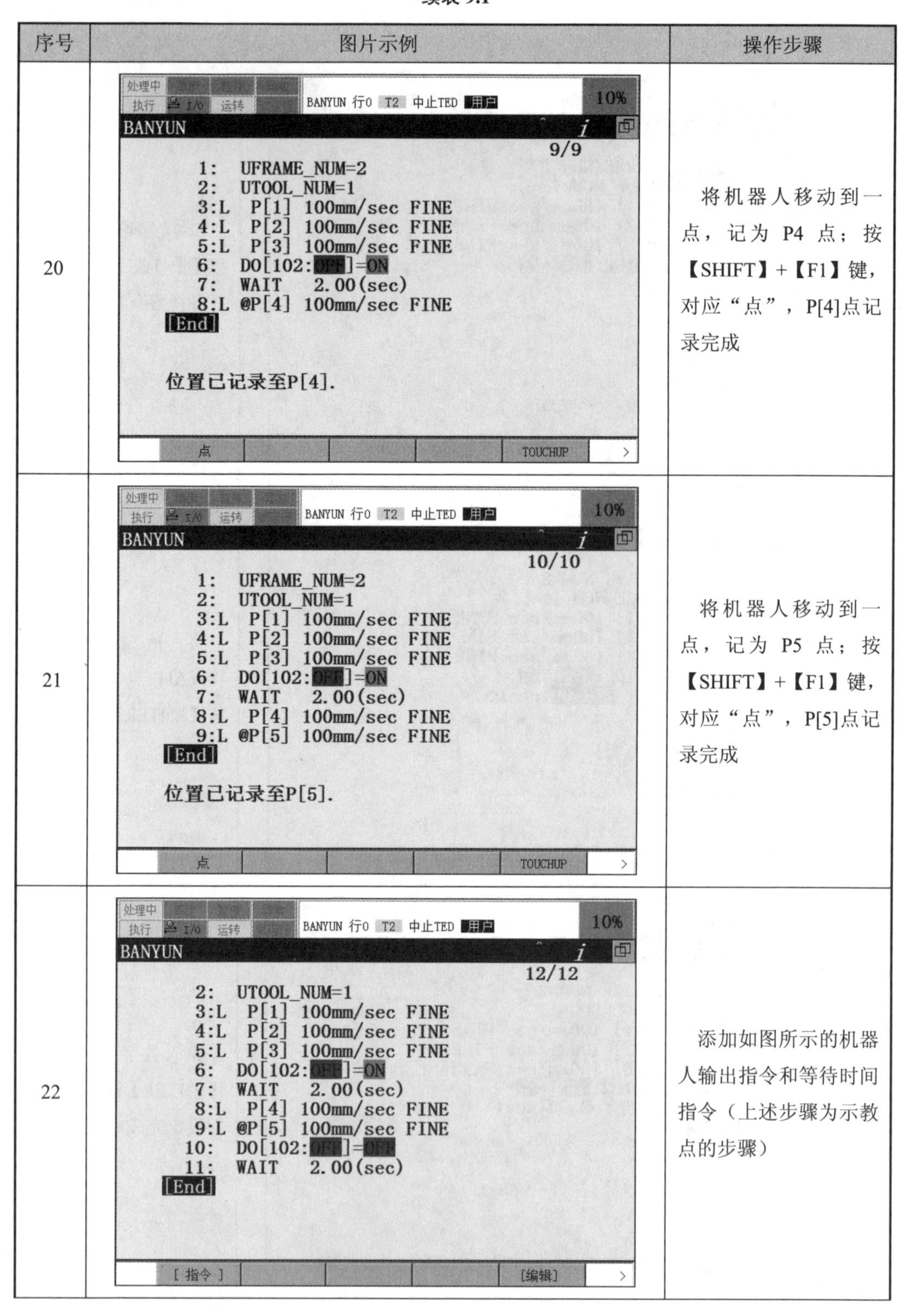

序号	图片示例	操作步骤
20		将机器人移动到一点，记为 P4 点；按【SHIFT】+【F1】键，对应“点”，P[4]点记录完成
21		将机器人移动到一点，记为 P5 点；按【SHIFT】+【F1】键，对应“点”，P[5]点记录完成
22		添加如图所示的机器人输出指令和等待时间指令（上述步骤为示教点的步骤）

续表 9.1

序号	图片示例	操作步骤
23	1：　UFRAME_NUM=2 2：　UTOOL_NUM=1 3：L P[1] 100mm/sec FINE 4：L P[2] 100mm/sec FINE 5：L P[3] 100mm/sec FINE 6：　DO[102：OFF]=ON 7：　WAIT　2.00（sec） 8：L P[2] 100mm/sec FINE 9：L P[4] 100mm/sec FINE 10：L P[5] 100mm/sec FINE 11：　DO[102：OFF]=OFF 12：　WAIT　2.00（sec） 13：L P[4] 100mm/sec FINE [End]	圆饼搬运实例的完整程序如图所示

9.4.4　关联程序设计

当主体程序设计完成后，在 AUTO 模式下，由外部设备 I/O 输入启动程序信号来使得机器人自动运转。智能制造实训台中的机器人与 PLC 通过 I/O 通信连接。机器人接受外部信号进行启动包括 RSR 和 PNS 两种方式。以 RSR 启动方式为例，通过 RSR 方式接受外部信号启动机器人程序时，启动程序名必须以“RSR”开头，后面紧跟 4 位“程序号码”数字，从而构成程序名。“程序号码” = “RSRn 登录号码” + “基本号码”。

本项目中将被启动的程序名称设定为“RSR0001”，RSR 启动方式设定步骤见表 9.2。

表 9.2　RSR 启动方式设定步骤

序号	图片示例	操作步骤
1	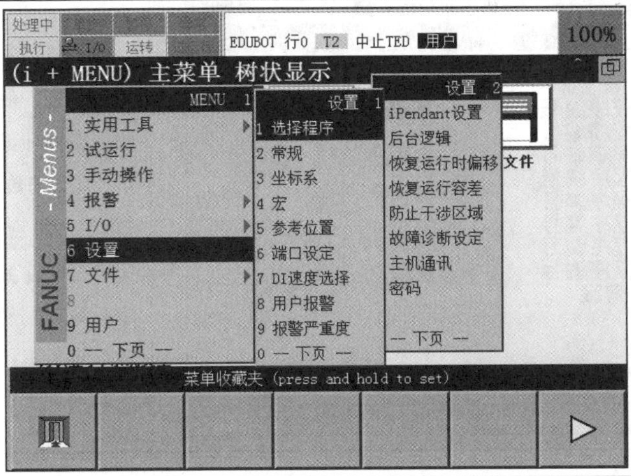	按【MENU】键，显示菜单画面，将光标移到“设置”，进入“设置 1”子菜单

续表 9.2

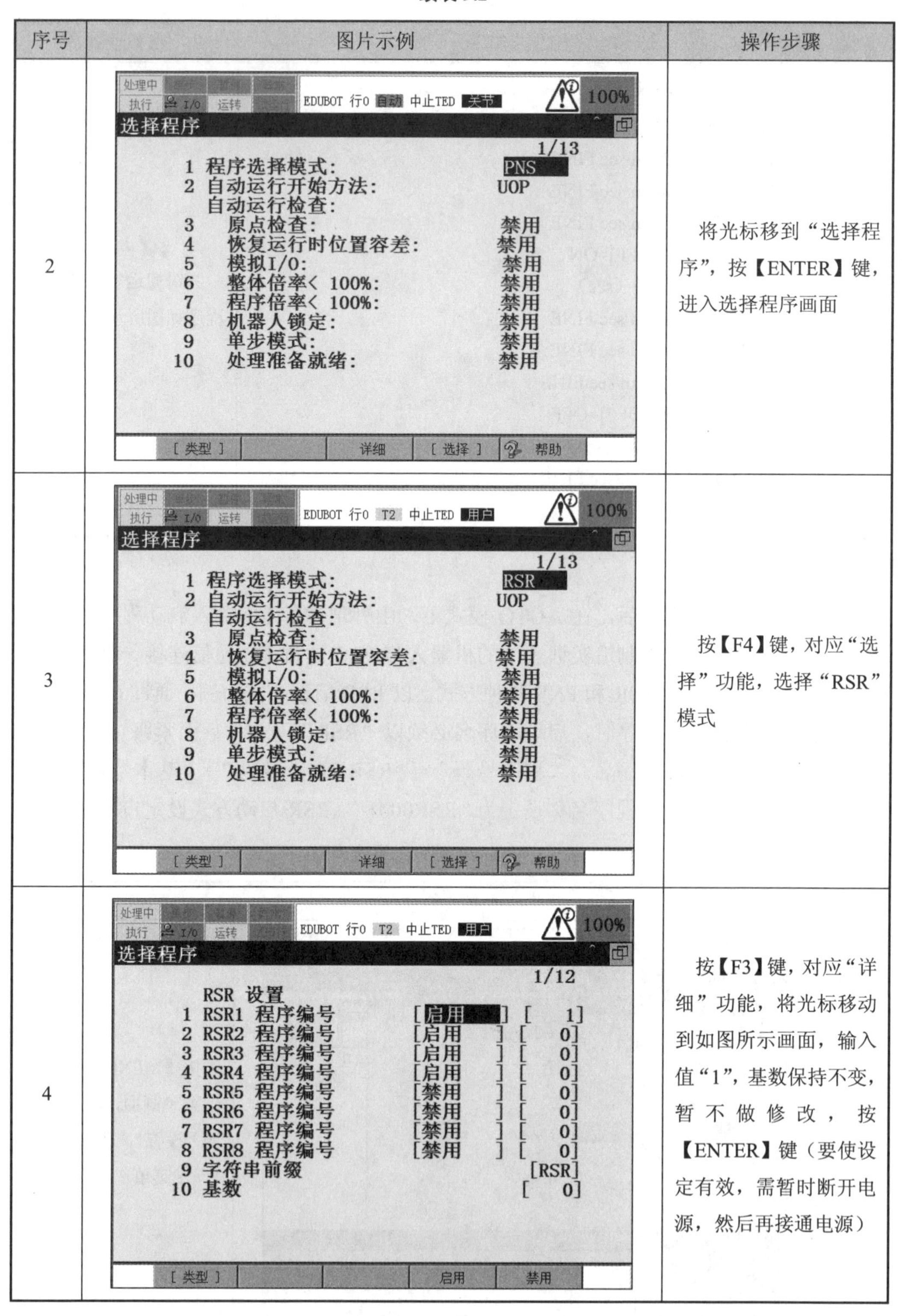

序号	图片示例	操作步骤
2		将光标移到“选择程序”，按【ENTER】键，进入选择程序画面
3		按【F4】键，对应“选择”功能，选择“RSR”模式
4		按【F3】键，对应“详细”功能，将光标移动到如图所示画面，输入值“1”，基数保持不变，暂不做修改，按【ENTER】键（要使设定有效，需暂时断开电源，然后再接通电源）

RSR 启动方式程序设计步骤见表 9.3。

表 9.3　RSR 启动方式程序设计步骤

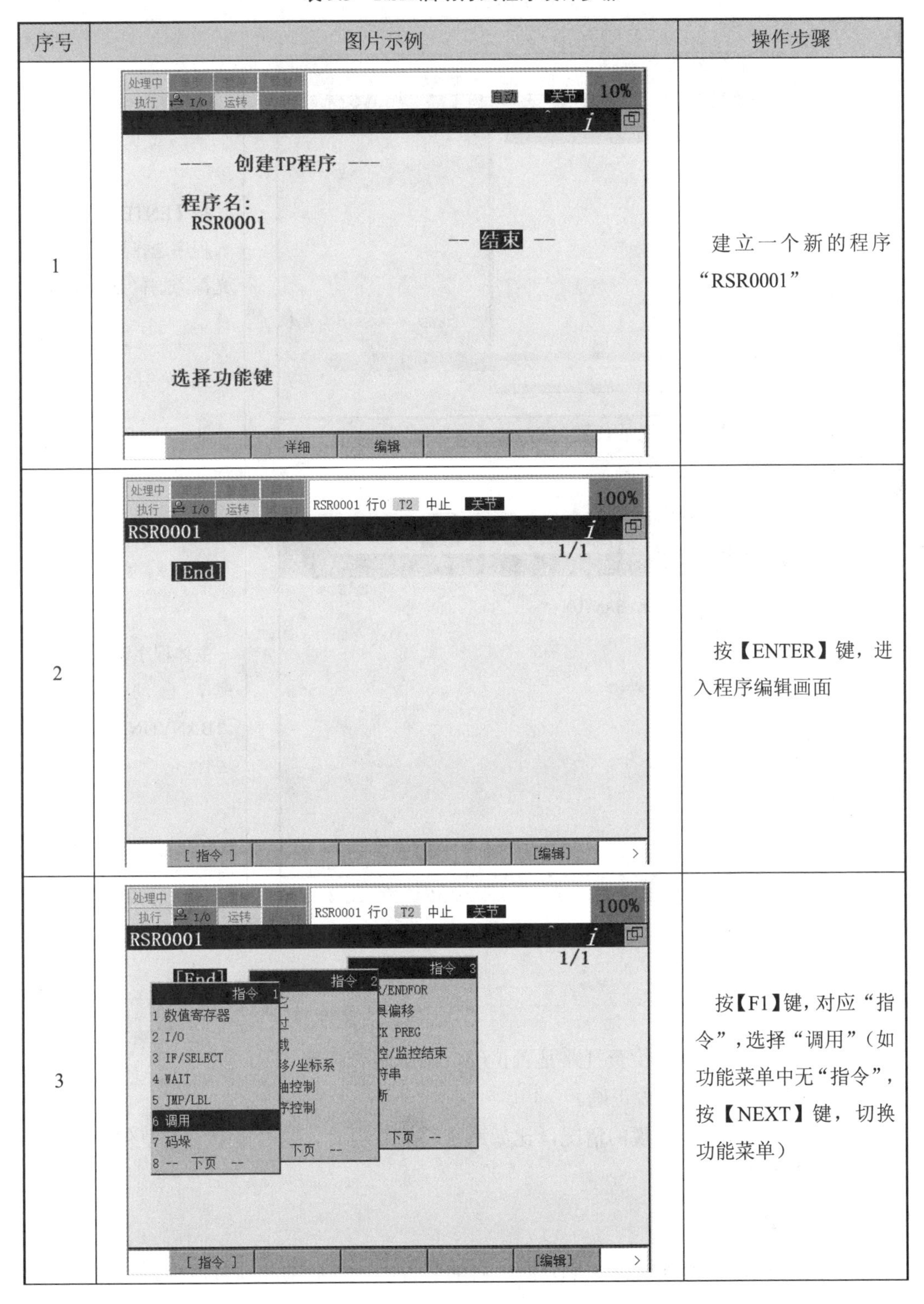

序号	图片示例	操作步骤
1		建立一个新的程序“RSR0001”
2		按【ENTER】键，进入程序编辑画面
3		按【F1】键，对应“指令”，选择“调用”（如功能菜单中无“指令”，按【NEXT】键，切换功能菜单）

续表 9.3

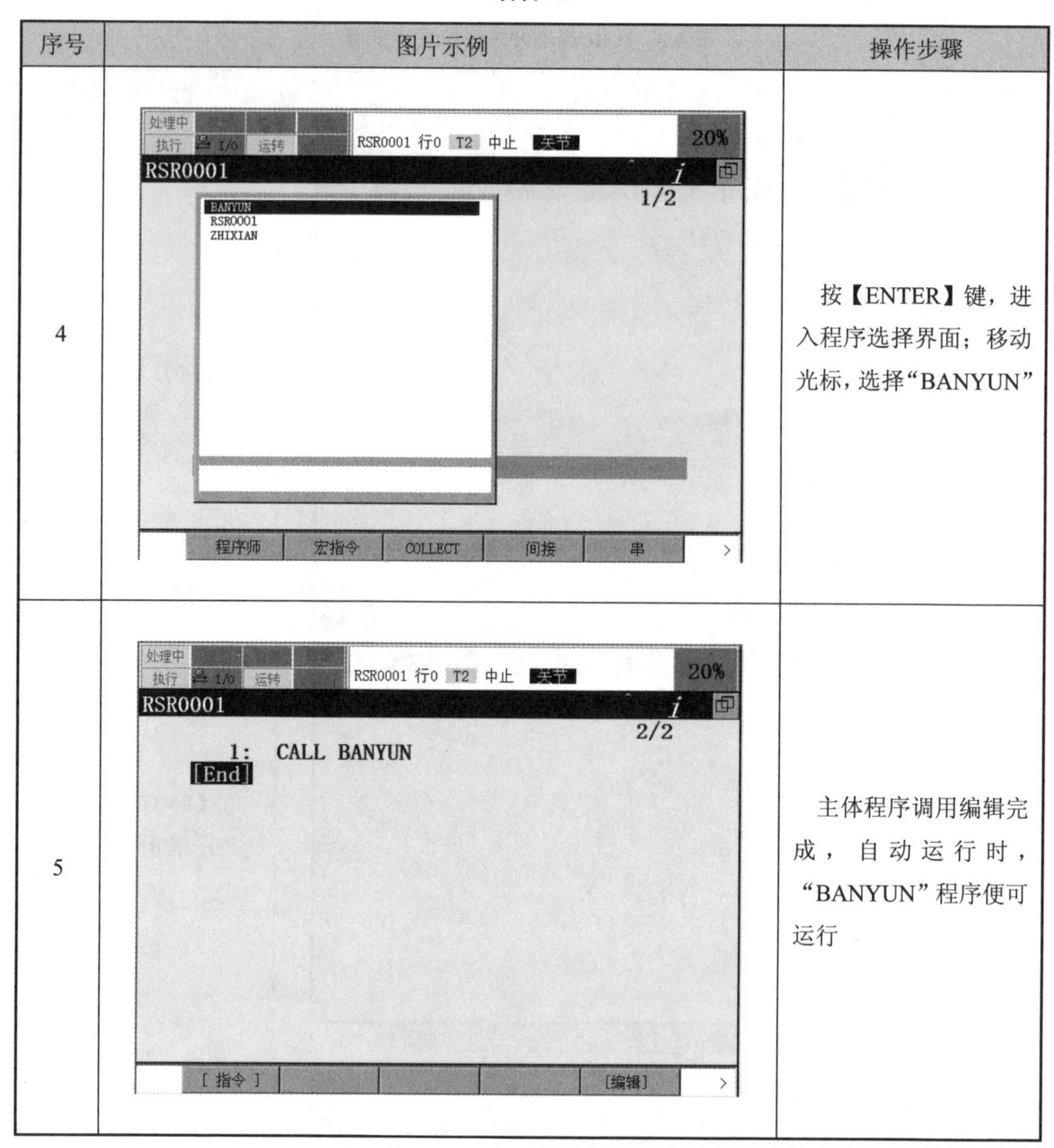

序号	图片示例	操作步骤
4		按【ENTER】键，进入程序选择界面；移动光标，选择“BANYUN”
5		主体程序调用编辑完成，自动运行时，“BANYUN”程序便可运行

9.4.5 项目调试

（1）调整气动部分，检查气路是否正确，气压是否合理。

（2）检查 I/O 接线是否正确。

（3）调试各种可能出现的情况，比如系统突然断电时，是否能够正常复位。

（4）优化程序。

9.4.6 项目总体运行

项目运行的总体流程包括 3 个方面：启动准备、项目启动和项目停止。

1. 启动准备

（1）确保电源正常。

（2）确认气源压力为 0.5 MPa 以上。

（3）确认物料放在指定模块上。

（4）确认机器人各轴处于合理位置。

2. 项目启动

（1）旋转电源开关至 ON，等待开机。

（2）手动将机器人调到安全位置。

（3）点击【启动】按钮，机器人运行。

3. 项目停止

（1）点击【停止】按钮。

（2）等待机器人完全停止。

（3）将电源开关旋转至 OFF 以断电。

※ I/O 信号应用项目验证

9.5 项目验证

在主体程序、关联程序设计完成，以及本项目中所涉及的设备模块等调试完毕之后，便开始进行项目的验证。在本项目中，通过运行机器人来验证机器人的运行轨迹和动作是否符合所设计的程序指令等，以及是否符合本项目的最初设计方向。操作运行 FANUC 机器人时，需正确手持示教器，并按住示教器背面的任意一个安全开关。物料搬运的操作验证步骤如见表 9.4。

表 9.4　物料搬运程序设计的操作验证步骤

序号	图片示例	操作步骤
1	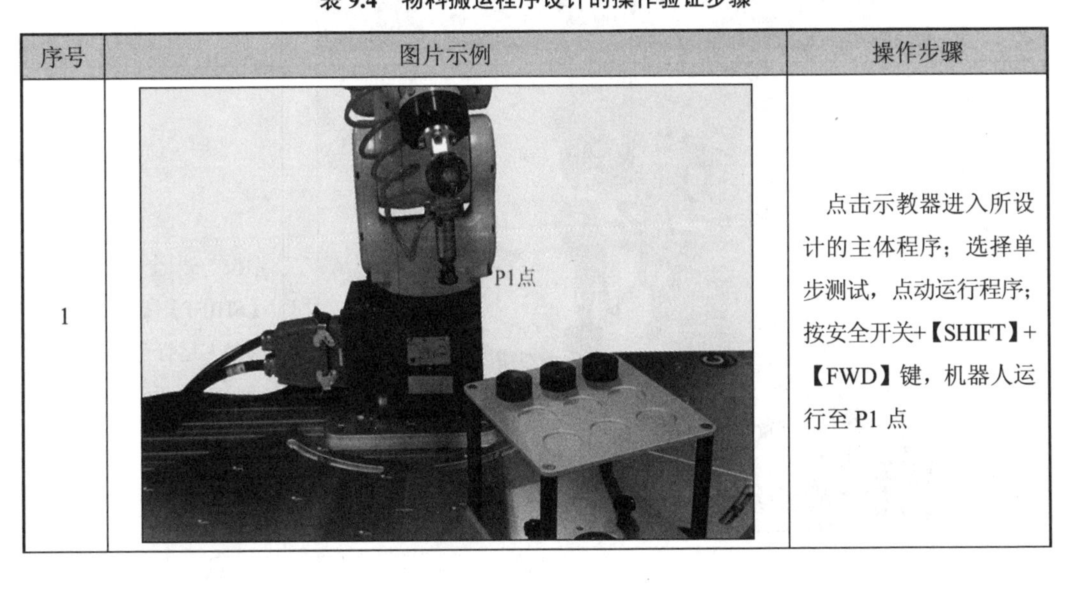	点击示教器进入所设计的主体程序；选择单步测试，点动运行程序；按安全开关+【SHIFT】+【FWD】键，机器人运行至 P1 点

续表 9.4

序号	图片示例	操作步骤
2	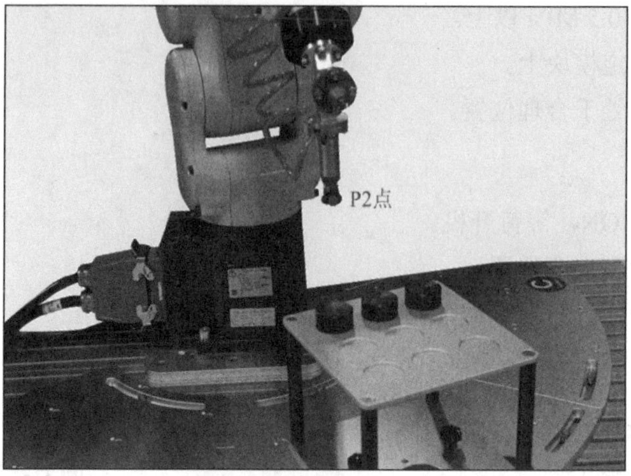 P2点	按安全开关+【SHIFT】+【FWD】键，机器人运行至 P2 点
3	 P3点	按安全开关+【SHIFT】+【FWD】键，机器人运行至 P3 点
4	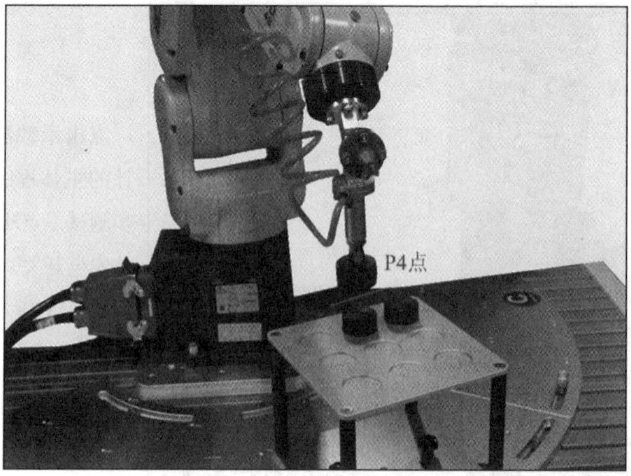 P4点	按安全开关+【SHIFT】+【FWD】键，机器人运行至 P4 点

续表 9.4

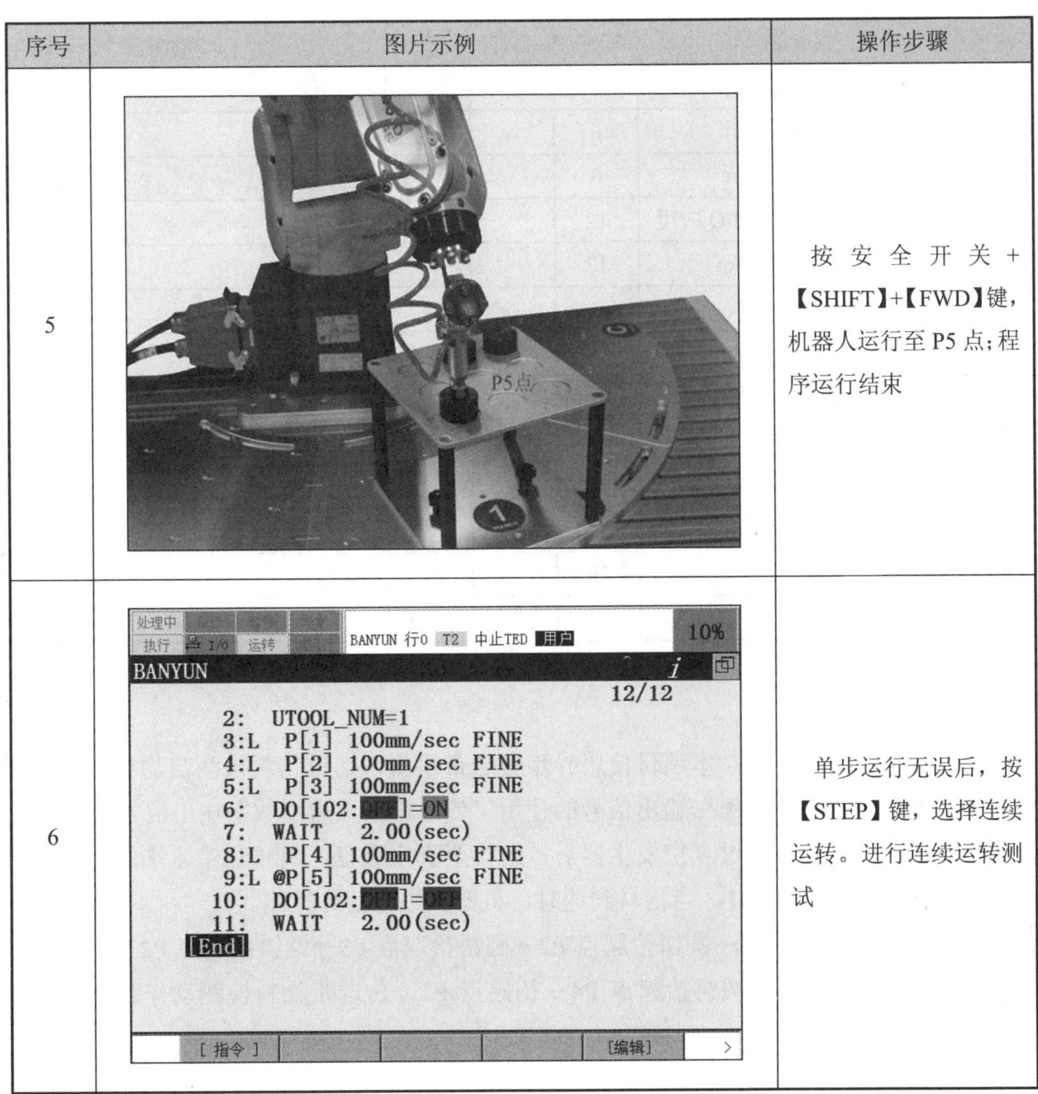
P5点
处理中
执行
I/O
运转
BANYUN 行0 T2 中止TED 用户
10%
BANYUN
12/12
2: UTOOL_NUM=1
3:L P[1] 100mm/sec FINE
4:L P[2] 100mm/sec FINE
5:L P[3] 100mm/sec FINE
6: DO[102:OFF]=ON
7: WAIT 2.00(sec)
8:L P[4] 100mm/sec FINE
9:L @P[5] 100mm/sec FINE
10: DO[102:OFF]=OFF
11: WAIT 2.00(sec)
[End]
[指令]
[编辑]

序号	图片示例	操作步骤
5		按安全开关+【SHIFT】+【FWD】键，机器人运行至 P5 点；程序运行结束
6		单步运行无误后，按【STEP】键，选择连续运转。进行连续运转测试

当确认系统程序运行完整无误、符合起初项目所设计的思路后，可以选择机器人自动运行。在自动运行之前，配置好机器人相关 I/O 信号，并做好相关的系统设定。

9.6　项目总结

9.6.1　项目评价

项目评价见表 9.5。

表 9.5　项目评价

项目指标		分值	自评	互评	评分说明
项目分析	1. 硬件构架分析	6			
	2. 软件构架分析	6			
	3. 项目流程分析	6			
项目要点	1. 机器人数字 I/O 应用	12			
	2. 机器人程序设计	12			
项目步骤	1. 应用系统连接	8			
	2. 应用系统配置	8			
	3. 主体程序设计	8			
	4. 关联程序设计	8			
	5. 项目程序调试	8			
	6. 项目运行调试	8			
项目验证	效果验证	10			
合计		100			

9.6.2　项目拓展

异步传送带物料检测：本项目使用异步传送带模块，通过物料检测与物料搬运操作来实现机器人 I/O 模块的输入/输出信号的使用。使用机器人通用数字输出信号 DO102，驱动电磁阀，产生气压通过真空发生器后，连接至真空吸盘。将传送带末端的传感器检测信号接入机器人的 DI101，当物料到达时，机器人进行信号检测。

路径规划：初始点 P1→圆饼抬起点 P2→圆饼拾取点 P3→圆饼抬起点 P2→圆饼抬起点 P4→圆饼拾取点 P5→圆饼抬起点 P4→初始点 P1。传送带物料检测动作路径规划如图 9.10 所示。

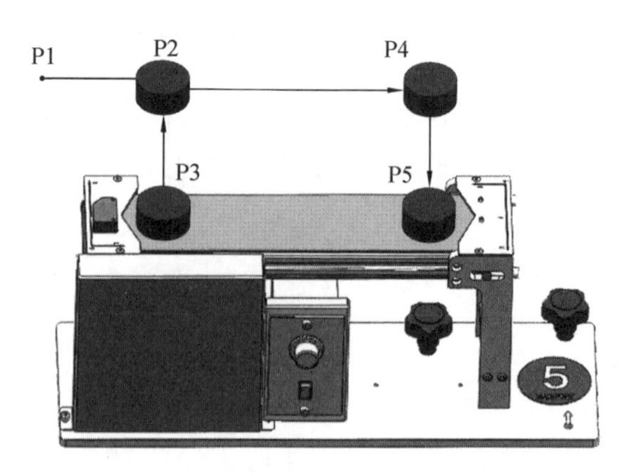

图 9.10　传送带物料检测动作路径规划

第 10 章　供料搬运系统

※ 供料搬运项目简介

10.1　项目目的

10.1.1　项目背景

供料搬运系统是指用于协调、合理地对物料进行移动、储存或控制的一系列相关设备和装置。供料搬运系统是机械加工生产线的主要组成部分，是利用工业机器人夹取物料并放至传送带上进行搬运及传送的工作单元。随着自动化生产线在机械加工行业的广泛应用，对供料搬运系统运行控制的要求不断提高。机器人供料搬运系统也成为生产线降低作业成本、提高作业能力和效率的重要保证。

供料和搬运工序广泛应用在各行各业的生产中，如图 10.1 所示，机器人正在配合流水线进行供料和搬运。

图 10.1　机器人搬运供料

10.1.2　项目需求

机器人通过与料仓、传送带等机构的配合工作，实现对加工物料的投料、移动、搬运等一整套自动化流程。项目需求框图如图 10.2 所示。

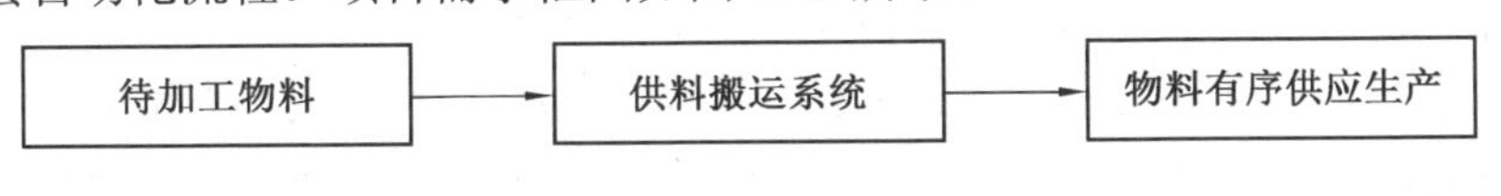

图 10.2　项目需求框图

10.1.3 项目目的

（1）熟悉供料搬运系统的模块化集成特点。

（2）掌握供料搬运系统中的 PLC 程序设计方法。

（3）掌握供料搬运系统中的机器人程序设计方法。

10.2 项目分析

10.2.1 项目构架

本项目中，通过智能制造实训台和供料工作站的集成，组成一个供料搬运系统。项目中智能制造实训台搭载 FANUC 机器人和搬运模块，与供料工作站相结合，通过供料、搬运、取料、摆放等工序，完成一套完整的供料搬运系统流程。供料搬运系统如图 10.3 所示。

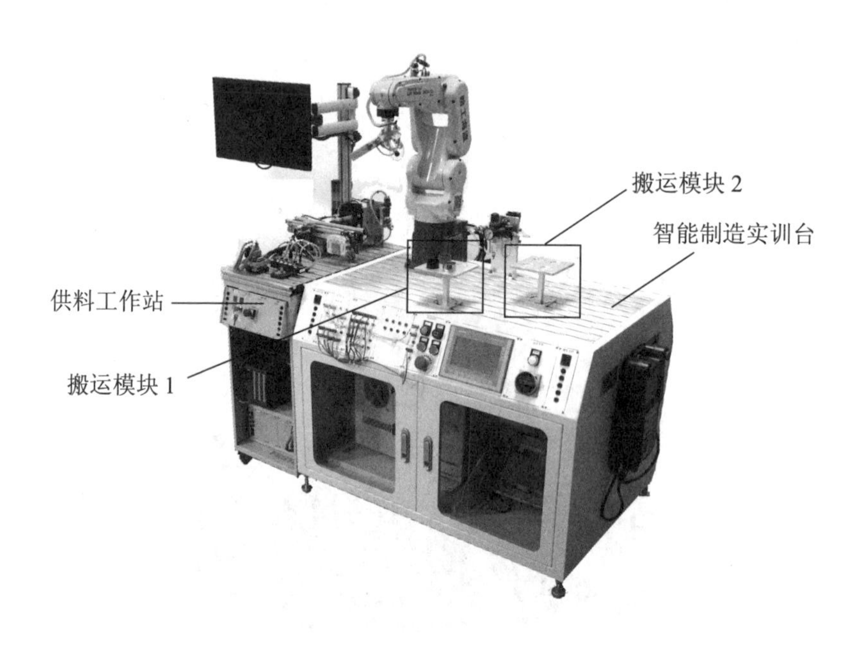

图 10.3 供料搬运系统

系统开始运行时，机器人从搬运模块 1 上抓取物料并投入料仓机构，料仓机构检测到有物料后将物料推出至传送带上，传送带上的传感器检测到有物料时会启动运行，运送物料。当物料到达传送带末端时，传送带末端传感器会检测到物料，并将信号传递给智能制造实训台。智能制造实训台接收到信号后，机器人开始运行，到供料工作站传送带末端抓取物料，并放至搬运模块 2。依此循环，当搬运模块 1 的物料取完并且都放至搬运模块 2 上后，机器人将搬运模块 2 上的物料抓取放至搬运模块 1 上。供料搬运系统的工作流程图如图 10.4 所示。

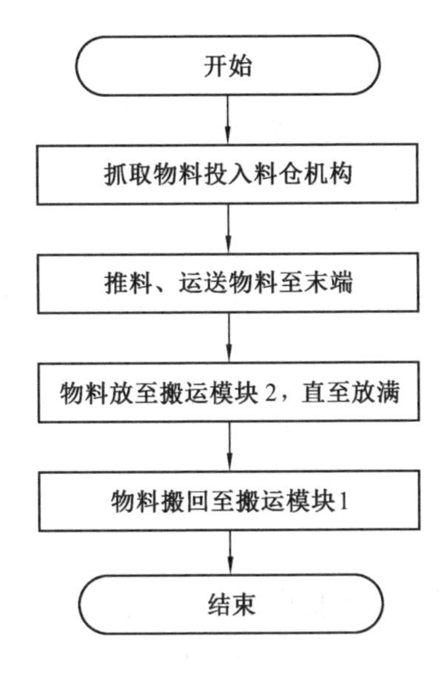

图 10.4　供料搬运系统工作流程图

10.2.2　项目流程

本项目实施流程如图 10.5 所示。

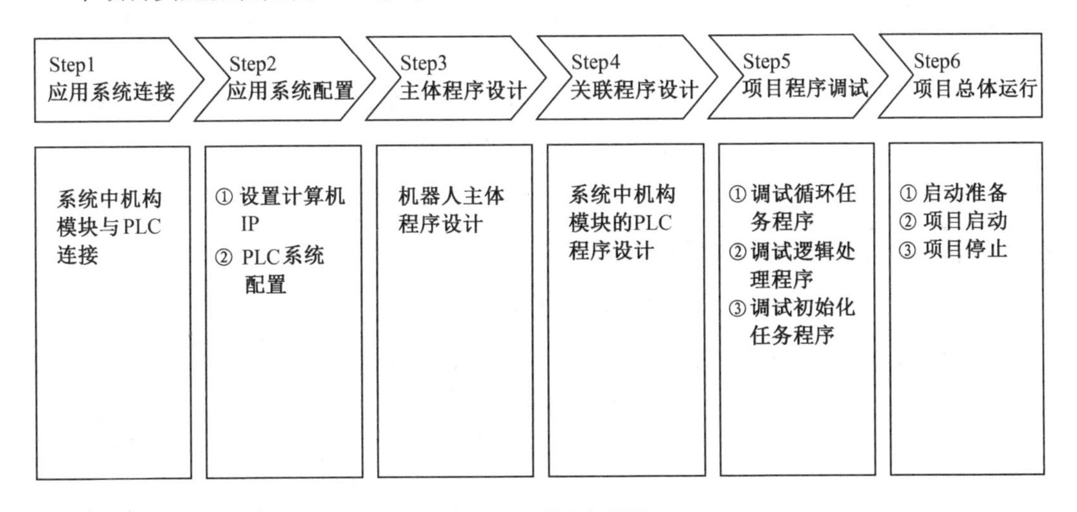

图 10.5　项目流程图

10.3　项目要点

1. 模块化集成

供料搬运系统由供料工作站和智能制造实训台组成，系统的构架采用模块化的设计，各个机构模块均可单独拆卸和组成。模块化集成的效果保证了工作系统的灵活性，也使得对系统的机构模块之间的搭配和机械调试更为多样化。

2. PLC 程序设计

系统中供料工作站 PLC 程序采用对应各个模块的设计方式，每个模块拥有各自独立的 PLC 程序。

3. 机器人程序设计

智能制造实训台上的机器人通过与供料工作站及模块的配合设计出合理的程序，从而使得供料搬运系统正常运行。

10.4 项目步骤

※ 供料搬运项目步骤

10.4.1 应用系统连接

供料搬运系统的系统连接主要包括供料工作站中的传送带机构、料仓机构与 PLC 的连接，智能制造实训台中的机器人与 PLC 的连接，以及智能制造实训台与供料工作站的通信连接。机器人与 PLC 通过 I/O 通信连接。智能制造实训台通过 S7 通信与供料工作站连接，S7 通信是西门子 S7 系列 PLC 内部集成的一种通信协议。供料工作站传送带机构的末端信号通过 PLC 中“传送带机构”函数块传递给变量，智能制造实训台 PLC 通过 S7 协议获取该变量信号的状态，并传递给机器人数字 I/O。此处设定供料工作站中 PLC 变量为“M30.0”，机器人数字 I/O 信号为“DI104”。

供料工作站的系统连接主要包括物料料仓机构微型 I/O 终端、传送带机构微型 I/O 终端与 C 接口的连接，C 接口与控制面板（PLC）的连接。

1. 供料工作站 PLC 的 I/O 分配

供料工作站的端口信号分配及 PLC 的 I/O 信号见表 10.1。

表 10.1 I/O 信号分配

名称	信号端点	连接部件	功能说明	名称	信号端点	连接部件	功能说明
G1BG1	I10.0	传感器	传送带始端检测	G1KF1-1	Q4.0	控制器	传送带前进
G1BG2	I10.1	传感器	传送带中端检测	G1KF1-2	Q4.1	控制器	传送带后退
G1BG3	I10.2	传感器	传送带末端检测	G1MB1	Q4.2	螺线管	螺线管阻挡
C2BG1	I10.4	传感器	料仓气缸后限位	C2MB1	Q4.4	电磁阀	料仓气缸伸出
C2BG2	I10.5	传感器	料仓气缸前限位				
C2BG3	I10.6	传感器	检测料仓有无物料				

2. 供料工作站的线路连接

（1）传送带机构与微型 I/O 终端的接线示意图如图 10.6 所示。

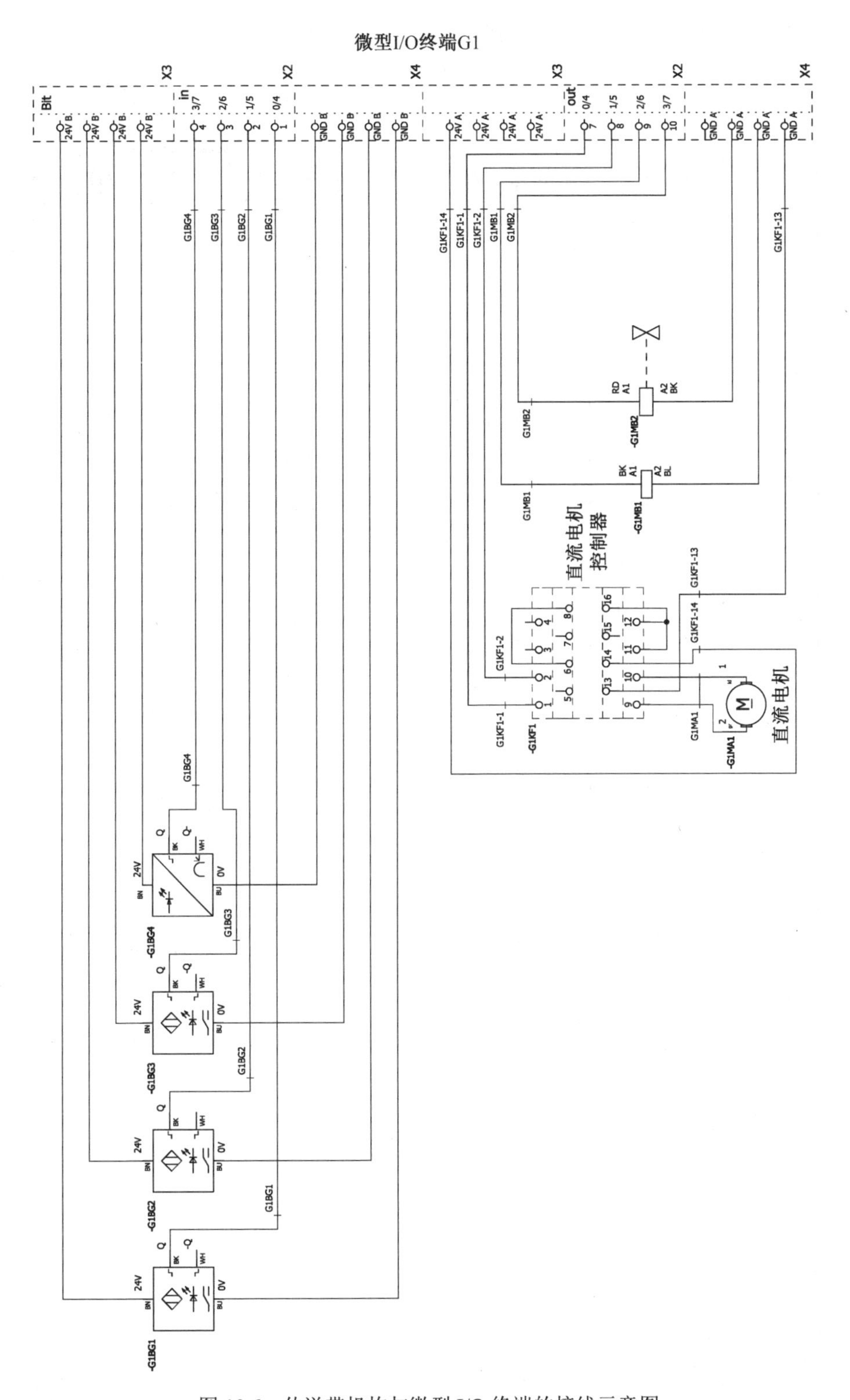

图 10.6　传送带机构与微型 I/O 终端的接线示意图

（2）料仓机构与微型 I/O 终端的接线示意图如图 10.7 所示。

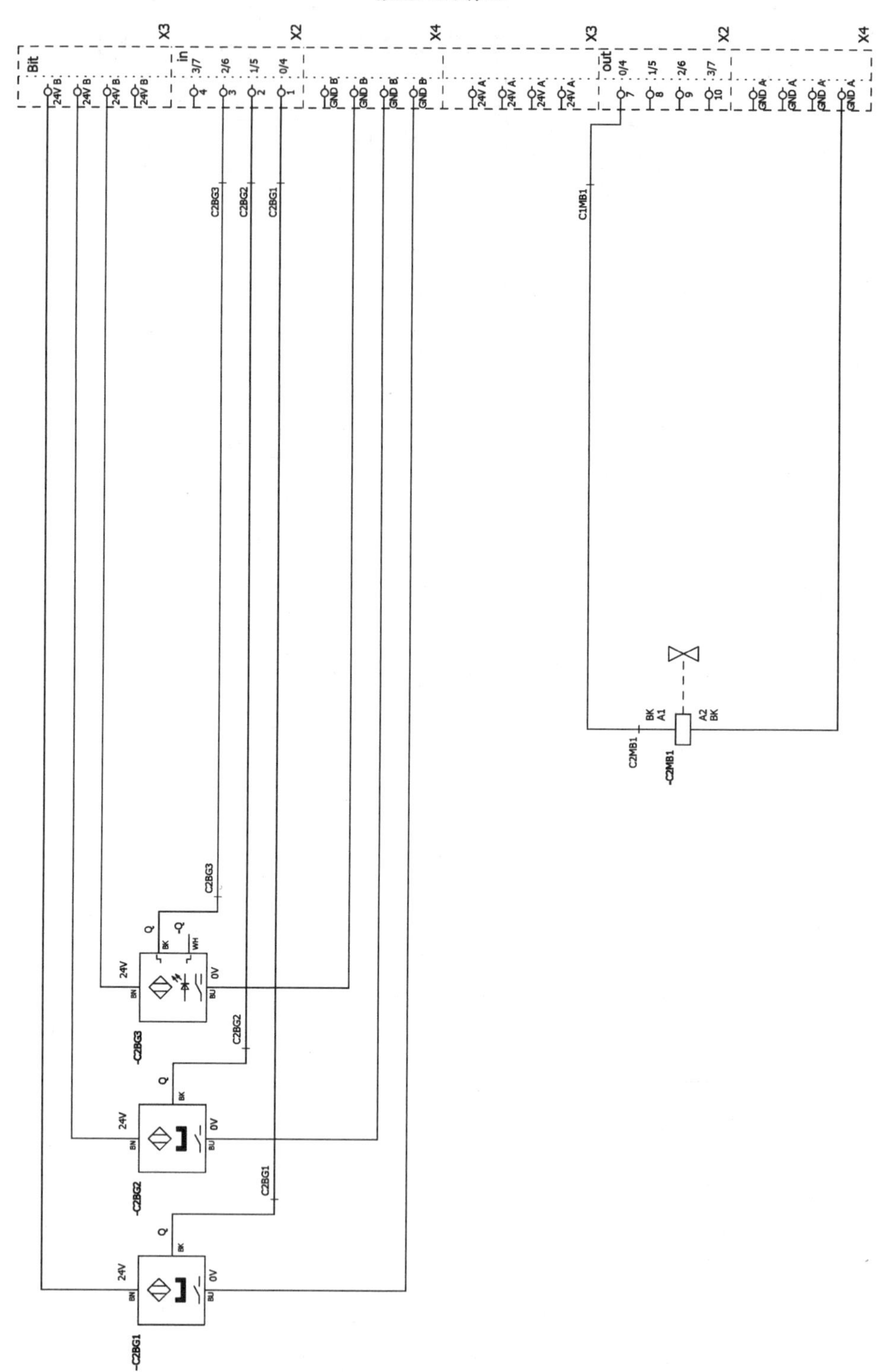

图 10.7　料仓机构与微型 I/O 终端的接线示意图

（3）料仓机构与传送带机构的微型 I/O 终端与供料工作站 C 接口的接线示意图如图 10.8 所示，图中 G1 为传送带机构，G2 为料仓机构。

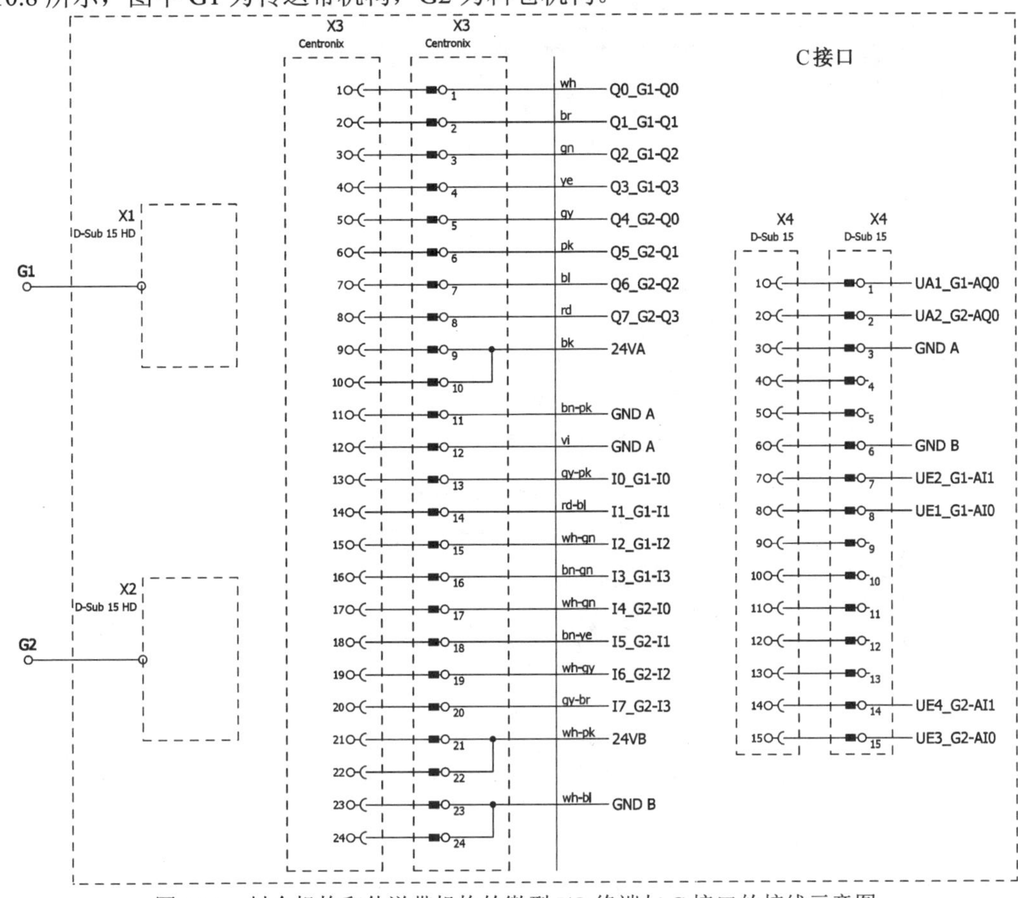

图 10.8　料仓机构和传送带机构的微型 I/O 终端与 C 接口的接线示意图

10.4.2　应用系统配置

为了使计算机能连接到 PLC 上对其进行编程调试，需要对计算机的 IP 地址进行设置。计算机 IP 地址设置操作步骤见表 10.2。

表 10.2　计算机 IP 地址设置的操作步骤

序号	图片示例	操作步骤
1	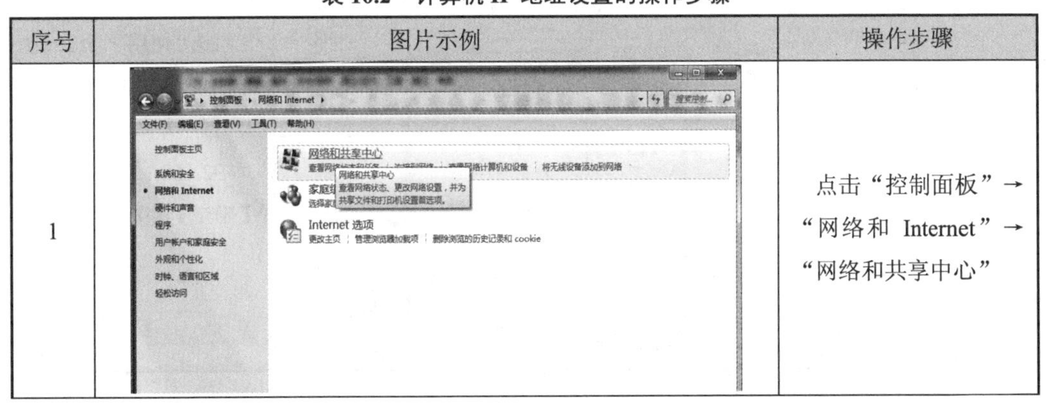	点击“控制面板”→“网络和 Internet”→“网络和共享中心”

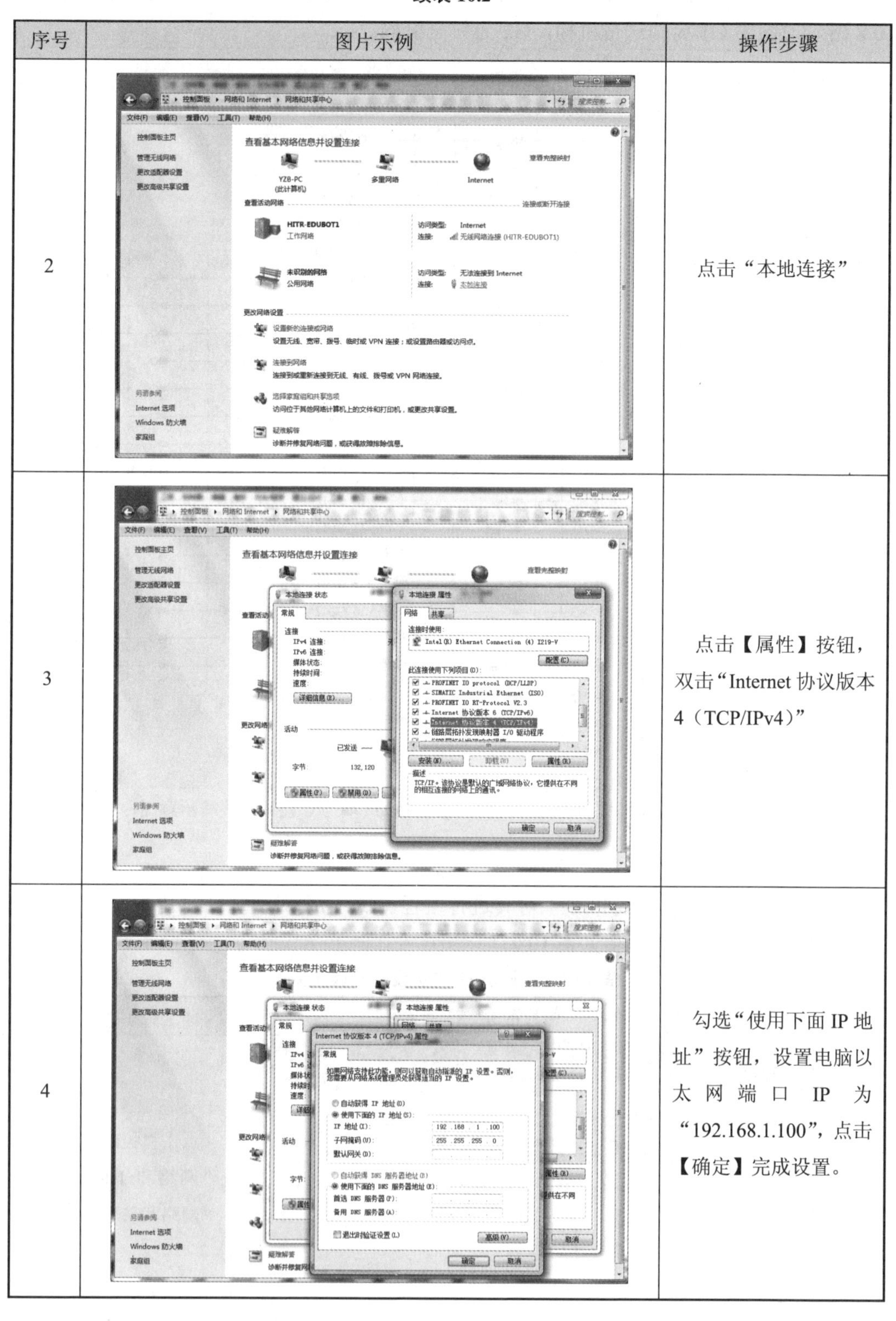

续表 10.2

序号	图片示例	操作步骤
2		点击“本地连接”
3		点击【属性】按钮，双击“Internet 协议版本4（TCP/IPv4）”
4		勾选“使用下面 IP 地址”按钮，设置电脑以太网端口 IP 为“192.168.1.100”，点击【确定】完成设置。

PLC 系统配置的操作步骤见表 10.3。

表 10.3　PLC 系统配置的操作步骤

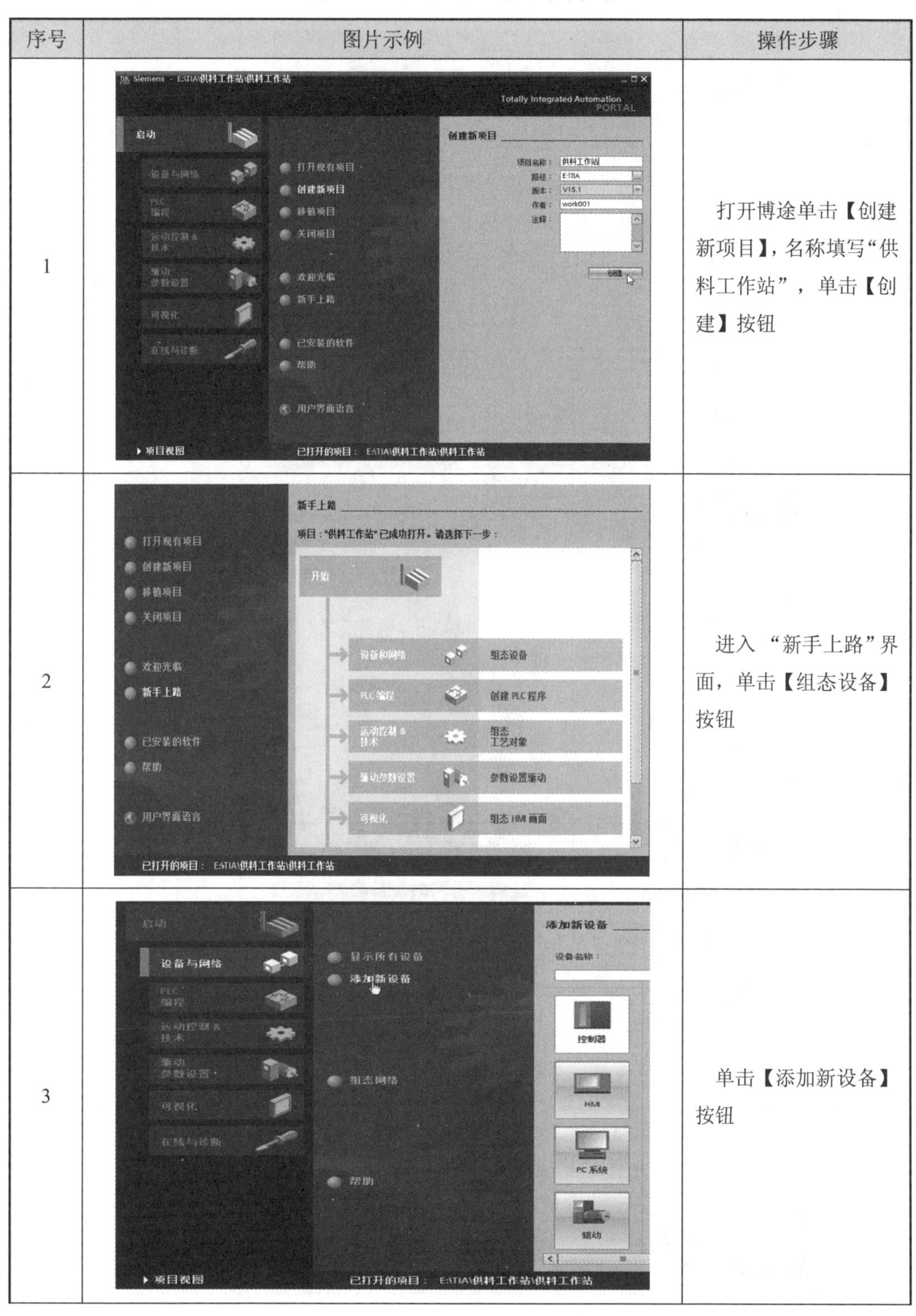

序号	图片示例	操作步骤
1		打开博途单击【创建新项目】，名称填写“供料工作站”，单击【创建】按钮
2		进入“新手上路”界面，单击【组态设备】按钮
3		单击【添加新设备】按钮

续表 10.3

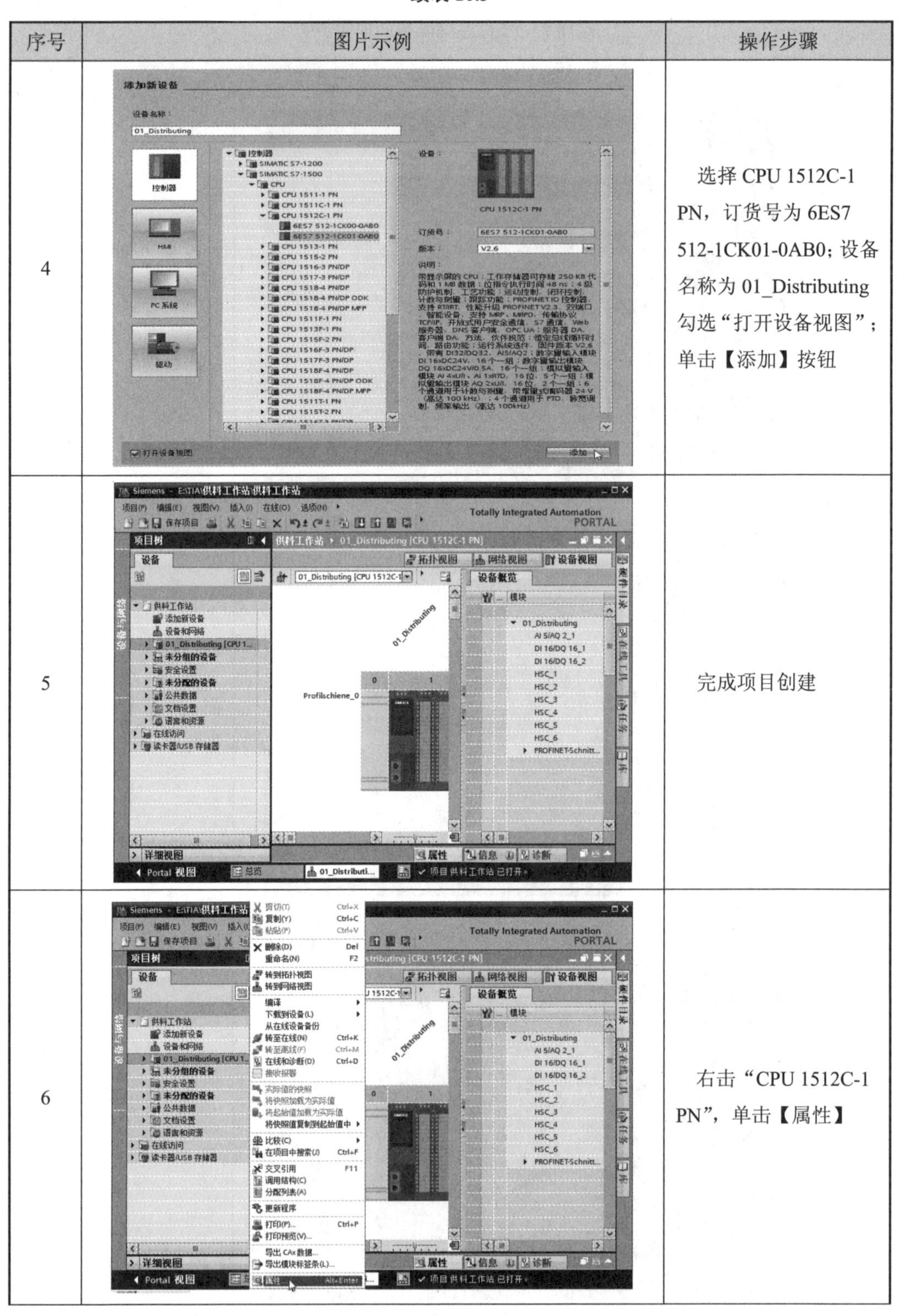

序号	图片示例	操作步骤
4		选择 CPU 1512C-1 PN，订货号为 6ES7 512-1CK01-0AB0；设备名称为 01_Distributing 勾选“打开设备视图”；单击【添加】按钮
5		完成项目创建
6		右击“CPU 1512C-1 PN”，单击【属性】

续表 10.3

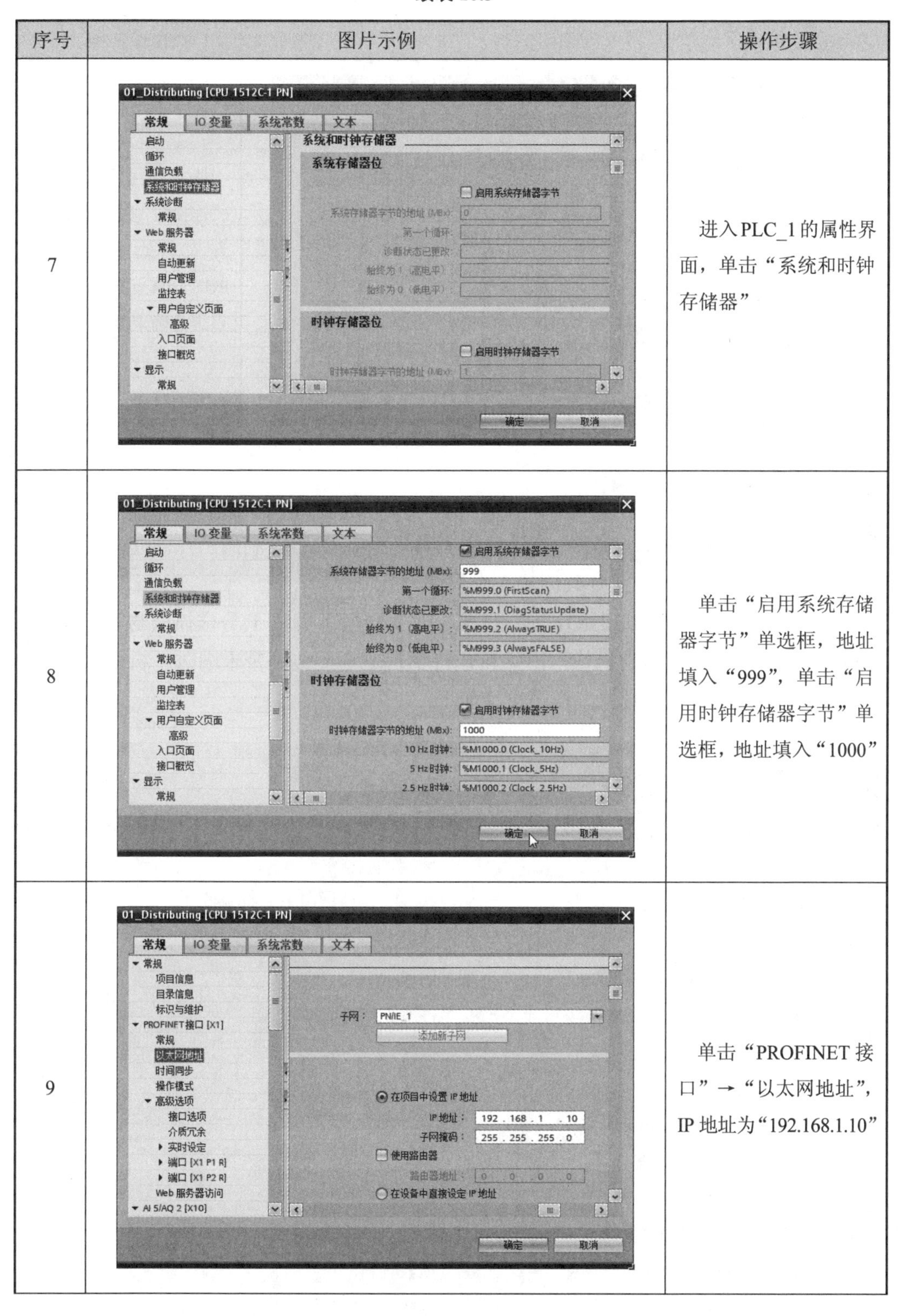

序号	图片示例	操作步骤
7		进入 PLC_1 的属性界面，单击“系统和时钟存储器”
8		单击“启用系统存储器字节”单选框，地址填入“999”，单击“启用时钟存储器字节”单选框，地址填入“1000”
9		单击“PROFINET 接口”→“以太网地址”，IP 地址为“192.168.1.10”

续表 10.3

序号	图片示例	操作步骤
10	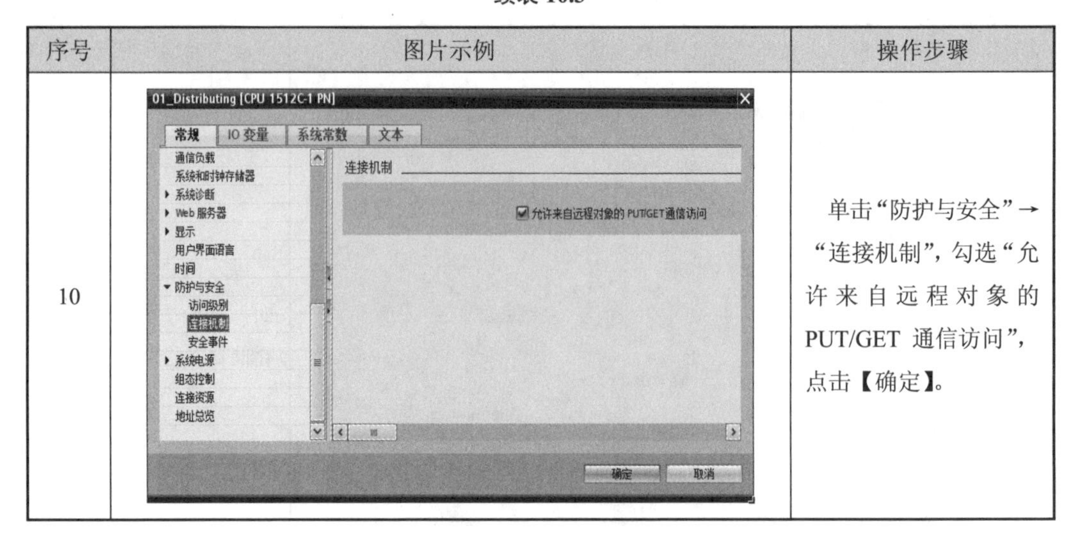	单击“防护与安全”→“连接机制”，勾选“允许来自远程对象的PUT/GET 通信访问”，点击【确定】。

10. 4. 3　机器人程序设计

在编写机器人程序前，利用六点法建立工具坐标系“1”，利用三点法建立用户坐标系“1”。根据项目分析，此处共创建 5 个程序。

（1）创建程序“GONGLIAO1”，机器人从 1 号搬运模块 1 号位抓取物料，并投入料仓机构；机器人等待料仓机构推出物料，待物料运送至传送带末端时，机器人抓取物料，放入 2 号搬运模块 1 号位。程序设计如下：

“GONGLIAO1”	程序名“GONGLIAO1”
1：L P[1] 100mm/sec FINE	起始点
2：L P[2] 100mm/sec FINE	过渡点
3：L P[3] 100mm/sec FINE	接近点
4：　RO[1]=ON	从一号搬运模块上抓取物料
5：　WAIT　1.00（sec）	等待 1 s
6：L P[4] 100mm/sec FINE	逃离点
7：L P[5] 100mm/sec FINE	过渡点
8：L P[6] 100mm/sec FINE	接近点
9：　RO[1]=OFF	投放物料至料仓机构
10：L P[7] 100mm/sec FINE	逃离点
11：　WAIT　DI[104]=ON	等待物料到达传送带末端
12：L P[8] 100mm/sec FINE	过渡点
13：L P[9] 100mm/sec FINE	接近点
14：　RO[1]=ON	抓取物料
15：　WAIT　1.00（sec）	等待 1 s

```
16：L P[10] 100mm/sec FINE            逃离点
17：L P[11] 100mm/sec FINE            过渡点
18：L P[12] 100mm/sec FINE            接近点
19：  RO[1]=OFF                       物料放至二号搬运模块上
20：L P[13] 100mm/sec FINE            逃离点
21：L P[14] 100mm/sec FINE            结束点
[End]                                 程序结束
```

（2）创建程序“GONGLIAO2”“GONGLIAO3”，机器人从 1 号搬运模块上分别抓取 2 号位、3 号位物料，并投入料仓机构；机器人等待料仓机构推出物料，待物料运送至传送带末端时，机器人抓取物料，分别放入 2 号搬运模块 2 号位、3 号位。程序除了部分路径点位置数据各不相同外，其余与程序“GONGLIAO1”一致。

（3）创建程序“BANYUN”，机器人将 2 号搬运模块上的 1 号位物料搬运至 1 号搬运模块 1 号位。程序设计如下：

```
“BANYUN”                              程序名“BANYUN”
1：L P[1] 100mm/sec FINE              起始点
2：L P[2] 100mm/sec FINE              过渡点
3：L P[3] 100mm/sec FINE              接近点
4：  RO[1]=ON                         从二号搬运模块上抓取物料
5：  WAIT   1.00（sec）               等待 1 s
6：L P[4] 100mm/sec FINE              逃离点
7：L P[5] 100mm/sec FINE              过渡点
8：L P[6] 100mm/sec FINE              接近点
9：  RO[1]=OFF                        物料放至一号搬运模块上
10：L P[7] 100mm/sec FINE             逃离点
```

机器人将二号搬运模块上的 2 号位物料搬运至一号搬运模块 2 号位。程序设计如下：

```
11：L P[8] 100mm/sec FINE             过渡点
12：L P[9] 100mm/sec FINE             过渡点
13：L P[10] 100mm/sec FINE            接近点
14：  RO[1]=ON                        从二号搬运模块上抓取物料
15：  WAIT   1.00（sec）              等待 1 s
16：L P[11] 100mm/sec FINE            逃离点
17：L P[12] 100mm/sec FINE            过渡点
18：L P[13] 100mm/sec FINE            接近点
19：  RO[1]=OFF                       物料放至一号搬运模块上
20：L P[14] 100mm/sec FINE            逃离点
```

机器人将 2 号搬运模块上的 3 号位物料搬运至 1 号搬运模块 3 号位。程序设计如下：

```
21：L P[15] 100mm/sec FINE          过渡点
22：L P[16] 100mm/sec FINE          过渡点
23：L P[17] 100mm/sec FINE          接近点
24：  RO[1]=ON                      从二号搬运模块上抓取物料
25：  WAIT   1.00（sec）             等待 1 s
26：L P[18] 100mm/sec FINE          逃离点
27：L P[19] 100mm/sec FINE          过渡点
28：L P[20] 100mm/sec FINE          接近点
29：  RO[1]=OFF                     物料放至一号搬运模块上
30：L P[21] 100mm/sec FINE          逃离点
31：L P[22] 100mm/sec FINE          结束点
[End]                               程序结束
```

（4）创建启动程序“RSR0001”，调用已编写好的 4 个程序。设置 RSR 启动方式，配置外部设备 I/O 输入启动程序信号，使得系统自动运行。程序设计如下：

```
"RSR0001"                           程序名“RSR0001”
1：  UFRAME_NUM=1                   添加用户坐标系“1”
2：  UTOOL_NUM=1                    添加工具坐标系“1”
3：  CALL   GONGLIAO1               调用程序“GONGLIAO1”
4：  CALL   GONGLIAO2               调用程序“GONGLIAO2”
5：  CALL   GONGLIAO3               调用程序“GONGLIAO3”
6：  CALL   BANYUN                  调用程序“BANYUN”
[End]                               程序结束
```


10. 4. 4 PLC 程序设计

供料搬运系统中，PLC 的程序应用有供料工作站和智能制造实训台，本章将介绍供料工作站的 PLC 程序设计。供料工作站中共需要添加 3 个函数块（FB），其名称、功能与语言见表 10.4。

表 10.4　函数块

块名称	功能	块语言
Fb_OpMode	操作面板控制	LAD
FB_SeqNTransport	传送带机构控制	Graph
FB_Mod_SM	料仓机构控制	Graph

本章将以供料工作站的传送带机构为例，介绍其程序设计。函数块（FB）的创建步骤此处不再加以赘述，变量名称与数据类型可自行定义填写。传送带机构的主体程序设计步骤见表 10.5。

表 10.5　传送带机构的主体程序设计步骤

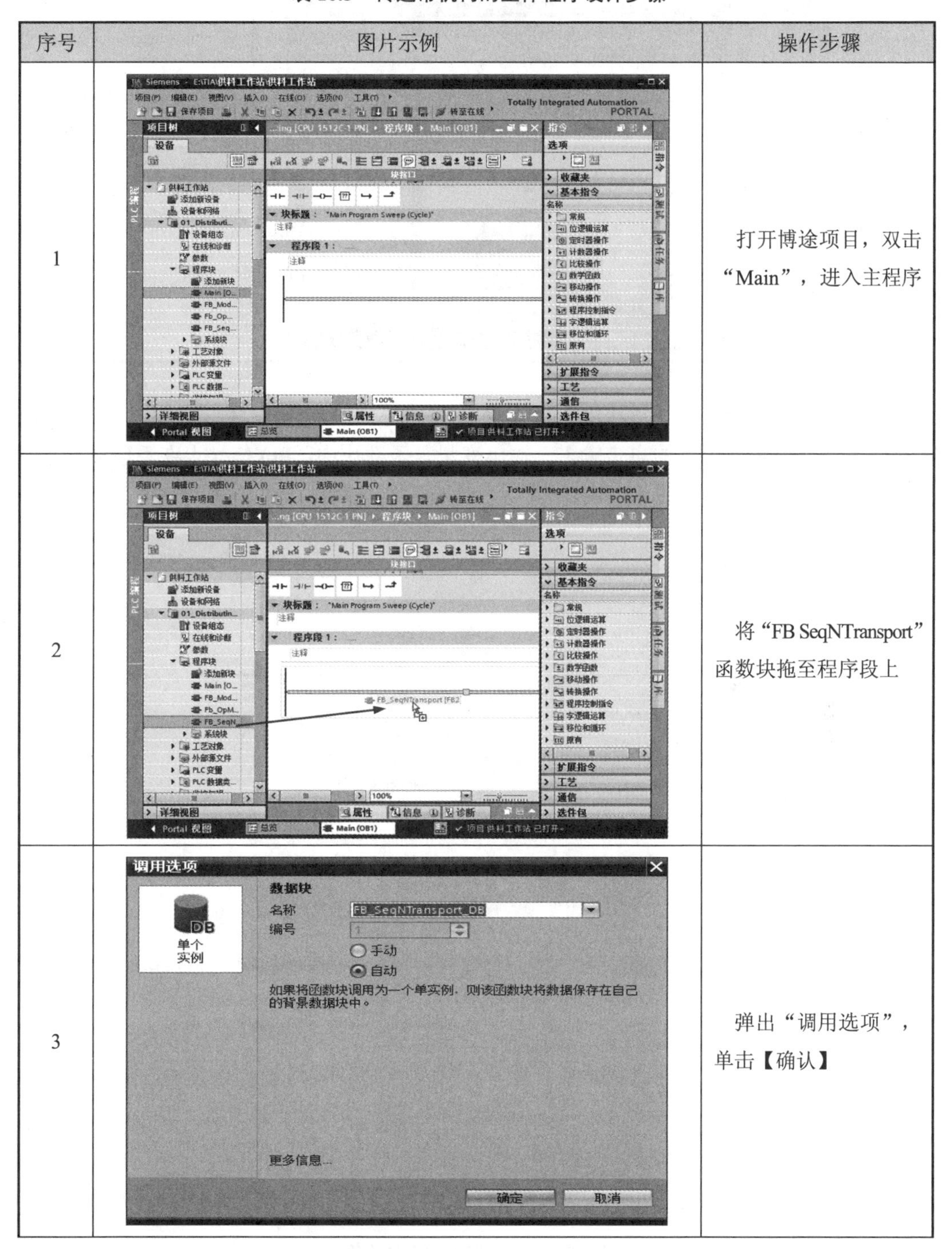

序号	图片示例	操作步骤
1		打开博途项目，双击“Main”，进入主程序
2		将“FB SeqNTransport”函数块拖至程序段上
3		弹出“调用选项”，单击【确认】

续表 10.5

序号	图片示例	操作步骤
4	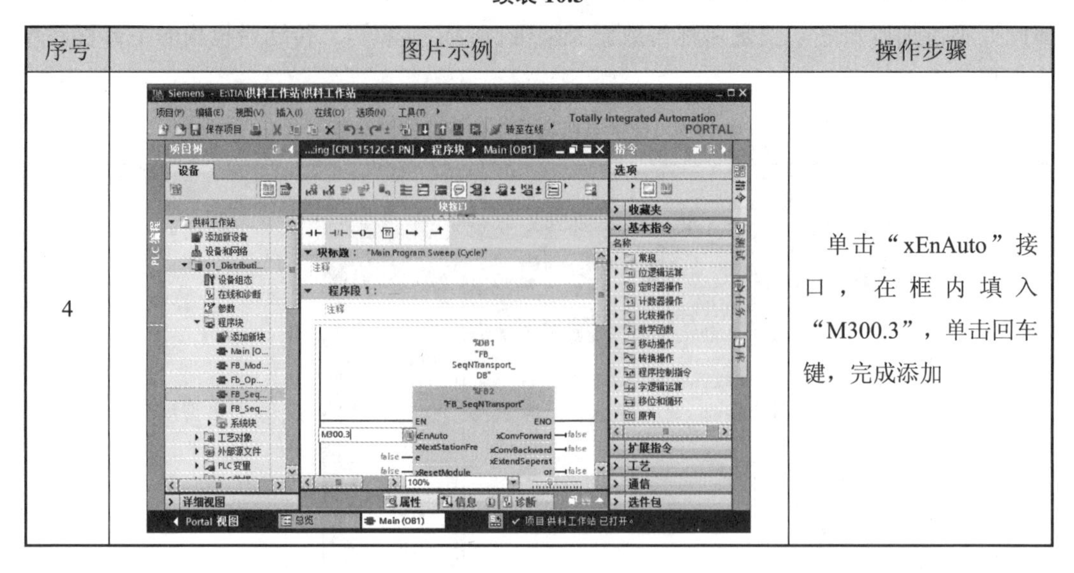	单击“xEnAuto”接口，在框内填入“M300.3”，单击回车键，完成添加

在识别模块的函数块中依次填入所需变量，识别模块的完整主体程序如图 10.9 所示。图中已去除部分未使用到的自带输入、输出变量。函数块中，I/O 信号点在系统硬件连接部分已做讲解。地址说明见表 10.6，其中，连接说明为与此地址连接的其他两个函数块输入、输出点。

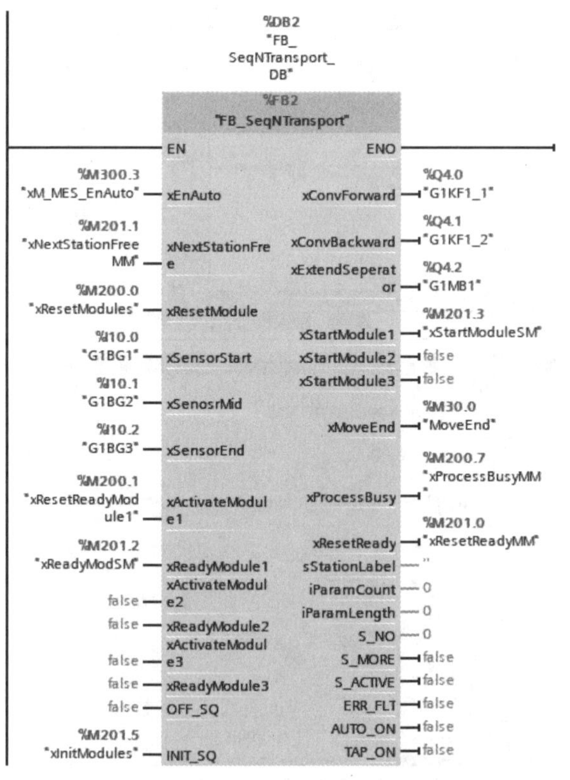

图 10.9 传送带机构主体程序

表 10.6　函数块地址说明

地址	连接说明	功能说明
M300.3	“操作面板”输出点	启动信号
M201.1	“操作面板”输出点	下一站空闲信号
M200.0	“操作面板”输出点	传送带机构复位
M200.1	“料仓机构”输出点	激活传送带机构
M201.2	“料仓机构”输出点	传送带机构准备就绪
M201.5	“操作面板”输出点	激活初始步
M201.3	“料仓机构”输入点	启动料仓机构
M30.0	/	物料到达末端位置
M200.7	“操作面板”输入点	传送带机构忙碌信号
M201.0	“操作面板”输入点	传送带机构已复位

传送带机构的程序语言为 Graph，函数块包括前固定永久命令。前固定永久命令是指可以使用永久指令编写待执行顺控程序之前/之后的程序代码，这意味着可以编写在顺控程序的每个周期中独立执行的条件和块调用。前固定永久命令设计见表 10.7。

表 10.7　前固定永久命令设计

序号	图片示例	操作步骤
1	S_MOVE String to String EN ENO 'SU' #sStationName IN OUT #sStationLabel	将常量 sStationName（‘SU’）传送给输出变量 sStationLabel
2	MOVE EN ENO 0 IN OUT1 #iParamCount	将 0 传递给输出变量 iParamCount
3	MOVE EN ENO 0 IN OUT1 #iParamLength	将 0 传递给输出变量 iParamLength

当前步激活时，Graph 常用的命令有：

- 命令 N：当步为活动步时，输出被置为 1；该步变为不活动步时，输出被复位为 0。
- 命令 S：当步为活动步时，使输出置位为 1 状态并保持。
- 命令 R：当步为活动步时，使输出复位为 0 状态并保持。
- 命令 CALL：用来调用块，当该步为活动步时，调用命令中指定的块。
- 命令 D：使某一动作执行延时，延时时间在该命令右下方的方框中设置。

传送带机构的程序语言设计见表 10.8。

表 10.8　传送带机构的程序语言设计

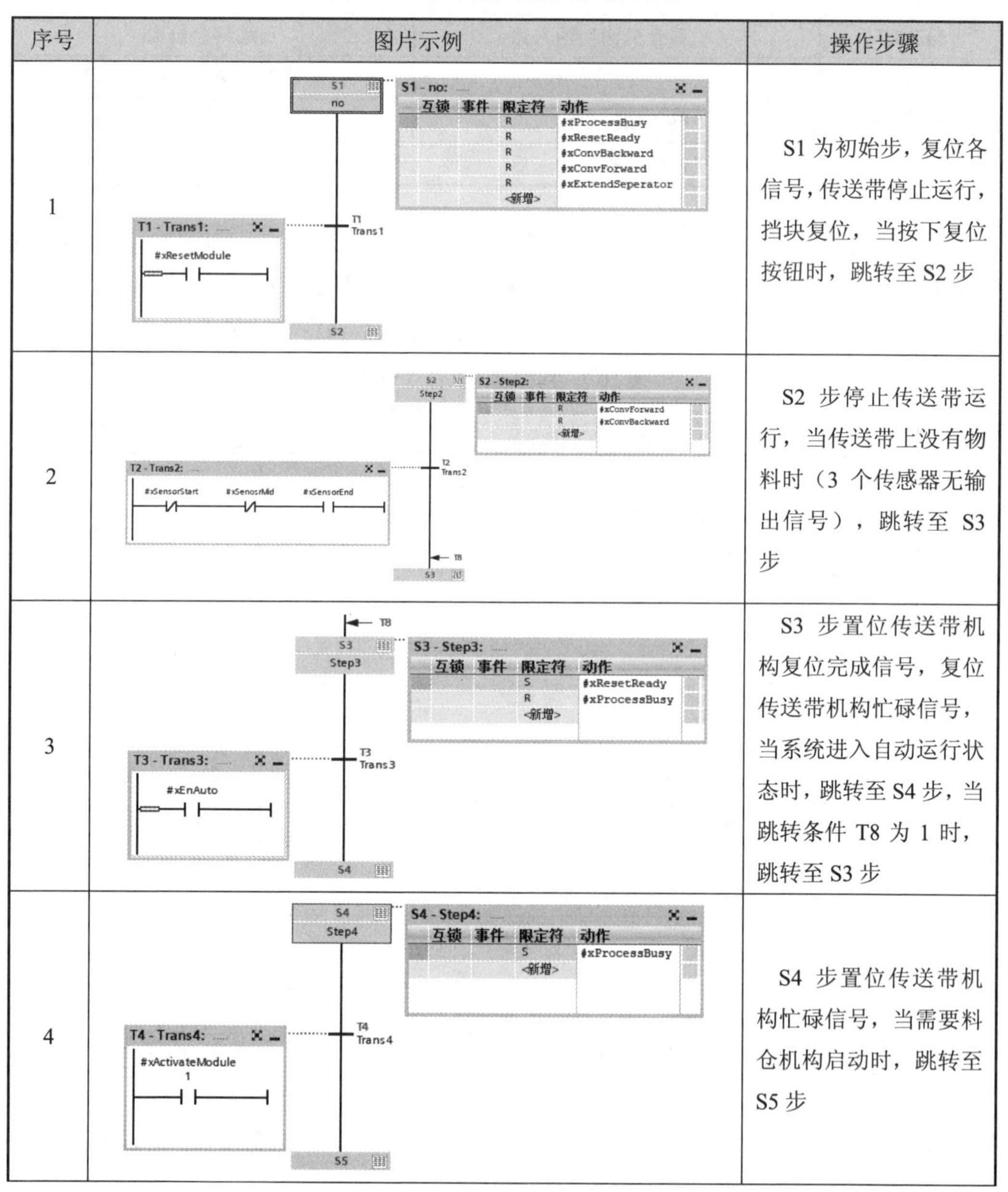

序号	图片示例	操作步骤
1		S1 为初始步，复位各信号，传送带停止运行，挡块复位，当按下复位按钮时，跳转至 S2 步
2		S2 步停止传送带运行，当传送带上没有物料时（3 个传感器无输出信号），跳转至 S3 步
3		S3 步置位传送带机构复位完成信号，复位传送带机构忙碌信号，当系统进入自动运行状态时，跳转至 S4 步，当跳转条件 T8 为 1 时，跳转至 S3 步
4		S4 步置位传送带机构忙碌信号，当需要料仓机构启动时，跳转至 S5 步

续表 10.8

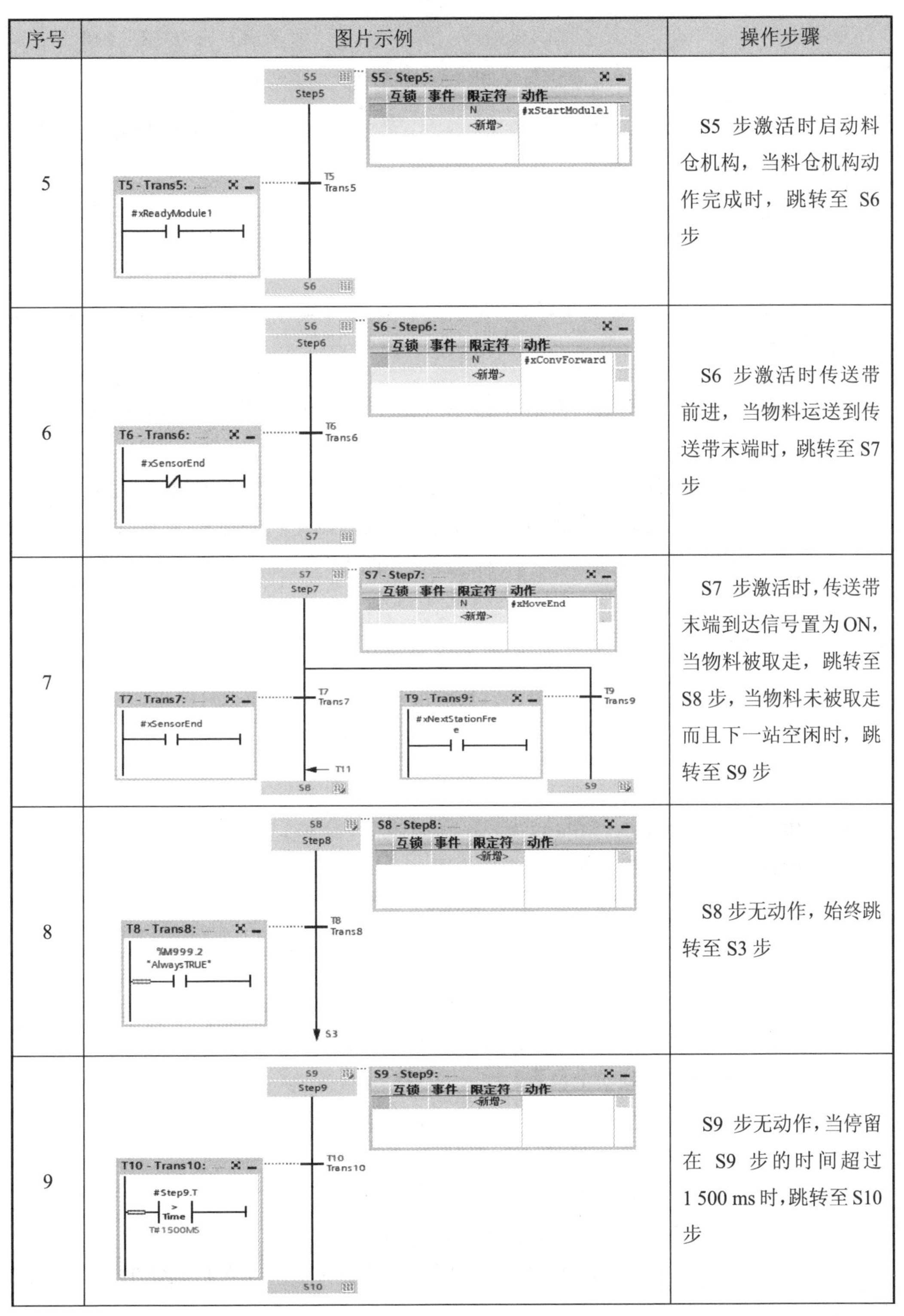

序号	图片示例	操作步骤
5		S5 步激活时启动料仓机构，当料仓机构动作完成时，跳转至 S6 步
6		S6 步激活时传送带前进，当物料运送到传送带末端时，跳转至 S7 步
7		S7 步激活时，传送带末端到达信号置为 ON，当物料被取走，跳转至 S8 步，当物料未被取走而且下一站空闲时，跳转至 S9 步
8		S8 步无动作，始终跳转至 S3 步
9		S9 步无动作，当停留在 S9 步的时间超过 1 500 ms 时，跳转至 S10 步

续表 10.8

序号	图片示例	操作步骤
10	S10 Step10 S10 - Step10: 互锁 事件 限定符 动作 N #xConvForward <新增> T11 Trans11 T11 - Trans11: #xSensorEnd #Step10.T > Time T#1500ms S8	S10 步激活时控制传送带前进，当物料移动至下一站后，跳转至 S8 步

10.4.5 项目调试

（1）调整气动部分，检查气路是否正确，气压是否合理，气缸的动作速度是否合理。

（2）检查 I/O 接线是否正确。

（3）检查光电式传感器安装是否合理，灵敏度是否合适，保证检测的可靠性。

（4）放入物料，运行程序看供料搬运系统动作是否满足任务要求。

（5）调试各种可能出现的情况，比如系统突然断电时，是否能够正常复位。

（6）优化程序。

10.4.6 项目总体运行

项目运行的总体流程包括 3 个方面：启动准备、项目启动和项目停止。

1. 启动准备

（1）确保电源正常。

（2）确认气源压力为 0.5 MPa 以上。

（3）确认工作站各机构模块处于合理位置。

（4）确认物料放在指定模块上。

（5）确认机器人各轴处于合理位置。

2. 项目启动

（1）在智能制造实训台上旋转电源开关至 ON，等待开机。

（2）手动将机器人调到安全位置。

（3）在供料工作站操作面板上将钥匙按顺时针方向旋转至水平位置（MAN），复位灯点亮。

（4）按下供料工作站复位按钮。

（5）供料工作站将回到初始位置，复位灯熄灭。

（6）在供料工作站操作面板上将钥匙逆时针方向旋转至垂直位置（AUTO），启动灯点亮。

（7）点击智能制造实训台上的【启动】按钮，供料搬运系统开始运行。

3. 项目停止

（1）点击【停止】按钮。

（2）等待机器完全停止。

（3）将电源开关旋转至“OFF”以断电。

※ 供料搬运项目验证

10. 5　项目验证

以下将对项目进行验证，对系统运行的每一步骤观察是否符合设计要求，系统运行步骤见表 10.9。

表 10.9　系统运行步骤

序号	图片示例	操作步骤
1		机器人从 1 号搬运模块上抓取物料
2		机器人向料仓机构投放物料

续表 10.9

序号	图片示例	操作步骤
3	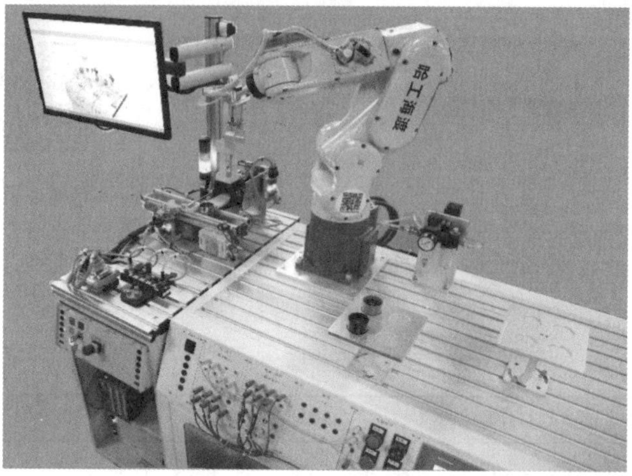	料仓机构推出物料
4	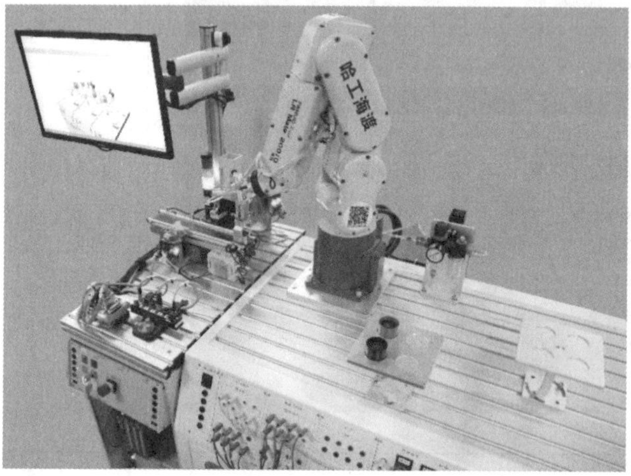	传送带将料仓机构推出的物料运送至末端，机器人收到信号后，从传送带末端抓取物料
5	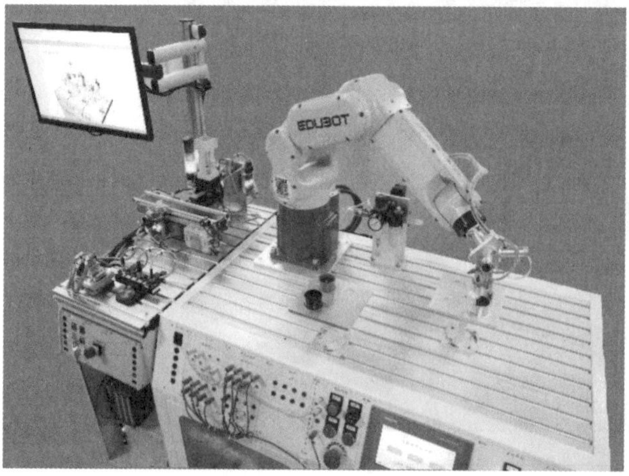	机器人将抓取的物料放至 2 号搬运模块

续表 10.9

序号	图片示例	操作步骤
6	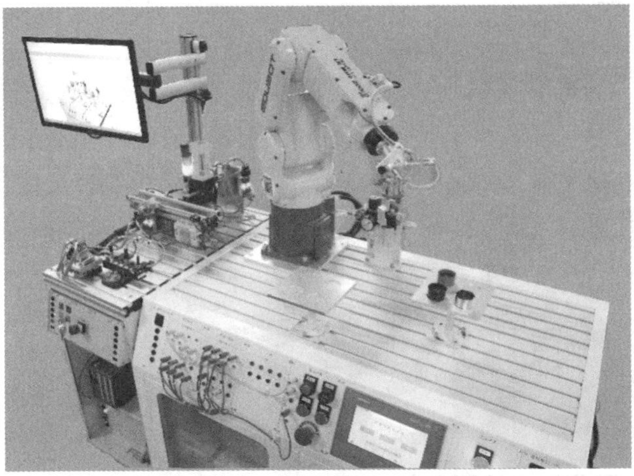	系统重复以上步骤将 1 号搬运模块上的物料分别搬运至 2 号搬运模块
7	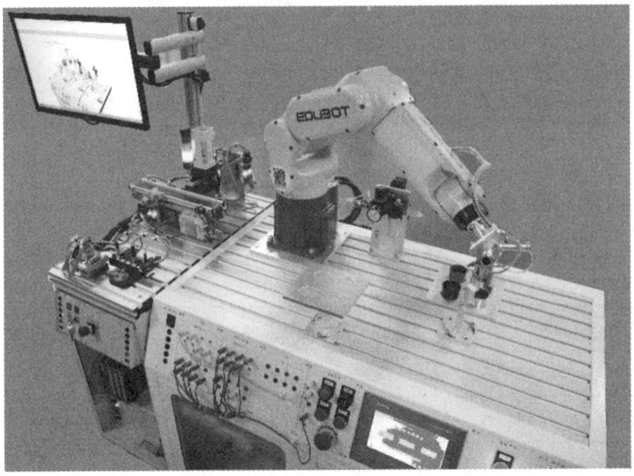	机器人抓取 2 号搬运模块上的物料
8		机器人将物料搬运至 1 号搬运模块上，重复步骤，分别将 2 号搬运模块上其余物料全部搬运至 1 号搬运模块上

续表 10.9

序号	图片示例	操作步骤
9		项目运行结束

10.6 项目总结

10.6.1 项目评价

项目评价见表 10.10。

表 10.10 项目评价

项目指标		分值	自评	互评	评分说明
项目分析	1. 硬件构架分析	6			
	2. 软件构架分析	6			
	3. 项目流程分析	6			
项目要点	1. 模块化集成	8			
	2. PLC 程序设计	8			
	3. 机器人程序设计	8			
项目步骤	1. 应用系统连接	8			
	2. 应用系统配置	8			
	3. 主体程序设计	8			
	4. 关联程序设计	8			
	5. 项目程序调试	8			
	6. 项目运行调试	8			
项目验证	效果验证	10			
合计		100			

10.6.2　项目拓展

本项目围绕供料搬运系统（图 10.10），对其项目构架、系统连接配置和程序的设计进行了讨论学习。项目中，PLC 程序设计以供料工作站中的传送带机构为例进行了详细介绍，根据传送带机构的 PLC 程序设计思路，设计出料仓机构的 PLC 程序。

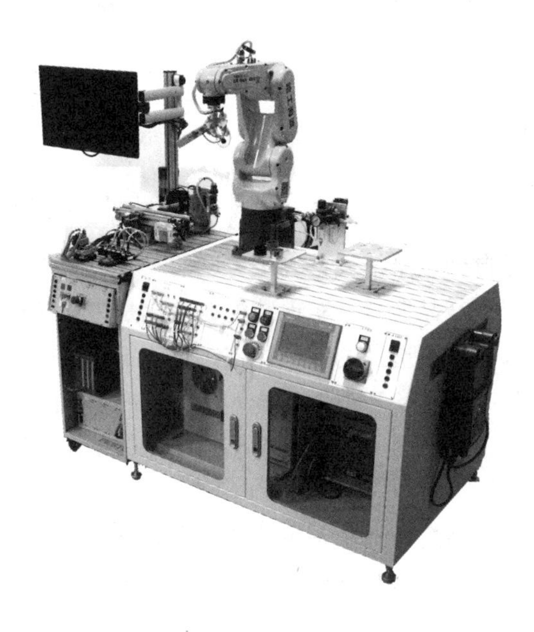

图 10.10　供料搬运系统

第11章　装配焊接系统

※ 装配焊接项目简介

11.1　项目目的

11.1.1　项目背景

自动化装配是指以自动化系统代替人工劳动的一种装配作业项目，目的在于提高生产效率，降低成本，保证产品质量。实现装配自动化是生产过程自动化或工厂自动化的重要标志。焊接已经渗透到制造业的各个领域，目前工业应用领域最广泛的是机器人焊接。焊接机器人能在恶劣的环境下连续工作，并能提供稳定的焊接质量，提高工作效率，减轻工人的劳动强度。采用机器人焊接是焊接自动化的革命性进步，突破了焊接专机的传统方式。

在汽车生产车间里，装配和焊接是生产流程中必不可少的工序，且基本都已实现全自动化。如图11.1所示，机器人正在给流水线上的汽车车头装配部件，并进行焊接。

图11.1　汽车装配与焊接

11.1.2　项目需求

本项目通过机器人与传送带、气动机械手等机构的配合工作，实现对待加工物料进行装配、搬运、焊接的一套完整的系统流程。项目需求框图如图11.2所示。

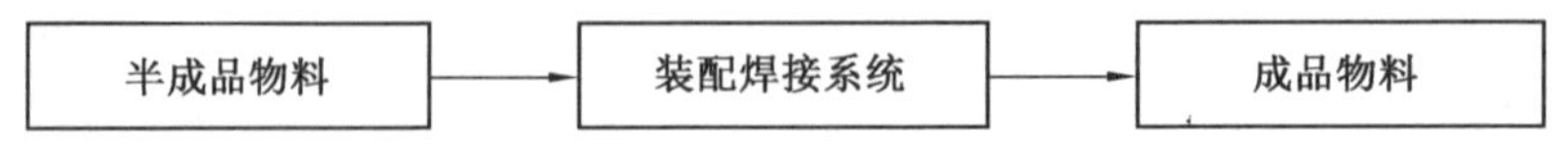

图11.2　项目需求框图

11. 1. 3　项目目的

（1）熟悉装配焊接系统的模块化集成特点。

（2）掌握装配焊接系统中的 PLC 程序设计方法。

（3）掌握装配焊接系统中的机器人程序设计方法。

11. 2　项目分析

11. 2. 1　项目构架

本项目中，通过智能制造实训台和装配工作站的集成，组成一个装配焊接系统。项目中智能制造实训台搭载 FANUC 机器人、搬运模块和定位模块，与装配工作站相结合，通过物料装配、搬运、焊接、摆放等工序，完成一套完整的装配焊接系统流程。装配焊接系统如图 11.3 所示。

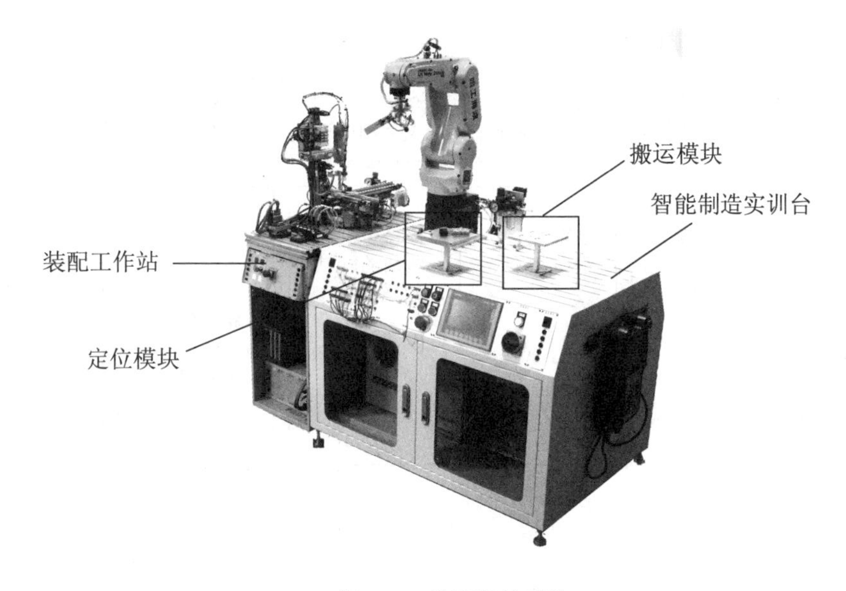

图 11.3　装配焊接系统

系统开始运行时，手动将物料壳体和上盖放在对应的传送带上，传送带机构启动运行。当传送带上的上盖和壳体均到达装配位置后，气动机械手机构吸取上盖并安装在物料壳体上。安装完成后，物料继续运送至传送带末端。末端传感器检测到物料后，将传递信号给智能制造实训台，机器人开始运行。机器人到传送带末端抓取物料，并放至定位模块，机器人对物料进行模拟焊接。焊接完成后，将物料放至搬运模块上。装配焊接系统的工作流程图如图 11.4 所示。

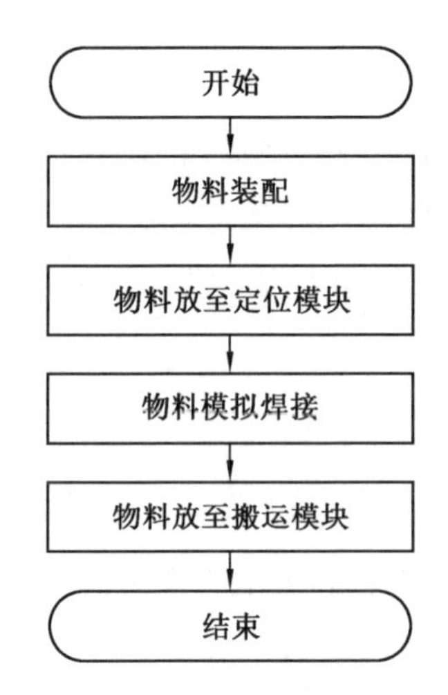

图 11.4　装配焊接系统工作流程图

11.2.2　项目流程

本项目实施流程如图 11.5 所示。

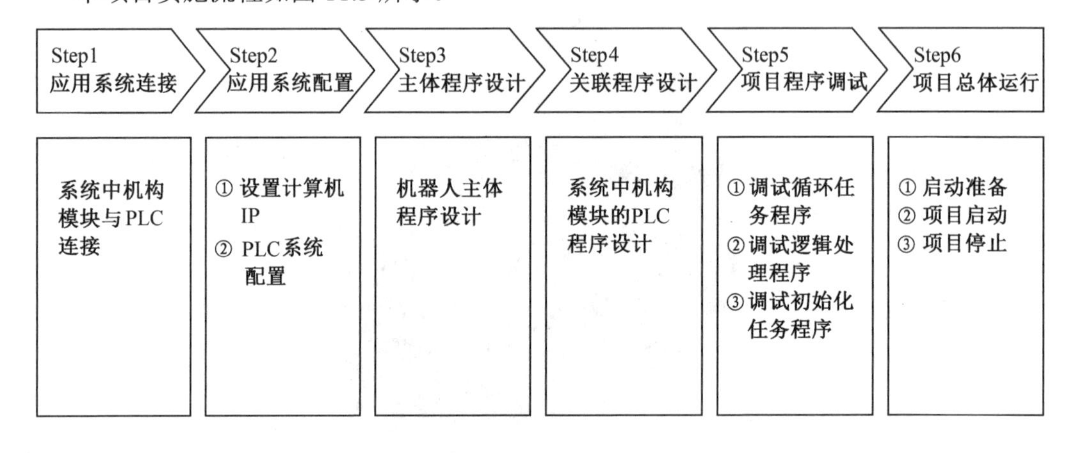

图 11.5　项目流程图

11.3　项目要点

1. 模块化集成

装配焊接系统由装配工作站和智能制造实训台组成，系统的构架采用模块化的设计，各个机构模块均可单独拆卸和组成。模块化集成的效果保证了工作系统的灵活性，也使得对系统的机构模块之间的搭配和机械调试更为多样化。

2. PLC 程序设计

系统中装配工作站 PLC 程序采用对应各个模块的设计方式，每个模块拥有各自独立的 PLC 程序。

3. 机器人程序设计

智能制造实训台上的机器人通过与装配工作站及模块的配合设计出合理的程序，从而使装配焊接系统正常运行。

11.4 项目步骤

※ 装配焊接项目步骤

11.4.1 应用系统连接

装配焊接系统的系统连接主要包括装配工作站中的传送带机构、气动机械手机构与 PLC 的连接，智能制造实训台中的机器人与 PLC 的连接，以及智能制造实训台与装配工作站的通信连接。机器人与 PLC 通过 I/O 通信连接。智能制造实训台通过 S7 通信与装配工作站连接，S7 通信是西门子 S7 系列 PLC 内部集成的一种通信协议。装配工作站传送带机构的末端信号通过 PLC 中“传送带机构”函数块传递给变量，智能制造实训台 PLC 通过 S7 协议获取该变量信号的状态，并传递给机器人数字 I/O。此处设定装配工作站中 PLC 变量为“M30.0”，机器人数字 I/O 信号为“DI104”。

装配工作站的系统连接包括物料上盖传送带机构微型 I/O 终端、物料壳体传送带机构微型 I/O 终端与 C 接口的连接，C 接口与控制面板（PLC）的连接。由于 C 接口只能供两个微型 I/O 端子连接，因此气动机械手机构的微型 I/O 终端是通过现场总线接口连接至交换机，再由交换机与 PLC 连接。

1. 装配工作站 PLC 的 I/O 分配

装配工作站的端口信号分配及 PLC 的 I/O 信号见表 11.1。

表 11.1 I/O 信号分配

名称	信号端点	连接部件	功能说明	名称	信号端点	连接部件	功能说明
G1BG1	I10.0	传感器	壳体传送带始端检测	G1KF1-1	Q4.0	控制器	壳体传送带前进
G1BG2	I10.1	传感器	壳体传送带中端检测	G1KF1-2	Q4.1	控制器	壳体传送带后退
G1BG3	I10.2	传感器	壳体传送带末端检测	G1MB1	Q4.2	螺线管	螺线管阻挡
G1BG4	I10.3	传感器	检测物料是否加盖	G1MB2	Q4.3	电磁阀	制动器水平缩回
G2BG1	I10.4	传感器	上盖传送带始端检测	G2KF1-1	Q4.4	控制器	上盖传送带前进
G2BG3	I10.6	传感器	上盖传送带末端检测	G2KF1-2	Q4.5	控制器	上盖传送带后退
G3BG1	I110.0	传感器	水平气缸后限位	G3MB1	Q80.0	电磁阀	水平气缸缩回
G3BG2	I110.1	传感器	水平气缸前限位	G3MB2	Q80.1	电磁阀	水平气缸伸出
G3BG3	I110.2	传感器	垂直气缸上限位	G3MB3	Q80.2	电磁阀	垂直气缸伸出
G3BP1	I110.3	传感器	真空传感器检测	G3MB4	Q80.3	电磁阀	打开真空

2. 装配工作站的硬件连接

（1）传送带机构与微型 I/O 终端的连接。

装配工作站中的壳体传送带与微型 I/O 终端的接线示意图如图 11.6 所示。

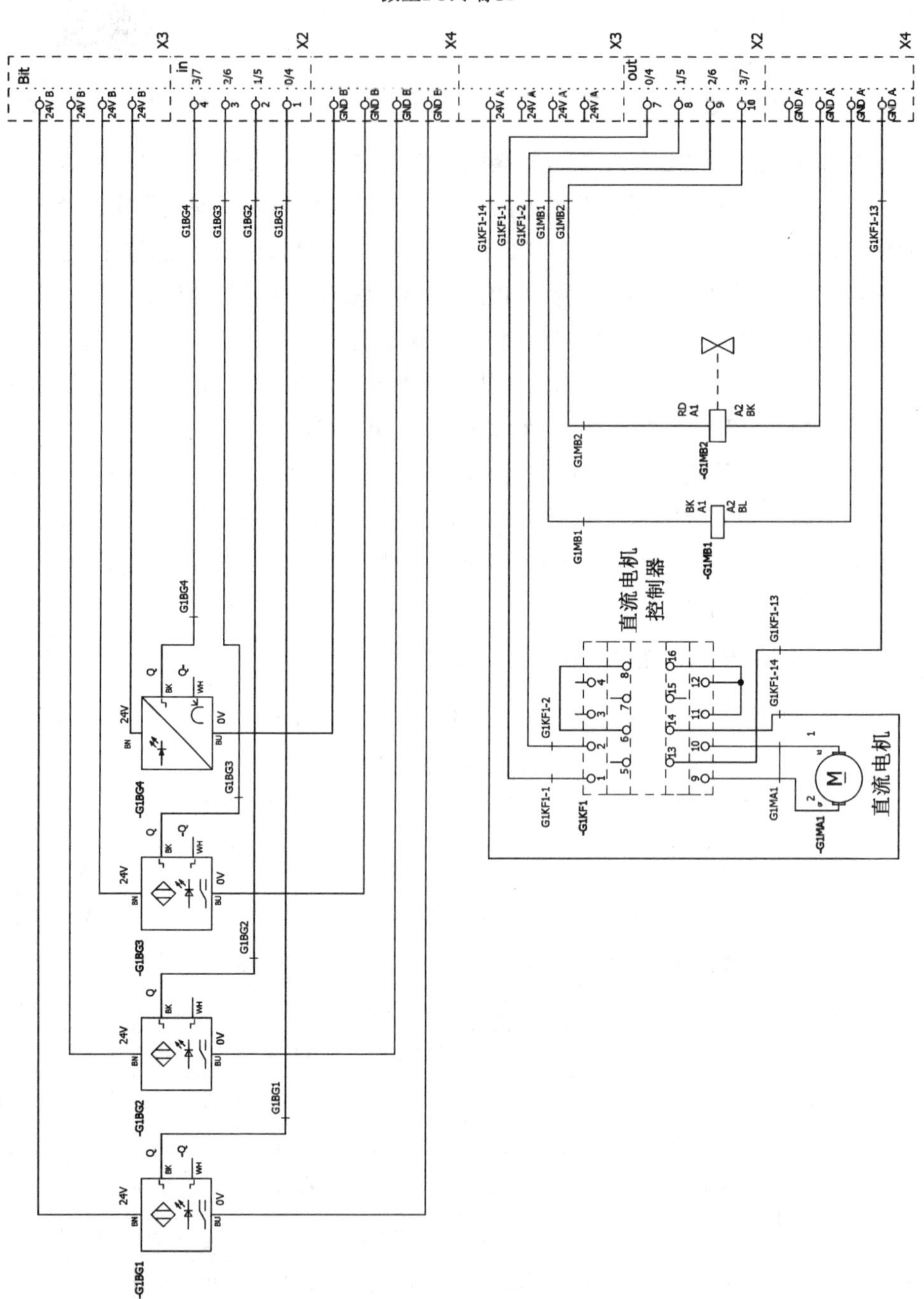

图 11.6　壳体传送带与微型 I/O 终端的接线示意图

上盖传送带与微型 I/O 终端的接线示意图如图 11.7 所示。

微型I/O终端G2

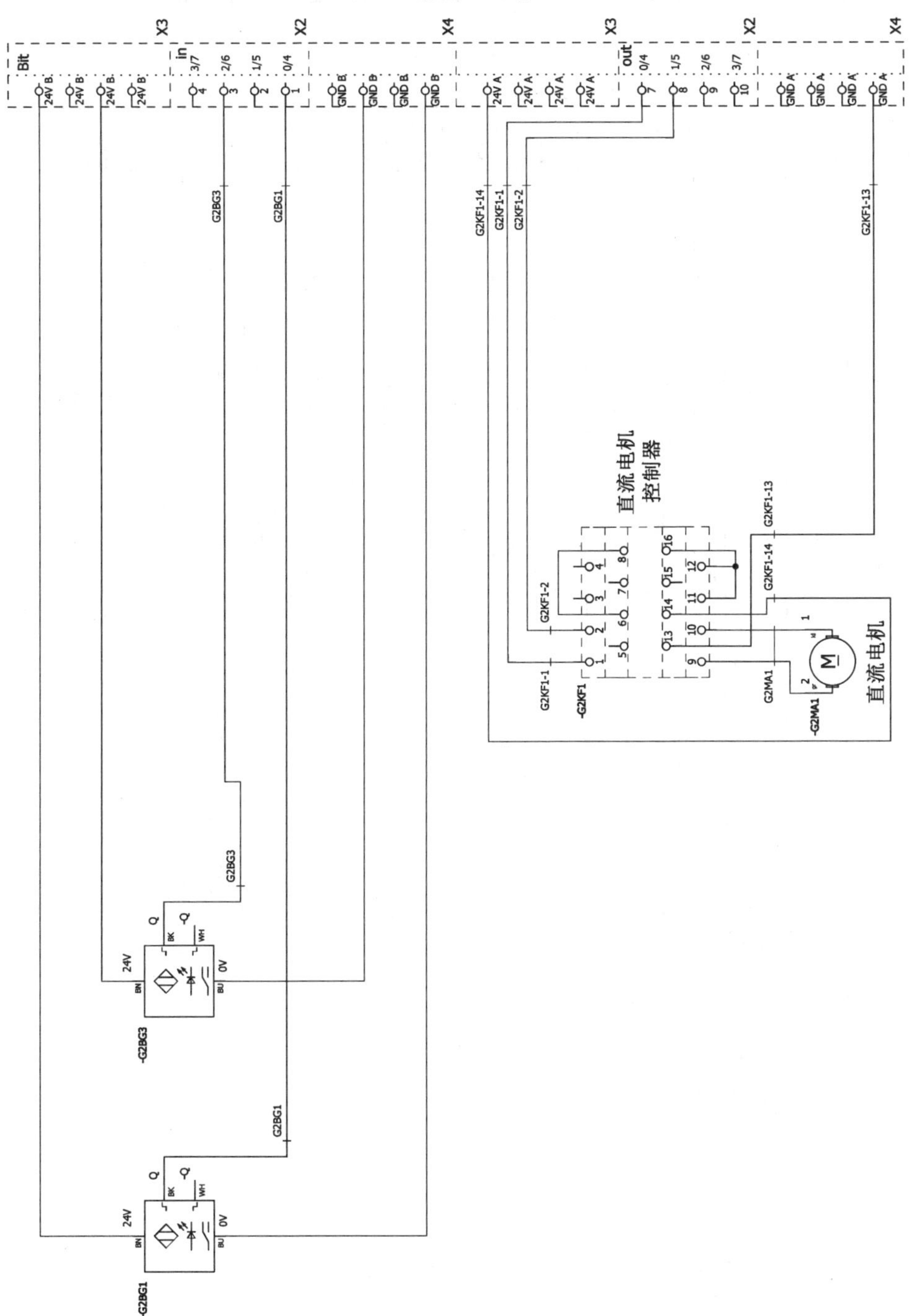

图 11.7　上盖传送带与微型 I/O 终端的接线示意图

（2）气动机械手机构与微型 I/O 终端的连接。

装配工作站中气动机械手机构与微型 I/O 终端的接线示意图如图 11.8 所示。

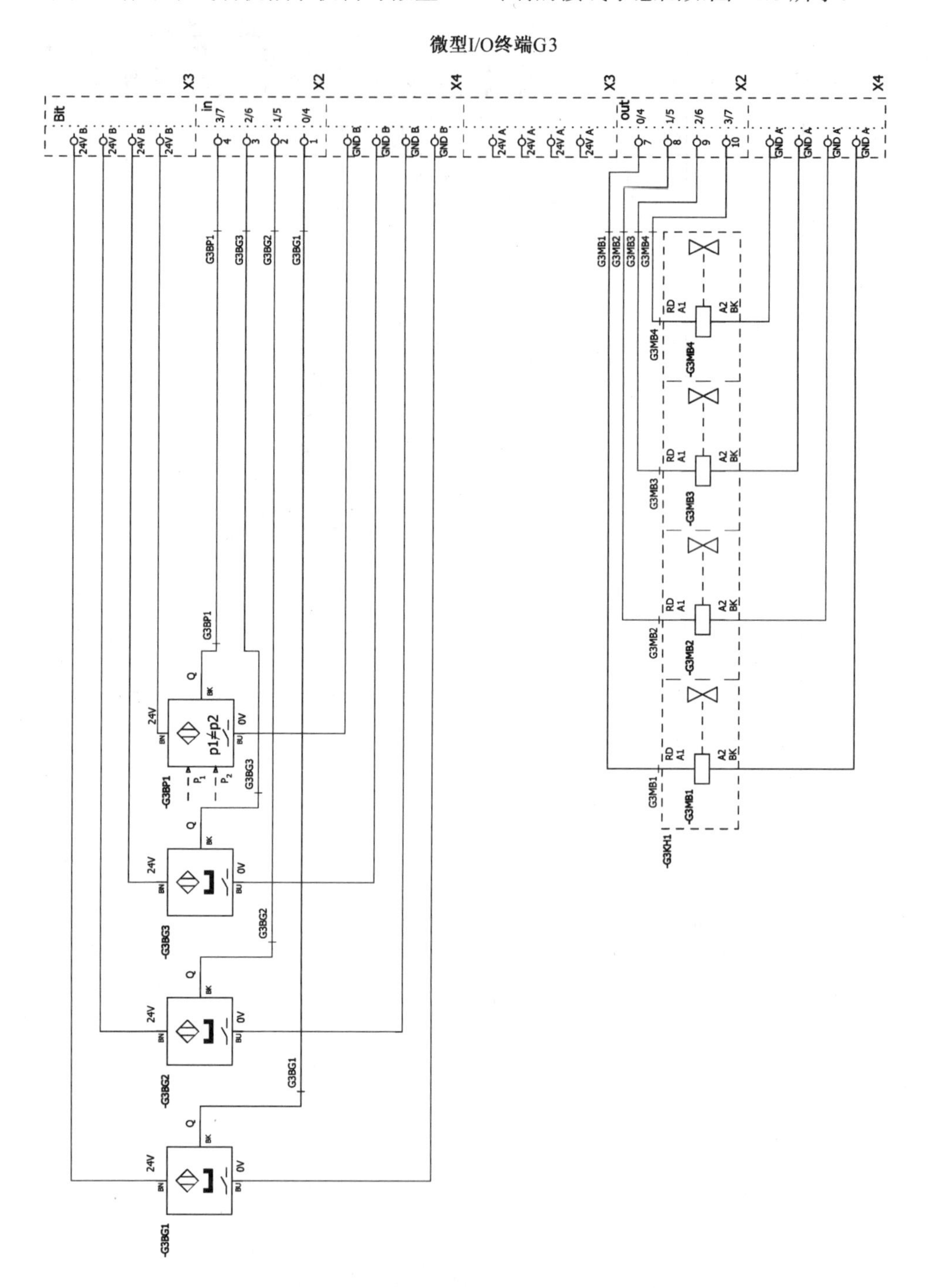

图 11.8　气动机械手机构与微型 I/O 终端的接线示意图

（3）壳体传送带机构和上盖传送带机构的微型 I/O 终端与装配工作站 C 接口的连接。

装配工作站中的壳体传送带机构和上盖传送带机构的微型 I/O 终端与装配工作站 C 接口的接线示意图如图 11.9 所示，图中 G1、G2 为两条传送带机构。

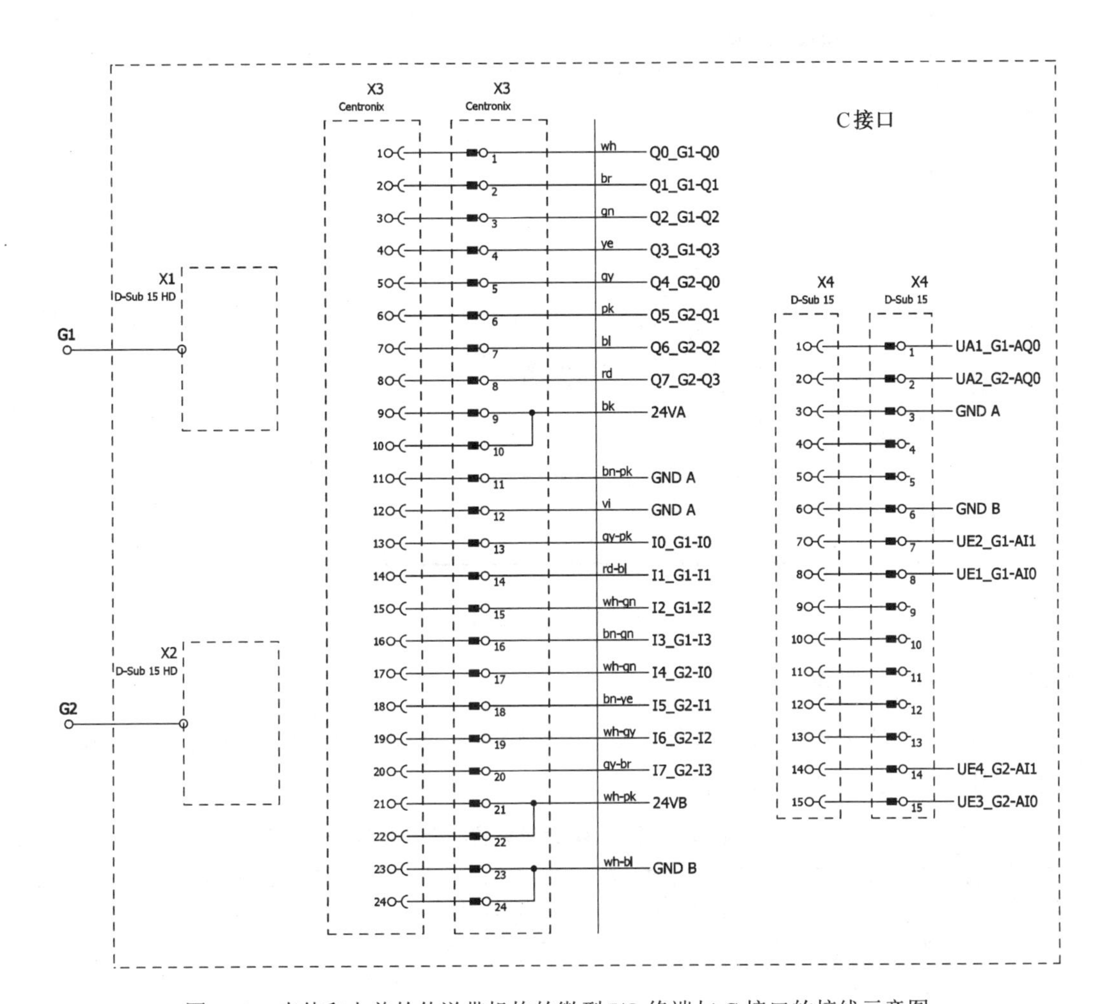

图 11.9 壳体和上盖的传送带机构的微型 I/O 终端与 C 接口的接线示意图

（4）气动机械手机构微型 I/O 终端与 I/O Link DA 接口的连接。

装配工作站中的气动机械手机构的微型 I/O 终端与 I/O Link DA 接口的接线示意图如图 11.10 所示，图中 G3 为气动机械手机构。

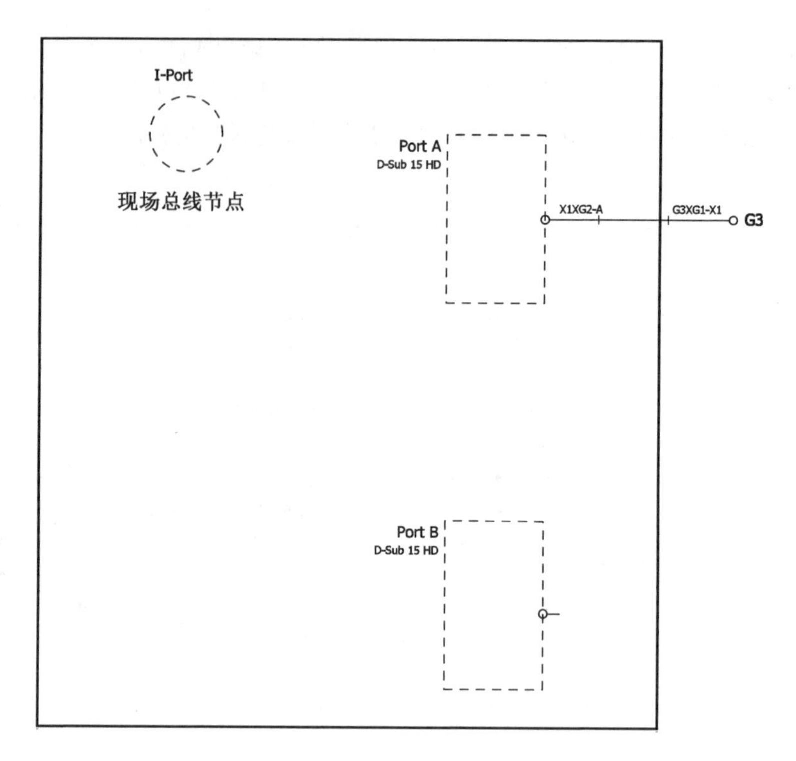

图 11.10　微型 I/O 终端与 I/O Link DA 接口接线示意图

11.4.2　应用系统配置

为了使计算机能连接到 PLC 上对其进行编程调试，需要对计算机的 IP 地址进行设置。计算机 IP 地址设置的操作步骤见表 11.2。

表 11.2　计算机 IP 地址设置的操作步骤

序号	图片示例	操作步骤
1	控制面板 › 网络和 Internet › 文件(F) 编辑(E) 查看(V) 工具(T) 帮助(H) 控制面板主页 系统和安全 网络和 Internet 硬件和声音 程序 用户帐户和家庭安全 外观和个性化 时钟、语言和区域 轻松访问 网络和共享中心 Internet 选项	点击“控制面板”→“网络和 Internet”→“网络和共享中心”

续表 11.2

序号	图片示例	操作步骤
2	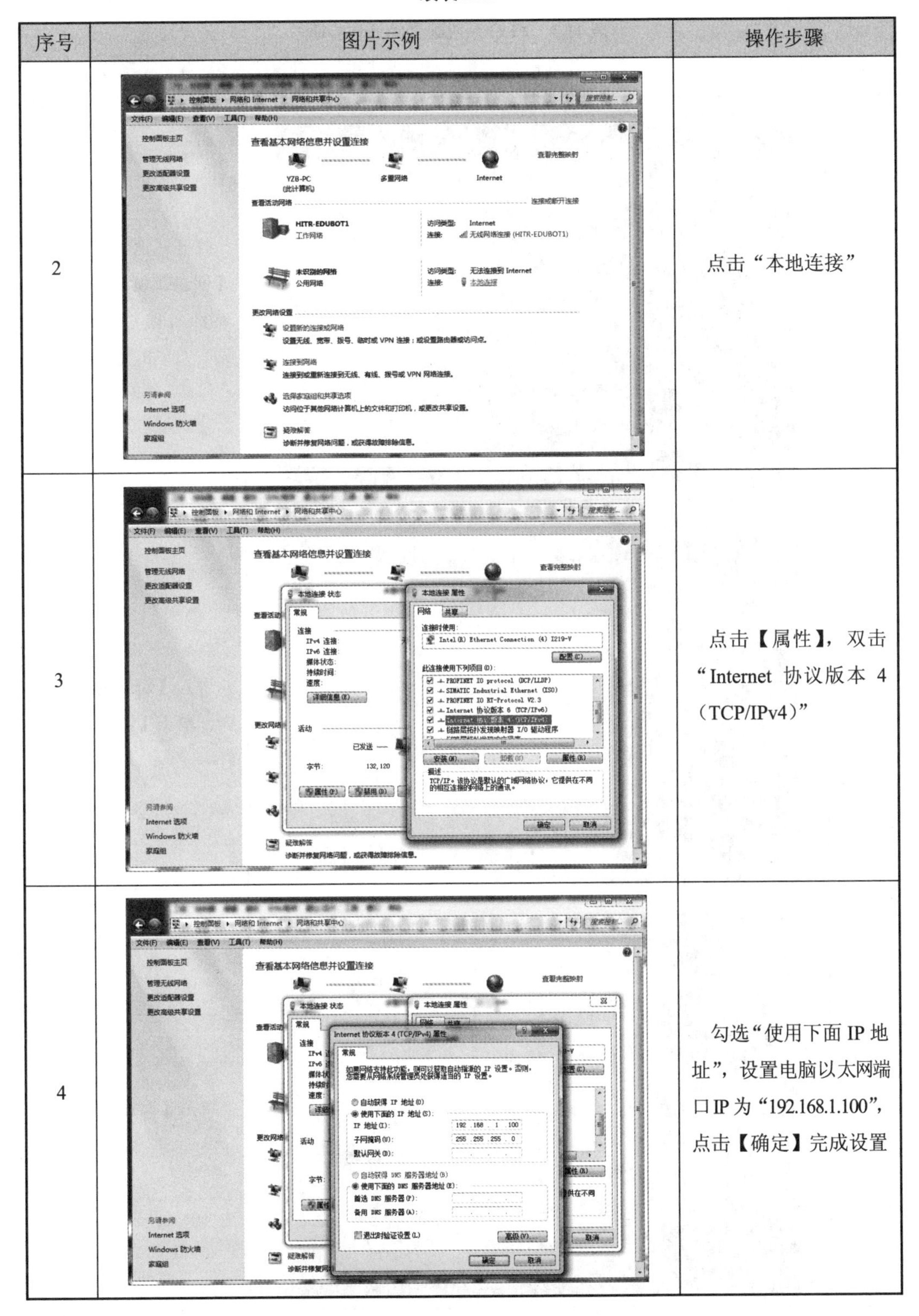	点击“本地连接”
3		点击【属性】，双击“Internet 协议版本 4（TCP/IPv4）”
4		勾选“使用下面 IP 地址”，设置电脑以太网端口IP为“192.168.1.100”，点击【确定】完成设置

PLC 系统配置的操作步骤见表 11.3。

表 11.3　PLC 系统配置的操作步骤

序号	图片示例	操作步骤
1	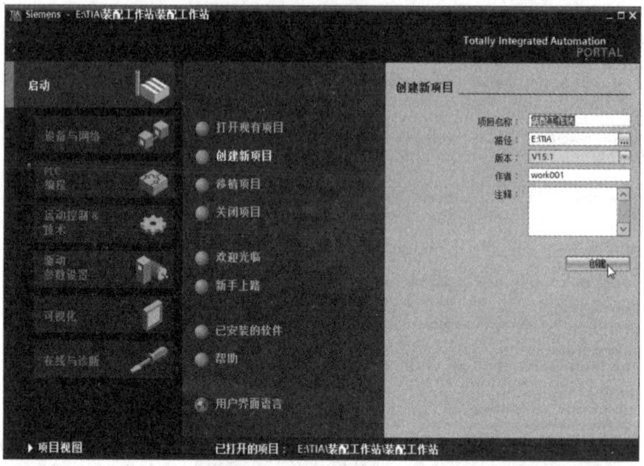 Siemens - E:\TIA\装配工作站\装配工作站 Totally Integrated Automation PORTAL 启动 设备与网络 PLC 编程 运动控制 & 技术 驱动参数设置 可视化 在线与诊断 打开现有项目 创建新项目 移植项目 关闭项目 欢迎光临 新手上路 已安装的软件 帮助 用户界面语言 创建新项目 项目名称：装配工作站 路径：E:\TIA 版本：V15.1 作者：work001 注释： 创建 ▸ 项目视图 已打开的项目：E:\TIA\装配工作站\装配工作站	打开博途软件，单击【创建新项目】，填写项目名称“装配工作站”，单击【创建】
2	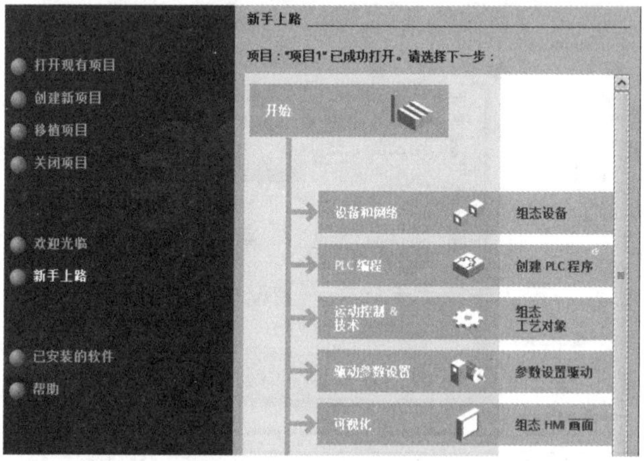 打开现有项目 创建新项目 移植项目 关闭项目 欢迎光临 新手上路 已安装的软件 帮助 新手上路 项目："项目1"已成功打开。请选择下一步： 开始 设备和网络　组态设备 PLC 编程　创建 PLC 程序 运动控制 & 技术　组态工艺对象 驱动参数设置　参数设置驱动 可视化　组态 HMI 画面	进入【新手上路】界面，单击【组态设备】
3	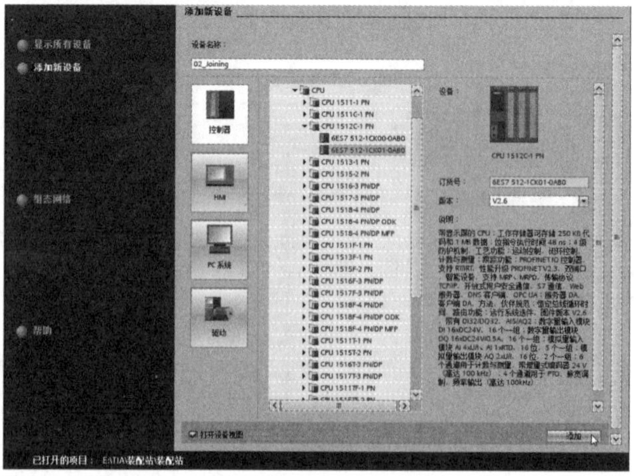 显示所有设备 添加新设备 组态网络 帮助 添加新设备 设备名称： 02_Joining 控制器 HMI PC 系统 驱动 CPU CPU 1511-1 PN CPU 1511C-1 PN CPU 1512C-1 PN 6ES7 512-1CK00-0AB0 6ES7 512-1CK01-0AB0 CPU 1513-1 PN CPU 1515-2 PN CPU 1516-3 PN/DP CPU 1517-3 PN/DP CPU 1518-4 PN/DP CPU 1518-4 PN/DP ODK CPU 1518-4 PN/DP MFP CPU 1511F-1 PN CPU 1513F-1 PN CPU 1515F-2 PN CPU 1516F-3 PN/DP CPU 1517F-3 PN/DP CPU 1518F-4 PN/DP CPU 1518F-4 PN/DP ODK CPU 1518F-4 PN/DP MFP CPU 1511T-1 PN CPU 1515T-2 PN CPU 1516T-3 PN/DP CPU 1517T-3 PN/DP CPU 1511TF-1 PN 设备： CPU 1512C-1 PN 订货号：6ES7 512-1CK01-0AB0 版本：V2.6 说明： 打开设备视图 添加 已打开的项目：E:\TIA\装配站\装配站	单击【添加新设备】

续表 11.3

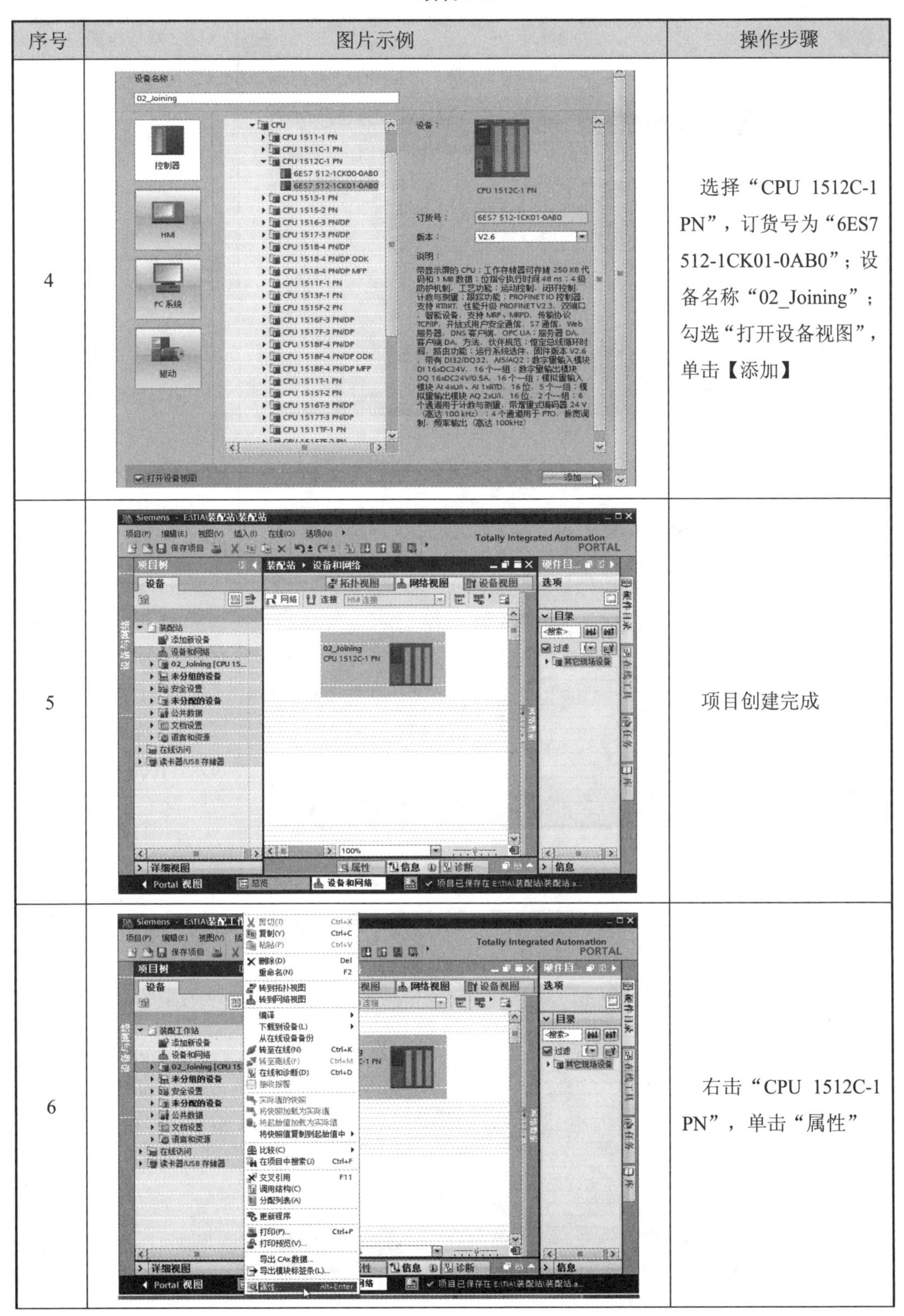

序号	图片示例	操作步骤
4		选择“CPU 1512C-1 PN”，订货号为“6ES7 512-1CK01-0AB0”；设备名称“02_Joining”；勾选“打开设备视图”，单击【添加】
5		项目创建完成
6		右击“CPU 1512C-1 PN”，单击“属性”

续表 11.3

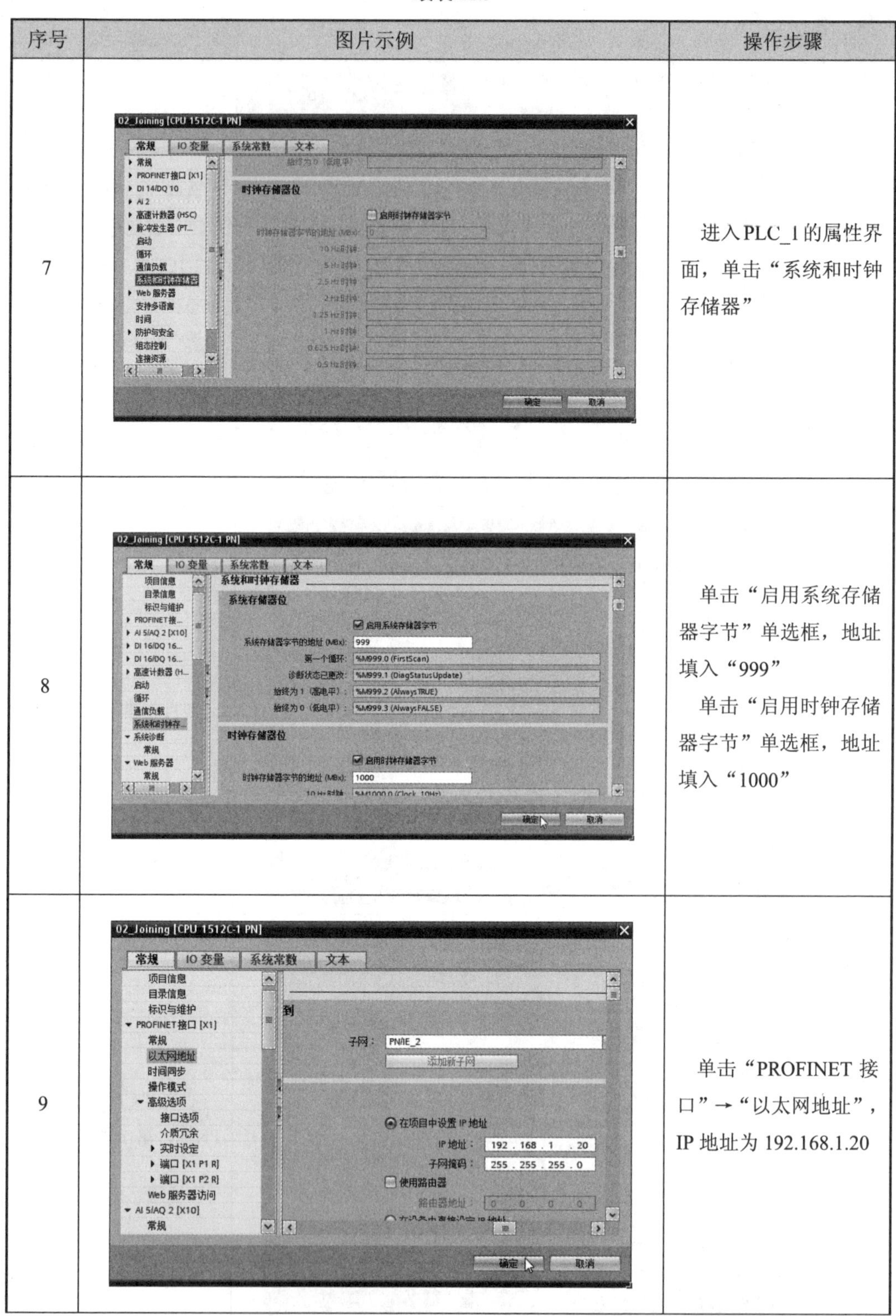

序号	图片示例	操作步骤
7		进入PLC_1的属性界面，单击“系统和时钟存储器”
8		单击“启用系统存储器字节”单选框，地址填入“999” 单击“启用时钟存储器字节”单选框，地址填入“1000”
9		单击“PROFINET 接口”→“以太网地址”，IP 地址为 192.168.1.20

续表 11.3

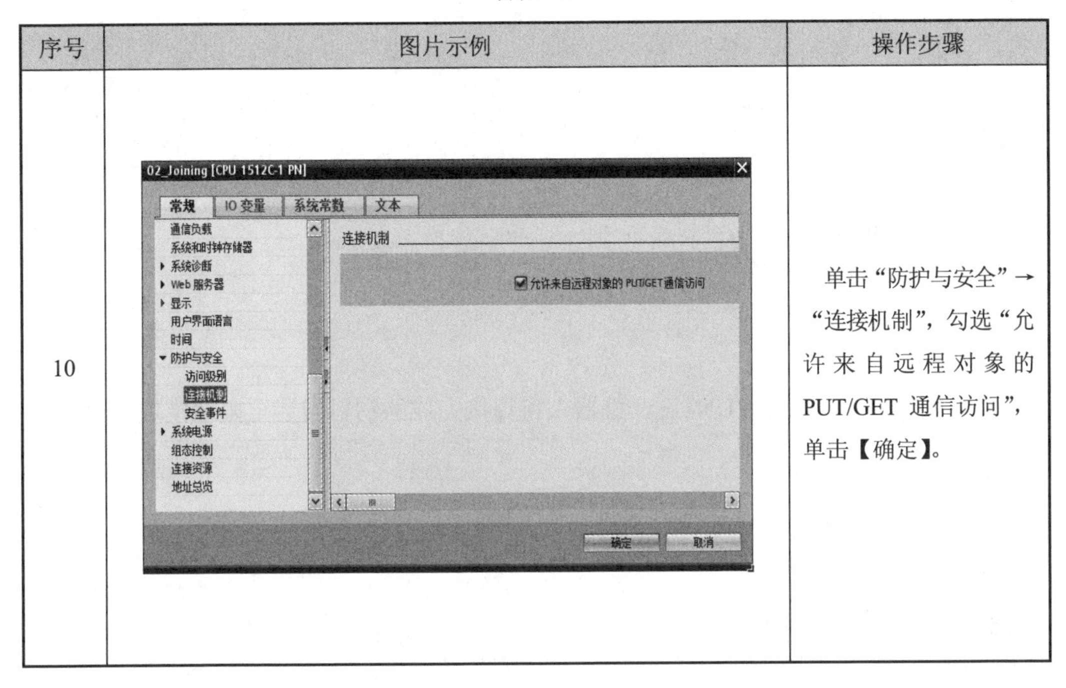

序号	图片示例	操作步骤
10		单击“防护与安全”→“连接机制”，勾选“允许来自远程对象的 PUT/GET 通信访问”，单击【确定】。

11.4.3　机器人程序设计

在编写机器人程序前，利用六点法建立工具坐标系“1”，利用三点法建立用户坐标系“1”。根据项目分析，此处共创建 5 个程序。

（1）创建程序“HANJIE”，当装配完成的物料运送至传送带末端后，机器人抓取物料并搬运至定位模块，机器人对物料进行模拟激光焊接。程序设计如下：

```
“HANJIE”                              程序名“HANJIE”
1：L P[1] 100mm/sec FINE               起始点
2：  WAIT   DI[104]=ON                 等待物料装配完成，并到达传送带末端
3：L P[2] 100mm/sec FINE               过渡点
4：L P[3] 100mm/sec FINE               接近点
5：  RO[1]=ON                          抓取物料
6：  WAIT   1.00（sec）                等待 1 s
7：L P[4] 100mm/sec FINE               逃离点
8：L P[5] 100mm/sec FINE               过渡点
9：L P[6] 100mm/sec FINE               接近点
10：  RO[1]=OFF                        物料放至定位模块上
11：L P[7] 100mm/sec FINE              逃离点
12：  DO[108]=ON                       打开定位模块气缸，固定住物料
```

```
13：L P[8] 100mm/sec FINE                焊接起始点
14：  RO[7]=ON                           打开激光
15：C P[9]                               圆弧过渡点
      P[10] 100mm/sec FINE               圆弧终点，焊接完部分物料
16：C P[11]                              圆弧过渡点
      P[12] 100mm/sec FINE               圆弧终点，物料焊接完成
17：  RO[7]=OFF                          关闭激光
18：L P[8] 100mm/sec FINE                逃离点
[End]                                    程序结束
```

（2）创建程序“BANYUN1”，机器人将焊接完成的物料搬运至搬运模块 1 号位。程序设计如下：

```
“BANYUN1”                               程序名“BANYUN1”
1：L P[1] 100mm/sec FINE                 过渡点
2：L P[2] 100mm/sec FINE                 接近点
3：  RO[1]=ON                            抓取物料
4：  WAIT   1.00（sec）                   等待 1 s
5：  DO[108]=OFF                         关闭定位模块气缸
6：  WAIT   1.00（sec）                   等待 1 s
7：L P[3] 100mm/sec FINE                 逃离点
8：L P[4] 100mm/sec FINE                 过渡点
9：L P[5] 100mm/sec FINE                 接近点
10：  RO[1]=OFF                          物料放至搬运模块上
11：L P[6] 100mm/sec FINE                逃离点
[End]                                    程序结束
```

（3）创建程序“BANYUN2”“BANYUN3”，机器人将焊接完成的物料分别搬运至搬运模块 2 号位、3 号位。程序除了路径点位置数据各不相同外，其余与程序“BANYUN1”一致。

（4）创建启动程序“RSR0001”，调用已编写好的 4 个程序。设置 RSR 启动方式，配置外部设备 I/O 输入启动程序信号，使得系统自动运行。程序设计如下：

```
“RSR0001”                               程序名“RSR0001”
1：  UFRAME_NUM=1                        添加用户坐标系“1”
2：  UTOOL_NUM=1                         添加工具坐标系“1”
3：  CALL   HANJIE                       调用程序“HANJIE”
```

```
4:  CALL   BANYUN1                    调用程序“BANYUN1”
5:  CALL   HANJIE                     调用程序“HANJIE”
6:  CALL   BANYUN2                    调用程序“BANYUN2”
7:  CALL   HANJIE                     调用程序“HANJIE”
8:  CALL   BANYUN3                    调用程序“BANYUN3”
[End]                                 程序结束
```

11.4.4　PLC 程序设计

装配焊接系统中，PLC 的程序应用有装配工作站和智能制造实训台，本章将介绍装配工作站的 PLC 程序设计。装配工作站中共需要添加 3 个函数块（FB），名称、功能与语言见表 11.4。

表 11.4　函数块

块名称	功能	块语言
Fb_OpMode	操作面板控制	LAD
FB_SeqNTransport	传送带机构控制	Graph
FB_Mod_PP	气动机械手机构控制	Graph

本章节将以装配工作站的气动机械手机构为例，介绍其程序设计。函数块（FB）的创建步骤此处不再加以赘述，变量名称与数据类型可自行定义填写。气动机械手机构的主体程序设计见表 11.5。

表 11.5　气动机械手机构主体程序设计

序号	图片示例	操作步骤
1	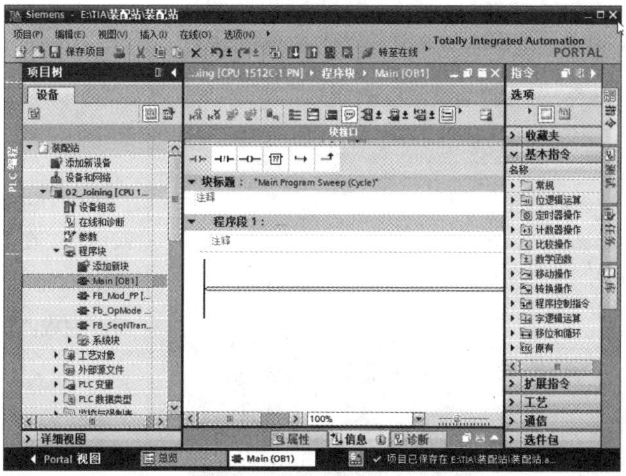	打开博途项目，双击“Main”进入主程序

续表 11.5

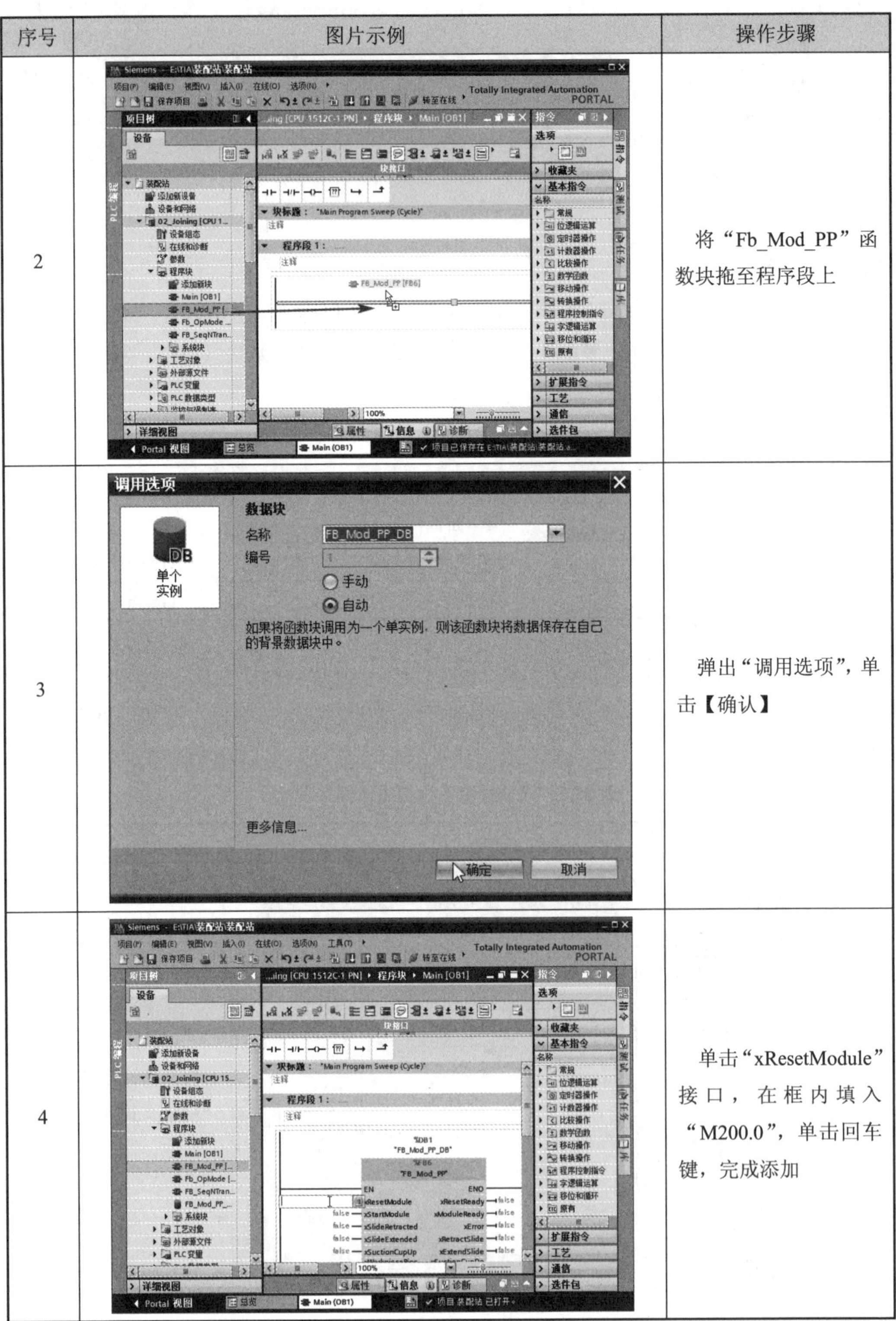

序号	图片示例	操作步骤
2		将“Fb_Mod_PP”函数块拖至程序段上
3		弹出“调用选项”，单击【确认】
4		单击“xResetModule”接口，在框内填入“M200.0”，单击回车键，完成添加

在气动机械手机构的函数块中依次填入所需变量，气动机械手机构的完整主体程序如图 11.11 所示。图中已去除部分未使用到的自带输入、输出变量。函数块中，I/O 信号点在系统硬件连接部分已做讲解。地址说明见表 11.6，其中，连接说明为与此地址连接的其他两个函数块输入、输出点。

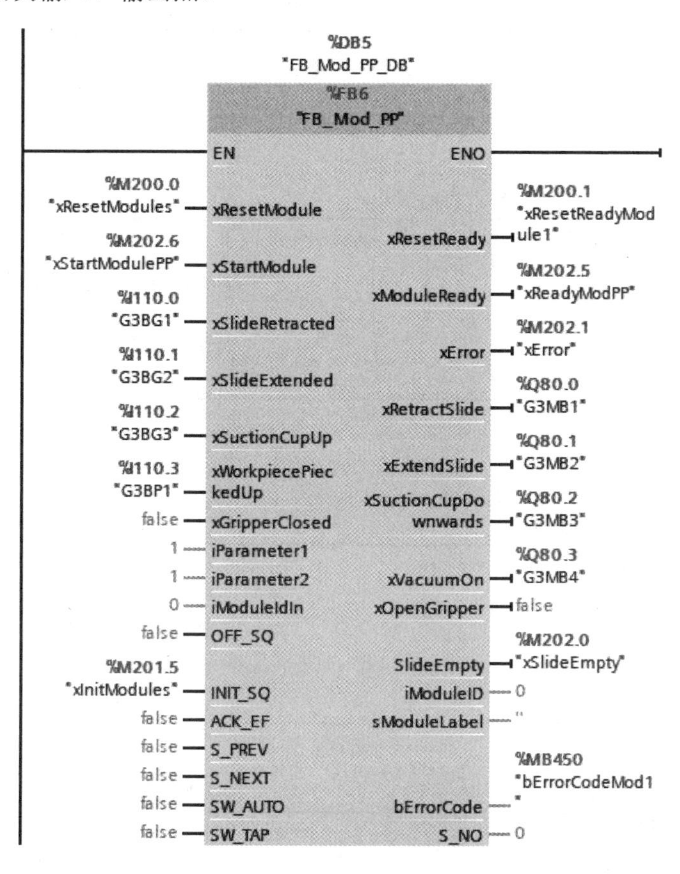

图 11.11　气动机械手机构主体程序

表 11.6　函数块地址说明

地址	连接说明	功能说明
M200.0	“操作面板”输出点	气动机械手复位
M202.6	“传送带机构”输出点	气动机械手启动
M201.5	“操作面板”输出点	激活初始步
M200.1	“传送带机构”输入点	气动机械手已复位
M202.5	“传送带机构”输入点	气动机械手动作结束
M202.1	/	错误信号
M202.0	/	真空吸取失败
MB450	/	错误代码

气动机械手机构的程序语言为 Graph，函数块包括前固定永久命令。前固定永久命令是指可以使用永久指令编写待执行顺控程序之前/之后的程序代码，这意味着可以编写在顺控程序的每个周期中独立执行的条件和块调用。前固定永久命令设计见表 11.7。

表 11.7　前固定永久命令设计

序号	图片示例	操作步骤
1	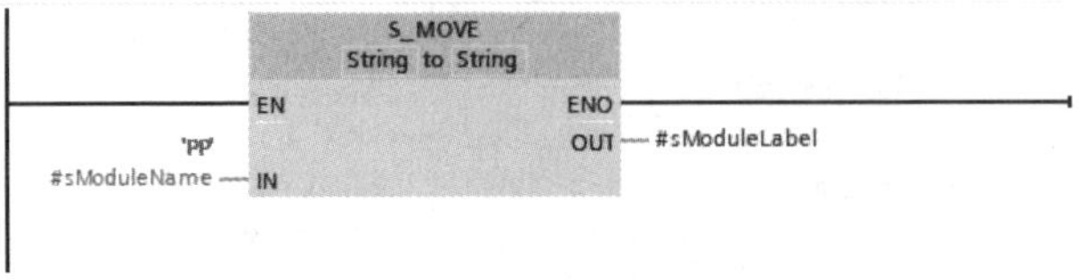 S_MOVE String to String; EN; ENO; 'PP' #sModuleName — IN; OUT — #sModuleLabel	将常量 sModuleName 传递给输出变量 sModuleLabel
2	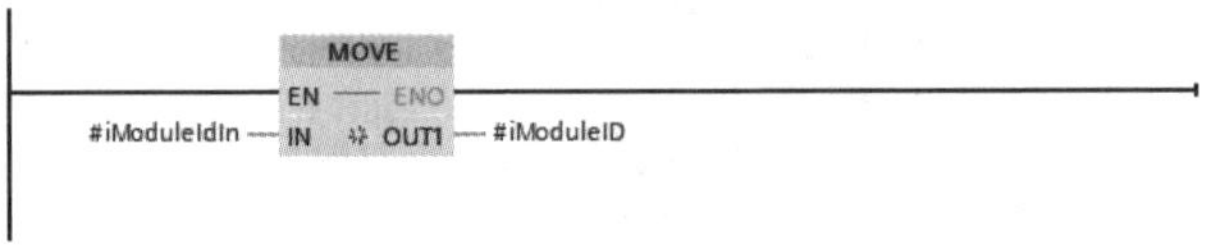 MOVE; EN — ENO; #iModuleIdIn — IN; OUT1 — #iModuleID	将输入 iModuleIdIn 传递给输出变量 iModuleID
3	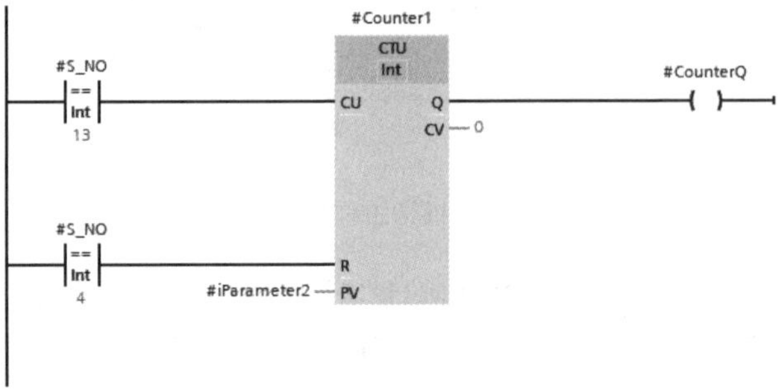 #S_NO == Int 13; #Counter1 CTU Int; CU; Q; CV — 0; #CounterQ; #S_NO == Int 4; R; #iParameter2 — PV	当前步为 S13 时启动加计数器，计数值加 1 后等于参数 iParameter2，输出 CounterQ 为 1；当跳转至 S4 步时，复位加计数器，计数值为 0
4	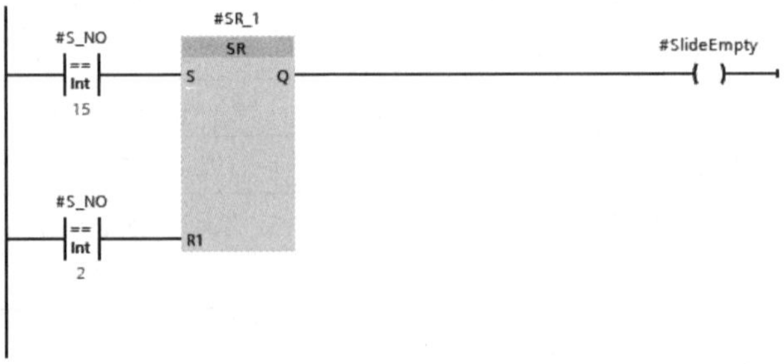 #S_NO == Int 15; #SR_1 SR; S; Q; #SlideEmpty; #S_NO == Int 2; R1	当前步为 S15 时，置位 SlideEmpty；当跳转至 S2 步时，即复位完成，复位 SlideEmpty

当前步激活时，Graph 常用的命令有：

- 命令 N：当步为活动步时，输出被置为 1；该步变为不活动步时，输出被复位为 0。
- 命令 S：当步为活动步时，使输出置位为 1 状态并保持。
- 命令 R：当步为活动步时，使输出复位为 0 状态并保持。
- 命令 CALL：用来调用块，当该步为活动步时，调用命令中指定的块。
- 命令 D：使某一动作执行延时，延时时间在该命令右下方的方框中设置。

气动机械手机构的程序语言设计见表 11.8。

表 11.8　气动机械手机构程序语言设计

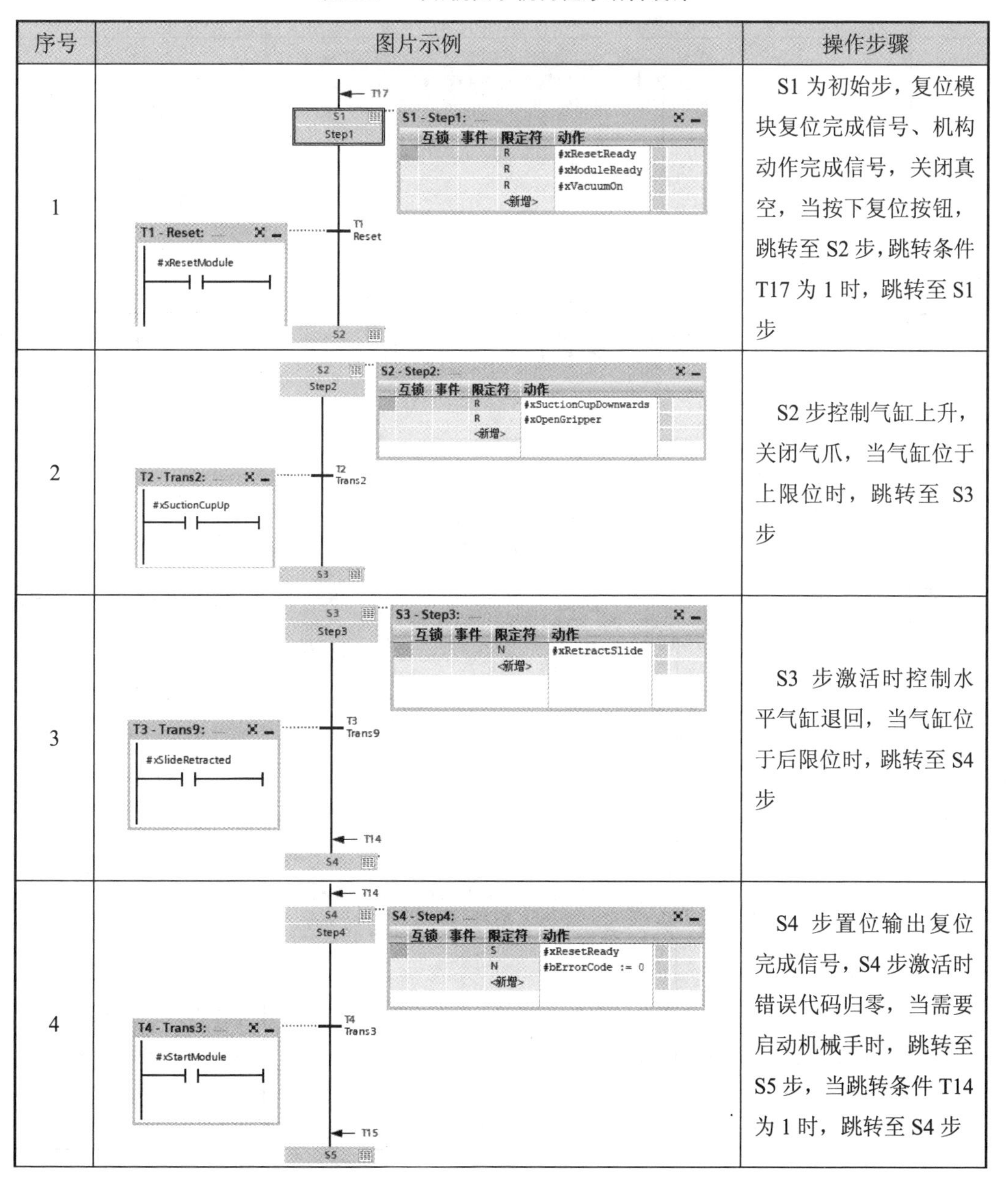

序号	图片示例	操作步骤
1		S1 为初始步，复位模块复位完成信号、机构动作完成信号，关闭真空，当按下复位按钮，跳转至 S2 步，跳转条件 T17 为 1 时，跳转至 S1 步
2		S2 步控制气缸上升，关闭气爪，当气缸位于上限位时，跳转至 S3 步
3		S3 步激活时控制水平气缸退回，当气缸位于后限位时，跳转至 S4 步
4		S4 步置位输出复位完成信号，S4 步激活时错误代码归零，当需要启动机械手时，跳转至 S5 步，当跳转条件 T14 为 1 时，跳转至 S4 步

续表 11.8

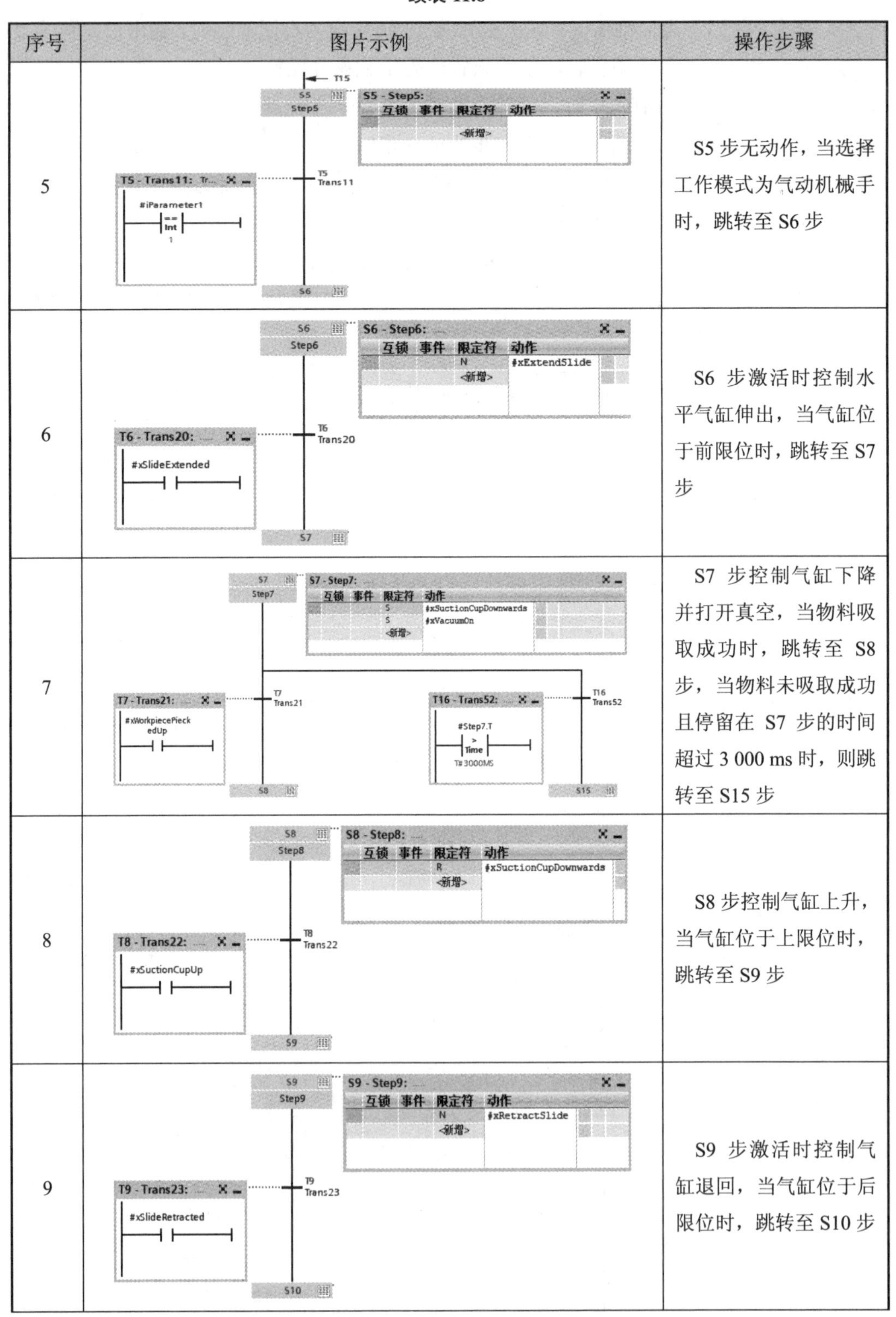

序号	图片示例	操作步骤
5		S5 步无动作，当选择工作模式为气动机械手时，跳转至 S6 步
6		S6 步激活时控制水平气缸伸出，当气缸位于前限位时，跳转至 S7 步
7		S7 步控制气缸下降并打开真空，当物料吸取成功时，跳转至 S8 步，当物料未吸取成功且停留在 S7 步的时间超过 3 000 ms 时，则跳转至 S15 步
8		S8 步控制气缸上升，当气缸位于上限位时，跳转至 S9 步
9		S9 步激活时控制气缸退回，当气缸位于后限位时，跳转至 S10 步

续表 11.8

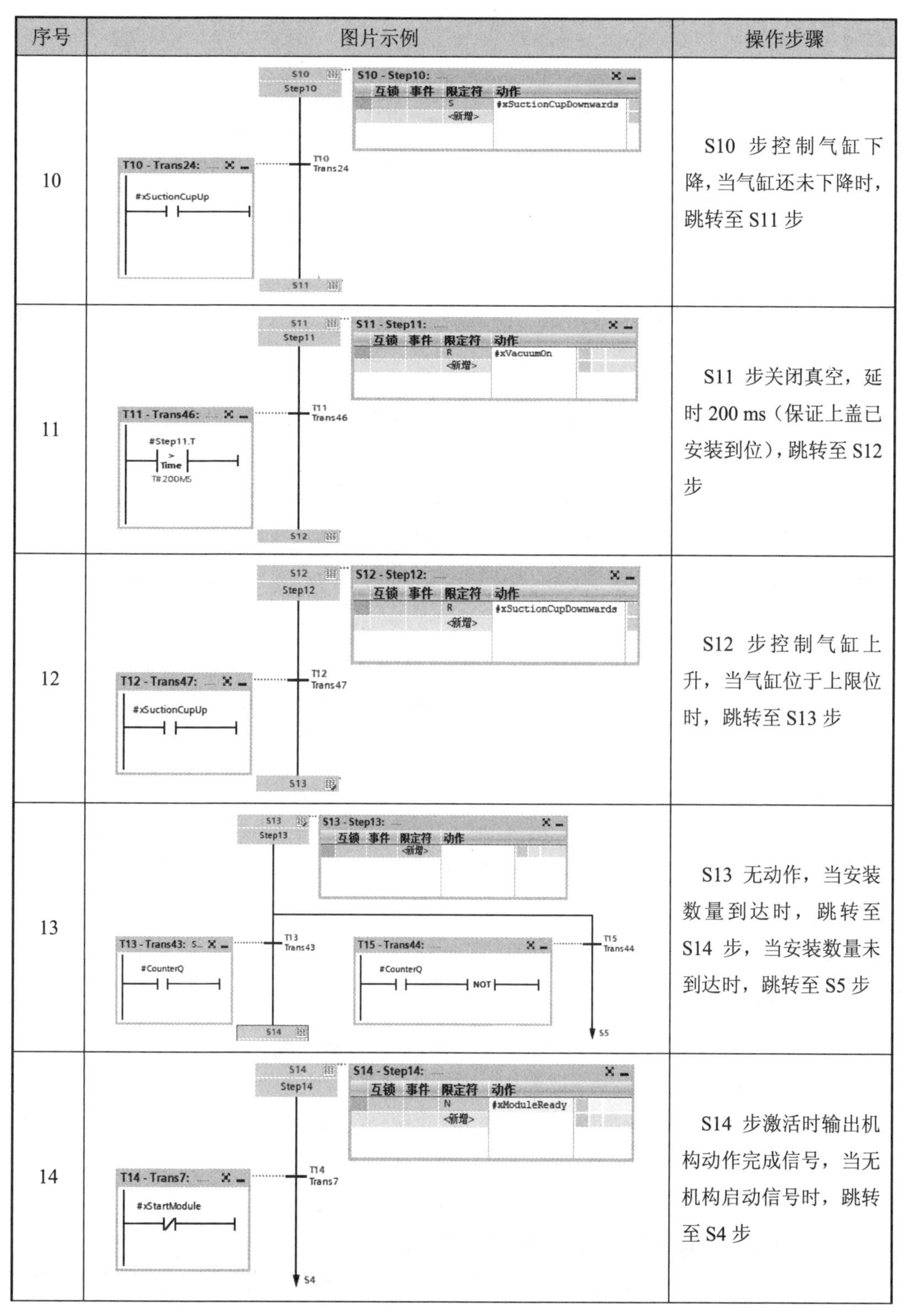

序号	图片示例	操作步骤
10		S10 步控制气缸下降，当气缸还未下降时，跳转至 S11 步
11		S11 步关闭真空，延时 200 ms（保证上盖已安装到位），跳转至 S12 步
12		S12 步控制气缸上升，当气缸位于上限位时，跳转至 S13 步
13		S13 无动作，当安装数量到达时，跳转至 S14 步，当安装数量未到达时，跳转至 S5 步
14		S14 步激活时输出机构动作完成信号，当无机构启动信号时，跳转至 S4 步

续表 11.8

序号	图片示例	操作步骤
15	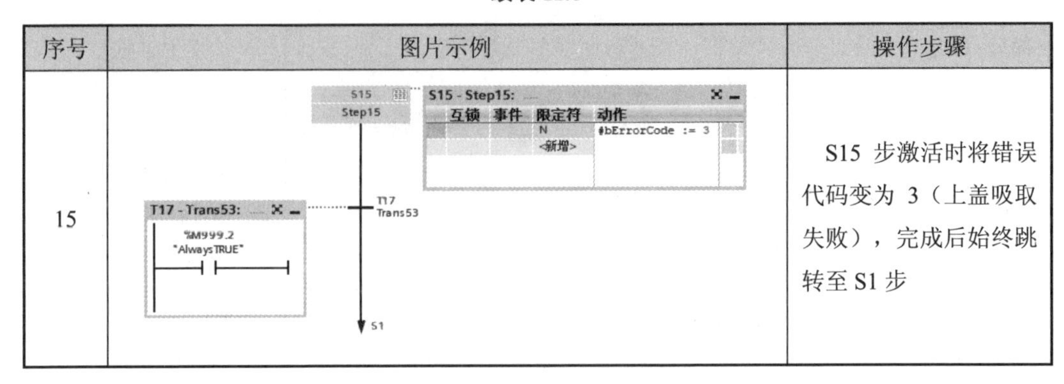	S15 步激活时将错误代码变为 3（上盖吸取失败），完成后始终跳转至 S1 步

11.4.5　项目调试

（1）调整气动部分，检查气路是否正确，气压是否合理，气缸的动作速度是否合理。

（2）检查 I/O 接线是否正确。

（3）检查光电式传感器安装是否合理，灵敏度是否合适，保证检测的可靠性。

（4）放入物料，运行程序看装配焊接系统动作是否满足任务要求。

（5）调试各种可能出现的情况，比如系统突然断电时，是否能够正常复位。

（6）优化程序。

11.4.6　项目总体运行

项目运行的总体流程包括 3 个方面：启动准备、项目启动和项目停止。

1. 启动准备

（1）确保电源正常。

（2）确认气源压力为 0.5 MPa 以上。

（3）确认工作站各机构模块处于合理位置。

（4）确认物料放在指定模块上。

（5）确认机器人各轴处于合理位置。

2. 项目启动

（1）在智能制造实训台上旋转电源开关至 ON，等待开机。

（2）手动将机器人调到安全位置。

（3）在装配工作站操作面板上将钥匙按顺时针方向旋转至水平位置（MAN），复位灯点亮。

（4）按下装配工作站复位按钮。

（5）装配工作站将回到初始位置，复位灯熄灭。

（6）在装配工作站操作面板上将钥匙逆时针方向旋转至垂直位置（AUTO），启动灯点亮。

（7）点击智能制造实训台上的【启动】按钮，装配焊接系统开始运行。

3. 项目停止

（1）点击【停止】按钮。

（2）等待机器完全停止。

（3）将电源开关旋转至 OFF 以断电。

※ 装配焊接项目验证

11.5　项目验证

以下将对项目进行验证，对系统运行的每一步骤观察是否符合设计要求，系统运行步骤见表 11.9。

表 11.9　系统运行步骤

序号	图片示例	操作步骤
1		物料壳体和上盖在分别各自传送带上运行至装配位置时，气动机械手机构开始装配
2		物料装配完成后被运送至传送带末端，机器人收到信号后，从传送带末端抓取物料

续表 11.9

序号	图片示例	操作步骤
3	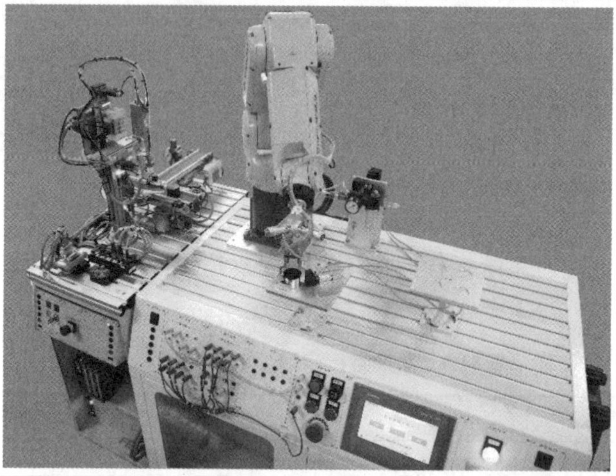	机器人将物料放至定位模块上
4	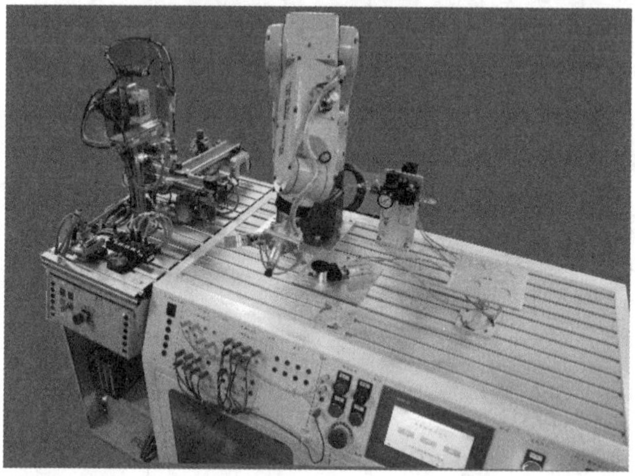	物料在定位模块上被固定后，机器人开始进行模拟激光焊接
5	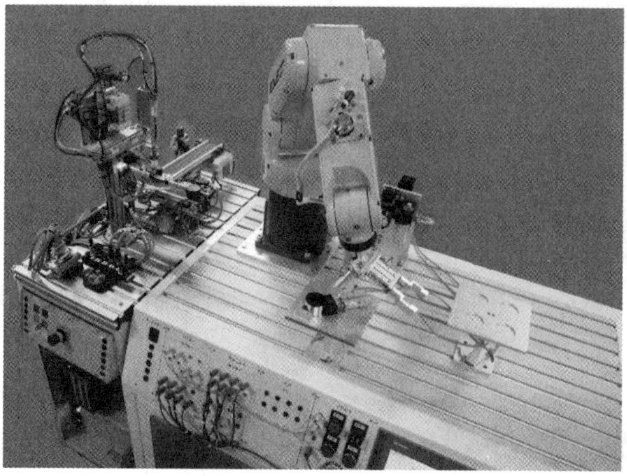	机器人模拟激光焊接

续表 11.9

序号	图片示例	操作步骤
6	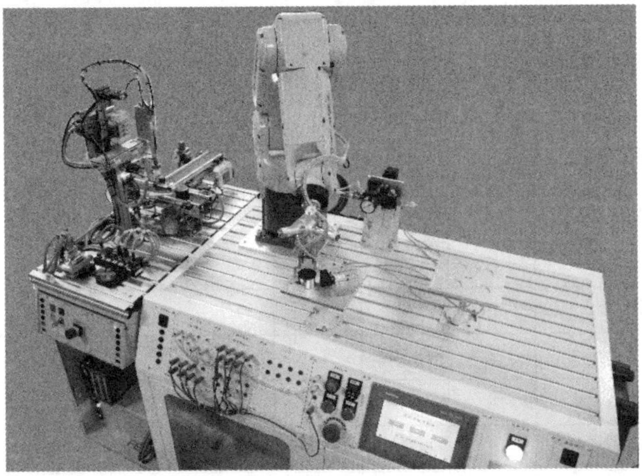	焊接完成后，机器人从定位模块上抓取物料
7	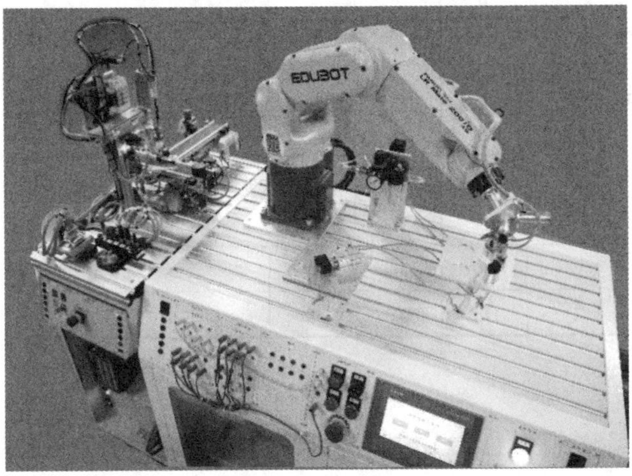	机器人将物料搬运至搬运模块上
8	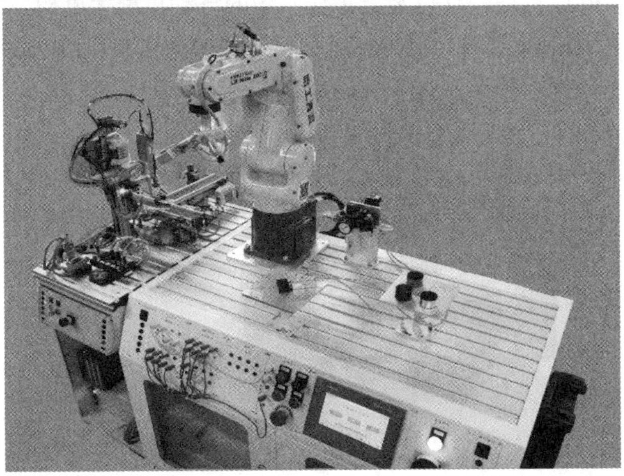	系统重复以上步骤，直至 3 个物料完成全部工序；项目运行结束

11.6 项目总结

11.6.1 项目评价

项目评价见表 11.10。

表 11.10 项目评价

项目指标		分值	自评	互评	评分说明
项目分析	1. 硬件构架分析	6			
	2. 软件构架分析	6			
	3. 项目流程分析	6			
项目要点	1. 模块化集成	8			
	2. PLC 程序设计	8			
	3. 机器人程序设计	8			
项目步骤	1. 应用系统连接	8			
	2. 应用系统配置	8			
	3. 主体程序设计	8			
	4. 关联程序设计	8			
	5. 项目程序调试	8			
	6. 项目运行调试	8			
项目验证	效果验证	10			
合计		100			

11.6.2 项目拓展

本项目围绕装配焊接系统（图 11.12），对其项目构架、系统连接配置和程序的设计进行了讨论学习，项目中，PLC 程序设计以装配工作站中的气动机械手机构为例进行了详细介绍，根据气动机械手机构的 PLC 程序设计思路，设计出传送带机构的 PLC 程序。

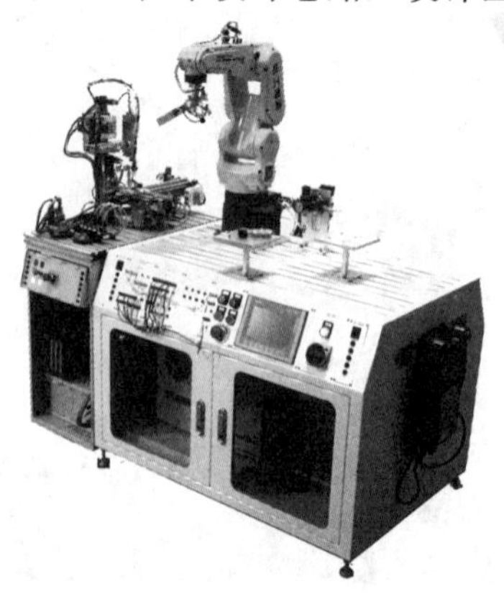

图 11.12 装配焊接系统

第 12 章　分拣仓储系统

12.1　项目目的

※ 分拣仓储项目简介

12.1.1　项目背景

自动化和智能化普及的今天，各行业都在发生着变革，如快递物流行业和大型仓储传统人力作业逐渐被自动化设备所取代。作为物流输送中的关键环节之一，物流分拣的方式也在发生变化，由原来的人工分拣向自动分拣推进。与人工分拣相比，自动化物流分拣系统具有分拣效率高、准确率高的特点。自动化物流分拣系统采用自动化控制，可以节省大量人力，且分拣系统在工作时可以存储数据，便于对货物进行管理。使用自动分拣系统减少了人工对物品的接触，提高了货物的安全度和完整度，降低了货物损坏丢失的风险。

在工厂生产车间里，物流分拣系统需要对已加工的成品物料的种类、型号以及是否有半成品等进行类别区分，如图 12.1 所示。利用自动化的物流分拣系统，可以大幅提高工厂生产的效率。自动化的设备装置替代了大量人力，提高了分拣准确率，帮助企业提高生产效率、降低生产成本。

图 12.1　物流分拣

12.1.2　项目需求

通过机器人与识别模块、传送带、滑槽等机构的配合工作，对成品物料进行自动分拣、搬运等一套完整的系统流程。项目需求框图如图 12.2 所示。

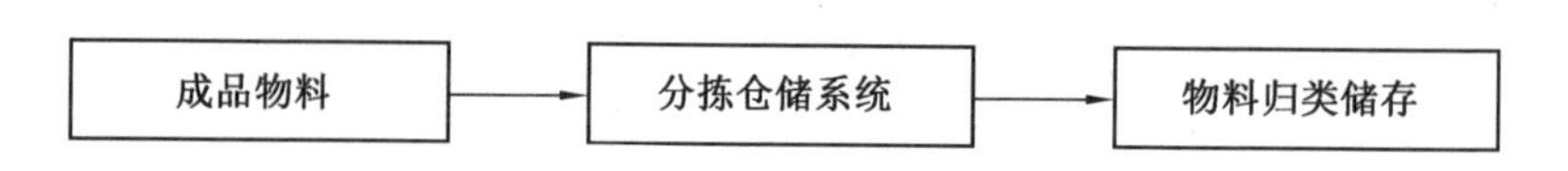

图 12.2　项目需求框图

12.1.3　项目目的

（1）熟悉分拣仓储系统的模块化集成特点。

（2）掌握分拣仓储系统中的 PLC 程序设计方法。

（3）掌握分拣仓储系统中的机器人程序设计方法。

12.2　项目分析

12.2.1　项目构架

本项目中，通过智能制造实训台和分拣工作站的集成，组成一个分拣仓储系统。项目中智能制造实训台搭载 FANUC 机器人、定位模块和仓储模块，与分拣工作站相结合，通过取料、搬运、装盒、摆放等工序，完成一套完整的分拣仓储系统流程。分拣仓储系统如图 12.3 所示。

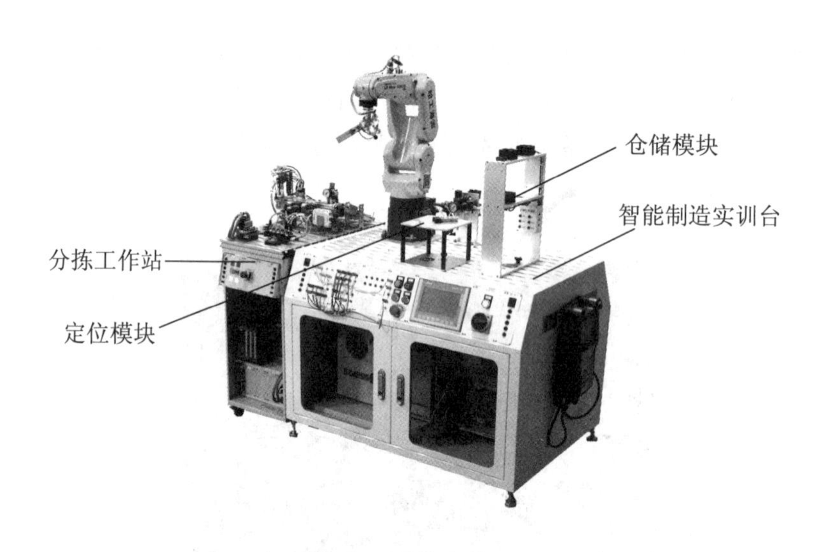

图 12.3　分拣仓储系统

系统开始运行时，手动将物料放到传送带上，传送带启动运行。制动器阻挡物料，配合识别模块对物料颜色进行检测。检测完成后，制动器缩回，传送带上的阻隔器根据物料颜色执行动作，将物料分拣至对应的滑槽。对应分拣的物料，机器人搬运对应颜色的包装盒至定位模块。机器人将物料抓取装入盒中，并将包装盒放回仓储模块。分拣仓储系统的工作流程图如图 12.4 所示。

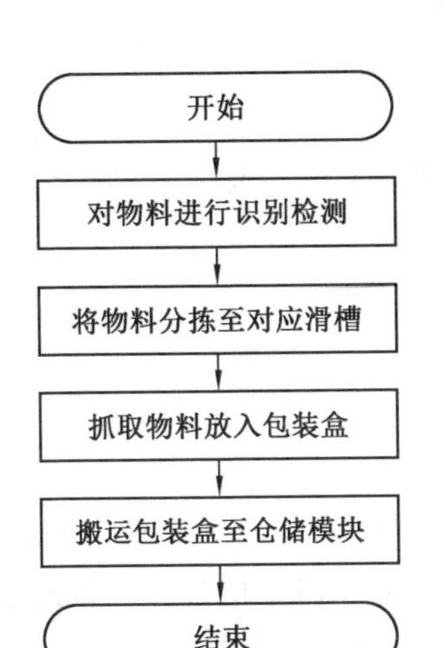

图 12.4　分拣仓储系统工作流程图

12.2.2　项目流程

本项目实施流程如图 12.5 所示。

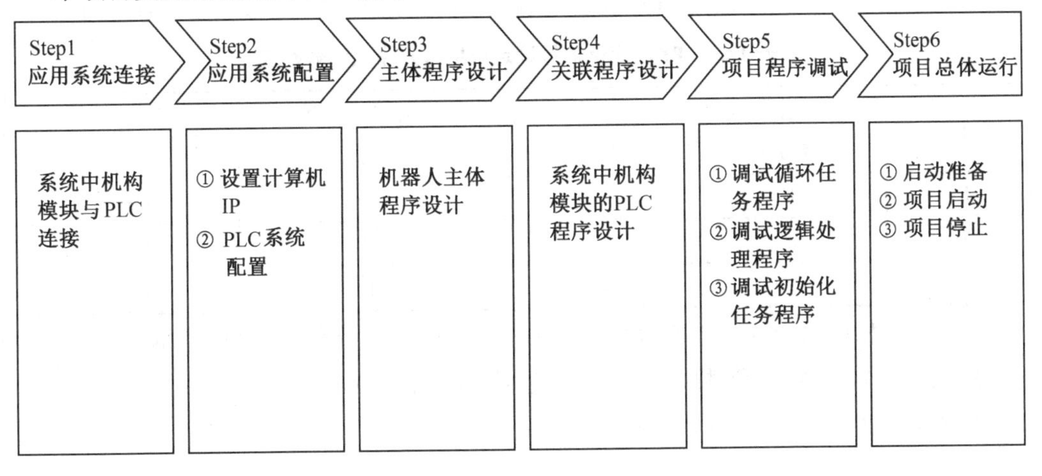

图 12.5　项目流程图

12.3　项目要点

1. 模块化集成

分拣仓储系统由分拣工作站和智能制造实训台组成，系统的构架采用模块化的设计，各个机构模块均可单独拆卸和组成。模块化集成的效果保证了工作系统的灵活性，也使得对系统的机构模块之间的搭配和机械调试更为多样化。

2. PLC 程序设计

系统中分拣工作站 PLC 程序采用对应各个模块的设计方式，每个模块拥有各自独立的 PLC 程序。

3. 机器人程序设计

智能制造实训台上的机器人通过与分拣工作站及模块的配合设计出合理的程序，从而使分拣仓储系统正常运行。

12.4 项目步骤

※ 分拣仓储项目步骤

12.4.1 应用系统连接

分拣仓储系统的系统连接主要包括分拣工作站中的传送带机构、识别模块与PLC的连接，智能制造实训台中的机器人与PLC的连接，以及智能制造实训台与分拣工作站的通信连接。机器人与PLC通过I/O通信连接。智能制造实训台通过S7通信与分拣工作站连接，S7通信是西门子S7系列PLC内部集成的一种通信协议。分拣工作站PLC中“传送带机构”函数块根据识别模块的输出控制指定螺线管动作，并通过螺线管与滑槽上的反射式传感器的信号控制区分滑槽槽位，智能制造实训台PLC通过S7协议获取槽位识别信号并传递给机器人，此处PLC变量信号设定与机器人输入信号设定见表12.1。

表12.1 PLC变量信号设定与机器人输入信号设定

物料颜色	螺线管1 M30.0	螺线管2 M30.1	反射式传感器 M30.2	机器人输入信号
红色	1	0	1	DI105
黑色	0	1	1	DI106
银色	0	0	1	DI107

分拣工作站的系统连接主要包括传送带机构上的识别模块微型I/O终端、传送带机构微型I/O终端与C接口的连接，C接口与控制面板（PLC）的连接。

1. 分拣工作站PLC的I/O分配

分拣工作站的端口信号分配及PLC的I/O信号见表12.2。

表12.2 I/O信号分配

名称	信号端点	连接部件	功能说明	名称	信号端点	连接部件	功能说明
G1BG1	I10.0	传感器	传送带始端检测	G1KF1-1	Q4.0	控制器	传送带前进
G1BG2	I10.1	传感器	螺线管阻挡限位	G1MB1	Q4.1	螺线管	螺线管阻挡
G1BG3	I10.2	传感器	滑槽上传感器检测	G1MB2	Q4.2	螺线管	螺线管阻挡
G1BG4	I10.3	传感器	螺线管阻挡限位	G1MB3	Q4.3	电磁阀	制动器缩回
B1BG1	I10.4	传感器	识别模块光电传感器				
B1BG2	I10.5	传感器	识别模块反射传感器				
B1BG3	I10.6	传感器	识别模块电感传感器				

2. 分拣工作站的线路连接

（1）传送带机构与微型 I/O 终端的连接。

装配工作站中的壳体传送带与微型 I/O 终端的接线图如图 12.6 所示。

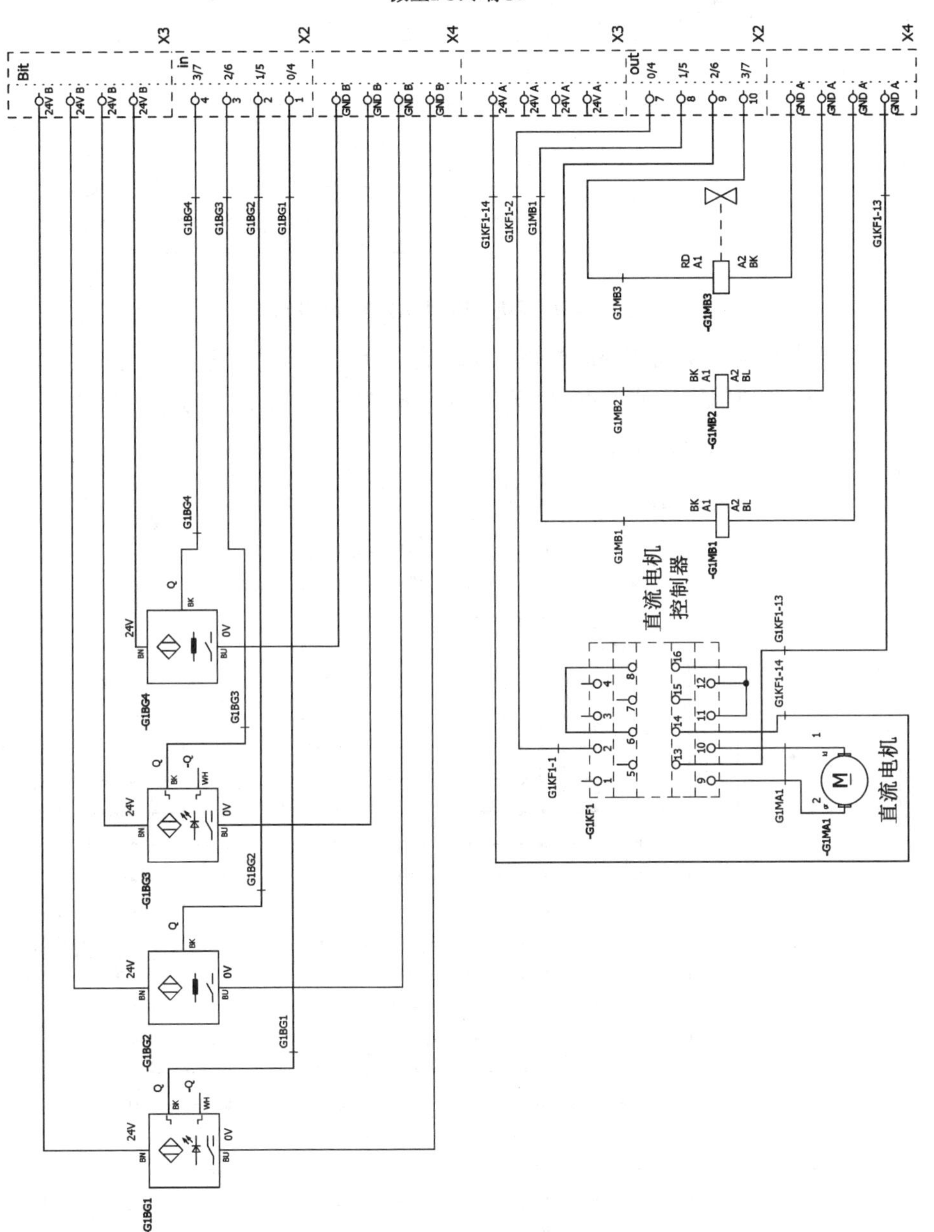

图 12.6　传送带机构与微型 I/O 终端的接线图

（2）识别模块与微型 I/O 终端的连接。

分拣工作站中识别模块与微型 I/O 终端的接线图如图 12.7 所示。

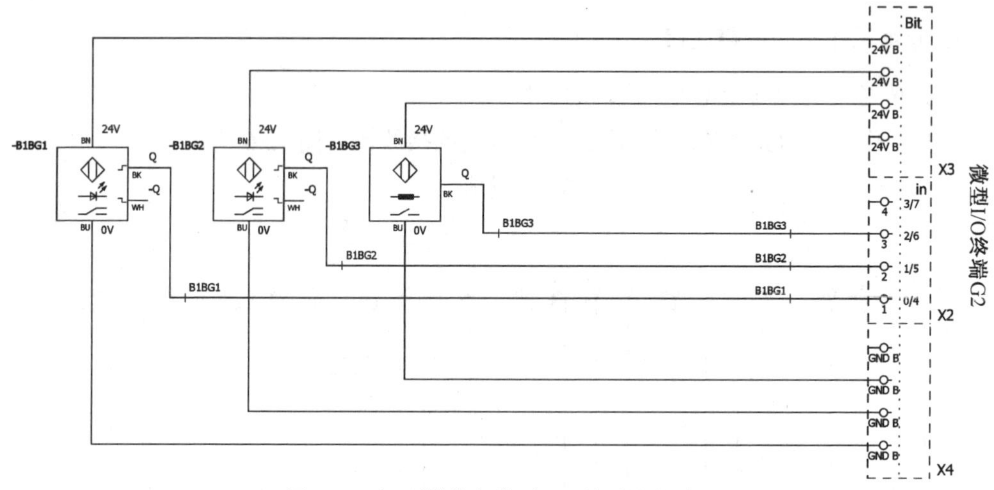

图 12.7　识别模块与微型 I/O 终端的接线图

（3）传送带机构和识别模块的微型 I/O 终端与分拣工作站 C 接口的连接。

传送带机构和识别模块的微型 I/O 终端与分拣工作站 C 接口的接线图如图 12.8 所示，图中 G1 为传送带机构，G2 为识别模块。

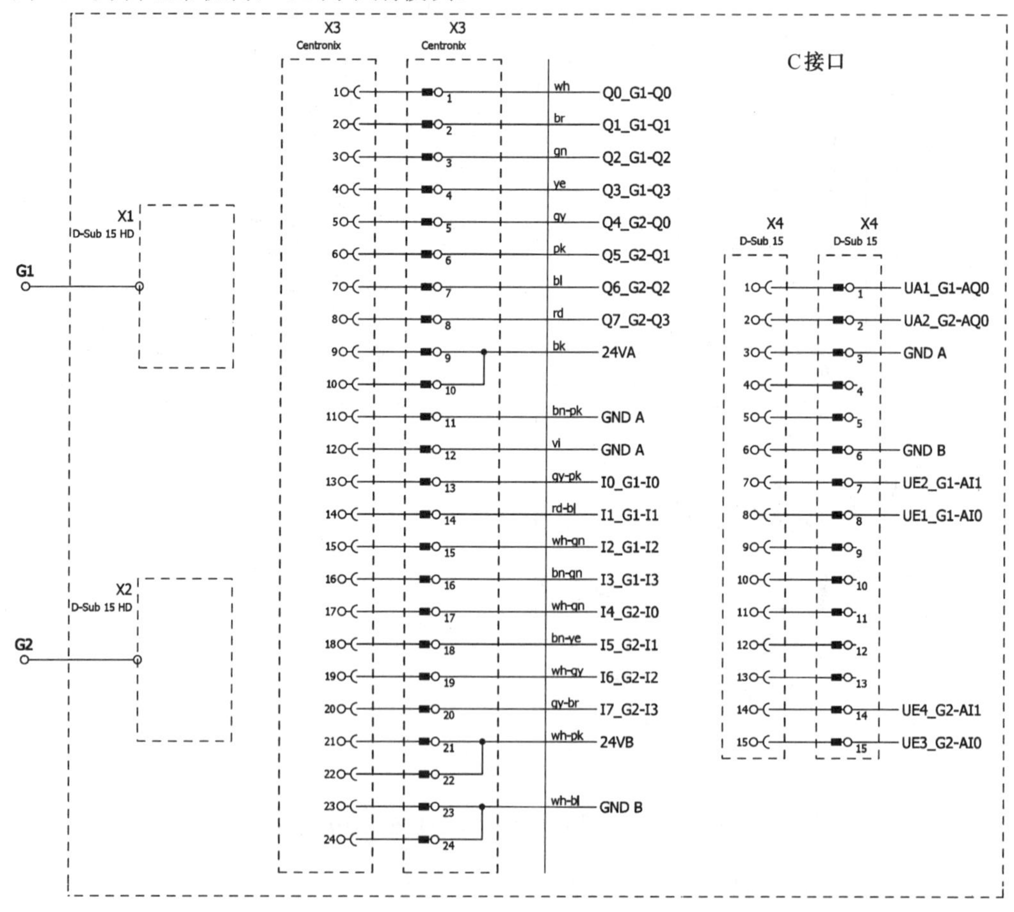

图 12.8　传送带机构和识别模块的微型 I/O 终端与分拣工作站 C 接口的接线图

12.4.2　应用系统配置

为了使计算机能连接到PLC上对其进行编程调试，需要对计算机的IP地址进行设置。计算机 IP 地址设置的操作步骤见表 12.3。

表 12.3　计算机 IP 地址设置的操作步骤

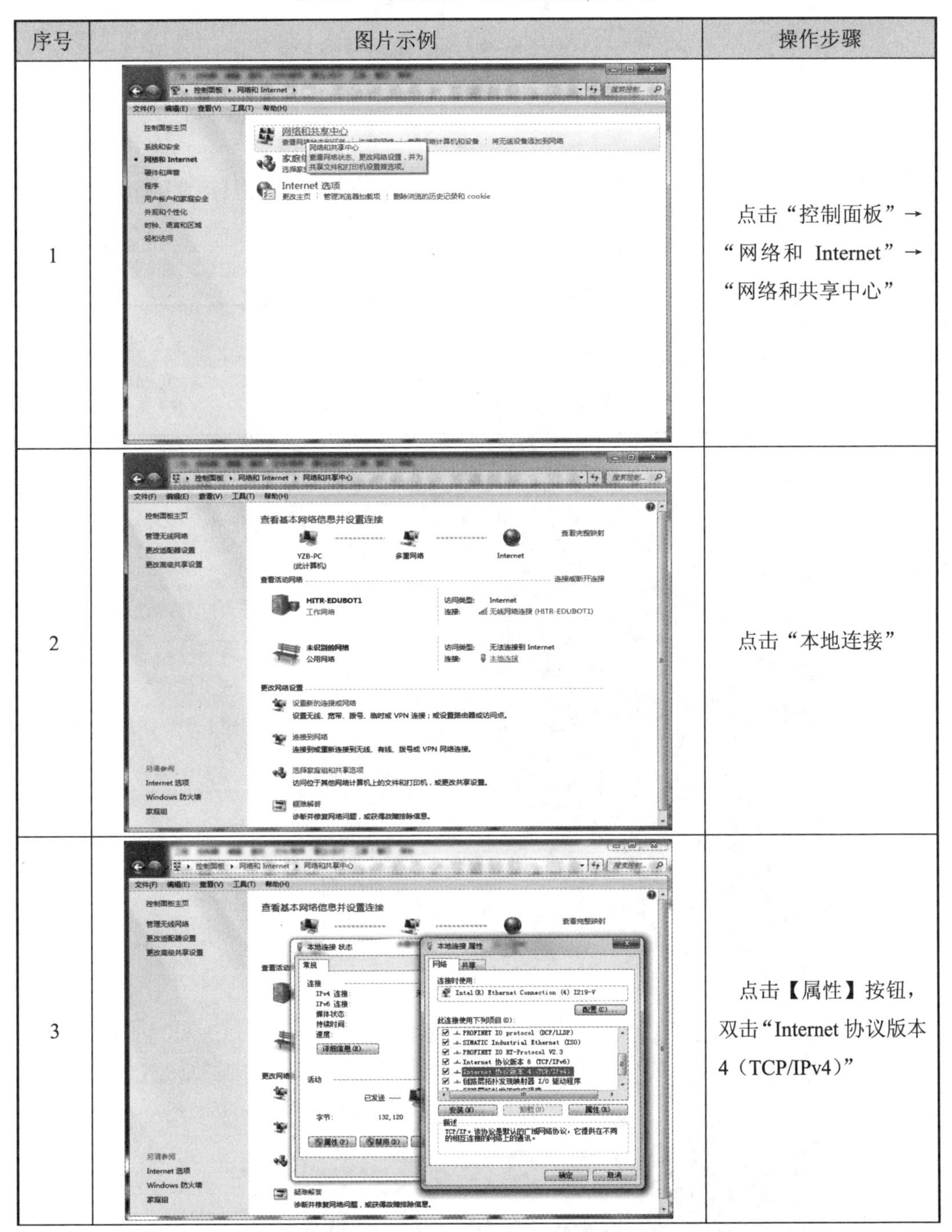

序号	图片示例	操作步骤
1		点击“控制面板”→“网络和 Internet”→“网络和共享中心”
2		点击“本地连接”
3		点击【属性】按钮，双击“Internet 协议版本 4（TCP/IPv4）”

续表 12.3

序号	图片示例	操作步骤
4	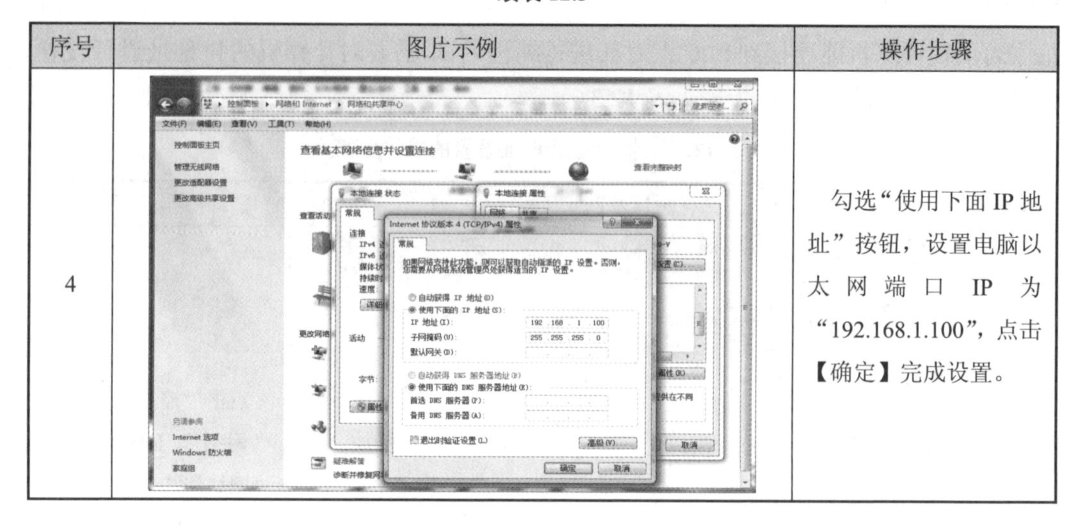	勾选“使用下面 IP 地址”按钮，设置电脑以太网端口 IP 为“192.168.1.100”，点击【确定】完成设置。

PLC 系统配置的操作步骤见表 12.4。

表 12.4　PLC 系统配置的操作步骤

序号	图片示例	操作步骤
1		打开博途单击【创建新项目】，名称填写“分拣工作站”，单击【创建】
2		进入“新手上路”界面，单击【组态设备】

续表 12.4

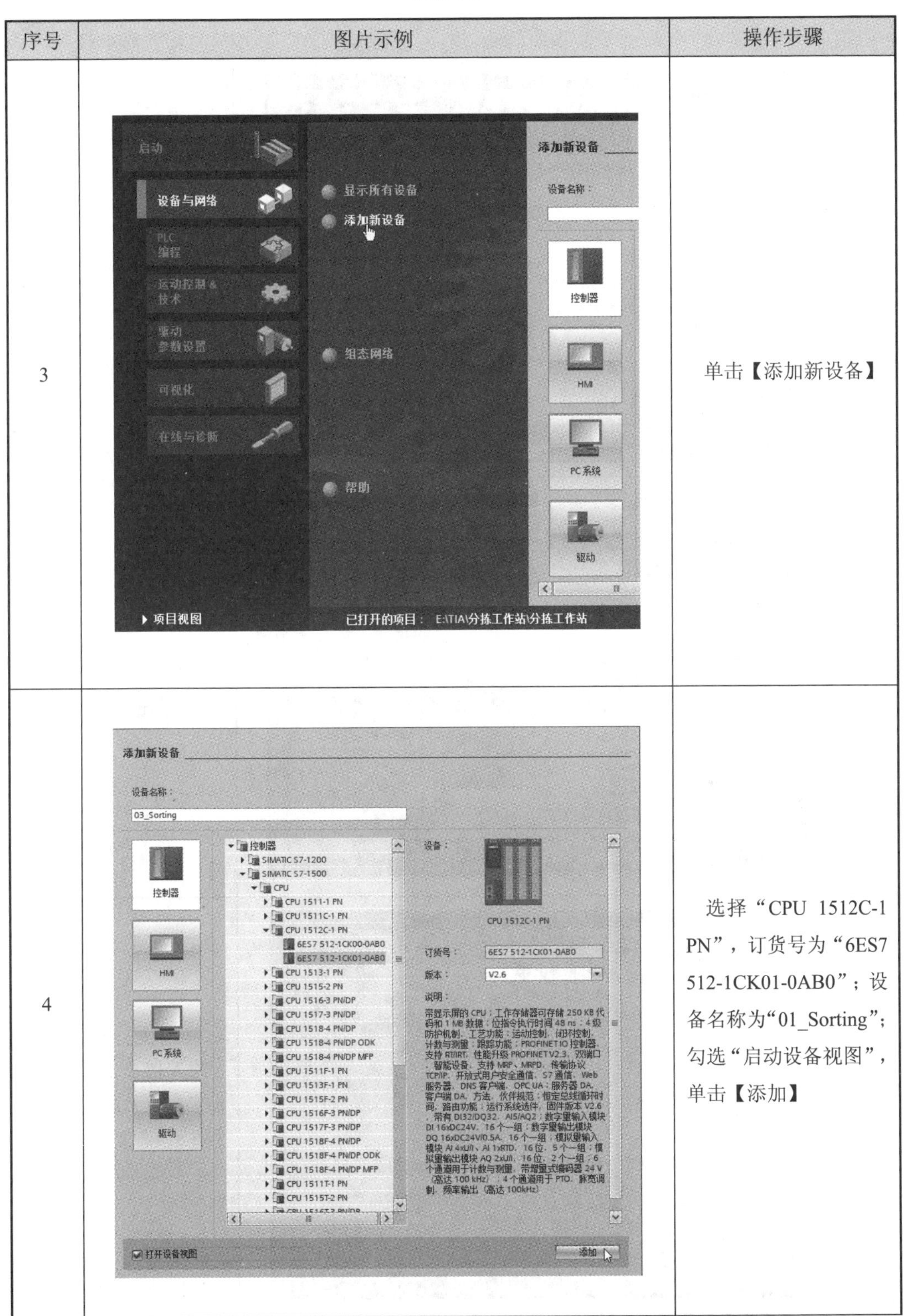

序号	图片示例	操作步骤
3		单击【添加新设备】
4		选择“CPU 1512C-1 PN”，订货号为“6ES7 512-1CK01-0AB0”；设备名称为“01_Sorting”；勾选“启动设备视图”，单击【添加】

续表 12.4

序号	图片示例	操作步骤
5	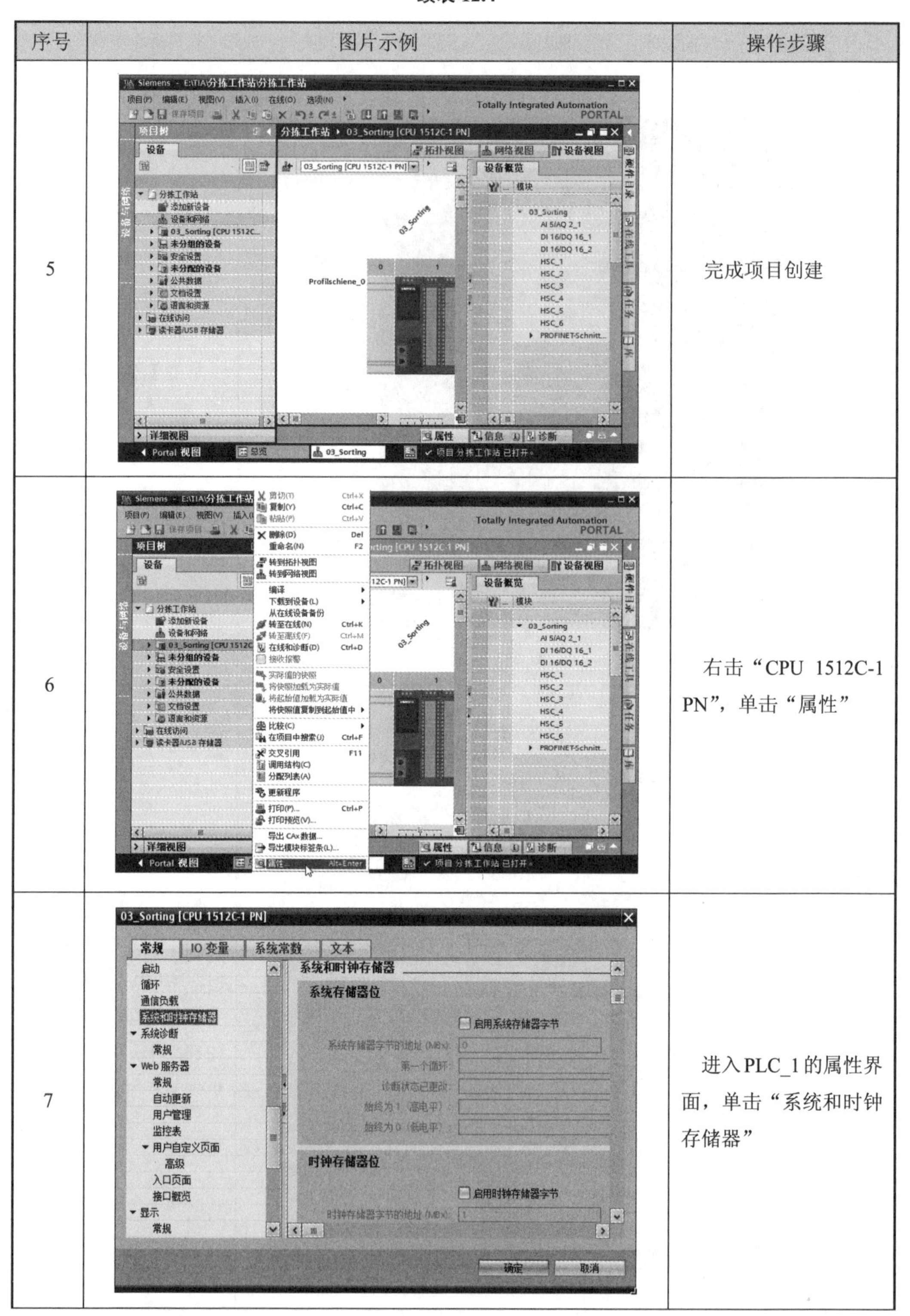	完成项目创建
6		右击“CPU 1512C-1 PN”，单击“属性”
7		进入PLC_1的属性界面，单击“系统和时钟存储器”

续表 12.4

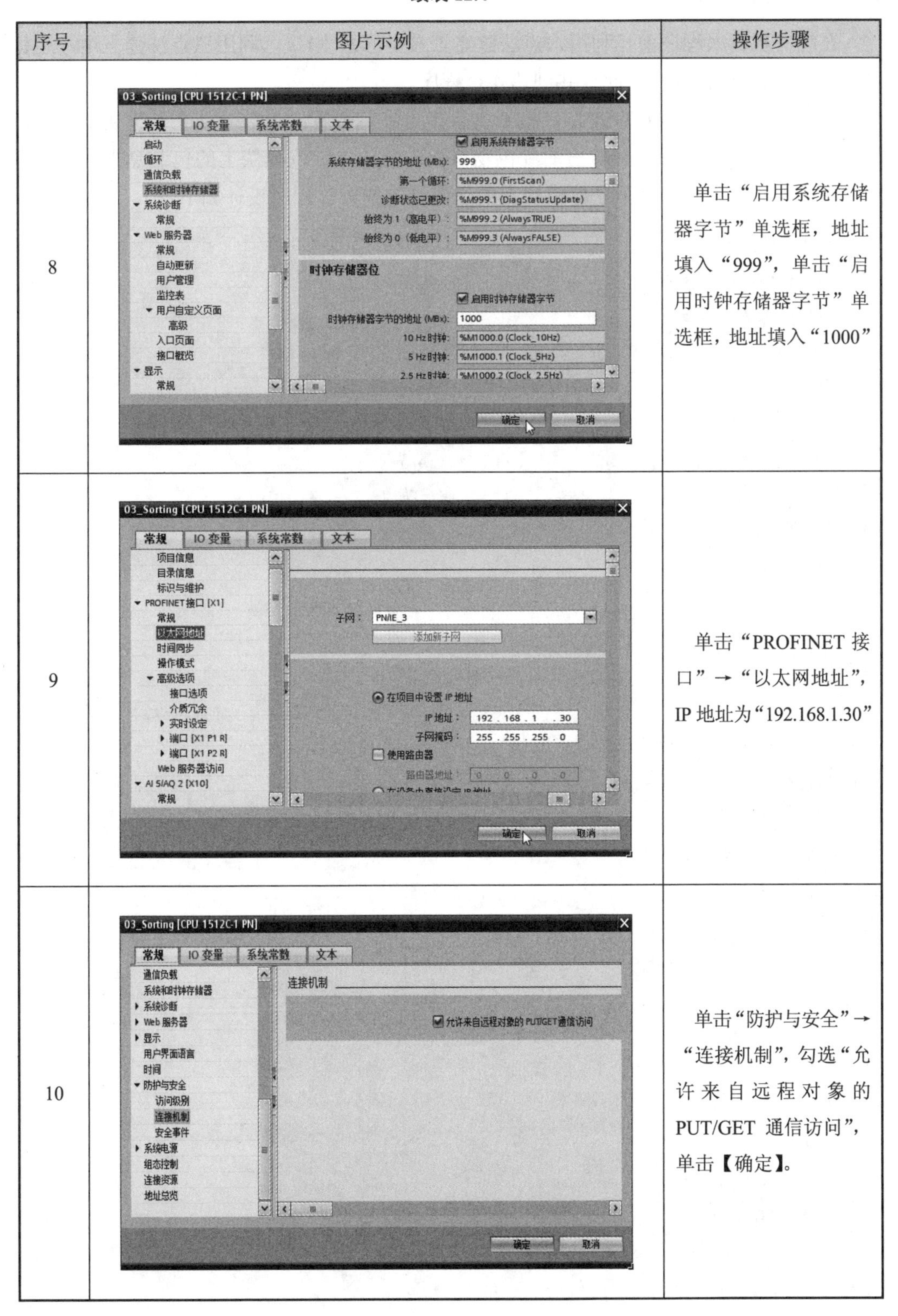

序号	图片示例	操作步骤
8		单击“启用系统存储器字节”单选框，地址填入“999”，单击“启用时钟存储器字节”单选框，地址填入“1000”
9		单击“PROFINET 接口”→“以太网地址”，IP 地址为“192.168.1.30”
10		单击“防护与安全”→“连接机制”，勾选“允许来自远程对象的 PUT/GET 通信访问”，单击【确定】。

12.4.3 机器人程序设计

在编写机器人程序前，利用六点法建立工具坐标系“1”，利用三点法建立用户坐标系“1”。根据项目分析，此处共创建 4 个程序。

（1）创建程序“HONGSE”，机器人将指定红色位置的包装盒从仓储模块上取出，放至定位模块上，然后将分拣出的红色物料取出并放入定位模块上的包装盒中，最后将定位模块上的包装盒搬运至仓储模块上的红色指定位置。程序设计如下：

“HONGSE”	程序名“HONGSE”
1：L P[1] 100mm/sec FINE	起始点
2：L P[2] 100mm/sec FINE	过渡点
3：L P[3] 100mm/sec FINE	接近点
4： RO[3]=ON	从仓储模块上抓取包装盒
5： WAIT 1.00（sec）	等待 1 s
6：L P[4] 100mm/sec FINE	逃离点
7：L P[5] 100mm/sec FINE	过渡点
8：L P[6] 100mm/sec FINE	过渡点
9：L P[7] 100mm/sec FINE	接近点
10： RO[3]=OFF	包装盒放至定位模块上
11： WAIT 1.00（sec）	等待 1 s
12：L P[8] 100mm/sec FINE	逃离点
13： DO[108]=ON	打开定位模块气缸，固定住包装盒
14：L P[9] 100mm/sec FINE	过渡点
15：L P[10] 100mm/sec FINE	接近点
16： RO[1]=ON	从滑槽内抓取物料
17： WAIT 1.00（sec）	等待 1 s
18：L P[11] 100mm/sec FINE	逃离点
19：L P[12] 100mm/sec FINE	过渡点
20：L P[13] 100mm/sec FINE	接近点
21： RO[1]=OFF	物料放入包装盒中
22： WAIT 1.00（sec）	等待 1 s
23：L P[14] 100mm/sec FINE	过渡点
24：L P[15] 100mm/sec FINE	接近点
25： RO[3]=ON	抓取包装盒
26： WAIT 1.00（sec）	等待 1 s
27： DO[108]=OFF	关闭定位模块气缸
28： WAIT 1.00（sec）	等待 1 s
29：L P[16] 100mm/sec FINE	逃离点

```
30：L P[17] 100mm/sec FINE          过渡点
31：L P[18] 100mm/sec FINE          接近点
32：  RO[3]=OFF                     包装盒放回仓储模块上
33：  WAIT   1.00（sec）            等待 1 s
34：L P[19] 100mm/sec FINE          逃离点
35：L P[20] 100mm/sec FINE          结束点
[End]                               程序结束
```

（2）创建程序“HEISE”“YINSE”，机器人分别包装仓储黑色、银色物料。程序除了路径点位置数据各不相同外，其余与程序“HONGSE”一致。

（3）创建启动程序“RSR0001”，调用已编写好的 3 个程序。设置 RSR 启动方式，配置外部设备 I/O 输入启动程序信号，使得系统自动运行。程序设计如下：

```
“RSR0001”                           程序名“RSR0001”
1：  UFRAME_NUM=1                    添加用户坐标系“1”
2：  UTOOL_NUM=1                     添加工具坐标系“1”
3：  LBL[1]                          标签“1”
4：  IF DI[105]=ON，CALL  HONGSE     假使分拣出红色物料，调用程序“HONGSE”
5：  IF DI[106]=ON，CALL  HEISE      假使分拣出黑色物料，调用程序“HEISE”
6：  IF DI[107]=ON，CALL  YINSE      假使分拣出银色物料，调用程序“YINSE”
7：  JMP LBL[1]                      跳转至标签“1”
[End]                                程序结束
```

12.4.4 PLC 程序设计

分拣仓储系统中，PLC 的程序应用有分拣工作站和智能制造实训台，本节将介绍分拣工作站的 PLC 程序设计。分拣工作站中共需要添加 3 个函数块（FB），其名称、功能与语言见表 12.5。

表 12.5 函数块

块名称	功能	块语言
Fb_OpMode	操作面板控制	LAD
FB_SeqNTransport	传送带机构控制	Graph
FB_Mod_RE	识别模块控制	Graph

本节将以分拣工作站的识别模块为例，介绍其程序设计。函数块（FB）的创建步骤此处不再加以赘述，变量名称与数据类型可自行定义填写。识别模块的主体程序设计见表 12.6。

表 12.6　分拣工作站 PLC 程序设计

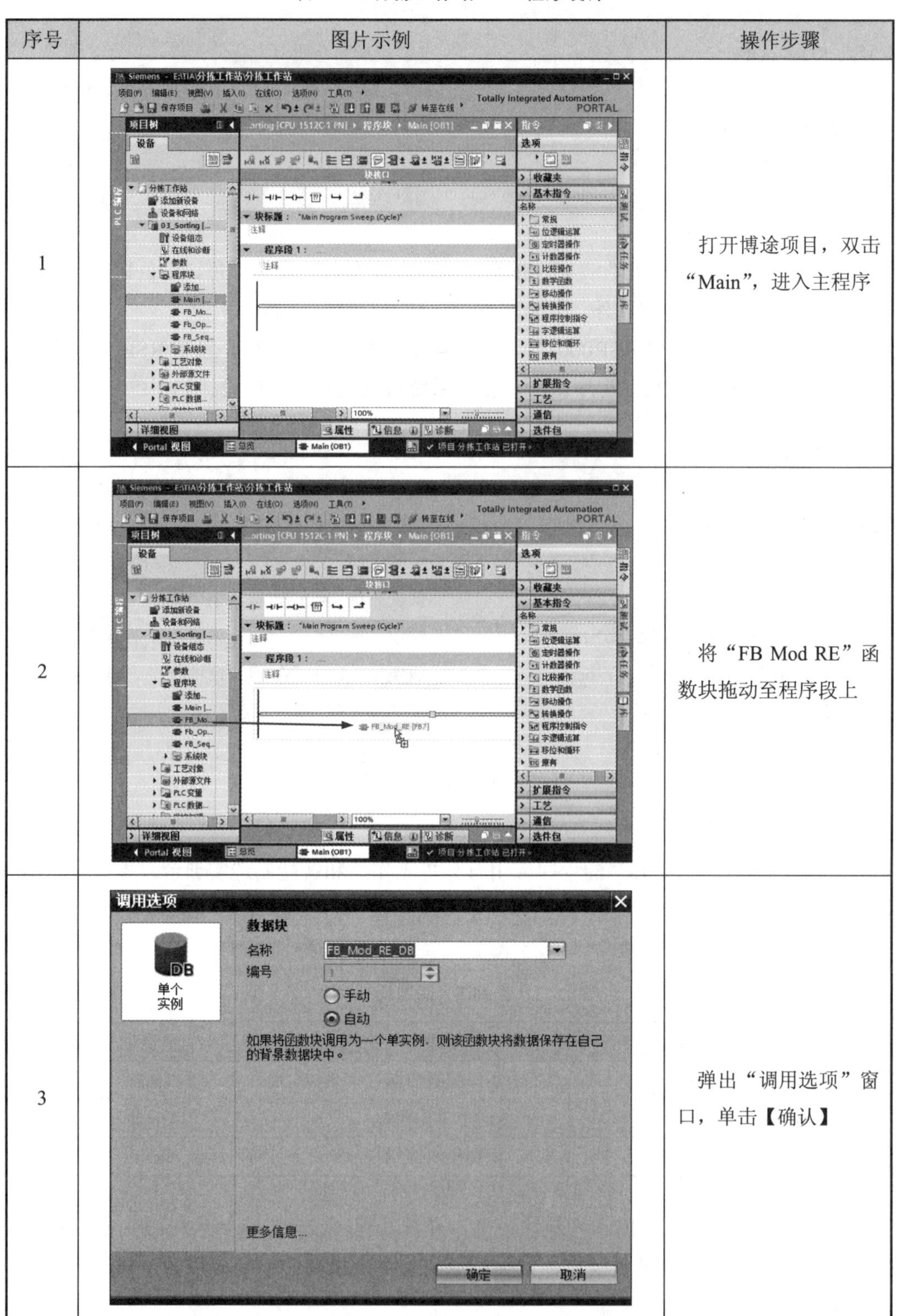

序号	图片示例	操作步骤
1		打开博途项目，双击“Main”，进入主程序
2		将“FB Mod RE”函数块拖动至程序段上
3		弹出“调用选项”窗口，单击【确认】

续表 12.6

序号	图片示例	操作步骤
4	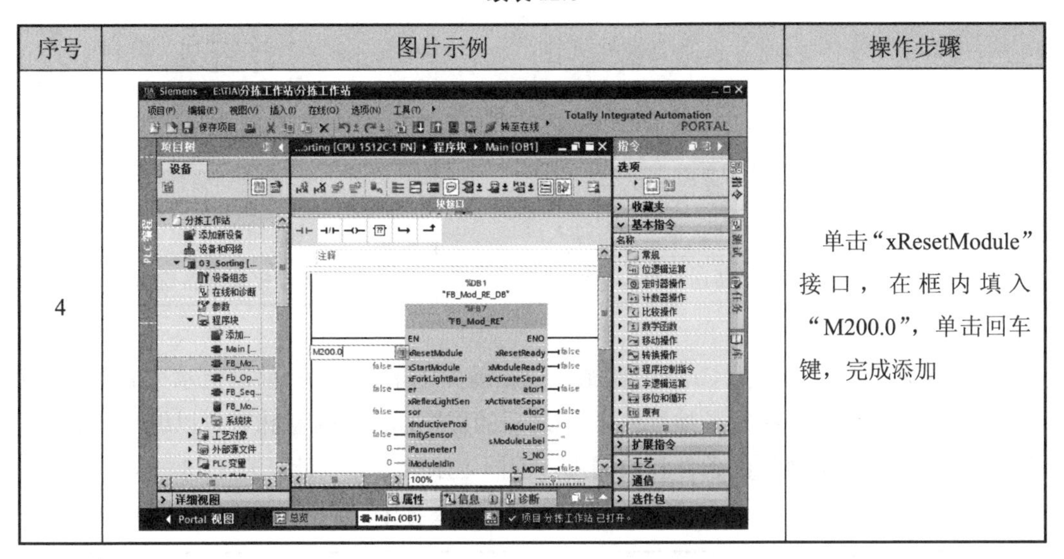	单击“xResetModule”接口，在框内填入“M200.0”，单击回车键，完成添加

在识别模块的函数块中依次填入所需变量，识别模块的完整主体程序如图 12.9 所示。图中已去除部分未使用到的自带输入、输出变量。函数块中，I/O 信号点在系统硬件连接部分已做讲解。地址说明见表 12.7，其中，连接说明为与此地址连接的其他两个函数块输入、输出点。

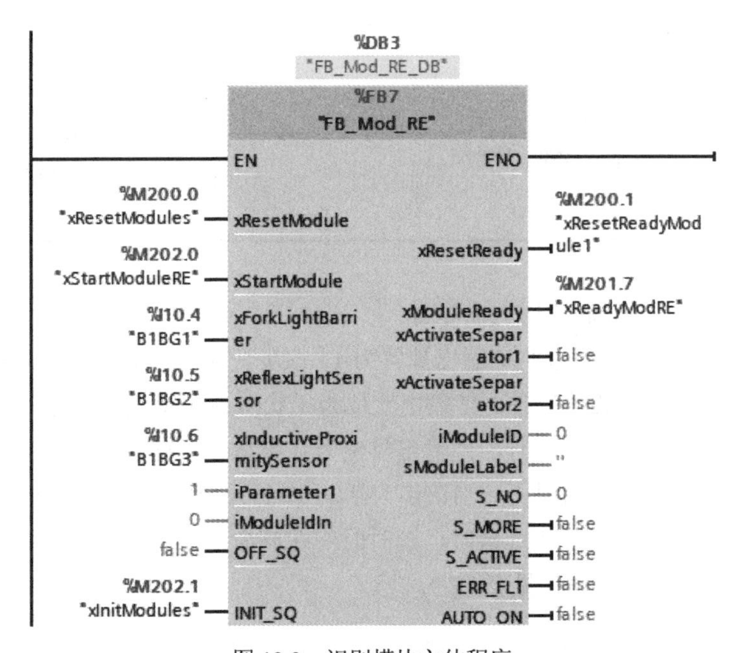

图 12.9　识别模块主体程序

表 12.7 函数块地址说明

地址	连接说明	功能说明
M200.0	“操作面板”输出点	识别模块复位
M202.0	“传送带机构”输出点	识别模块启动
M202.1	“操作面板”输出点	激活初始步
M200.1	“传送带机构”输入点	识别模块已复位
M201.7	“传送带机构”输入点	识别模块准备就绪

识别模块的程序语言为 Graph，函数块包括前固定永久命令。前固定永久命令是指可以使用永久指令编写待执行顺控程序之前/之后的程序代码，这意味着可以编写在顺控程序的每个周期中独立执行的条件和块调用。前固定永久命令设计见表 12.8。

表 12.8 前固定永久命令设计

序号	图片示例	操作步骤
1	S_MOVE String to String; EN; ENO; 'ER' #sModuleName — IN; OUT — #sModuleLabel	将常量 sModuleName（‘ER’）传送给输出变量 sModuleLabel
2	MOVE; EN — ENO; #iModuleIdIn — IN; OUT1 — #iModuleID	将输入变量 iModuleDIn 传送给输出变量 iModuleID

当前步激活时，Graph 常用的命令有：

- 命令 N：当步为活动步时，输出被置为 1；该步变为不活动步时，输出被复位为 0。
- 命令 S：当步为活动步时，使输出置位为 1 状态并保持。
- 命令 R：当步为活动步时，使输出复位为 0 状态并保持。
- 命令 CALL：用来调用块，当该步为活动步时，调用命令中指定的块。
- 命令 D：使某一动作执行延时，延时时间在该命令右下方的方框中设置。

识别模块的程序语言设计见表 12.9。

表 12.9　识别模块的程序语言设计

序号	图片示例	操作步骤
1	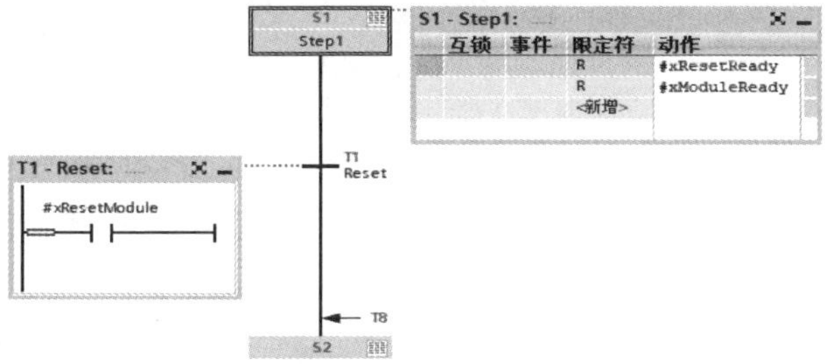	S1 为初始步，复位颜色识别完成信号和模块复位完成信号，当按下复位按钮，跳转至 S2 步
2	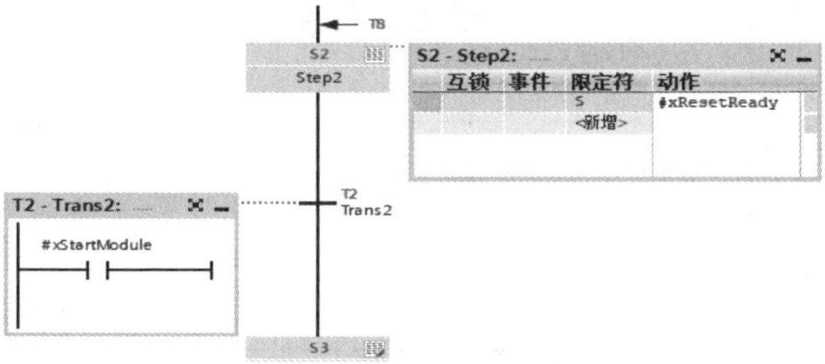	S2 步输出复位完成信号，当需要启动颜色识别时，跳转至 S3 步，当跳转条件 T8 为 1 时，跳转至 S2 步
3	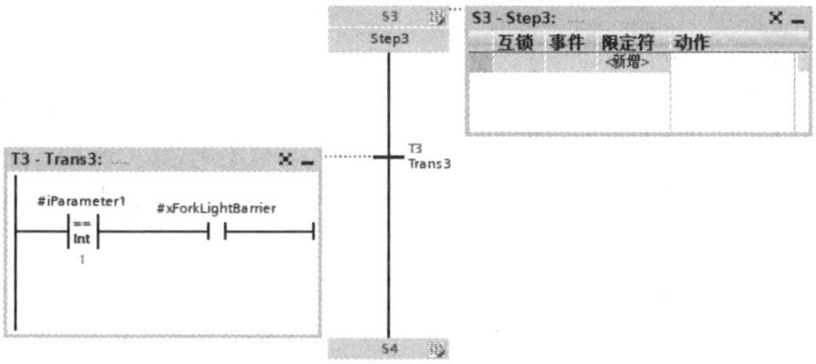	S3 步无动作，当识别模式为 1 且物料运送到光电门处，跳转至 S4 步，当跳转条件 T8 为 1 时，跳转至 S3 步
4	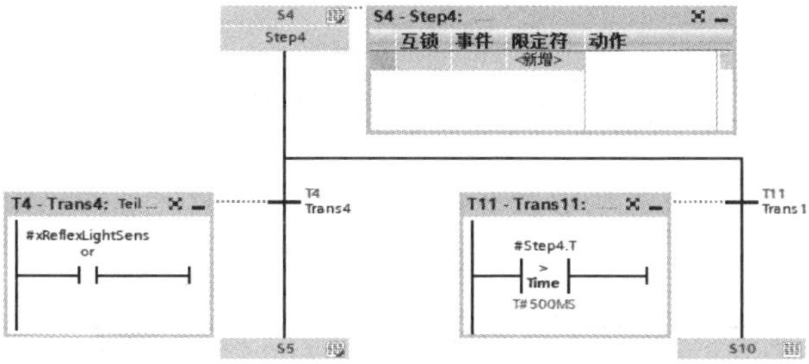	S4 步无动作，当传感器有输出信号时，跳转至 S5 步；当检测到黑色（传感器无输出信号且停留在 S4 步的时间超过 500 ms）时，跳转至 S10 步
5	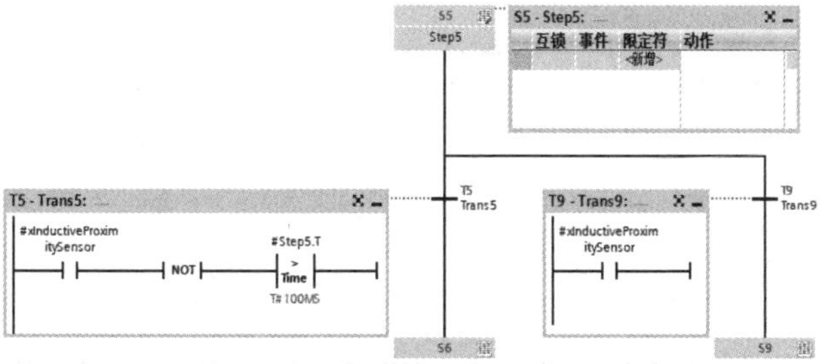	S5 步无动作，当检测到红色（未检测到金属且停留在 S5 步时间超过 100 ms）时，跳转至 S6 步；当检测到金属时，跳转至 S9 步

续表 12.9

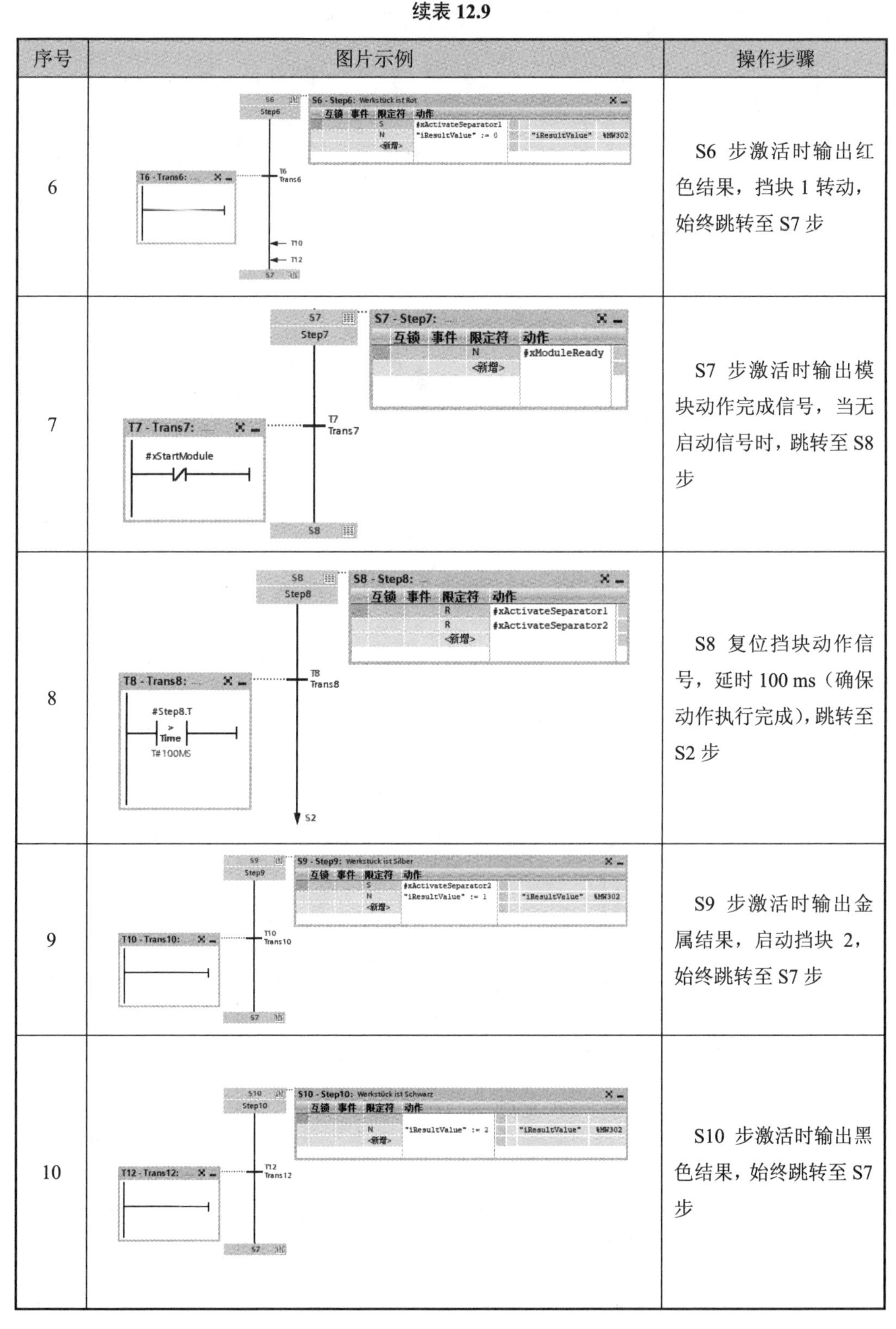

序号	图片示例	操作步骤
6		S6 步激活时输出红色结果，挡块 1 转动，始终跳转至 S7 步
7		S7 步激活时输出模块动作完成信号，当无启动信号时，跳转至 S8 步
8		S8 复位挡块动作信号，延时 100 ms（确保动作执行完成），跳转至 S2 步
9		S9 步激活时输出金属结果，启动挡块 2，始终跳转至 S7 步
10		S10 步激活时输出黑色结果，始终跳转至 S7 步

12.4.5　项目调试

（1）调整气动部分，检查气路是否正确，气压是否合理，气缸的动作速度是否合理。

（2）检查 I/O 接线是否正确。

（3）检查光电式传感器安装是否合理，灵敏度是否合适，保证检测的可靠性。

（4）放入物料，运行程序看物流分拣仓储系统动作是否满足任务要求。

（5）调试各种可能出现的情况，如系统突然断电时，是否能够正常复位。

（6）优化程序。

12.4.6　项目总体运行

项目运行的总体流程包括 3 个方面：启动准备、项目启动和项目停止。

1. 启动准备

（1）确保电源正常。

（2）确认气源压力为 0.5 MPa 以上。

（3）确认工作站各机构模块处于合理位置。

（4）确认物料放在指定模块上。

（5）确认机器人各轴处于合理位置。

2. 项目启动

（1）在智能制造实训台上旋转电源开关至 ON，等待开机。

（2）手动将机器人调到安全位置。

（3）在分拣工作站操作面板上将钥匙按顺时针方向旋转至水平位置（MAN），复位灯点亮。

（4）按下分拣工作站复位按钮。

（5）分拣工作站回到初始位置，复位灯熄灭。

（6）在分拣工作站操作面板上将钥匙逆时针方向旋转至垂直位置（AUTO），启动灯点亮。

（7）点击智能制造实训台上的【启动】按钮，物流分拣仓储系统开始运行。

3. 项目停止

（1）点击【停止】按钮。

（2）等待机器完全停止。

（3）将电源开关旋转至 OFF 以断电。

※ 分拣仓储项目验证

12.5　项目验证

以下将对项目进行验证，对系统运行的每一步骤观察是否符合设计要求，系统运行步骤见表 12.10。

表 12.10 系统运行步骤

序号	图片示例	操作步骤
1	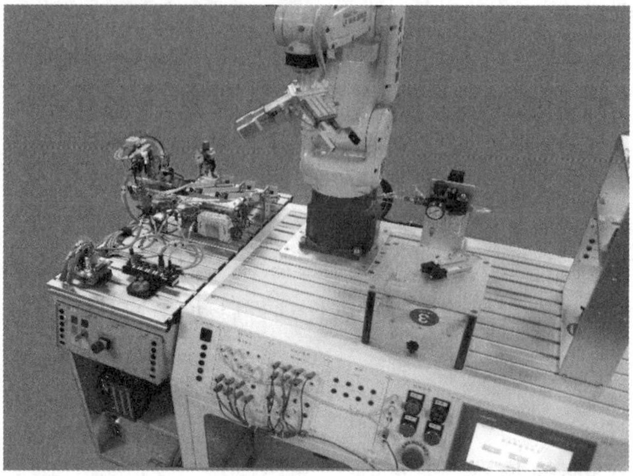	人工投放物料后，分拣工作站根据颜色进行分拣
2	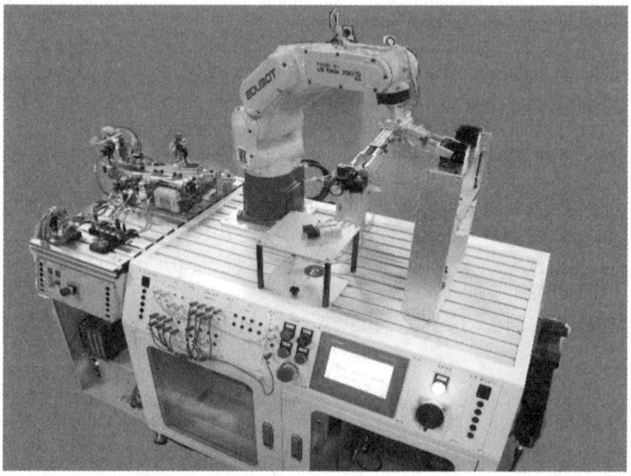	物料分拣后，根据所分拣的颜色，机器人搬运对应的包装盒
3	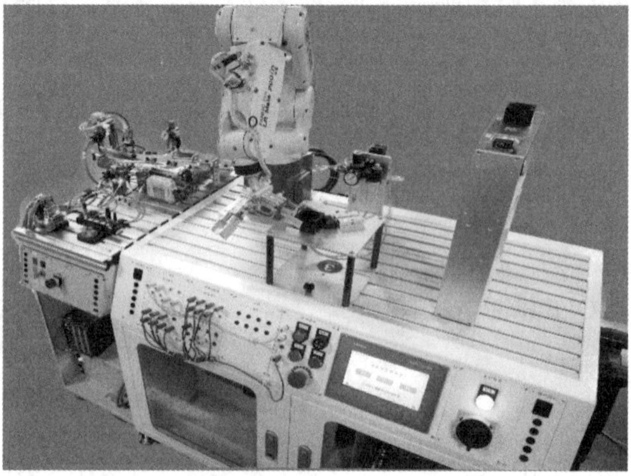	机器人将包装盒放至定位模块上

续表 12.10

序号	图片示例	操作步骤
4	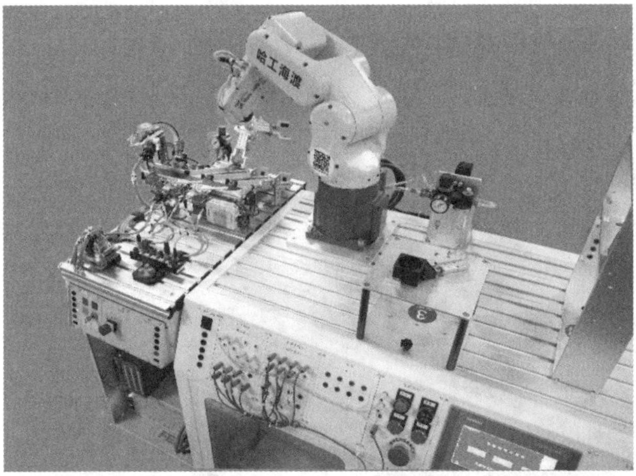	机器人从滑槽抓取已分拣的物料
5	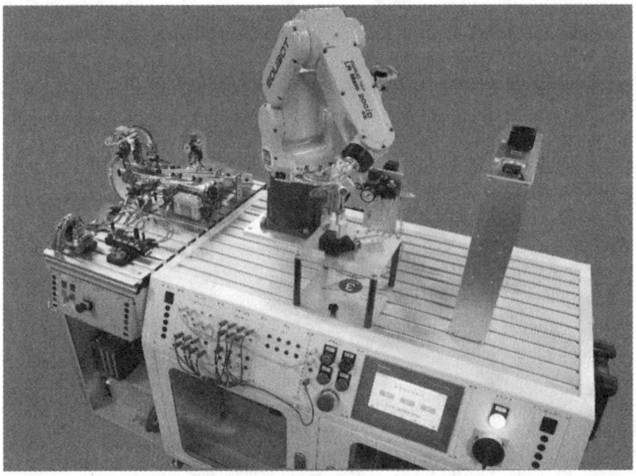	机器人将物料放至包装盒内
6	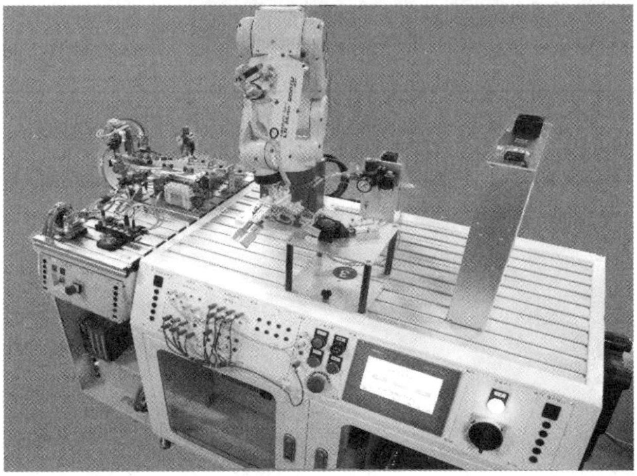	机器人抓取包装盒

续表 12.10

序号	图片示例	操作步骤
7	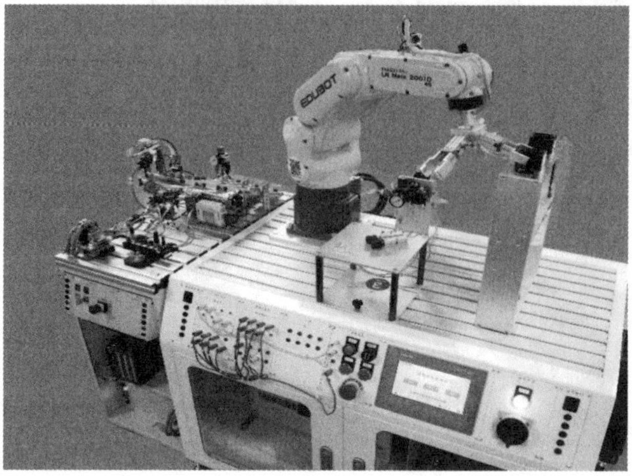	机器人将包装盒放至仓储模块上
8	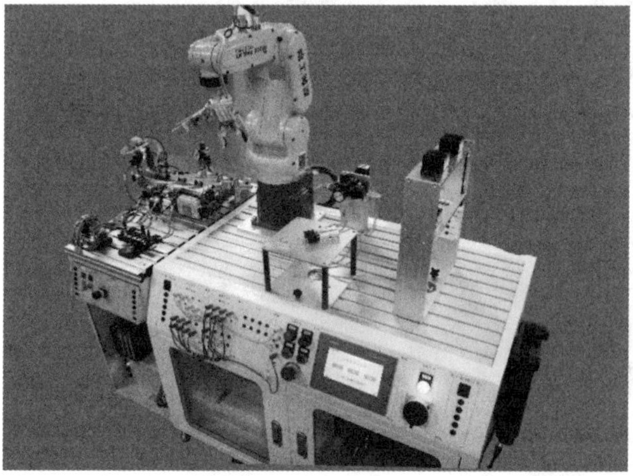	重复以上步骤，系统分别将已分拣的 3 种颜色的物料全部放入包装盒，并放至仓储模块；项目运行结束

12.6 项目总结

12.6.1 项目评价

项目评价见表 12.11。

表 12.11　项目评价

项目指标		分值	自评	互评	评分说明
项目分析	1. 硬件构架分析	6			
	2. 软件构架分析	6			
	3. 项目流程分析	6			
项目要点	1. 模块化集成	8			
	2. PLC 程序设计	8			
	3. 机器人程序设计	8			
项目步骤	1. 应用系统连接	8			
	2. 应用系统配置	8			
	3. 主体程序设计	8			
	4. 关联程序设计	8			
	5. 项目程序调试	8			
	6. 项目运行调试	8			
项目验证	效果验证	10			
合计		100			

12. 6. 2　项目拓展

智能制造系统：将供料工作站、装配工作站和分拣工作站组合成模块化生产系统，与智能制造实训台进行组合，智能制造实训台对应模块化生产系统搭配若干功能模块，实现一套智能制造生产系统。智能制造系统如图 12.10 所示。

图 12.10　智能制造系统

参考文献

[1] 辛国斌，田世宏. 智能制造标准案例集[M]. 北京：电子工业出版社，2016.

[2] 李杰. 工业大数据：工业 4.0 时代的工业转型与价值创造[M]. 邱伯华，译. 北京：机械工业出版社，2015.

[3] 田锋. 精益研发 2.0[M]. 北京：机械工业出版社，2016.

[4] 奥拓 • 布劳克曼. 智能制造：未来工业模式和业态的颠覆与重构[M]. 北京：机械工业出版社，2015.

[5] 王喜文. 工业 4.0：最后一次工业革命[M]. 北京：电子工业出版社，2015.

[6] 郑树泉，宗宇伟. 工业大数据架构与应用[M]. 上海：上海科学技术出版社，2017.

[7] 陈明. 智能制造之路：数字化工厂[M]. 北京：机械工业出版社，2012.

[8] 胡成飞. 智能制造体系构建面向中国制造 2025 的实施路线[M]. 北京：机械工业出版社，2012.

[9] 谭健荣. 智能制造关键技术与企业应用[M]. 北京：机械工业出版社，2017.

[10] 蔡自兴，谢斌. 机器人学[M]. 北京：清华大学出版社，2015.

[11] 蔡自兴. 机器人学基础[M]. 北京：机械工业出版社，2009.

[12] 张明文. 工业机器人技术基础及应用[M]. 哈尔滨：哈尔滨工业大学出版社，2017.

[13] 张明文. 工业机器人基础与应用[M]. 北京：机械工业出版社，2018.

[14] 张明文. 工业机器人技术人才培养方案[M]. 哈尔滨：哈尔滨工业大学出版社，2017.

[15] 张明文. 工业机器人入门实用教程（ABB 机器人)[M]. 2 版. 哈尔滨：哈尔滨工业大学出版社，2018.

[16] 张明文. 工业机器人入门实用教程（FANUC 机器人)[M]. 哈尔滨：哈尔滨工业大学出版社，2017.

[17] 张明文. 工业机器人入门实用教程（KUKA 机器人）[M]. 北京：人民邮电出版社，2020.

[18] 张明文. 工业机器人编程及操作（ABB 机器人）[M]. 哈尔滨：哈尔滨工业大学出版社，2017.

[19] 张明文. 工业机器人离线编程[M]. 武汉：华中科技大学出版社，2017.

[20] 张明文. 工业机器人离线编程与仿真（FANUC 机器人）[M]. 北京：人民邮电出版社，2020.

[21] 王保军，滕少峰. 工业机器人基础[M]. 武汉：华中科技大学出版社，2015.

[22] 滕宏春. 工业机器人与机械手[M]. 北京：电子工业出版社，2015.

[23] 董春利. 机器人应用技术[M]. 北京：机械工业出版社，2014.

[24] 吴九澎. 机器人应用手册[M]. 北京：机械工业出版社，2014.

[25] 胡伟，陈彬. 工业机器人行业应用实训教程[M]. 北京：机械工业出版社，2015.

观看教学视频

步骤一

登录“技皆知网”

www.jijiezhi.com

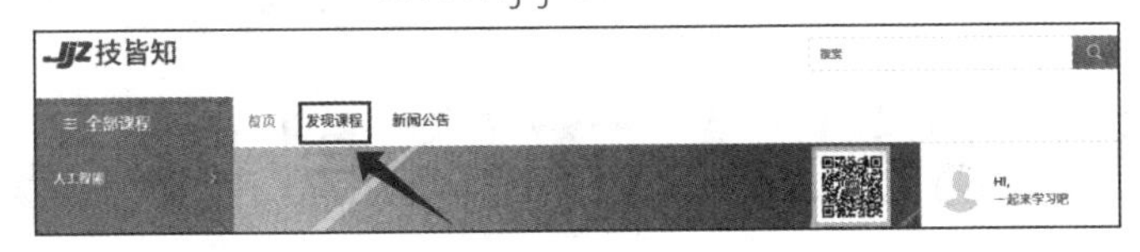

步骤二

搜索教程对应课程

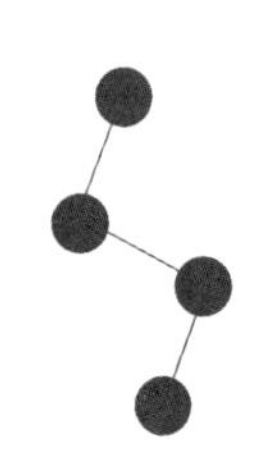

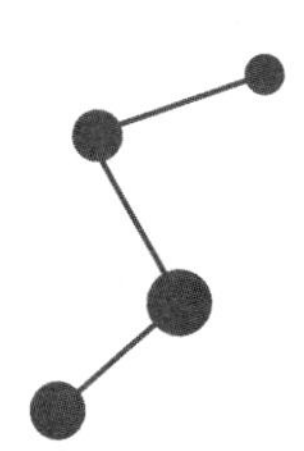

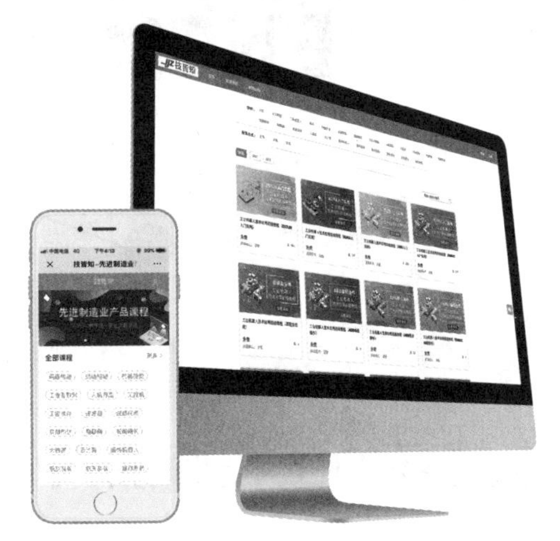

咨询与反馈

尊敬的读者：

感谢您选用我们的教程！

本书有丰富的配套教学资源，凡使用本书作为教程的教师可咨询有关实训装备事宜。在使用过程中，如有任何疑问或建议，可通过电子邮箱（market@jijiezhi.com）或扫描右侧二维码，提交咨询信息。

（书籍购买及反馈表）